W0289486

E. F. Engelhardt

Hausautomation mit Raspberry Pi

VOM AUTOR
DES BESTSELLERS

COOLE PROJEKTE MIT RASPBERRY PI

FRUIT UP
YOUR
FANTASY

E. F. ENGELHARDT

HAUSAUTOMATION MIT RASPBERRY PI

Alarmanlage, Lampen, Heizung, Smart Home, W-LAN & Co:
25 Projekte, die Ihr Leben leichter machen

FRANZIS

Bibliografische Information der Deutschen Bibliothek

Die Deutsche Bibliothek verzeichnet diese Publikation in der Deutschen Nationalbibliografie; detaillierte Daten sind im Internet über http://dnb.ddb.de abrufbar.

Programmleitung und Lektorat: Markus Stäuble
Herausgeber: Ulrich Dorn
Satz: DTP-Satz A. Kugge, München
art & design: www.ideehoch2.de
Druck: M.P. Media-Print Informationstechnologie GmbH, 33100 Paderborn
Printed in Germany

ISBN 978-3-645-60391-1

Vorwort

Hausautomation oder Smart Home - ganz egal, welchen Begriff Sie dafür verwenden, mit diesem Buch liegen Sie richtig, wenn Sie mit dem Raspberry Pi Schlagworte wie Bequemlichkeit, Wohnkomfort, Stromüberwachung, Schutz vor Schimmelbefall und Feuchtigkeit, Temperaturregelung, Energie und Geldsparen in Verbindung bringen möchten. Smart Home, das schlaue Haus im Eigenbau - mit dem Raspberry Pi lassen sich grundsätzlich alle Anwendungsszenarien zum Steuern, Regeln und Messen erfassen. Jede der beschriebenen Do-it-yourself-(DIY-)Lösungen zur Realisierung des gewünschten Anwendungszwecks kostet nur einen Bruchteil vergleichbarer kommerzieller Produkte, sofern diese überhaupt verfügbar sind.

Bemerkt der Raspberry Pi beispielsweise über einen Sensor einen Schaden, etwa mittels eines Feuchtigkeitssensors einen Wasserrohrbruch im Keller, sendet er umgehend eine SMS als Schadensmeldung. Ein weiteres Beispiel: Klingelt ein Gast an der Haustür, kann eine entsprechende Benachrichtigung beispielsweise per E-Mail an das Smartphone gesendet werden.

Auch Stromverbrauch und Heizung lassen sich optimieren. Grundsätzlich können mit ein klein wenig Elektronik und einem Raspberry Pi der Energieverbrauch im Alltag und damit die Kosten erheblich gesenkt werden - wenn Sie zumindest wissen, von welcher Seite Sie den Lötkolben anfassen müssen. Eine Voraussetzung ist, dass Sie über den Verbrauch in den entsprechenden Räumen bzw. den Gesamtverbrauch im Detail informiert sind. Mit dem Raspberry Pi und ein paar Sensoren vom Typ DS18B20 in einer Schaltung baut sich die individuelle und preiswerte Temperaturüberwachungslösung fast von selbst.

Doch manchmal ist es allein mit der Temperaturüberwachung nicht getan. Ein sinnvoller Anwendungszweck ist etwa eine elektronische Heizungssteuerung, die, abhängig davon, ob Sie zu Hause sind oder nicht, ob Sie Urlaub haben oder Wochenende ist, genau die gewünschte Wohlfühltemperatur zur Verfügung stellt. Das persönliche Smart Home gewinnt seine speziellen Eigenschaften durch die zentrale Steuerung über den Raspberry Pi - egal, ob Sie die eine kabelgebundene Lösung über 1-Wire, TCP/IP oder per Funkadapter mittels CUL/COC & Co. oder einen Mix daraus einsetzen. Die Ansteuerung der verschiedenen Funksysteme im ISM-Band erfolgt über einen 868-MHz-Funksender, der per USB an den Raspberry Pi angeschlossen wird. Die Anbindung weiterer Aktoren ist auch über 1-Wire-Adapter, die GPIO-Anschlüsse, WLAN, Bluetooth und Ethernet möglich.

Eines noch: Wenn Sie sich für eine flexible und leistungsfähige Smart-Home-Lösung mit dem Raspberry Pi entscheiden, müssen Sie sich selbst helfen können - die wenigsten Projekte sind für Anfänger geeignet. Zwar lassen sich zum Beispiel TCP/IP-Steckdosenlösungen von Rutenbeck auch von Laien in Betrieb nehmen, den Mehrwert in Sachen Smart Home und Automatisierung liefert jedoch der Raspberry - am besten das aktuellste Modell. Im Jahr 2016 ist der Raspberry Pi 3 das Maß aller Dinge, doch wer noch ein älteres Modell einsetzen möchte – kein Problem, die Projekte können Sie auf allen Raspberry-Pi-Modellen durchführen und den bereitgestellten Programm-Code verwenden.

Sind solche kabelgebundenen Lösungen in einer einheitlichen Oberfläche wie dem Open-Source-Projekt FHEM (Freundliche Hausautomatisierung und Energie-Messung) gebündelt, zählt auch hier: Das Buch gibt Hilfe zur Selbsthilfe. Gerade FHEM hat seine Ecken, Kanten und tückischen Fallstricke für Anfänger, teils gibt es gut dokumentierte Anleitungen für den Einstieg, doch teils fehlen wichtige Teile der Dokumentation, um die Lösung in Betrieb nehmen zu können. Damit dies nicht nur ein nettes Spielzeug für Nerds und Skript-Kiddies bleibt, sondern technisch anspruchsvolle Lösungen für die Steuerung von Geräten zu Hause möglich sind, finden Sie in diesem Buch allerhand Möglichkeiten, Ihr Smart Home, die Hausautomatisierung, ganz individuell einzurichten.

Wir wünschen Ihnen viel Spaß mit den Projekten!

Autor und Verlag

Sie haben Anregungen, Fragen, Lob oder Kritik zu diesem Buch? Sie erreichen den Autor per E-Mail unter *ef.engelhardt@gmx.de*.

Inhaltsverzeichnis

1

Smart-Home-Bausteine

Die Schnittstelle zwischen dem Internet und dem Heimnetz ist das heimische Internet-Zugangsgerät – in der Regel der DSL-WLAN-Router. Gemeinsam mit dem Raspberry Pi verfügt der DSL-WLAN-Router nicht nur über performante Prozessorleistung zur Verarbeitung der Daten, die auch in Sachen Hausautomation im Bereich Messen, Steuern, Regeln anfallen, er ist in der Regel auch dauerhaft online und damit an sieben Tagen 24 Stunden im Einsatz. In Ihrem Heimnetz können Sie noch viel mehr machen als Daten im Internet bereitstellen oder simple Dateien hin- und herschieben und den NAS-Server mit Multimedia-Dateien befüllen: Sie können den Raspberry Pi in Ihrem Heimnetz als Mastermind betreiben, das sämtliche Geräte im Haushalt steuert und überwacht.

Heute ist das Thema Netzwerkeinrichtung zu Hause eigentlich keine große Sache mehr – knifflig wird es erst, wenn unterschiedliche Computer vernetzt und mit gewöhnlichen Haushaltsgeräten gekoppelt werden sollen. Dann muss man ein wenig Hand anlegen, damit es klappt. Anschließend können Sie mit dem Raspberry Pi über das Kabel- oder Funknetzwerk weitere Geräte, etwa Heizung, Lichtschalter, Waschmaschine, Klingelanlage und was noch alles in einem Haushalt an Gerätschaften benötigt wird, bequem steuern und kontrollieren.

1.1 LAN/WLAN-Router: Der Datenverteiler

Um die Verteilung der Daten in Ihrem Heimnetzwerk kümmert sich in der Regel ein Router, der den Datenverkehr gezielt steuert und die Netzbelastung in Grenzen hält.

Der Router wickelt sozusagen alle Aufträge ab, die von den Clients an ein anderes Netz geschickt werden. Ob es sich beim adressierten Netz um ein weiteres Unternehmensnetz handelt oder um das Internet, spielt keine Rolle.

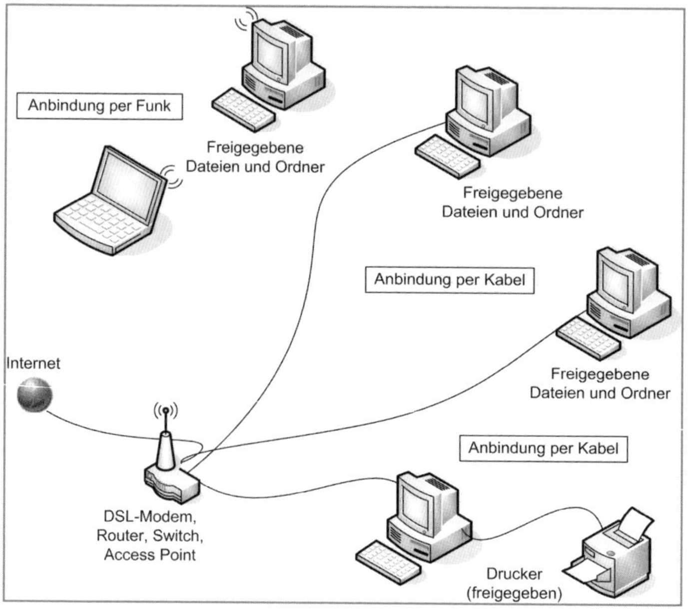

Bild 1.1: Beispiel eines Netzwerks, bestehend aus Kabel- und WLAN-Verbindungen mit Datei- und Druckerfreigaben

Wie auch immer in Ihrem Netzwerk Daten übertragen werden und welches Betriebssystem Sie auch einsetzen, an TCP/IP, der Internetprotokollfamilie, kommen Sie nicht vorbei. Jetzt brauchen Sie sich aber nicht mit so diffizilen Dingen wie Protokollschichten, Headern oder dergleichen herumzuschlagen, für Sie genügen die Basics der Adressierung. Außerdem müssen Sie wissen, dass TCP/IP festlegt, wie Daten im Internet und im Netzwerk übermittelt werden. Bei einer Netzwerkverbindung oder einer Internetverbindung wird keine direkte Verbindung zwischen zwei Punkten hergestellt, wie das beispielsweise beim Telefonieren der Fall ist.

1.1.1 TCP/IP-Protokoll als gemeinsamer Nenner

Die Daten werden vielmehr in kleine Pakete zerlegt und auf den Weg zum Ziel geschickt. Wo sie hinmüssen, steht in der Adresse. Am Ziel werden die Pakete wieder in der richtigen Reihenfolge zusammengesetzt. Auch das wird über TCP/IP gesteuert, denn Reihenfolge und Anzahl der Pakete werden ebenfalls übermittelt. Dazu kommen noch ein paar Prüfgeschichten und sonstige Informationen - das muss Sie aber nicht interessieren. Damit ein Rechner über TCP/IP angesprochen werden kann, muss seine Adresse, die sogenannte IP-Adresse, bekannt sein. Die Adressierung ist bei TCP/IP in ihrer Struktur festgelegt. Auf der Basis von Version IPv4 können bis zu 4.294.967.296 Rechner in ein Netzwerk integriert werden. IPv4 nutzt 32-Bit-Adressen, die Weiterentwicklung IPv6 hingegen setzt auf 128-Bit-Adressen.

Eine TCP/IP-Adresse ist immer gleich aufgebaut: Sie setzt sich zusammen aus einem Netzwerkteil und einem Hostteil (Adressenteil). In der Regel ist die 32-Bit-Adresse in einen 24-Bit-Netzwerkteil und einen 8-Bit-Hostteil aufgeteilt. Der Hostteil wird im LAN (im lokalen Netzwerk) zugeteilt, während der Netzwerkteil von der IANA (Internet Assigned Numbers Authority) vergeben wird, die über die offiziellen IP-Adressen wacht.

Für die Konfiguration des Hostteils sind in einem sogenannten Class-C-Netzwerk – das ist ein typisches privates Netz – 254 Geräteadressen für angeschlossene Clients verfügbar. Die Endadresse *255* ist für den Broadcast (zu Deutsch: Rundruf, also Übertragung an alle) reserviert, während die Adresse *0* für das Netzwerk selbst reserviert ist.

Für die Aufteilung des Netzwerk- und Hostteils ist die Netzmaske zuständig: Im Fall eines Class-C-Netzwerks gibt die Adresse *255.255.255.0* eine sogenannte Trennlinie zwischen beiden Teilen an. Die binäre *1* steht für den Netzwerkteil, und die *0* steht für den Adressteil.

So entspricht die Netzwerkmaske

```
255.255.255.0
```

binär:

```
11111111.11111111.11111111.0000000
```

Die ersten 24 Bit (die Einsen) sind der Netzwerkanteil.

Sie müssen sich aber gar nicht mit der Adressvergabe herumschlagen, denn der heimische Rechner ist immer mit den folgenden Daten ansprechbar. Einige Klassen von Netzwerkadressen sind für spezielle Zwecke reserviert. Man kann an ihnen ablesen, mit welchem Netzwerk man es zu tun hat. Beispielsweise ist eine IP-Adresse beginnend mit *192.X.X.X* oder *10.X.X.X* ein internes, in Ihrem Fall ein Heimnetzwerk.

Adressbereich	Netzwerk
192.168.0.0	Heimnetz, bis zu 254 Clients
172.16.0.0	Unternehmensnetz, bis zu 65.000 Clients
10.0.0.0	Unternehmensnetz, bis zu 16 Mio. Clients

Sobald aus einem heimischen Rechner ein Netz mehrerer Computer wird, beginnt die IP-Adresse mit *192.168.0.* Auf dieser Basis können in das Netz bis zu 254 Geräte eingebunden werden, indem die letzte Zahl von 0 bis 254 hochgezählt wird. Allerdings hat kaum jemand zu Hause so viele Geräte im Einsatz, es wird bei überschaubaren Adressbereichen bleiben.

1.1.2 Über die Vergabe der IP-Adressen

Gewöhnen Sie sich für die Vergabe der IP-Adressen entweder die automatische Zuweisung via DHCP oder eine statische Zuweisung mit festen Adressen an. Wenn Sie mit festen Adressen arbeiten, sollten Sie gegebenenfalls nur ausgewählte, leicht merkbare IP-Adressen verwenden, also *192.168.0.1* für den Router, *192.168.10* für den zentralen Rechner und für weitere die Endnummern *20, 30* etc. Wer generell Schwierigkeiten hat, sich die Nummern zu merken, kann die Computer beispielsweise nach Alter nummerieren – in der Regel weiß man genau, welchen PC man zuerst gekauft hat.

Der Vollständigkeit halber sei hier auch das sogenannte Gateway erwähnt. Innerhalb des Heimnetzwerks können sämtliche Geräte direkt miteinander kommunizieren und Daten austauschen. Soll hingegen eine Verbindung zu einem Gerät aufgebaut werden, das sich nicht innerhalb des adressierbaren Adressbereichs befindet, müssen diese Heimnetze miteinander verbunden werden. Diese Aufgabe übernimmt das Gateway bzw. der Router, der quasi sämtliche verfügbaren Netzwerke kennt und die Pakete bzw. Anforderungen entsprechend weiterleitet und empfängt. Im Internet sind daher einige Router in Betrieb, da es technisch nahezu unmöglich ist, dass ein einzelner Router alle verfügbaren Netze kennt und direkt adressieren kann.

In der Regel hat der Router auch einen DHCP-Server eingebaut, der für die Vergabe der IP-Adressen im Heimnetz zuständig ist. Sind Daten für eine IP-Adresse außerhalb des Heimnetzes bestimmt, werden sie automatisch an das konfigurierte Standard-Gateway, also den Router, weitergeleitet. Verbindet sich der heimische DSL-WLAN-Router mit dem Internet, versteckt er das private Netz hinter der öffentlichen IP-Adresse, die der DSL-WLAN-Router beim Verbindungsaufbau vom Internetprovider erhalten hat. Dieser Mechanismus der Adressumsetzung, NAT (Network Address Translation) genannt, sorgt dafür, dass die Datenpakete vom Heimnetz in das Internet (und wieder zurück) gelangen.

1.1.3 IP-Adressen im Internet übermitteln

Alle Server im Internet sind ebenfalls über eine IP-Adresse ansprechbar, aber das könnte sich keiner merken. Wer weiß schon, dass sich hinter *217.64.171.171* *www.franzis.de* verbirgt? Deshalb gibt es im Internet zentrale Server, deren einzige Aufgabe darin besteht, für die von Ihnen eingegebene Internetadresse (URL) den richtigen Zahlencode bereitzustellen.

Nichts anderes passiert nämlich bei der Eingabe der URL: Der Rechner übermittelt seine Anfrage im Klartext an den sogenannten Domain Name Server (DNS). Ein DNS-Server führt eine Liste mit Domainnamen und den IP-Adressen, die jedem Namen zugeordnet sind.

Wenn ein Computer die IP-Adresse zu einem bestimmten Namen benötigt, sendet er eine Nachricht an den DNS-Server. Dieser sucht die IP-Adresse heraus und sendet sie an den PC zurück. Kann der DNS-Server die IP-Adresse lokal nicht ausfindig machen, fragt er einfach andere DNS-Server im Internet, bis die IP-Adresse gefunden ist. Damit die Daten, die Sie angefordert haben – und im Internet wird jede Seite aus übermittelten Daten aufgebaut –, auch wieder zu Ihnen bzw. zu Ihrem Rechner zurückgelangen, braucht der Server Ihre IP-Adresse. Nun wird nicht jedem Internetteilnehmer kurzerhand eine IP-Adresse verliehen – dafür gibt es einfach nicht genug Adressen. Stattdessen hat jeder Provider einen Pool mit IP-Adressen, die jeweils nach Bedarf vergeben werden.

Diese Technik ist quasi nichts anderes als die eines DHCP-Servers (Dynamic Host Configuration Protocol). Damit bekommen alle an ein Netzwerk angeschlossenen Computer, egal ob WLAN oder nicht, automatisch die TCP/IP-Konfiguration zugewiesen. Zusammen mit Ihrer Anfrage bei einer URL wird also Ihre eigene dynamische Adresse übermittelt, damit Sie auch eine Antwort bekommen.

1.1.4 Aus dem Internet ist nur der Router sichtbar

Wenn Sie Ihr Netzwerk mit einem Router für den Internetzugang ausstatten, übernimmt Ihr Router künftig einen Teil der Aufgaben rund um die Adressierung. Das macht Ihnen das Leben nicht nur etwas leichter, sondern vor allem viel sicherer, denn nach außen tritt lediglich der Router in Erscheinung, Ihren PC bekommt das Internet nicht so leicht zu sehen. Das beginnt schon damit, dass von außen nicht mehr die zugewiesene Adresse des Rechners zu sehen und zu verwenden ist, sondern die des Routers. Alle Anfragen stellt der Router, alle Antworten nimmt er entgegen und leitet sie netzwerktechnisch betrachtet als Switch innerhalb des heimischen Netzes an den passenden Rechner weiter.

Für den Router gibt es also intern den Nummernkreis *192.168.X.X* und nach außen alle anderen. Der einzelne Rechner ist nicht mehr direkt ansprechbar, sondern die Adresse ist immer die des Routers. Das ist ein erster Schritt in Richtung mehr Sicherheit im Internet, denn nun kann nicht mehr direkt auf möglicherweise offene Ports Ihres Rechners oder eines anderen im Netz zugegriffen werden. Noch mehr Sicherheit bietet eine im Router aktivierte Firewall, deren Ziel es ist, nur zulässige und ungefährliche Pakete durchzulassen und bestimmte Pakete kurzerhand abzulehnen. Sie nehmen ja an der Haustür auch nicht jede Nachnahme an.

1.1.5 Dynamische DNS-Lösung für Internet-Zugriffe konfigurieren

Möchten Sie Ihre Heimnetz-Steuerzentrale auf dem Raspberry Pi auch über das Internet erreichen, etwa weil Sie vom Büro aus die Heiztemperatur im heimischen Wohnzimmer regeln möchten, dann benötigen Sie für Ihren DSL/WLAN-Router zu Hause eine dynamische DNS-Lösung. Mithilfe einer dynamischen IP-Adresse machen Sie den WLAN/DSL-Router im Internet bekannt, und mit einem Raspberry Pi stellen Sie die Steuerung für die Gerätschaften im Heimnetz oder im Internet zu Verfügung. Jedes Mal, wenn Sie sich in das Internet einloggen, bekommt Ihr DSL-WLAN-Router automatisch vom Provider eine IP-Adresse zugeteilt. TCP und IP sind die wichtigsten Protokolle, die für die Kommunikation zwischen Rechnern möglich sind. Es gibt jedoch weitere Protokolle und Techniken wie beispielsweise SSH, mit denen Sie beim Lesen dieses Buchs in Berührung kommen. TCP/IP kommt in einem Netzwerk zum Einsatz, und jeder Computer, der in einem Netzwerk TCP/IP nutzen möchte, braucht eine IP-

Adresse. Diese IP-Adresse lautet bei jeder Einwahl anders - sie stammt aus einem IP-Adressenpool, den der Provider reserviert hat.

DNS: Namen statt Zahlen

Der Vorteil von DNS ist, dass Sie den Computer auch über seinen Namen ansprechen können. Es ist einfacher, statt einer IP-Adresse wie *http://192.168.123.1* die Adresse *http://IHRDOMAINNAME.DNSSERVICEANBIETER.NET* einzutippen, Namen lassen sich leichter merken als Zahlen bzw. IP-Adressen. Für das dynamische DNS gibt es verschiedene Anbieter, die ihre Dienste zum Teil kostenlos anbieten.

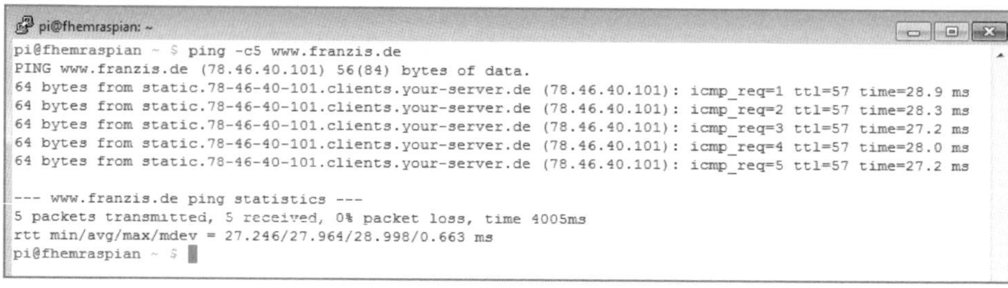

Bild 1.2: Mit dem Befehl *ping DNS-Name* finden Sie die IP-Adresse eines DNS-Namens heraus. In diesem Beispiel lautet die IP-Adresse für *www.franzis.de 78.46.40.101.*

Geben Sie beispielsweise *http://IHRDOMAINNAME.DNSSERVICEANBIETER.NET* in die Adressleiste des Webbrowsers ein, erkennt dieser am *http*-Kürzel, dass er das HTTP-Protokoll verwenden muss. Der doppelte Schrägstrich *//* bedeutet, dass es sich um eine absolute URL handelt. Mit der URL *IHRDOMAINNAME.DNSSERVICEANBIETER.NET* wird ein Kontakt zu dem DNS-Server Ihres ISP (Internet Service Provider) hergestellt. Damit wird dieser DNS-Name in eine IP-Adresse umgewandelt.

Für dynamisches DNS gibt es verschiedene Anbieter, die eine solche Funktionalität kostenlos zur Verfügung stellen. Die bekanntesten Anbieter sind in der folgenden Tabelle aufgeführt. Die Vorgehensweise bei der Anmeldung ist im Prinzip immer die gleiche, für welche Sie sich entscheiden, bleibt Ihnen überlassen.

Anbieter (kostenlos)	
no-ip.com	www.no-ip.com
DNSExit	www.dnsexit.com/
AVM (nur für Fritzboxen mit FRITZ!OS ab Version 5.20)	https://www.myfritz.net/login.xhtml
FreeDNS	freedns.afraid.org
Securepoint spdyn	www.spydn.de

Egal für welchen Anbieter Sie sich entscheiden, die Prozedur des Registrierens und Einrichtens sowie die Konfiguration des Clients bleiben Ihnen nicht erspart. Im nächsten

Schritt richten Sie den DSL-WLAN-Router so ein, dass Sie aus dem Internet Zugriff auf den Raspberry Pi bekommen - am besten über einen Port, der nur Ihnen bekannt ist.

DynDNS Domain bei spdyn.de einrichten

Made in Germany - wer in Sachen dynamisches DNS zum Nulltarif einen deutschen Anbieter auswählt, macht nicht viel verkehrt. Generell ist das Vorgehen bei sämtlichen Anbietern dasselbe: Erst nach dem Registriervorgang und der Bestätigung des E-Mail-Kontos haben Sie die Möglichkeit, einen kostenlosen dynamischen DNS-Anschluss zu reservieren.

Bild 1.3: Zunächst tragen Sie den persönlichen Hostnamen ein und wählen im zweiten Schritt im Dropdown-Menü die gewünschte Domäne aus.

Nach der Registrierung bei dem Lüneburger Anbieter Securepoint (spdyn.de) fügen Sie dem angelegten Profil bei *Hosts* einen IPv4 Host hinzu und richten auf dem Raspberry Pi den spdns Dynamic DNS Update-Client ein. Alternativ konfigurieren Sie den heimischen Router so um, dass er den Securepoint DNS-Service kennt.

spdns Dynamic DNS mit der FRITZ!BOX

In diesem Abschnitt wird exemplarisch die weitverbreitete FRITZ!BOX verwendet, doch auch die Router-Konkurrenz im DSL/Kabel/Glasfasermarkt bietet die Einrichtung eines

Anbieters für die dynamische DNS-Adresse ein. Bei der FRITZ!BOX finden Sie die DynDNS-Einstellungen im Menü *Erweiterte Einstellungen -> Internet -> Freigaben -> Dynamic DNS*. Da nur die bekanntesten Anbieter von AVM in dem Einrichtungsassistenten gelistet werden, wählen Sie für die Verwendung des Securepoint Dynamic DNS Service als Dynamic DNS-Anbieter den Eintrag *Benutzerdefiniert* aus und tragen dort nachstehenden URL als Update-URL ein:

```
update.spdyn.de/nic/update?hostname=<domain>&myip=<ipaddr>
```

Beachten Sie, dass in diesem Beispiel die spitzen Klammern keine Platzhalter darstellen - geben Sie die Zeile eins zu eins in den FRITZ!BOX-Dialog ein. Unterstützt die FRITZ!BOX das DynDNS-Update auch über SSL, verwenden Sie dort stattdessen die nachstehende Update-URL:

```
https://update.spdyn.de/nic/update?hostname=<domain>&myip=<ipaddr>
```

Viele Internetanbieter bieten parallell zu einer IPv6-Hostadresse eine IPv4-Host an, und früher war es üblich, ausschließlich Adressen aus dem IPv4-Host-adressenbereich zu verwenden. Kabelanbieter wie Kabel Deutschland / Vodafone stellen aus Kompatibilitätsgründen den Internetanschluss sowohl mit einer IPv6-Adresse als auch mit einer IPv4-Hostadresse im Parallelbetrieb zur Verfügung. In Sachen dynamisches DNS bedeutet das, dass die FRITZ!BOX neben dem IPv4-Host auch den IPv6-Host aktualisieren kann. Soll dies über spdyn.de erfolgen, verwenden Sie für beide Adressen idealerweise denselben Hostnamen und tragen im Feld *Update-URL* die nachfolgenden Zeilen ein:

```
https://update.spdyn.de/nic/update?hostname=<domain>&myip=<ipaddr>
https://update.spdyn.de/nic/update?hostname=<domain>&myip=<ip6addr>
```

Das Feld *Update-URL* ist im Menü *Erweiterte Einstellungen -> Internet -> Freigaben -> Dynamic DNS* zu finden.

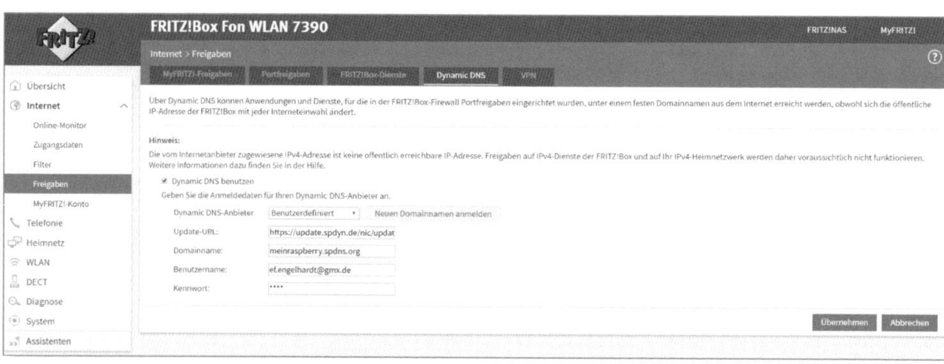

Bild 1.4: Tragen Sie in das Feld *Domainname* den persönlichen spdyn-Hostnamen ein, in das Feld *Benutzername* die Bezeichnung des spdyn-Accounts samt dazugehörigem Kennwort. Nach dem Klick auf die Schaltfläche *Übernehmen* kümmert sich die FRITZ!BOX um die automatische Aktualisierung der WAN-IP-Adresse für das dynamische DNS.

Soll der Raspberry Pi die Aktualisierung der WAN-IP-Adresse für die dynamische DNS-Adresse übernehmen - beispielsweise weil der eingesetzte Router keine Einstellungen für dynamisches DNS bietet, gehen Sie wie im nächsten Abschnitt beschrieben vor.

DNS-Update-Client für den Raspberry Pi

Das nachfolgende Verfahren lässt sich auch mit alternativen DynDNS-Anbietern anwenden - in diesem Beispiel wird der spdns-Dynamic-DNS-Update-Client für den oben angelegten spdyn.de-Account installiert und konfiguriert. Er steht kostenfrei auf spdns.de zur Verfügung und lässt sich bequem per `wget`-Kommando in das Home-Verzeichnis des Benutzers `pi` laden, vorausgesetzt der Raspberry Pi ist mit dem Internet verbunden.

```
cd ~
wget http://my5cent.spdns.de/wp-
content/uploads/2014/12/spdnsUpdater_bin.tar.gz
```

Nach dem Download entpacken Sie die Archivdatei per `tar`-Kommando:

```
tar -zxvf spdnsUpdater_bin.tar.gz
```

Die Archivdatei besteht aus zwei Dateien. Die Konfiguartionsdatei wird mit sudo-Berechtigungen in das */etc*-Verzeichnis verschoben, die Binärdatei für das eigentliche Update wird in ein eigenes Verzeichnis - hier *updater* - verschoben, die nötigen Berechtigungen werden angepasst und die Eigentümerschaft gesetzt. Zu guter Letzt bearbeiten Sie mit dem nano-Editor die Konfigurationsdatei *spdnsu.conf* im */etc*-Verzeichnis und tragen dort den dynamischen Host, den Benutzernamen samt dazugehörigem Kennwort, ein.

```
sudo mv spdnsu.conf /etc/
sudo mkdir -p updater
sudo mv spdnsu updater/
sudo chmod u+x updater/spdnsu
sudo chown -R pi:pi /home/pi/updater/
sudo nano /etc/spdnsu.conf
```

Nach dem Speichern der Konfigurationsdatei können Sie den Updater manuell ausführen und testen, ob er die WAN-IP-Adresse des genutzten Internetanschlusses zurückliefert:

```
./updater/spdnsu
```

Die WAN-IP-Adresse des genutzten Internetanschlusses wird in diesem Beispiel in die Datei */tmp/spdnsuIP.cnf* geschrieben, deren Inhalt sich per `cat`-Kommando auf der Kommandozeile anzeigen lässt.

```
cat /tmp/spdnsuIP.cnf
```

```
pi@raspi3cam:~ $ cd ~
pi@raspi3cam:~ $ wget http://my5cent.spdns.de/wp-content/uploads/2014/12/spdnsUpdater_bin.tar.gz
--2017-07-04 23:24:49--  http://my5cent.spdns.de/wp-content/uploads/2014/12/spdnsUpdater_bin.tar.gz
Auflösen des Hostnamen »my5cent.spdns.de (my5cent.spdns.de)«... 78.53.15.99
Verbindungsaufbau zu my5cent.spdns.de (my5cent.spdns.de)|78.53.15.99|:80... verbunden.
HTTP-Anforderung gesendet, warte auf Antwort... 200 OK
Länge: 7950 (7,8K) [application/octet-stream]
In »»spdnsUpdater_bin.tar.gz«« speichern.

spdnsUpdater_bin.tar.gz       100%[==================================================>]   7,76K  --.-KB/s   in 0,05s

2016-07-04 23:24:49 (149 KB/s) - »»spdnsUpdater_bin.tar.gz«« gespeichert [7950/7950]

pi@raspi3cam:~ $ tar -zxvf spdnsUpdater_bin.tar.gz
spdnsu.conf
spdnsu
pi@raspi3cam:~ $ sudo mv spdnsu.conf /etc/
pi@raspi3cam:~ $ sudo mkdir -p updater
pi@raspi3cam:~ $ sudo mv spdnsu updater/
pi@raspi3cam:~ $ sudo chmod u+x updater/spdnsu
pi@raspi3cam:~ $ sudo chown -R pi:pi /home/pi/updater/
pi@raspi3cam:~ $ sudo nano /etc/spdnsu.conf
pi@raspi3cam:~ $ ./updater/spdnsu
pi@raspi3cam:~ $ cat /tmp/spdnsuIP.cnf
currentIP=178.16.138.49
pi@raspi3cam:~ $
```

Bild 1.5: Wird der Updater nach der Konfiguration manuell gestartet, wird die aktuelle IP-Adresse der WAN-Verbindung in die Datei */tmp/spdnsuIP.cnf* geschrieben.

Wer diese Aktualisierung automatisch vom Raspberry Pi erledigen lassen möchte, der nutzt dort die *crontab*-Datei. Dafür starten Sie diese im Bearbeitungsmodus

```
sudo crontab -e
```

und tragen dort die nachstehende Zeile ein

```
*/10 * * * * /home/pi/updater/spdnsu
```

Speichern Sie die Datei und beenden Sie den Nano-Editor – nach einen Neustart des Raspberry Pi sollten Sie testen, ob alles wie gewünscht funktioniert, damit der Raspberry Pi die aktuelle WAN-Adresse automatisch an den DynDNS-Anbieter übermittelt.

1.1.6 Portfreigabe: Raspberry Pi in der Router-Software konfigurieren

Die TCP- und UDP-Ports (User Datagram Protocol) sorgen für die Kommunikation auf Netzwerk- bzw. Anwendungsebene. Grundsätzlich gilt auch hier: Weniger ist mehr. Je weniger Ports geöffnet und Dienste verfügbar sind, desto weniger Angriffsfläche stellt der DSL-Router nach außen dar. So können Sie die Nutzung bestimmter Internetdienste wie das Surfen im WWW (HTTP), das File Transfer Protokoll (FTP) und viele andere für alle oder einige Benutzer in Ihrem Netzwerk blockieren.

Doch Vorsicht: Wird der Router zu sicher eingestellt, leidet die Funktionalität, weil bestimmte Programme nicht mehr richtig funktionieren. Wer beispielsweise einen Webserver (HTTP-Protokoll mit Port 80) hinter einem Router betreiben möchte, der muss den DSL-Router so einstellen, dass die Anfragen aus dem Internet auch bis zum Raspberry-Pi-Webserver kommen können. Erst dann kann dieser reagieren und die Anfragen beantworten. Welchen Port Sie öffnen, hängt von dem eingesetzten Serverprogramm und vor allem von Ihren persönlichen Ansprüchen und Sicherheitsbedürfnissen ab.

Der Router kann auch so eingestellt werden, dass bestimmte Ports am Router offen sind, die Daten, die dort ankommen, aber nur an einen bestimmten Rechner bzw. eine bestimmte IP-Adresse weitergeleitet werden. Diese Technik läuft unter Portweiterleitung bzw. Port-Triggering. Die Porteinstellungen des WLAN-Routers nehmen Sie über die Weboberfläche vor. Im Falle einer FRITZ!Box ist das der Dialog *Internet/Portfreigabe* auf der Weboberfläche.

1.1.7 Portfreigaben einrichten und konfigurieren

Achten Sie darauf, dass bei der Konfiguration einer Portfreigabe die Zieladresse immer gleich bleibt. Hier ist es möglicherweise besser, für den Zielrechner im heimischen Netz eine feste IP-Adresse einzurichten. Verwenden Sie im Zweifelsfall statt einer DHCP-Adresse für den Computer eine statische IP-Adresse.

Mithilfe der FRITZ!Box-Portfreigabe lassen sich Dienste und verwendete Ports explizit bestimmten Rechnern im Heimnetz, in diesem Fall dem Raspberry Pi, zuordnen. Abhängig vom DSL-Router-Modell ist auch der umgekehrte Fall möglich, und es lassen sich ebenfalls bestimmte Dienste und Ports für bestimmte Rechner blockieren. Bei Netgear-Modellen ist dafür der Schalter *Dienste sperren/Block Services* zuständig, mit dem Sie den Internetzugang bestimmter Benutzer in Ihrem lokalen Netzwerk basierend auf deren IP-Adressen sperren können.

Bild 1.6: *Dienstetabelle* listet bei Routern aus dem Hause Netgear alle Dienste auf, die gegenwärtig gesperrt werden. Sie können Dienste dieser Tabelle hinzufügen oder sie auch daraus löschen.

Zusätzlich können Sie die Dienstsperrung bei manchen Routern auch von der Zeitplanung abhängig machen.

1.1.8 Benutzerkonten für unbefugte Zugriffe absichern

Spätestens jetzt, wenn der Raspberry Pi über das Internet erreichbar ist, ist es auch Zeit, ihn bzw. die entsprechenden Userkonten abzusichern, um möglichen Einbrechern wenig Zerstörungsspielraum zu geben. Grundsätzlich sollten Sie das Standard-Benutzerkonto `pi` bereits angepasst und das Standard-Kennwort `raspberry` auf ein sicheres Kennwort Ihrer Wahl geändert haben. Dies erledigen Sie mit dem Kommando:

```
sudo passwd pi
```

Sie geben das neue Kennwort ein und bestätigen dies im zweiten Schritt. Mit der Benutzerkennung `pi` können Sie sich auch die administrativen root-Rechte mittels `sudo`-Kommando holen.

Wer für das root-Konto auf dem Raspberry Pi ebenfalls ein persönliches Konto setzen möchte, der erledigt dies mit den Befehlen:

```
sudo -i
passwd
```

Hier tragen Sie zunächst das neue Kennwort und anschließend die Kennwortbestätigung ein, um das root-Konto mit einem persönlichen Kennwort abzusichern.

1.2 Raspberry Pi: Standards und Anschlüsse

Grundsätzlich benötigen Sie einen passenden Adapter, der das eingesetzte Funkprotokoll wie beispielsweise LON, BACnet, KNX, EnOcean, FS20 oder HomeMatic unterstützt. Bei den Platzhirschen wie FS20 oder HomeMatic stehen beispielsweise mit dem FHZ1000-Modul (FS20) oder dem LAN-Adapter (HomeMatic) quasi Herstellerschnittstellen auch für den Raspberry Pi über USB zur Verfügung. Diese sind etwas teurer als die Alternativen, die es beispielsweise von Drittanbietern gibt, wie *busware.de* mit dem CUL-Stick (hier der CC1101) oder dem COC-Modul, die beide in der Lage sind, Steuersignale von Protokollen im 868-MHz-Frequenzbereich zu empfangen und zu senden.

Bild 1.7: Doppelt gesteckt hält besser: Wer FS20 und HomeMatic gleichzeitig in einem Funknetz betreiben möchte, benötigt zwei unterschiedlich konfigurierte CUL-Module.

Damit ist die Alternative grundsätzlich fähig, sowohl mit FS20- als auch mit HomeMatic-Geräten im Funknetz zu kommunizieren – beide Standards sind jedoch miteinander inkompatibel. Möchten Sie beide in einem Funknetz betreiben, dann benötigen Sie zwei entsprechende 868-MHz-Transceiver-Dongles - einen für FS20, den anderen für HomeMatic.

Gerät	Abkürzung für ...	CPU-Typ	RAM	Speicher
CUL	CC1101 USB Light	V1: at90usb162 V2: at90usb162 V3: atmega32U4	V1: 0.5 KB V2: 0.5 KB V3: 2.5 KB	V1: 16 KB V2: 16 KB V3: 32 KB
CUN	CC1101 USB Network	at90usb64	2.0 KB	64 KB
CUNO	CC1101 USB Network & OneWire	atmega644p	2.0 KB	64 KB
CUR	CC1101 USB Remote	CUR V1: at90usb128 CUR V2: at90usb64	CUR V1: 4.0 KB CUR V2: 2.0 KB	V1: 128 KB V2: 64 KB
COC	CC1101 OneWire Card	atmega644	2.0 KB	64 KB

So ist die eigentliche Funkübertragung das eine, das unterstützte Protokoll das andere. Sprechen Sender und Empfänger die gleiche Sprache, nutzen sie also das gleiche Protokoll, dann ist der Austausch von Informationen und Daten möglich. Die Gegenstellen mit Funkanschluss - also die zu steuernden Komponenten wie Sensoren, Aktoren und Empfänger - kommen mit einem eigenen Protokoll zur Datenübertragung. In diesem Buch stellen wir die beiden wichtigsten vor, jedoch ist die grundsätzliche Herangehensweise auch bei anderen Protokollen und Geräten in etwa dieselbe.

1.2.1 Durchblick im FS20- und HomeMatic-Protokoll

Sowohl das FS20- als auch das HomeMatic-Protokoll funken im 868-Mhz-Bereich, kommen vom gleichen Hersteller (EQ3, *www.eq-3.de*) und werden durch zahlreiche Vertriebspartner, wie ELV und Fachhandelsketten wie Conrad Electronic, vermarktet. EQ3 ist ein Tochterunternehmen von ELV und erweitert stetig das Produktprogramm im Einsteigersegment FS20, sodass es hier auch die meisten unterstützten Devices gibt. Aufgrund der vergleichsweise günstigen Komponenten ist es bei vielen Anwendern beliebt. HomeMatic-Komponenten sind bei gleicher grundsätzlicher Funktion in Sachen Anschaffungskosten höher angesiedelt.

Die Datenpakete werden mit den Funkprotokollen FHT und HMS übertragen. Während FHT-Geräte bei der Heizungssteuerung zum Einsatz kommen, sind HMS-Geräte eher für Sicherheits- und Überwachungsaufgaben geeignet.

Bild 1.8: Raspberry Pi mit USB-CUL-Modul: Bei der Konfiguration müssen Sie sich für ein zu verwendendes Protokoll, FS20 oder HomeMatic, entscheiden.

Der große Nachteil der FS20-Technik ist die Kommunikation ohne Bestätigung. Wird beispielsweise ein Signal von der Steuereinheit zum Schalter geschickt, dann erhält diese keine direkte Rückmeldung, ob der Schaltbefehl erfolgreich ausgeführt wurde oder nicht. Dies ist bei HomeMatic-Geräten anders: Hier sorgt eine verschlüsselte Kommunikation dafür, dass die Sendeeinheit eine Bestätigung des Schaltvorgangs erhält. Ob Sie diese Sicherheit wirklich benötigen, steht auf einem anderen Blatt, und auch die etwas bessere Verarbeitung der HomeMatic-Komponenten lässt sich EQ-3 bzw. der Versender ELV gern bezahlen. Die Einrichtung der Komponenten beim Raspberry Pi ist jedoch nahezu identisch.

1.2.2 Angepasstes Funkmodul für den GPIO-Einsatz

Für den Raspberry Pi gibt es eigens ein passendes Funkmodul, das auf die GPIO-Pins gesteckt werden kann. Doch leider passt es auf Anhieb nur auf die »alten« Raspberry-Pi-1-Boards mit der Revision 1 (256 MB), der Raspberry-Pi-1-Nachfolger mit 512 MB sowie die Modelle Raspberry Pi 2, 3 und Zero mit 40 Pins passen zunächst nicht, da eine Steckverbindung auf dem Raspberry Pi um Zehntelmillimeter im Weg steht. Behelfen Sie sich mit einem Hebelwerkzeug oder einer Zange, zum Beispiel mit der Zange eines Leatherman-Tools, um den Plastikschutz des DSI-Anschlusses zu entfernen.

Bild 1.9: die GPIO-Reihe, ganz rechts unten der USB-Strom-Anschluss des Raspberry Pi: Der schwarze Schutzdeckel des DSI-Anschlusses (für TFT-Touchscreens) wurde bereits gelockert und leicht angehoben. Ist er komplett abgezogen, lässt sich das COC-Erweiterungsboard problemlos auf die neuere Revision mit 512 MB RAM setzen.

Ist die hardwareseitige Voraussetzung erfüllt und das Erweiterungsboard mit einem spürbaren Klick auf der GPIO-Pfostenleiste eingerastet, dann können Sie den Raspberry Pi wieder in Betrieb nehmen, also Stromversorgung und Netzwerkkabel anschließen und die Antenne am Antennenausgang des COC-Moduls anbringen. Hier sind diejenigen mit einem Bastelgehäuse leicht im Vorteil, die die Seitenwand für die Antenne einfach nicht verwenden und somit den Raspberry Pi trotzdem in ein Gehäuse packen können.

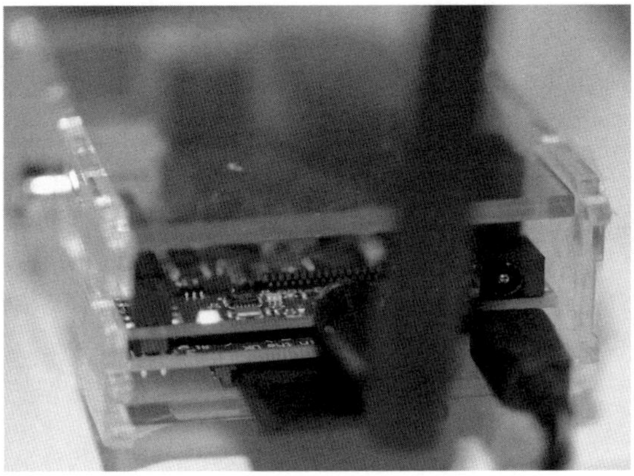

Bild 1.10: Kein Schönheitspreis, aber zweckmäßig: In diesem Fall wurde einfach das Seitenteil des Gehäuses nicht genutzt, um den Raspberry Pi samt COC-Erweiterung und verbauter Antenne in ein Gehäuse zu zwängen.

Alternativ nutzen Sie eine Bohrmaschine und bohren mit einem Holzbohrer an der entsprechenden Stelle vorsichtig eine passende Öffnung für die Antenne des COC-Moduls, um das Gehäuse weiter in Betrieb nehmen zu können. Damit ist die Raspberry-Pi-Hardware nun einsatzbereit, um die Konfiguration der Software und der Treiber vorzunehmen.

Grundsätzlich entfernen Sie oder besser kommentieren Sie in der Datei */etc/inittab* sämtliche Zeilen aus, die auf einen Eintrag mit der Bezeichnung *ttyAMA0* verweisen. Auch in der Kernel-Bootdatei */boot/cmdline.txt* entfernen Sie die Einträge *console=ttyAMA0,115200* und *kgdboc=ttyAMA0,115200*. Sicherheitsbewusste sichern zuvor die Datei mit dem Kommando

```
sudo cp /boot/cmdline.txt /boot/cmdline.txt.original
```

und starten nach der Änderung den Raspberry Pi neu. Wer anstelle eines COC die USB-Stick-Variante CUL im Einsatz hat, der kann diese nicht nur an der FRITZ!Box oder an einem Linux-Computer, sondern auch am USB-Anschluss des Raspberry Pi betreiben.

1.2.3 USB-Adapter als Alternative für den Raspberry Pi

Setzen Sie statt eines COC-Moduls einen USB-Adapter (CUL, CC1101 USB Light) für den Raspberry Pi ein, dann ist die Hardware-Installation schnell erledigt: Hier brauchen Sie nur die Antenne an den USB-Stick zu schrauben und in den USB-Anschluss des Raspberry Pi zu stecken. Falls der Standort des Raspberry Pi nicht so ideal ist und die Antenne an einem sinnvolleren Ort platziert werden soll, ist gegebenenfalls eine USB-Verlängerung sinnvoll.

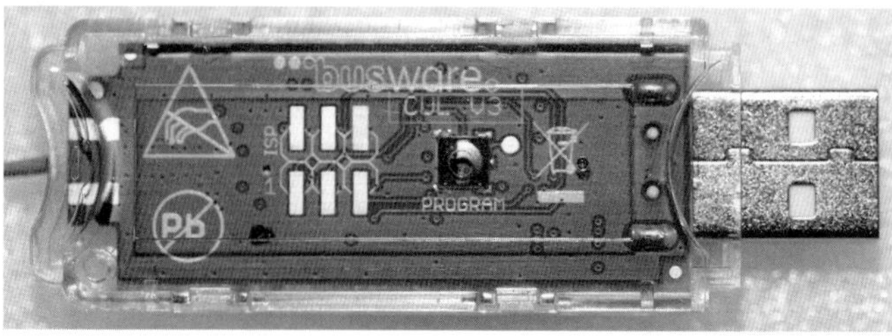

Bild 1.11: Zum Verwechseln ähnlich: Ein CUL-Stick von *busware.de* sieht ähnlich wie ein USB-Speicherkartenadapter aus.

Ist das neue Gerät einmal am USB-Anschluss des Raspberry Pi eingesteckt, prüfen Sie per `lsusb` und `dmesg`, ob es ordnungsgemäß erkannt wurde oder nicht.

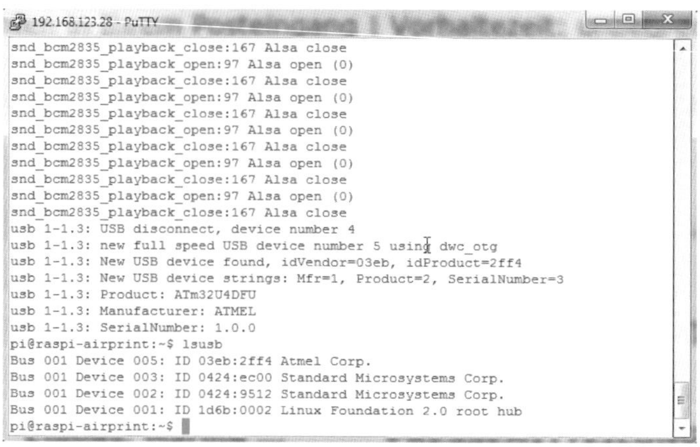

192.168.123.28 - PuTTY

```
snd_bcm2835_playback_close:167 Alsa close
snd_bcm2835_playback_open:97 Alsa open (0)
snd_bcm2835_playback_close:167 Alsa close
snd_bcm2835_playback_open:97 Alsa open (0)
snd_bcm2835_playback_close:167 Alsa close
snd_bcm2835_playback_open:97 Alsa open (0)
snd_bcm2835_playback_close:167 Alsa close
snd_bcm2835_playback_open:97 Alsa open (0)
snd_bcm2835_playback_close:167 Alsa close
snd_bcm2835_playback_open:97 Alsa open (0)
snd_bcm2835_playback_close:167 Alsa close
usb 1-1.3: USB disconnect, device number 4
usb 1-1.3: new full speed USB device number 5 using dwc_otg
usb 1-1.3: New USB device found, idVendor=03eb, idProduct=2ff4
usb 1-1.3: New USB device strings: Mfr=1, Product=2, SerialNumber=3
usb 1-1.3: Product: ATm32U4DFU
usb 1-1.3: Manufacturer: ATMEL
usb 1-1.3: SerialNumber: 1.0.0
pi@raspi-airprint:~$ lsusb
Bus 001 Device 005: ID 03eb:2ff4 Atmel Corp.
Bus 001 Device 003: ID 0424:ec00 Standard Microsystems Corp.
Bus 001 Device 002: ID 0424:9512 Standard Microsystems Corp.
Bus 001 Device 001: ID 1d6b:0002 Linux Foundation 2.0 root hub
pi@raspi-airprint:~$
```

Bild 1.12: ATMEL mit Geräte-ID `03eb:2ff4`. Der USB-CUL wird auf Anhieb per `lsusb` auf dem USB-Bus erkannt.

Eine ausführliche, geordnete Übersicht erhalten Sie mit dem Kommando:

```
sudo lsusb -v | grep -E '\<(Bus|iProduct|bDeviceClass|bDeviceProtocol)'
2>/dev/null
```

Für Funksteckdosen, Schalter, Aktoren (Wandler) und Sensoren existieren zig unterschiedliche Standards auf dem Markt. Das COC bzw. CUL deckt die wichtigsten mit 433 MHz und 868 MHz ab. Hier müssen Sie sich bei der späteren FHEM-Konfiguration für jedes Device für einen Funkstandard entscheiden. Haben Sie mehrere unterschiedliche Technologien zu Hause im Einsatz, dann benötigen Sie für jeden Standard den passenden Controller.

```
[39446.520161] usb 1-1.3: new full-speed USB device number 5 using dwc_otg
[39446.623418] usb 1-1.3: New USB device found, idVendor=03eb, idProduct=204b
[39446.623448] usb 1-1.3: New USB device strings: Mfr=1, Product=2, SerialNumber=0
[39446.623465] usb 1-1.3: Product: CUL868
[39446.623476] usb 1-1.3: Manufacturer: busware.de
[39446.708665] cdc_acm 1-1.3:1.0: ttyACM0: USB ACM device
[39446.713003] usbcore: registered new interface driver cdc_acm
[39446.713033] cdc_acm: USB Abstract Control Model driver for USB modems and ISDN adapters
pi@fhemraspian /usr/share/fhem/FHEM $ ls /dev/ttyA
ttyACM0  ttyAMA0
pi@fhemraspian /usr/share/fhem/FHEM $ ls /dev/ttyA
ttyACM0  ttyAMA0
pi@fhemraspian /usr/share/fhem/FHEM $ ls /dev/ttyAMA0
/dev/ttyAMA0
pi@fhemraspian /usr/share/fhem/FHEM $ ^C
pi@fhemraspian /usr/share/fhem/FHEM $ ▮
```

Bild 1.13: Der `dmesg`-Befehl sorgt für Klärung: Das ATMEL-Device wurde ordnungsgemäß vom Raspberry Pi erkannt und beim USB-Strang eingehängt. Der Eintrag `ttyAMA0` bei `dmesg` gibt den ersten Hinweis, dass der COC im Verzeichnisbaum unter `/dev/ttyAMA0` eingehängt wurde und sich später in `fhem.cfg` für den COC nutzen lässt.

In diesem Fall haben wir uns auf das FS20-System sowie den verbreiteten HomeMatic-Standard beschränkt: Das am GPIO-Port angeschlossene COC kümmert sich um die FS20-Technologie in dem Funknetz, das per USB angeschlossene CUL versorgt die HomeMatic-Komponenten in einem zweiten Funknetz. Wie Sie diese Funkschnittstellen mit FHEM in Betrieb nehmen, lesen Sie im Abschnitt »Anpassen der FHEM« auf Seite 45.

```
2013.01.02 01:04:08 3: Opening COC device /dev/ttyAMA0
2013.01.02 01:04:08 3: Setting COC baudrate to 38400
2013.01.02 01:04:08 3: COC device opened
2013.01.02 01:04:08 3: COC: Possible commands: mCFiAZOGMRTVWXefltux
2013.01.02 01:04:08 3: Opening CUL_0 device /dev/ttyACM0
2013.01.02 01:04:08 3: Setting CUL_0 baudrate to 9600
2013.01.02 01:04:08 3: CUL_0 device opened
2013.01.02 01:04:08 3: CUL_0: Possible commands: BCFiAZEGMRTVWXefmltux
2013.01.02 01:04:08 2: Switched CUL_0 rfmode to HomeMatic
2013.01.02 01:04:08 3: telnetPort: port 7072 opened
2013.01.02 01:04:09 1: Including /var/log/fhem/fhem.save
2013.01.02 01:04:09 4: /fhem?save=Save+fhem.cfg&saveName=fhem.cfg&cmd=style+save+fhem.cf
```

Bild 1.14: Logfile von FHEM klärt auf: Beide Adapter in einer FHEM-Konfiguration im Betrieb.

Um keinen überflüssigen Funksmog im Wohnbereich zu erzeugen, ist es sinnvoll, die Anzahl der Funkstandards so gering wie möglich zu halten – nicht zuletzt wegen des erhöhten Integrationsaufwands. Mit FHEM lassen sich verschiedene Technologien zusammenführen und auf einer einheitlichen Basis gemeinsam betreiben. Je nach verwendeter Funktechnologie ist die FHEM-Konfiguration entsprechend anzupassen. Oft ist es notwendig, ein zweites CUL oder zusätzlich die Platine COC für den Raspberry Pi in Betrieb zu nehmen.

1.3 Raspberry Pi: Camera Module v1 und v2

Obwohl zeitgleich mit der damaligen Veröffentlichung des Raspberry Pi mit vorgestellt, ist die Raspberry-Pi-Kamera erst seit Mai 2013 bestellbar, verbunden mit langen

Wartezeiten. Liegt die HD-fähige Raspberry-Pi-Kamera endlich im Briefkasten und ist ausgepackt, kann über die Kompaktheit und das mit wenigen Gramm geringe Gewicht des Kameramoduls nur gestaunt werden: In der Größe ist die Platine in etwa mit einer SD-Karte vergleichbar, die Bauhöhe des Linsenobjektivs samt Platine entspricht mit 9 mm drei aufeinanderliegenden Euro-Münzen. Mittlerweile ist das Kameramodul in Version 2 zum selben Preis wie sein Vorgänger erhältlich, auch in einer speziellen NOIR-Version, die ohne Infrarot-Filter kommt.

1.3.1 Kameramodul mit dem Raspberry Pi koppeln

Für den Anschluss an den Raspberry Pi ist an der Platine des Kameramoduls ein rund 15 cm langes Flachbandkabel angebracht, das für den CSI-Anschluss auf dem Raspberry Pi vorgesehen ist.

Bild 1.15: Das im Juni 2013 ausgelieferte Raspberry-Pi-Kameramodul trägt die Revision V1.3 und ist ungefähr so groß wie eine SD-Karte.

Die technischen Werte des Kamerasensors der Raspberry-Pi-Kamera sind in etwa mit denen eines Smartphones vergleichbar, mit dem 5-Megapixel-Sensor sind zudem Videos im HD-Format 1080p oder 720p sowie im betagten VGA-Format 640 × 480 möglich.

Bild 1.16: Beim Einbau in den CSI-Pfosten zeigen die Anschlüsse des Flachbandkabels in Richtung HDMI-Anschluss auf der Raspberry-Pi-Platine.

Nach dem Einstecken des Flachbandkabels installieren Sie die notwendige Software und nehmen die Kamera in Betrieb.

1.3.2 Betriebssystem und Firmware auffrischen

Ist die Kamera mit dem Raspberry Pi verbunden, müssen das Betriebssystem und die Firmware des Raspberry Pi auf den aktuellen Stand gebracht werden, sofern das noch nicht geschehen ist. Für das weitverbreitete Raspbian nutzen Sie folgende Kommandos - nicht nur, um das Betriebssystem aufzufrischen, sondern auch, um die Kamera in Betrieb zu nehmen.

```
sudo -s
apt-get update
apt-get upgrade -y
apt-get install git-core -y
wget https://raw.github.com/Hexxeh/rpi-update/master/rpi-update -O
/usr/bin/rpi-update
chmod +x /usr/bin/rpi-update
rpi-update
```

Das Auffrischen des Betriebssystems kann abhängig von der Anzahl der bereits installierten Pakete sowie der zur Verfügung stehenden Internetbandbreite eine Weile dauern. Zu guter Letzt wird die Firmware auf den aktuellen Stand gebracht.

Sind die installierten Pakete sowie die Firmware für den Raspberry Pi aktualisiert und die notwendigen Treiber für die Kamera installiert, prüfen Sie das nach dem Neustart per Kommando

```
reboot
```

und anschließend den Versionsstand des Raspberry Pi:

```
uname -a
```

Im nächsten Schritt richten Sie die Kamera mit dem bewährten Konfigurationswerkzeug `raspi-config` ein.

1.3.3 Camera Module in Betrieb nehmen

Erst mit dem Einspielen des Raspbian-Updates steht auch im Konfigurationswerkzeug `raspi-config` ein neuer Menüpunkt `Enable Camera` zum Einschalten einer angeschlossenen Kamera zur Verfügung.

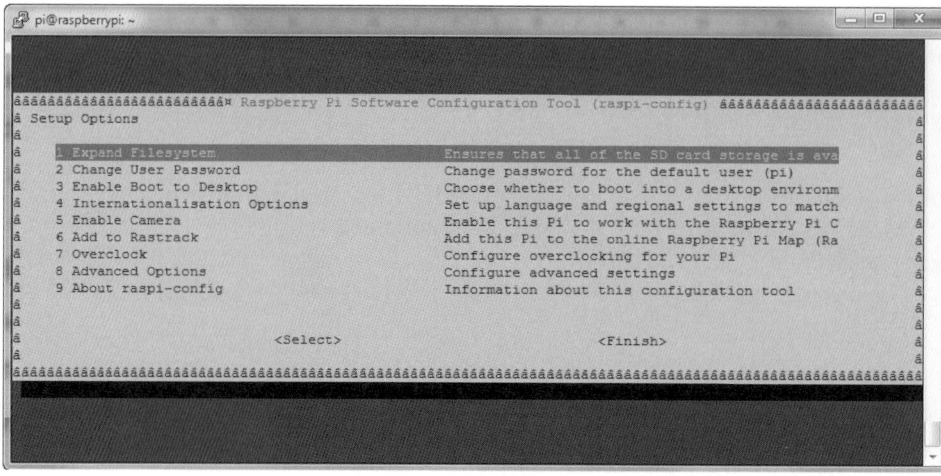

Bild 1.17: Nach dem Neustart des Raspberry Pi starten Sie per Kommandozeile das Konfigurationswerkzeug `raspi-config`.

Navigieren Sie mit den Pfeiltasten zum Punkt `Enable Camera` und drücken Sie die [Enter]-Taste. Anschließend erscheint ein Dialog, in dem Sie die Auswahl per `Enable` nochmals bestätigen. Analog gehen Sie vor, wenn Sie die Kamera später wieder abschalten wollen – in diesem Fall wählen Sie dann aber den Eintrag `Disable` aus.

Im nächsten Schritt legen Sie im Menü bei `Advanced Options` und dem Untermenü `Memory Split` fest, wie viel Grafikspeicher für die GPU zur Verfügung stehen soll. Hier lautet die Empfehlung, je nach Raspberry Pi die Hälfte des vorhandenen Arbeitsspeichers für die GPU zu nutzen. In diesem Beispiel – im Einsatz ist ein mit 256 MB ausgestatteter Raspberry Pi, Modell A – bekommt die GPU demnach mit dem Wert `128` entsprechend viel RAM-Speicher zugeordnet.

Das Einrichten der Kamera ist damit abgeschlossen. `raspi-config` möchte nun einen Neustart initiieren, damit beispielsweise die Speicherzuordnung für die GPU aktiv wird. Bestätigen Sie den Neustart per OK-Auswahlmenü. Anschließend kann die Kamera umgehend genutzt werden.

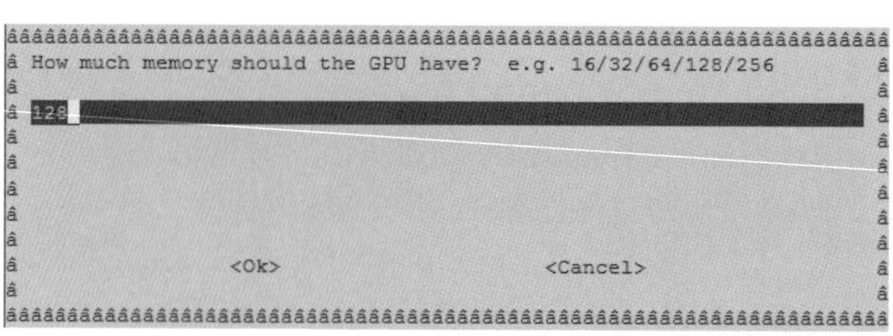

Bild 1.18: Nach der Zuordnung der Speichermenge von 128 MB für die GPU navigieren Sie per [Tab]-Taste zur `Ok`-Schaltfläche und schließen den Vorgang ab.

1.3.4 Fotografieren mit Kommandozeilenbefehl

Nach dem Neustart des Raspberry Pi stehen, neben der Kamera, auch über das Betriebssystem Raspbian neue Tools im der Kommandozeile zur Verfügung, die zusätzliche Tools wie `fswebcam` überflüssig machen sollen. Sie können `raspistill` zur Aufnahme einzelner Fotoaufnahmen nutzen, während das Werkzeug `raspivid` für die Aufnahme von Videos vorgesehen ist.

In Sachen Dateiausgabe unterstützt `raspistill` die gängigsten Formate wie JPG, BMP, GIF und PNG, das Tool `raspivid` nimmt in H.264-Codierung auf. Zusätzlich können mit `raspistill` im der Kommandozeile Parameter wie Belichtungsmodi, Farbeffekte und Kontrasteinstellungen verändert werden. Das Tool bietet umfangreiche Möglichkeiten, beim Fotografieren und Verarbeiten der Aufnahmen diverse Parameter zu setzen. So lässt sich beispielsweise mit der Option `-t` die Verzögerung in Millisekunden einstellen, falls am Raspberry Pi ein Bildschirm angeschlossen ist, um eine Vorschau des Kamerabilds anzuzeigen:

```
raspistill -t 500 -o aufnahme.jpg
```

Wenn die Kamera beispielsweise an einem Türspion eingesetzt wird und seitenverkehrte Aufnahmen erzeugt, können Sie die Ansicht des Bilds mit der Option `-hf` anpassen:

```
raspistill -hf -o aufnahme.jpg
```

Über die zahlreichen weiteren Optionen und Parameter des `raspistill`-Werkzeugs informiert die Hilfeseite, die Sie mit der einfachen Eingabe von `raspistill| less` auf der Konsole aufrufen. Mit den Pfeiltasten navigieren Sie in den Hilfeseiten, mit der [Q]-Taste (*Quit*) verlassen Sie die Hilfe. Viel Spaß beim Fotografieren mit dem Raspberry Pi.

1.3.5 LED abschalten und heimlich fotografieren

Wie die meisten Kameras bietet auch das Raspberry-Pi-Kameramodul eine optische Benachrichtigung in Form einer LED, die standardmäßig beim Anfertigen einer Aufnahme leuchtet. Es kann jedoch Einsatzzwecke geben, in denen diese rote LED besser abgeschaltet werden sollte, etwa beim heimlichen Fotografieren durch den Türspion bei einem Klingelsignal oder in einem Vogelhaus, in dem das Motiv natürlich nicht bemerken soll, dass es fotografiert wird. Um nun die angesprochene LED auf dem Raspberry-Pi-Kameraboard abzuschalten, reicht ein zusätzlicher Eintrag in der `config.txt`-Datei des Raspberry Pi aus:

```
disable_camera_led=1
```

Um die `config.txt` bearbeiten zu können, benötigen Sie neben `root`-Berechtigungen auch einen Editor – hier kommt nano zum Einsatz. Mit dem Kommando

```
sudo nano /boot/config.txt
```

öffnen Sie die Datei. Nutzen Sie dann die Pfeiltasten, um zum Dateiende zu gelangen. Dort tragen Sie nun den obigen Eintrag `disable_camera_led=1` ein und drücken anschließend die Tastenkombination [Strg]+[X], um den nano-Editor zu beenden. Dies bestätigen Sie mit Drücken der [Y]-Taste, gefolgt von [Enter]. Nun sollte beim Anfertigen einer Aufnahme beispielsweise durch `raspistill` die optische Benachrichtigung ausgeschaltet sein. Die Änderung wird erst nach einem Neustart des Raspberry Pi aktiv.

1.3.6 Programmierung der Raspberry-Pi-Kamera

Wie auf dem Raspberry Pi üblich, können die mit dem Computer verbundenen Geräte und angeschlossenen Gadgets über die Kommandozeile mit den Standardwerkzeugen des Betriebssystems angesprochen und genutzt werden. Dies gilt gleichermaßen für eine am USB-Anschluss angeschlossene Webcam wie auch für eine im CSI-Anschluss angesteckte Raspberry-Pi-Kamera, die sich wie der Raspberry Pi standardmäßig ohne Gehäuse im einfachen Platinenlook zeigt und mithilfe des 15-poligen Flachbandkabels mit dem Raspberry Pi verbunden ist.

Ist die Kamera ordnungsgemäß am Betriebssystem angemeldet, können Sie prinzipiell jede Skript- und Programmiersprache nutzen. Gerade für den Einsteiger empfiehlt es sich, zunächst auf Bewährtes zurückzugreifen und möglichst verfügbare Bibliotheken und APIs für die eigenen Programme und Skripte zu verwenden. So stehen für nahezu sämtliche Anwendungszwecke solche Bibliotheken und APIs zur Verfügung. Manche Perlen müssen Sie wirklich suchen, denn bei der Vielzahl an Möglichkeiten – Repository-Verwaltung der Marktführer *github* und *sourceforge*, aber auch zig unterschiedliche Foren und Blogs – geht manchmal der Überblick etwas verloren.

Auf der sicheren Seite sind Sie, wenn Sie sich zunächst auf github und sourceforge umsehen, von dort die eine oder andere API auf den Raspberry Pi herunterladen und einfach mal ausprobieren, ob Sie mit dem, was der Entwickler für die Open-Source-Gemeinde zur Verfügung gestellt hat, überhaupt etwas anfangen können. Für die Raspberry-Pi-Kamera gibt es Module und Erweiterungen wie Sand am Meer, aber – weniger ist mehr: Die meisten APIs sind redundant oder teilweise auch schlicht und ergreifend nutzlos, da mittlerweile bereits verbesserte Versionen wie `raspistill` und `raspivid` zur Verfügung stehen. Es gibt aber dennoch gerade für Entwickler Praktisches zu entdecken, das nicht nur in Sachen Codeoptimierung und Lesbarkeit, sondern auch beim Programmieraufwand als solchem wertvolle Hilfe leisten kann. Für die Raspberry-Pi-Kamera lohnt sich für den Python-Entwickler beispielsweise das `picam`-Modul, das auf github (*https://github.com/ashtons/picam*) zur Verfügung steht.

```
mkdir picam
cd picam
wget https://github.com/ashtons/picam/archive/master.zip
mv master.zip picam-master.zip
unzip picam-master.zip
cd picam-master/
sudo python setup.py install
```

Das `python setup.py install`-Kommando sorgt dafür, dass das Python-Modul auf dem lokalen Computer zur Verfügung steht und bei der Entwicklung eines Python-Programms einfach per `import modulname` eingebunden werden kann, um die Funktionen des Moduls nutzen zu können. In diesem konkreten Fall reicht hier die Zeile

```
import picam
```

aus, um das `picam`-Modul in das eigene Python-Skript einzubinden. Um nun per Python-Aufruf eine Aufnahme anzufertigen, ist folgender Code ausreichend:

```
#!/bin/python
import picam
pic = picam.takePhoto()
pic.save('/home/pi/picam/bild.jpg')
```

Speichern Sie die Datei und führen Sie sie aus.

Erscheinen Fehlermeldungen wie beispielsweise `ImportError: No module named PIL`, ist das in der Regel auf fehlende Pakete auf dem Raspberry Pi zurückzuführen.

Im obigen Fall ist die Installation von PIL mit dem Kommando

```
sudo apt-get install python-imaging-tk
```

notwendig, um das Skript erfolgreich zu starten. Augenscheinlich ist der Aufwand etwas höher, um eine gewöhnliche Aufnahme zu erzeugen, der Vorteil der `picam`-Library liegt aber vor allem darin, bei automatisierten Aufnahmen die Kamera optimal nach bestimmten Parametern automatisch steuern und konfigurieren zu können, bevor der Auslösevorgang erfolgt.

```
picam.config.imageFX = picam.MMAL_PARAM_IMAGEFX_WATERCOLOUR
picam.config.exposure = picam.MMAL_PARAM_EXPOSUREMODE_AUTO
picam.config.meterMode = picam.MMAL_PARAM_EXPOSUREMETERINGMODE_AVERAGE
picam.config.awbMode = picam.MMAL_PARAM_AWBMODE_SHADE
picam.config.ISO = 0 #auto
picam.config.ISO = 400
picam.config.ISO = 800
picam.config.sharpness = 0                # -100 bis 100
picam.config.contrast = 0                 # -100 bis 100
picam.config.brightness = 50              #  0 bis 100
picam.config.saturation = 0               #  -100 bis 100
picam.config.videoStabilisation = 0       # 0 or 1 (false oder true)
picam.config.exposureCompensation  = 0    # -10 to +10 ?
picam.config.rotation = 90                # 0-359
picam.config.hflip = 1                    # 0 or 1
picam.config.vflip = 0                    # 0 or 1
picam.config.shutterSpeed = 20000         # 0 = auto, otherwise the shutter
speed in ms
```

So lassen sich im Python-Skript Parameter wie ISO-Werte, Schärfe, Kontrast, Helligkeit und vieles mehr einstellen - binden Sie beispielsweise Sensoren und LEDs (Helligkeitssensoren, IR-LEDs etc.) mit in die Programmlogik ein, lassen sich wunderbare Automatismen schaffen.

1.3.7 Infrarotfotografie mit dem Pi-NoIR-Modul

Das Pi-NoIR-Infrarotkameramodul ist eine Variante des Raspberry-Pi-Kameramoduls für sichtbares Licht, bei dem im Gegensatz zur normalen Raspberry-Pi-Kamera kein IR-Infrarotfilter auf dem Sensor vorhanden ist. Beide Raspberry-Pi-Kameramodule haben den gleichen Bildsensor mit einer Auflösung von 5 Megapixeln - der Sony-Sensor der Version V2 des Kameramoduls liefert hingegen 8 Megapixel. Durch das Weglassen des Filters für sichtbares Licht kann die NoIR-Kamera Infrarotstrahlung fotografieren und filmen.

Bild 1.19: Graustufenmodell im Vergleich: links die Aufnahme mit dem normalen Kameramodul und externer Belichtung, rechts die Aufnahme bei schlechten Lichtverhältnissen mit dem NoIR-Kameramodul.

Bei Tageslicht und normalen Lichtverhältnissen nehmen sich die beiden Module nichts: Der Anwendungsbereich für das Raspberry-Pi-NoIR-Modul umfasst demnach die Alarmanlage zu Hause und die Objektüberwachung, aber auch die automatisierte Beobachtung von Tieren mithilfe eines Bewegungsmelders und dergleichen.

1.4 GPIO-Schnittstelle: Pin-Belegung und Zugriff

Neben der USB- und Netzwerkschnittstelle lädt vor allem die sogenannte GPIO-Schnittstelle (**G**eneral **P**urpose **I**nput/**O**utput) des Raspberry Pi zum Basteln und Ausprobieren ein. So bringen Sie nicht nur innerhalb kurzer Zeit eine LED auf einem Steckboard zum Leuchten, sondern realisieren ganze Schaltungen und Fernbedienungen mit dem Raspberry Pi.

Entweder Sie setzen auf Lösungen der Marke Eigenbau oder auf durchaus hilfreiche Unterstützung in Form zusätzlich zu erwerbender Steckboards wie das PiFace-Board (ca. 34 Euro inklusive Versand) oder das umfangreich bestückte Erweiterungsboard Gertboard (ca. 42 Euro inklusive Versand), das nach seinem Schöpfer Gert van Loo benannt ist. Dieses Platine ist über den britischen Elektronikdistributor *Farnell/element14* (*http://uk.farnell.com*) jetzt auch komplett erhältlich. Damit lassen sich Motoren und Roboter steuern, Türen öffnen, Geräte und Licht ein- und ausschalten und vieles mehr.

Im Rahmen der Heimautomation ist solch ein Erweiterungsboard meist zu sperrig, somit ist eine Lösung über 1-Wire oder den Eigenbau die bessere Alternative. Grundvoraussetzung ist der Zugriff per Software auf die Schnittstelle bzw. die Funktionen der einzelnen GPIO-Pins. Dafür stehen zahlreiche Möglichkeiten zur Verfügung, die in den nachfolgenden Projekten anhand praktischer Beispiele erklärt werden.

1.4.1 Aufklärung über die GPIO-Pin-Belegung

Abhängig von der Raspberry-Pi-Version sind die Pin-GPIO-Bezeichnungen leicht unterschiedlich. Um nach Kauf und Lieferung zu kontrollieren, welche Version des Raspberry Pi geliefert wurde, nutzen Sie die Kommandozeile. Mit dem Befehl

```
cat /proc/cpuinfo
```

lassen Sie sich die Hardwareinformationen – in diesem Beispiel die CPU-Prozessorinformationen – ausgeben. In der tabellarischen Ausgabe suchen Sie nach dem Eintrag `Revision` – hier steht für den Code 1 das Modell A.

```
pi@raspberrypi ~ $ cat /proc/cpuinfo
Processor       : ARMv6-compatible processor rev 7 (v6l)
BogoMIPS        : 697.95
Features        : swp half thumb fastmult vfp edsp java tls
CPU implementer : 0x41
CPU architecture: 7
CPU variant     : 0x0
CPU part        : 0xb76
CPU revision    : 7

Hardware        : BCM2708
Revision        : 0003
Serial          : 00000000[illegible]e0
pi@raspberrypi ~ $ █
```

Bild 1.20: Für den Raspberry-Pi-1-B-Nachfolger bzw. eine weitere, unwesentlich geänderte Revision 3 wird der Code 2 genutzt. Für das Raspberry Pi 1 Modell B Revision 2 werden die Codes 4, 5 und 6 genutzt.

Für die Nummerierung der Pins auf der Platine ist es egal, welche Revision der Raspberry Pi hat – die Zählrichtung ausgehend von Pin 1 ist immer dieselbe.

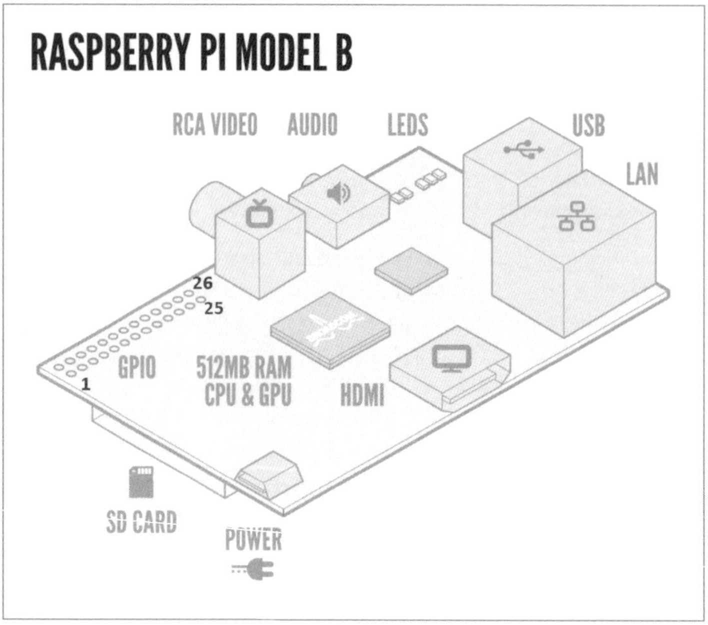

Bild 1.21: Der grundsätzliche Aufbau des Raspberry Pi und der GPIO-Pin-Leiste (Grafik: *raspberrypi.org*)

In Sachen C-Programmierung und Shell-Zugriff lohnt es sich, die kostenlose WiringPi-API näher zu betrachten. Ähnlich wie die oben genannte Python-Bibliothek bietet sie einfacheren Zugriff auf die GPIO-Pins des Raspberry Pi.

1.4.2 Direkter GPIO-Zugriff mit WiringPi

Warum das Rad neu erfinden, wenn es an nahezu jeder Ecke einen Reifenhändler gibt? Gerade beim Erstellen von Shell-Skripten in C oder Python ist der Umgang mit den GPIO-Anschlüssen relativ einfach gelöst. Für mehr Möglichkeiten beim Programmieren und vor allem mehr Übersicht sorgt die Auslagerung von Funktionen in eine API-Schnittstelle (*Advanced Programming Interface*). Im Rahmen dieses Buchs greifen wir auf die äußerst praktische WiringPi-API des Entwicklers Gordon Drogon (*https://projects.drogon.net/raspberry-pi/wiringpi/download-and-install/*) zurück.

Doch bevor Sie diese API installieren, achten Sie darauf, das System auf dem Raspberry Pi auf den aktuellen Stand zu bringen. Wie gewohnt, nutzen Sie dafür das entsprechende `update`- bzw. `upgrade`-Programm von Raspian:

```
sudo apt-get update
sudo apt-get upgrade
```

Haben Sie die GIT-Versionsverwaltung auf dem Raspberry Pi installiert, dann klonen Sie das WiringPi-Paket auf Ihren Computer. Dies erledigen Sie mit dem Kommando

```
git clone git://git.drogon.net/wiringPi
```

Falls Sie die GIT-Versionsverwaltung noch nicht installiert haben, holen Sie dies entweder per Kommando

```
sudo apt-get install git-core
```

nach oder laden WiringPi traditionell per `wget`-Befehl auf den Raspberry Pi:

```
wget http://project-downloads.drogon.net/files/wiringPi.tgz
tar xfz wiringPi.tgz
cd wiringPi/wiringPi
make
sudo make install
cd ../gpio
make
sudo make install
```

Bild 1.22: Traditionell: WiringPi erhalten Sie nach wie vor auch im `tgz`-Paket, das Sie allerdings zunächst per `tar`-Befehl entpacken und per `make`-Befehl kompilieren müssen.

Im Falle der GIT-Versionsverwaltung ist der Quellcode bereits per Klon im aktuellen Verzeichnis – wechseln Sie per `cd`-Kommando dorthin:

```
cd wiringPi
git pull origin
```

Mit dem letzten Befehl stellen Sie sicher, dass Sie auch die aktuellste Version verwenden, anschließend erstellen bzw. installieren Sie die WiringPi-API auf dem Raspberry Pi.

1.4.3 WiringPi-Bibliothek und Pin-Zuordnung

Egal, ob Raspberry Pi 1 Model A, A+, B, B+, Pi 3/ Pi 2 oder der kleine Zero: Alle kommen mit einer 26- bzw. 40-Pin-Leiste, die kompatibel sind, so dass entwickelte Schaltungen auch an neueren Modellen ohne größeren Aufwand betrieben werden können. Etwas sperrig ist beim Umgang mit der WiringPi-Bibliothek eine erneute Zuordnung der GPIO-Pin-Bezeichnung für die Nutzung mit WiringPi. Dies sorgt auf den ersten Blick für Verwirrung, doch in der Praxis und beim Programmieren müssen Sie sich nicht mehr um die unterschiedlichen Raspberry-Pi-Revisionen kümmern, falls Sie einen GPIO direkt ansprechen möchten. So reicht es beispielsweise aus, mit dem Befehl

```
gpio mode 8 out
gpio write 8 1
```

den Pin Nr. 3 auf der Raspberry-Pi-Platine mit GPIO-0 bei Revision 1 anzusprechen, während er bei Revision 2 des Modells B mit GPIO-2 anzusprechen wäre.

Alt-Function	Wiring Pi-Pin	Raspberry Pi 1 Modell A+/B+ Raspberry Pi 2 Modell B/Zero/ Raspberry Pi 3 Modell B	Raspberry Pi 1 A/B Rev. 2	Raspberry Pi 1 Modell B Rev. 1	Pin	GPIO-Sockel P1 (Modell Pi 1 A/B, 26 Pins) J8 (Pi 1 A+/ Pi 1 B+/ Pi 1 B2/Zero, Pi 2, Pi3 jeweils 40 Pins)	Pin	Raspberry Pi 1 Modell B Rev. 1	Raspberry Pi 1 Modell A/B Rev. 2	Raspberry Pi 1 Modell A+/B+ Raspberry Pi 2 Modell B/Zero/ Raspberry Pi 3 Modell B	Wiring-Pi-Pin	Alt-Function
-	-	3,3 V	3,3 V	3,3 V	1	– –	2	5 V	5 V	5 V	-	5 V
I2C0_SDA	8	GPIO2	GPIO2	GPIO0	3	– –	4	NOTUSE	5 V	5 V	-	5 V
I2C0_SCL	9	GPIO3	GPIO3	GPIO1	5	– –	6	GND	GND	GND	-	-
	7	GPIO4	GPIO4	GPIO4	7	– –	8	GPIO14	GPIO14	GPIO14	15	UART0_TXD
GND	-	GND	NOTUSE	NOTUSE	9	– –	10	GPIO15	GPIO15	GPIO15	16	UART0_RXD
UART-RTS	0	GPIO17	GPIO17	GPIO17	11	– –	12	GPIO18	GPIO18	GPIO18	1	PWM, PCM_CLK
PCM_DIN	2	GPIO27	GPIO27	GPIO21	13	– –	14	NOTUSE	NOTUSE	NOTUSE	-	GND
	3	GPIO22	GPIO22	GPIO22	15	– –	16	GPIO23	GPIO23	GPIO23	4	

Alt-Function	Wiring Pi-Pin	Raspberry Pi 1 Modell A+/B+ Raspberry Pi 2 Modell B/Zero/ Raspberry Pi 3 Modell B	Raspberry Pi 1 A/B Rev. 2	Raspberry Pi 1 Modell B Rev. 1	Pin	GPIO-Sockel P1 (Modell Pi 1 A/B, 26 Pins) J8 (Pi 1 A+/ Pi 1 B+/ Pi 1 B2/Zero, Pi 2, Pi3 jeweils 40 Pins)		Pin	Raspberry Pi 1 Modell B Rev. 1	Raspberry Pi 1 Modell A/B Rev. 2	Raspberry Pi 1 Modell A+/B+ Raspberry Pi 2 Modell B/Zero/ Raspberry Pi 3 Modell B	Wiring-Pi-Pin	Alt-Function
3,3 V	-	3,3 V	3,3 V	NOTUSE	17	-	-	18	GPIO24	GPIO24	GPIO24	5	
SPI0_MOSI	12	GPIO10	GPIO10	GPIO10	19	-	-	20	NOTUSE	NOTUSE	GND	-	GND
SPI0_MISO	13	GPIO9	GPIO9	GPIO9	21	-	-	22	GPIO25	GPIO25	GPIO25	6	
SPI0_SCLK	14	GPIO11	GPIO11	GPIO11	23	-	-	24	GPIO8	GPIO8	GPIO8	10	SPI0_CE0_N
GND		GND	NOTUSE	NOTUSE	25	-	-	26	GPIO7	GPIO7	GPIO7	11	SPI0_CE1_N
SDA_0	30	ID_SD	-	-	27	-	-	28	-	-	ID_SC	31	SCL0
	21	GPIO5	-	-	29	-	-	30	-	-	GND		GND
	22	GPIO6	-	-	31	-	-	32	-	-	GPIO12	26	
	23	GPIO13	-	-	33	-	-	34	-	-	GND	-	GND
PCM_FS	24	GPIO19	-	-	35	-	-	36	-	-	GPIO16	27	
	25	GPIO26	-	-	37	-	-	38	-	-	GPIO20	28	PCM_DIN
GND		GND	-	-	39	-	-	40	-	-	GPIO21	29	PCM_DOUT

Ohne WiringPi-Bibliothek wären Sie zunächst gezwungen zu prüfen, mit welchem Raspberry Pi Sie es überhaupt zu tun haben, um dann im zweiten Schritt davon eine angepasste Funktion mit der Nutzung des entsprechenden GPIO-Anschlusses zu bauen. Diesen Aufwand können Sie sich beim Programmieren mit Verwendung der WiringPI-API sparen.

Wenden Sie obige Übersicht in Sachen Pin-Zuordnung an, dann entspricht beispielsweise der Anschluss GPIO 24 in der Tabelle dem WiringPi-Pin Nr. 5. Bei der Nutzung der WiringPi-API geben Sie zunächst an, ob der zu nutzende Pin als Aus- oder als Eingang genutzt werden soll.

Anschließend erfolgt die Schaltung des Pins per `write`-Parameter:

```
gpio mode 5 out
gpio write 5 1
gpio write 5 0
```

Zunächst wird der Ausgangsmode aktiviert, dann der Stromkreis mit dem entsprechenden GPIO-Pin geschlossen und schließlich mit dem Setzen des Werts 0 wieder geöffnet.

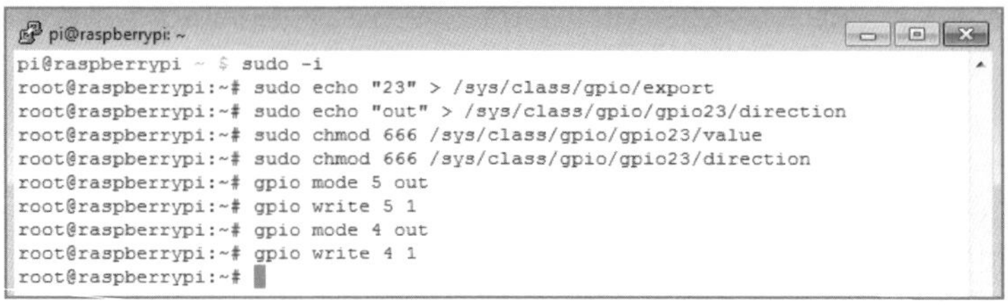

Bild 1.23: Viel Tipparbeit beim Schalten mehrerer GPIO-Pins: Hier weichen Sie besser auf ein Shell-Skript aus.

Sollen mehrere WiringPi-Pins auf einmal geschaltet werden, zum Beispiel bei einer LED-Lichterkette, dann wechseln Sie einfach die WiringPi-Pin-Nummer.

```
gpio mode 4 out
gpio write 4 1
gpio write 4 0
```

Der Aufruf funktioniert, eine etwaige LED an GPIO-23 leuchtet und wird per `write 4 0` wieder abgeschaltet. Dennoch gibt es etwas zu bemäkeln: Das mag ja als Lösung für zwei Pins erträglich sein, bei mehr als zwei Pins ist es jedoch sinnvoller, in der Shell mit einer `for`-Schleife zu arbeiten. Das ist nicht nur schneller und spart Tipparbeit, sondern ist auch übersichtlicher:

```
for i in 0 4 5 ; do gpio mode $i out; done
for i in 0 4 5 ; do gpio write $i 1; done
for i in 0 4 5 ; do gpio write $i 0; done
```

Für die bestimmte Abfolge und Steuerung der Anschlüsse lagern Sie die Logik in ein Shell-Skript aus. Hier haben Sie nicht nur die volle Kontrolle und Übersicht, sondern sparen sich auch viel Tipparbeit, gerade wenn Sie mit vielen GPIO-Anschlüssen auf dem Raspberry Pi experimentieren. Doch grundsätzlich zeigt der Umgang mit den Steuerbefehlen auf der Konsole, dass die Schaltung erfolgreich bestückt wurde und funktioniert: Im Beispiel sind nun beide LEDs einfach per Kommandozeile mit der WiringPi-API steuerbar.

1.5 FHEM: Die zentrale Anlaufstelle

Egal, ob Sie ein CUL oder COC am Raspberry Pi betreiben, das CUL an einem Windows- oder Linux-Computer nutzen oder einen alternativen USB-CCU oder PC-Adapter als Funk-Elektronik-Equipment verwenden: Für die Steuerung und Konfiguration benötigen Sie ein entsprechendes Programm auf dem Computer. Denn erst die passende Softwarelösung auf dem Raspberry Pi vereint sämtliche Funkstandards und eingesetzte Technologien in Sachen Heimautomation und dient somit als Zentrale für den Betrieb und die Steuerung des selbst gestrickten Regelwerks. So führt der Raspberry Pi selbstständig beim Eintritt bestimmter Ereignisse definierte Aktionen aus.

Das alles und noch viel mehr versucht FHEM (*www.fhem.de*) zu regeln, um die unterschiedlichen Standards der Geräte unter ein Dach zu bringen. Das Projekt FHEM (Freundliche Hausautomation und Energie-Messung) ist aus einem früheren Projekt von Rudolf Koenig hervorgegangen, in dem die Steuerzentrale FHT1000 für FS20-Komponenten erweitert wurde. Zunächst gestaltet sich die Einarbeitung in Sachen FHEM etwas zäh, doch das gut organisierte Wiki (*www.fhemwiki.de*) sowie der unermüdliche ehrenamtliche Einsatz der FHEM-Entwickler und die Hilfsbereitschaft in der Usergruppe (*groups.google.de/group/fhem-users*) erleichtern den Einstieg enorm.

Zwar vermittelt das Buch einen ersten Einstieg in FHEM und stellt die Grundlagen der Inbetriebnahme vor. Aufgrund der schier endlosen Möglichkeiten von FHEM auf der einen Seite sowie der unterschiedlichsten Ansprüche, Wünsche und vorhandenen Gerätschaften auf der Userseite liefert das Wiki der Entwickler die aktuellsten Informationen.

Grundsätzlich benötigen Sie beim Einsatz von FHEM etwas Geduld und Sitzfleisch sowie ein Verständnis für Skriptsprachen, um manche Dinge und Abläufe besser verstehen zu können. Wer sich tiefer mit der Materie auseinandersetzen möchte, für den sind Perl- und Shell-Kenntnisse nahezu Pflicht, ist doch FHEM in der Skriptsprache Perl geschrieben. Um nun FHEM zu installieren, laden Sie zunächst die aktuellste Version (hier Version 5.7) auf den Raspberry Pi:

```
cd ~/
sudo -i
wget http://fhem.de/fhem-5.7.deb
```

Um das heruntergeladene Paket zu installieren, nutzen Sie den `dpkg`-Installer. Gegebenenfalls muss er zuvor installiert werden, dies holen Sie per Befehl nach:

```
apt-get install dpkg
```

Installieren Sie nun FHEM. Um ein per **`apt-get`** installiertes Paket zu deinstallieren, nutzen Sie das Kommando

```
apt-get purge <Paketname>
```

Nicht benötigte Abhängigkeiten und Pakete lösen Sie mit dem Befehl

```
apt-get autoremove
```

auf, sodass beispielsweise bei Kapazitätsproblemen auf der Speicherkarte des Raspberry Pi wieder Platz geschaffen werden kann. Bei einem Upgrade löschen Sie zunächst das alte Paket mit dem Kommando

```
sudo dpkg -P fhem
```

In diesem Buch wird das FHEM-Paket in der Version 5.7 genutzt. Nahezu jedes Jahr erscheint ein Minor Release. Steht auf der Website *www.fhem.de* ein neueres Paket zur Verfügung, dann ändern Sie entsprechend die Versionsnummer bzw. passen die Angabe der Datei an. Anschließend starten Sie die Installation mit:

```
dpkg – i fhem-5.7.deb
```

Die Erstinstallation auf dem Raspberry Pi scheitert in der Regel zunächst, da noch Pakete für FHEM fehlen.

Die fehlenden Pakete ziehen Sie mit dem Kommando

```
sudo apt-get install libdevice-serialport-perl
```

nach.

```
sudo service apache2 restart
```

Ist FHEM nun installiert, starten Sie den Apache-Webserver neu.

1.5.1 FHEM-Startdatei für die COC-Erweiterung anpassen

Im nächsten Schritt passen Sie noch die Startdatei `/etc/init.d/fhem` an, falls Sie die COC-Erweiterung - und nur dann! - mit dem Raspberry Pi einsetzen. Dieser Schritt ist beim Einsatz eines USB-CULs nicht nötig.

```
nano /etc/init.d/fhem
```

In diesem Beispiel werden die für das Erweiterungsboard benötigten GPIO-Pins auf dem Raspberry Pi aktiviert, was hier mit dem Eintragen der entsprechenden GPIO-Nummern `17`und `18` in der *export*-Datei erfolgt.

Dadurch wird beispielsweise den beiden GPIO-Pins `gpio17` und `gpio18` mitgeteilt, dass sie womöglich bald genutzt werden. Anschließend wird jeweils die Richtung über die Definition nach Ein- oder Ausgang per `echo`-Kommando gesetzt.

```
'start')
echo "resetting 868MHz extension…"
if test ! -d /sys/class/gpio/gpio17; then echo 17 >
/sys/class/gpio/export; fi
if test ! -d /sys/class/gpio/gpio18; then echo 18 >
/sys/class/gpio/export; fi
echo out > /sys/class/gpio/gpio17/direction
echo out > /sys/class/gpio/gpio18/direction
echo 1 > /sys/class/gpio/gpio18/value
```

```
echo 0 > /sys/class/gpio/gpio17/value
sleep 1
echo 1 > /sys/class/gpio/gpio17/value
sleep 1
        echo "Starting fhem..."
        perl fhem.pl fhem.cfg
        RETVAL=$?
        ;;
'stop')
```

Der beschriebene Code wird in der Datei `etc-init.d-fhem-coc-extension.txt` bereitgestellt und kann einfach zwischen `'start')` und `'stop')` im Startskript `/etc/init.d/fhem` eingefügt werden.

Fertiges Image verfügbar
Wer auf die manuellen Nacharbeiten in Sachen COC-Installation keine Lust hat, der kann sich auch von Busware ein angepasstes, bereits konfiguriertes Raspian-Image herunterladen und verwenden. Dieses steht unter *http://files.busware.de/RPi/raspbian-fhem.zip* zum Download bereit und muss unter Windows wie gewohnt über ein Imaging-Werkzeug oder unter Linux mit `dd if=raspbian-fhem.img of=/dev/sd<bezeichnung>` auf die eingelegte SD-Karte übertragen werden.

1.5.2 Laufenden Apache-Prozess restarten

Befindet sich bereits eine Apache-Installation auf dem Raspberry Pi, die zum Beispiel von einer CUPS-Installation genutzt wird, dann stimmen eventuell die Berechtigungen nicht ganz. Erscheint hier die Fehlermeldung `action 'start' failed. bad group name www-data`, dann fügen Sie die Gruppe `www-data` hinzu und starten den Apache neu.

```
sudo groupadd -f -g33 www-data
sudo /etc/init.d/apache2 restart
```

Alternativ zum Befehl `/etc/init.d/apache2 restart` können Sie auch das Kommando

```
sudo apache2ctl restart
```

nutzen, um den laufenden Apache-Prozess zu beenden und neu zu starten.

1.5.3 Anpassen der FHEM-Konfigurationsdatei

Im nächsten Schritt passen Sie die FHEM-Konfigurationsdatei *fhem.cfg*, die sich im `/etc`-Verzeichnis befindet, an. Grundsätzlich funktioniert FHEM auch prächtig ohne die nachstehende Funkunterstützung über die genannten CUL-/COC-/CUN-Module. Für den Einsatz der Funkmodule in FHEM müssen diese in der Konfigurationsdatei eingetragen sein. Zunächst legen Sie noch eine Definition für das COC-Modul fest. Ist ein zusätzlicher CUL-USB-Stick im Einsatz, muss er ebenfalls eingetragen sein. Öffnen Sie die FHEM-Konfigurationsdatei mit dem Kommando

```
nano /etc/fhem.cfg
```

und fügen dort im Falle des COC-Moduls für den Raspberry Pi den Eintrag

```
define COC CUL /dev/ttyAMA0@38400 1234
```

ein. Hier achten Sie beim Einsatz mehrerer CUN/COC/CULs (oder RFR-CULs) darauf, dass die FHT-IDs (hier: 1234) unterschiedlich sein müssen, um Konflikte in Sachen Zuordnung zu vermeiden.

```
case "$1" in
'start')
        echo "resetting 868MHz extension..."
        if test ! -d /sys/class/gpio/gpio17; then echo 17 > /sys/class/gpio/export; fi
        if test ! -d /sys/class/gpio/gpio18; then echo 18 > /sys/class/gpio/export; fi
        echo out > /sys/class/gpio/gpio17/direction
        echo out > /sys/class/gpio/gpio18/direction
        echo 1 > /sys/class/gpio/gpio18/value
        echo 0 > /sys/class/gpio/gpio17/value
        sleep 1
        echo 1 > /sys/class/gpio/gpio17/value
        sleep 1

        echo "Starting fhem..."
        $fhz $conf
        RETVAL=$?
        ;;
'stop')
```

Bild 1.24: Startvariablen für die GPIO-Ports legen Sie im Bereich zwischen `'start')` und `'stop')` im FHEM-Start-Skript `/etc/init.d/fhem` fest.

Setzen Sie stattdessen oder zusätzlich das USB-Pendant, das CUL, mit FHEM ein, dann sind die folgenden Einträge richtig:

```
# COC-Erweiterung von busware
define COC CUL /dev/ttyAMA0@38400 1234
# USB-CUL von busware
define CUL_0 CUL /dev/ttyACM0@9600 0000
```

Hier wird für den USB-Stick der Name `CUL_0` verwendet, der beliebig gewählt werden kann. Wichtig ist nur, dass Sie auch diesen Namen durchgängig in FHEM nutzen.

Protokoll	Gerät	Kommando
FS20	FHZ, USB	define FHZ FHZ /dev/USB0
FS20	COC	define COC CUL /dev/ttyAMA0@38400 1234
HomeMatic	COC	define COC CUL /dev/ttyAMA0@38400 1234 attr COC rfmode HomeMatic

Protokoll	Gerät	Kommando
FS20	CUL	define CUL CUL /dev/ttyACM0@9600 1234
HomeMatic	CUL	define CUL CUL /dev/ttyACM0@9600 1234 attr CUL rfmode HomeMatic
EnOcean 315/868 MHz *	TCM 310	define EUL TCM 310 /dev/ttyACM0@57600
EnOcean 315/868 MHz	TCM 120 USB	define BscBor TCM 120 /dev/ttyUSB0@9600
EnOcean 315/868 MHz	TCM 310 USB	define BscSmartConnect TCM 310 /dev/ttyUSB0@57600

*Das BSC EnOcean Smart Connect mit TCM 310 entspricht dem EUL-USB-Stick von *busware.de*

Für den Einsatz von HomeMatic-Komponenten muss das jeweilige Modul noch per Attribut konfiguriert werden:

```
attr CUL_0 rfmode HomeMatic
```

Die Änderungen stellen sich wie folgt in der Konfigurationsdatei dar:

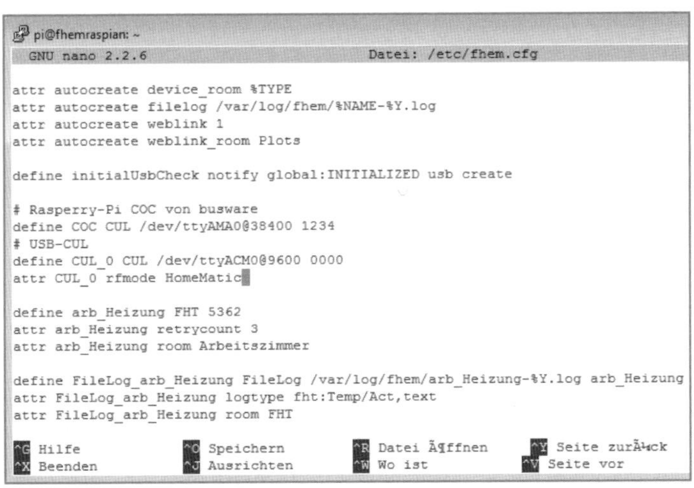

```
pi@fhemraspian: ~
GNU nano 2.2.6                    Datei: /etc/fhem.cfg

attr autocreate device_room %TYPE
attr autocreate filelog /var/log/fhem/%NAME-%Y.log
attr autocreate weblink 1
attr autocreate weblink_room Plots

define initialUsbCheck notify global:INITIALIZED usb create

# Rasperry-Pi COC von busware
define COC CUL /dev/ttyAMA0@38400 1234
# USB-CUL
define CUL_0 CUL /dev/ttyACM0@9600 0000
attr CUL_0 rfmode HomeMatic

define arb_Heizung FHT 5362
attr arb_Heizung retrycount 3
attr arb_Heizung room Arbeitszimmer

define FileLog_arb_Heizung FileLog /var/log/fhem/arb_Heizung-%Y.log arb_Heizung
attr FileLog_arb_Heizung logtype fht:Temp/Act,text
attr FileLog_arb_Heizung room FHT

^G Hilfe        ^O Speichern     ^R Datei Ã¶ffnen    ^Y Seite zurÃ¼ck
^X Beenden      ^J Ausrichten    ^W Wo ist          ^V Seite vor
```

Bild 1.25: Für jedes Gerät ist hier der Hauscode als `1234` bzw. `0000` definiert. Für den HomeMatic-Einsatz wurde bei dem USB-CUL-Modul per Attribut der `rfmode HomeMatic` gesetzt.

Das war's prinzipiell mit der Funkmoduleinrichtung bei FHEM. Nun speichern Sie die Konfigurationsdatei und starten FHEM mit dem Kommando:

```
sudo /etc/init.d/fhem start
```

Ist FHEM bereits gestartet, dann stoppen Sie den Dienst zuvor mit dem Befehl

```
sudo /etc/init.d/fhem stop
```

um anschließend beim Neustart die geänderte Konfigurationsdatei einzulesen und das installierte Funkmodul zu initialisieren. Anschließend ist FHEM über die Weboberfläche konfigurierbar.

1.5.4 Erststart der FHEM-Benutzeroberfläche

Hier tragen Sie in der Adresszeile des Browsers die Adresse

```
http://<ipadresse Raspberry Pi>:8083/fhem
```

ein. Die IP-Adresse ist die, unter der der Raspberry Pi im Heimnetz erreichbar ist. In diesem Beispiel geben Sie `192.168.123.28`, gefolgt von der Portnummer sowie dem Verzeichnis `/fhem`, ein:

```
192.168.123.28:8083/fhem
```

Über die Konsole erreichen Sie den Raspberry Pi über `telnet` mit dem Befehl:

```
telnet 192.168.123.28 7072
```

In diesem Fall ist dem Raspberry Pi die Adresse `192.168.123.28` zugeordnet. Falls Sie die IP-Adresse nicht kennen, schauen Sie entweder in der Geräteübersicht im Konfigurationsmenü des DSL-WLAN-Routers nach oder halten Sie auf der Raspberry-Pi-Konsole per `ifconfig`-Kommando Ausschau nach der IPv4-Adresse des Ethernet- oder WLAN-Anschlusses.

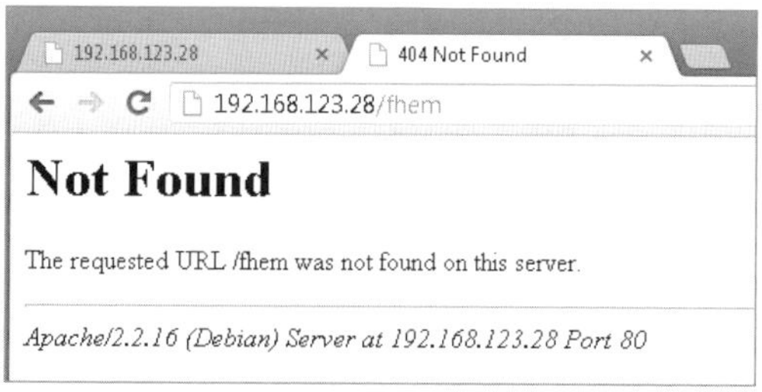

Bild 1.26: Ohne Angabe der Portnummer erhalten Sie eine Fehlermeldung.

Für jeden Anwendungszweck ist die Benutzeroberfläche von FHEM unterschiedlich aufgebaut: Greifen Sie mit einem gewöhnlichen Webbrowser über den Computer zu, dann ist der Port 8083 der richtige. Für den Zugriff über ein Smartphone nutzen Sie stattdessen die Portadresse 8084 (*http://<ipadresse Raspberry Pi>:8084/fhem*), und für ein Tablet, wie beispielsweise ein iPad, ist die Portnummer 8085 (*http://<ipadresse Raspberry Pi>::8085/fhem*) vorgesehen.

Wer möchte, kann diese Ports auch an seine persönlichen Bedürfnisse anpassen und über die FHEM-Konfigurationsdatei (`/etc/fhem.cfg`) ändern. Nach dem Neustart (`sudo /etc/init.d/fhem stop` und `sudo /etc/init.d/fhem start`) oder der Eingabe von `shutdown restart` im Befehlsprompt von FHEM werden die Änderungen umgehend aktiv – merken Sie sich also die geänderten Portnummern.

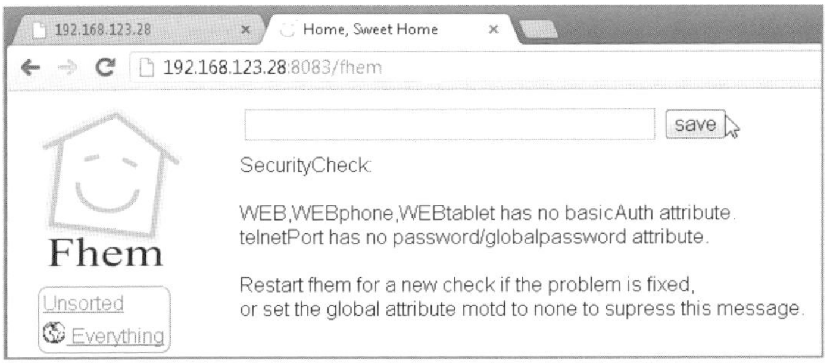

Bild 1.27: Erfolgreich: Erst mit der Angabe des Ports 8083 lässt sich das FHEM-Frontend auf dem Computer anzeigen.

FHEM regelmäßig aktualisieren

Um FHEM auf den aktuellen Stand zu bringen, geben Sie in die Befehlszeile der Weboberfläche das Kommando `update` ein und drücken die [Enter]-Taste oder klicken auf den *Save*-Button. Bei alten Versionen (vor FHEM-Version 5.3) heißt hier das Kommando `fhemupdate`. Anschließend werden die installierten FHEM-Komponenten durchlaufen, auf ihre Aktualität geprüft sowie neuere Dateien geladen und installiert. Die alte Konfiguration wird in eine *FHEM-<DATUM>-<UHRZEIT>.tar.gz*-Datei im Verzeichnis */usr/share/fhem/backup/* gesichert. Die Änderungen werden erst mit dem Neustart von FHEM (`sudo /etc/init.d/fhem stop` und `sudo /etc/init.d/fhem start`) aktiv.
Neu ist auch ein Benachrichtigungs- und optionaler Rückkanal zu den FHEM-Entwicklern. Grundsätzlich freuen sich diese über die anonymen Rückmeldungen zur FHEM-Konfiguration, zu den Gerätetypen und dergleichen. Sie sollten die Gemeinde unterstützen, indem Sie in die Übertragung der entsprechenden Daten einwilligen. Anschließend sorgt das Bestätigen per `confirm`-Kommando (zum Beispiel `notice view update-20130127-001`) für die Bereitstellung der Update-Funktion.

1.5.5 Für mehr Sicherheit HTTPS aktivieren

Sollten Sie daran denken, irgendwann einmal auch über das Internet - also von außen - auf das Heimnetz und damit auf die FHEM-Oberfläche zuzugreifen, dann ist gegenüber dem unsicheren HTTP-Protokoll das sicherere HTTPS-Protokoll die bessere Wahl. Gerade wenn der Zugriff auf die Konfigurationsseite per Authentifizierung abgesichert werden soll, ist HTTPS umso wichtiger, da hier das Kennwort verschlüsselt übertragen wird. Um HTTPS allgemein auf dem Raspberry Pi und bei der Apache-Webserver-Konfiguration nachzurüsten, benötigen Sie zunächst folgende Kommandos auf der Konsole:

```
sudo apt-get install perl-io-socket-ssl
sudo apt-get install libio-socket-ssl-perl
```

Ist `openssl` installiert, dann prüfen Sie, ob das Verzeichnis */usr/share/fhem/certs/* exisitiert. Falls nicht, legen Sie dieses per `mkdir`-Befehl an. Nun legen Sie mithilfe von OpenSSL zwei x509-Zertifikatsdateien an - `server-key.pem` und `server-cert.pem` -, was Sie im Terminal mit folgendem Befehl erledigen:

```
openssl req -new -x509 -nodes -out server-cert.pem -days 3650 -keyout
server-key.pem
```

Die Erstellung der beiden Dateien ist in wenigen Minuten abgeschlossen.

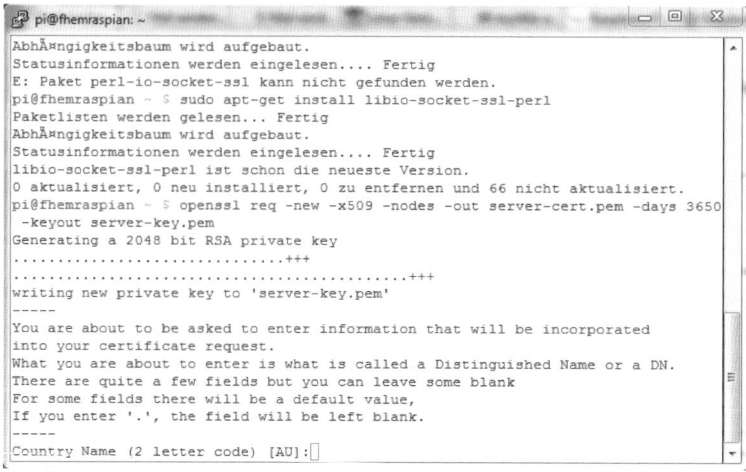

Bild 1.28: Schritt für Schritt tragen Sie die Daten für das HTTPS-Zertifikat ein. In der Regel können Sie die Standardeinstellungen beibehalten.

Im nächsten Schritt passen Sie die Konfigurationsdatei (`/etc/fhem.cfg`) an. Das können Sie entweder über den Nano-Editor über die Konsole tun oder Sie nutzen die geöffnete FHEM-Webseite, von der Sie indirekt auch Zugriff auf die *fhem.cfg* haben. Hier klicken Sie auf den Link *Edit files* und wählen im Bereich *config file* die *fhem.cfg*-Datei aus. Dort können Sie für jeden Gerätetyp bzw. für jeden Port auswählen, ob Sie HTTPS nutzen wollen oder nicht:

```
attr WEB HTTPS 1
```

Für das Smartphone und Tablet entsprechend:

```
attr WEBphone HTTPS 1
attr WEBtablet HTTPS 1
attr touchpad HTTPS 1
Nach dem Neustart von FHEM erfolgt der Zugriff über https mit dem
vorangestellten https-Protokoll: https://<IP-Adresse Raspberry Pi>:8083/fhem
```

In diesem Beispiel ist der Raspberry Pi bzw. FHEM nun über die Adresse *https://192.168.123.28:8083/fhem* erreichbar.

Beachten Sie nach der Umstellung: Der alte HTTP-Zugriff ist abgeschaltet, und eine automatische Weiterleitung von HTTP auf HTTPS existiert hier nicht. Nach dem Einrichten der Komponenten sollten Sie zudem auch den Telnet-Zugang von FHEM schließen. Solange der Raspberry Pi jedoch noch nicht über das Internet erreichbar ist, können Sie Telnet auch noch im Heimnetz nutzen.

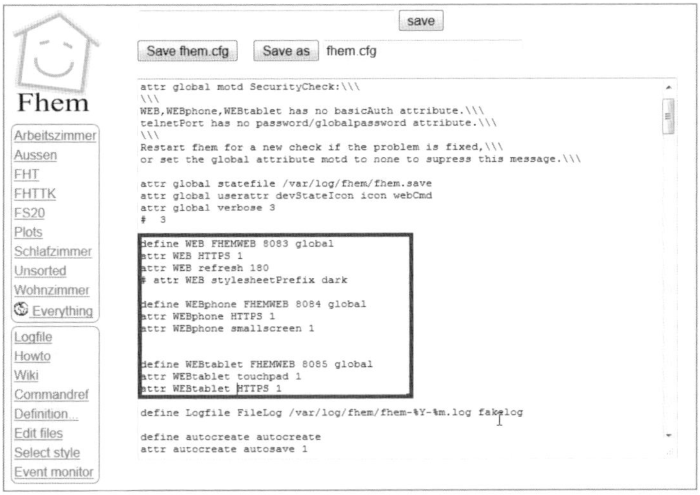

Bild 1.29: Nach der Änderung der Konfigurationsdatei klicken Sie auf die *Save fhem.cfg*-Schaltfläche. Möchten Sie die Bearbeitung ohne Änderung abbrechen, dann klicken Sie links in der Menüleiste auf einen beliebigen Link.

1.5.6 FHEM mit Zugriffskennwort absichern

Gerade wenn der Raspberry Pi und somit auch FHEM über das Internet erreichbar ist, sollte neben HTTPS auch der Benutzer/Kennwort-Dialog in FHEM eingeschaltet sein. Für den Kennwortschutz in FHEM benötigen Sie zunächst den zu verwendenden Benutzernamen und das Kennwort in der sogenannten Base64-Kodierung. Dafür nutzen Sie in der Konsole den Befehl:

```
echo -n pi:raspberry | base64
```

Für den Beispielnutzer `pi` und das dazugehörige Kennwort `raspberry` ist das Ergebnis `cGk6cmFzcGJlcnJ5` nun in der FHEM-Konfigurationsdatei einzutragen. Nutzen Sie hier Ihre persönlichen Einstellungen für den FHEM-Zugang - es muss nicht gezwungenermaßen der »echte« Benutzer `pi` sein. Für den »Standardzugang« über WEB fügen Sie die beiden Attribute:

```
attr WEB basicAuth cGk6cmFzcGJlcnJ5
attr WEB basicAuthMsg "Bitte Username/Kennwort eingeben"
```

für den Smartphone-Port die Attribute:

```
attr WEBphone basicAuth cGk6cmFzcGJlcnJ5
attr WEBphone basicAuthMsg "Bitte Username/Kennwort eingeben"
```

und anschließend für den Tablet-Zugriff die Attribute:

```
attr WEBtablet basicAuth cGk6cmFzcGJlcnJ5
attr WEBtablet basicAuthMsg "Bitte Username/Kennwort eingeben"
```

in die Datei */etc/fhem.cfg* ein. Nach dem Stoppen über `/etc/init.d/fhem stop` und Starten des FHEM-Dienstes mit `sudo /etc/init.d/fhem start` wird die Änderung umgehend aktiv.

Nach der Eingabe von *Nutzername* und *Passwort* erscheint wie gewohnt die Steuerung/Konfigurationsoberfläche von FHEM. Im nächsten Schritt nehmen Sie die vorhandenen Geräte sowie Aktoren und Sensoren über FHEM in Betrieb.

1.5.7 Funkkomponenten in Betrieb nehmen

In der grauen Theorie ist grundsätzlich jedes Gerät mit einem Funkmodul auch über das CUL oder COC des Raspberry Pi erreichbar und konfigurierbar. In der Praxis jedoch hängt es von der spezifischen Konfiguration ab, ob und wie sich die unterschiedlichen Geräte mit dem Raspberry Pi verheiraten lassen. Gerade beim Einsatz von FS20-basierenden Komponenten achten Sie darauf, einen individuellen Hauscode bzw. Sicherheitscode festzulegen, um vor allem nicht versehentlich einmal fremde Geräte in der Umgebung zu steuern, falls diese ebenfalls aus dem FS20-Stall kommen.

Eine weitere mögliche Fehlerquelle ist der etwas schwammige Hauscode-Begriff in der Dokumentation, in diversen einschlägigen Internetforen und diversen Blogs. Achten Sie genau darauf, ob es sich um den Hauscode in der FS20-Notation handelt oder ob einfach der FHT-Code bzw. die FHT-ID gemeint ist, die ausschließlich für das Pairing mit FHT-Komponenten gedacht ist.

Solange Sie jetzt nicht ein zweites CUL als Router, sprich als RFR-CUL (*Radio Frequency Router*), benötigen, um die Funkabdeckung in Ihrem Haushalt zu erhöhen, geben Sie hier einfach einen Wert vor (zum Beispiel *1234*) und nutzen diesen durchgängig. Wichtig ist dabei nur, dass er nicht auf *0000* gesetzt wird, denn sonst würden FHT-Geräte nicht berücksichtigt werden.

In FS20-Notation ist der Hauscode systemweit festgelegt und auf allen Geräten, die in einem gemeinsamen Funknetz funktionieren sollen, einheitlich. Der FS20-Hauscode ist achtstellig in Vierersystem-Notation, was hier bedeutet, dass nur Ganzzahlen von 1 bis 4 erlaubt sind. In FHEM hingegen wird das Hexadezimalsystem genutzt. Möchten Sie zwischen den beiden Systemen einfach umrechnen, dann vereinfacht die nachstehende Tabelle die Zuordnung:

1x quad / hex	2x quad / hex	3x quad / hex	4x quad / hex
11 = 0x0	21 = 0x4	31 = 0x8	41 = 0xC
12 = 0x1	22 = 0x5	32 = 0x9	41 = 0xC
13 = 0x2	23 = 0x6	33 = 0xA	41 = 0xC
14 = 0x3	24 = 0x7	34 = 0xB	44 = 0xF

Die Tabelle zeigt, dass ein Hauscode in FS20-Notation immer achtstellig ist und jede Stelle einen Wert zwischen 1 und 4 annehmen kann. So entspricht beispielsweise der

FHEM-Hexcode c04b (c -> 41, 0 -> 11, 4 -> 21, b-> 34) dem FS20-Hauscode 41 11 21 34. Somit haben Sie eine erste gemeinsame Grundlage für die Komponenten in Ihrem Funknetz - den Hauscode.

In der Regel sollten Sie auch diesen einheitlich nutzen, doch es gibt FS20-Geräte, deren Hauscode sich hier nicht konfigurieren lässt, falls sie keine Konfigurationsmöglichkeit bieten, wie beispielsweise ein Tür-Fenster-Kontakt. Dieser funktioniert über FHEM aber trotzdem. Sprechen Sie ihn einfach mit dem vorab festgelegten Haus-/Gerätecode an. Bei Sensoren wie beispielsweise Bewegungsmeldern, einem Schalter oder der FS20-Klingelsignalerkennung wird jeder Taste neben dem Hauscode auch ein sogenannter Tastencode zugewiesen, damit FHEM weiß, von welchem Gerät die Anforderung kommt.

Grundsätzlich ist es egal, mit welchem Gerät Sie beginnen, denn es muss ohnehin an Ihre Anforderungen und die übrigen Komponenten explizit angepasst werden. Deswegen ist es für den Einstieg sehr empfehlenswert, die bereits nach der FHEM-Standardinstallation aktivierte `autocreate`-Funktion in der *fhem.cfg* eingeschaltet zu lassen. In diesem Fall scannt das COC/CUL die Umgebung automatisch nach unbekannten Funkdiagrammen und fügt sie der FHEM-Konfiguration hinzu.

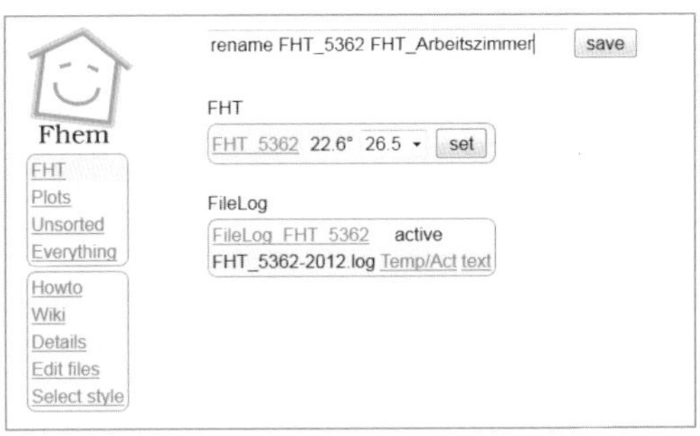

Bild 1.30: Nach der automatischen Erkennung wird das FHT mit der geräteeigenen FHT-ID in FHEM geführt. Gerade beim Einsatz von mehreren Modulen ist es sinnvoll, die Geräte von Anfang an mit aussagekräftigen Bezeichnungen zu versehen. Dies erledigen Sie im Befehlsfenster von FHEM mit dem `rename`-Kommando.

Grundsätzlich passiert beim Koppeln der Geräte mit dem Raspberry Pi, also dem Pairing beispielsweise einer FS20-Funksteckdose mit dem COC mit FHEM im Hintergrund, eine Menge. Es gibt auch nicht allzu viel Dokumentation darüber. Nehmen Sie aber die genannte FS20-Funksteckdose in Betrieb und schalten diese mit dem Einschaltknopf ein paar Mal ein und aus, dann bemerkt die in FHEM aktivierte `autocreate`-Funktion, dass ein neues Gerät verfügbar ist, und trägt es automatisch in die *fhem.cfg*-Datei ein.

Das funktioniert relativ zuverlässig. Auch beim Einsatz einer FHT-Heizungssteuerung, die bereits montiert ist (siehe auch Kapitel 3.8.4 »Heizungsreglereinheit mit Raspberry Pi koppeln«), sorgt die `autocreate`-Funktion dafür, dass in FHEM das nötige Device automatisch erstellt wird.

Bild 1.31: Ertappt: Nach dem Einstecken und einem Schaltbefehl wird die Funksteckdose automatisch – hier mit der Bezeichnung *FS20_c04b00* – von FHEM erkannt und in der Geräteübersicht gelistet. Über die Aktivitäten des Geräts wird auch automatisch für jedes neue Gerät eine Log-Datei angelegt, die gerade anfangs in Sachen Fehlersuche sehr hilfreich ist.

Für mehr Übersicht sorgt die Zuordnung der Geräte über das `room`-Attribut zu dem entsprechenden Aufstellort. So können Sie beispielsweise alle Steckdosen in einem Raum zusammenfassen. Standardmäßig wird beispielsweise eine FS20-Funksteckdose automatisch einem virtuellen Raum mit der Bezeichnung `fs20` zugeordnet.

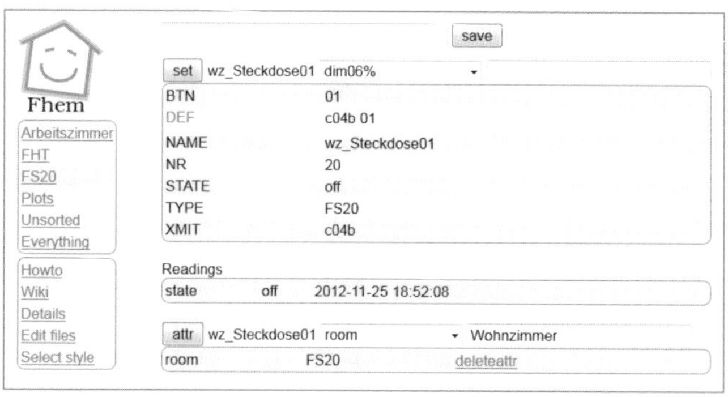

Bild 1.32: Zunächst löschen Sie das alte `room`-Atrribut `fs20` für das jeweilige Gerät und erstellen anschließend ein neues mit der gewünschten Bezeichnung – im Beispiel *Wohnzimmer*.

Haben Sie mehrere Geräte im Einsatz, dann sollten Sie von Anfang an mit aussagekräftigen Bezeichnungen arbeiten.

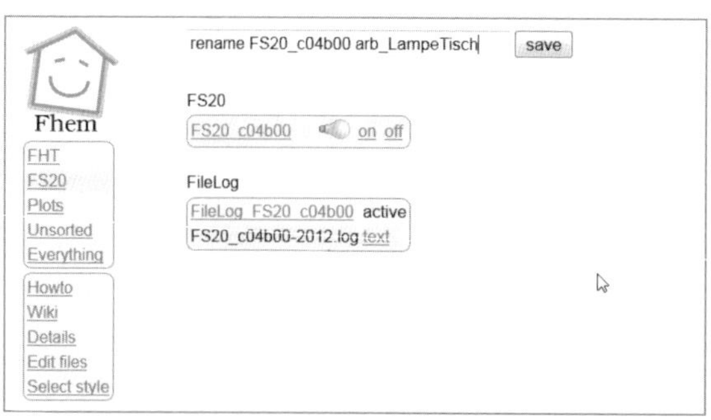

Bild 1.33: Nicht nur für Perfektionisten sorgt die eindeutige Bezeichnung der Geräte innerhalb von FHEM für mehr Übersicht.

So können Sie mit einem Raumkürzel kombiniert mit der (Schalt-)Bezeichnung arbeiten, zum Beispiel mit `wz` für Wohnzimmer, `sz` für Schlafzimmer, `arb` für Arbeitszimmer usw. In diesem Beispiel dient die Steckdose für das Schalten einer Lampe im Arbeitszimmer. Die Umbenennung erfolgt im Befehlsfenster von FHEM mit dem `rename`-Kommando:

```
rename FS20_c04b arb_LampeTisch
rename FHT_5362 arb_Heizung
```

Im letzten Befehl wurde das erkannte Heizungsmodul umbenannt. Nach einem Refresh der FHEM-Konfigurationsseite werden die geänderten Bezeichnungen angezeigt.

Bild 1.34: Nun sind die Schaltfunktionen der beiden Geräte in einem gemeinsamen Raum *Arbeitszimmer* vereint.

Anschließend sind die Geräte in der FHEM-Konfigurationsdatei *fhem.cfg* gelistet. In der Regel geschieht dies je nach Gerätetyp dank der `autocreate`-Funktion bei der erstmaligen Übertragung eines Funksignals automatisch, doch es kann auch hier vorkommen, dass Sie dies selbst manuell vornehmen müssen.

Geben Sie den Typ des Hardwaresystems an, also ob es sich um FS20, HomeMatic usw. handelt. Ist dies erfolgt, dann können Sie alle FHEM-Funktionen unabhängig von der dahinterliegenden Technik (FS20, HomeMatic usw.) mit dem identischen Befehlssatz ansprechen. Eine Übersicht finden Sie bei Ihrer FHEM-Installation unter dem Link *http://<IP-Adresse-Raspberry Pi>/fhem/docs/commandref.html*. So schalten Sie beispielsweise die oben genannte Steckdose mit folgendem Befehl ein:

```
set arb_LampeTisch on
```

Und mit diesem Befehl schalten Sie sie wieder aus:

```
set arb_LampeTisch off
```

Egal, welches Gerät Sie mit FHEM verheiraten möchten, die Herangehensweise ist im Prinzip immer gleich: Zunächst prüfen Sie, ob FHEM im `autocreate`-Mode ist. Lässt sich bei diesem neuen Gerät ein bzw. der FS20-Hauscode per Schalter etc. einstellen, dann passen Sie ihn an Ihren Hauscode an. Anschließend sorgen Sie für die Übertragung eines Funksignals des neuen Geräts, und FHEM sortiert das Gerät automatisch in der Geräteübersicht ein.

In diesem Buch finden Sie dazu weitere Beispiele: Bei der Integration einer Heizungssteuerung mit einem autarken System wie Stellradantrieb, Tür-Fenster-Kontakt und

Sendeeinheit gehen Sie prinzipiell identisch vor. Auch das Einbinden des FS20-KSE-Moduls (Klingelsignalerkennung), erfolgt grundsätzlich nach dem bekannten Schema.

1.6 ownCloud: Datenwolke ohne Limit

Über Speicherdienste wie Dropbox, Mediacenter, Google Drive oder Microsoft SkyDrive machen Sie grundsätzlich die gewünschten Daten aus dem Heimnetz für den Zugriff von außen verfügbar. Doch diese Cloud-Speicher sind in der Regel kontingentiert und kosten je nach benötigtem Speicherplatz zusätzliches Geld. Doch das größere Manko ist der Datenschutz: Letztendlich können Sie nicht immer mit absoluter Gewissheit davon ausgehen, dass die beim Anbieter gespeicherten Daten bzw. der dafür genutzte Account auch wirklich Ihrem Sicherheitsanspruch genügen.

Hier nun eine Selbstbau-Lösung mit dem Raspberry Pi und der kostenlosen Open-Source-Software ownCloud (*www.owncloud.org*) – die perfekte Alternative.

Zunächst suchen Sie die aktuellste Version von ownCloud und laden sie auf den Raspberry Pi (*http://mirrors.owncloud.org/releases/*).

Sie haben nicht nur die vollständige Kontrolle über die Daten, sondern vor allem keinerlei Beschränkungen in der Kapazität. Sie können am Raspberry Pi über den USB-Anschluss beliebig große USB-Festplatten betreiben, vorausgesetzt, die externe Stromversorgung ist sichergestellt. Mit einer alten USB-Festplatte mit beispielsweise 100 GB haben Sie schon ein Vielfaches an Kapazität gegenüber den kommerziellen Anbietern zur Verfügung.

Bild 1.35: Ärgernis Speicherplatzmangel: Reicht bei teuren Smartphones der Speicher nicht mehr aus, heißt es Daten auslagern. Speicherfresser wie Urlaubsbilder sichern Sie dann besser in den eigenen Online-Speicher, falls Sie von unterwegs darauf Zugriff haben möchten.

Wer Aufwand und etwas Installation nicht scheut, der baut sich mit Hilfe eines Raspberry Pi und der kostenlosen Open-Source-Software `ownCloud` (`www.owncloud.org`) einen eigenen Datenspeicher - die perfekte Alternative für Breitbandanschlüsse zuhause.

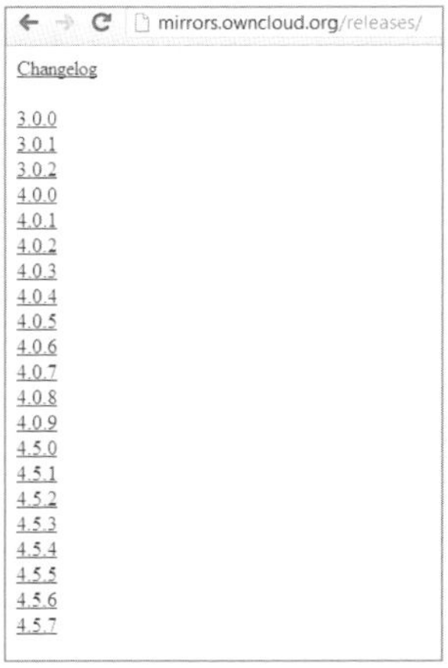

Bild 1.36: Suchen Sie die aktuellste Version von ownCloud und laden Sie sie auf den Raspberry Pi (`http://mirrors.owncloud.org/releases/`).

Sie haben nicht nur vollständige Kontrolle über die Daten, sondern vor allem keinerlei Beschränkungen in der Kapazität. Sie können am Raspberry Pi über den USB-Anschluss beliebig große USB-Festplatten betreiben, vorausgesetzt, die externe Stromversorgung ist sichergestellt. Mit einer alten USB-Festplatte mit beispielsweise 100 GB haben Sie schon ein Vielfaches an Kapazität gegenüber den kommerziellen Anbietern zur Verfügung.

1.6.1 Raspberry Pi für ownCloud vorbereiten

Gerade für den Einsatz einer Cloud reicht die Kapazität der internen SD-Karte des Raspberry Pi in der Regel nicht aus. Wer Daten der angeschlossenen Systeme wie Wetterstation, Strommesswerte und dergleichen loggen will oder aber ownCloud sinnvoll einsetzen möchte, der braucht mehr Platz auf dem Raspberry Pi. In diesem Beispiel wird daher eine ältere, 2,5 Zoll und 120 GByte große Notebook-Festplatte eingesetzt. Der Anschluss erfolgt über einen USB-Hub mit eigener Stromversorgung an den USB-Anschluss des Raspberry Pi. Bevor Sie ownCloud auf dem Raspberry Pi installieren, schließen Sie die externe USB-Festplatte an den USB-Anschluss an und vergewissern sich, ob die Festplatte ordnungsgemäß erkannt und initialisiert wird.

Grundsätzlich benötigen Sie für die Einrichtung und Konfiguration von ownCloud sowie die Installation der externen Festplatte vollständige root-Rechte:

```
sudo -i
```

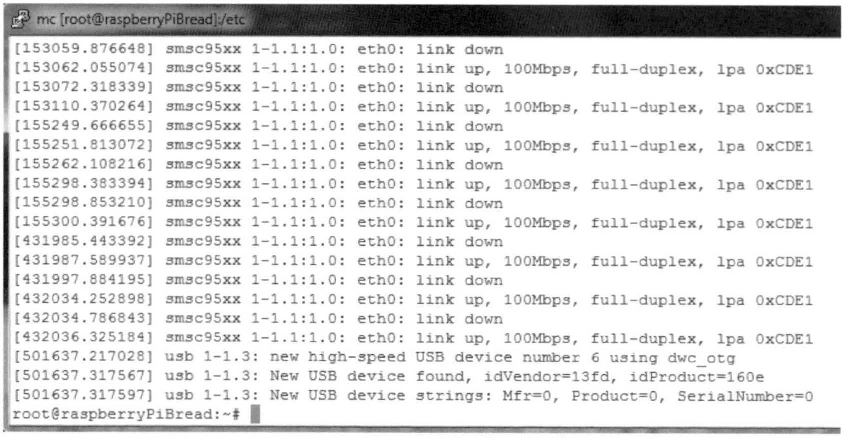

```
mc [root@raspberryPiBread]:/etc
[153059.876648] smsc95xx 1-1.1:1.0: eth0: link down
[153062.055074] smsc95xx 1-1.1:1.0: eth0: link up, 100Mbps, full-duplex, lpa 0xCDE1
[153072.318339] smsc95xx 1-1.1:1.0: eth0: link down
[153110.370264] smsc95xx 1-1.1:1.0: eth0: link up, 100Mbps, full-duplex, lpa 0xCDE1
[155249.666655] smsc95xx 1-1.1:1.0: eth0: link down
[155251.813072] smsc95xx 1-1.1:1.0: eth0: link up, 100Mbps, full-duplex, lpa 0xCDE1
[155262.108216] smsc95xx 1-1.1:1.0: eth0: link down
[155298.383394] smsc95xx 1-1.1:1.0: eth0: link up, 100Mbps, full-duplex, lpa 0xCDE1
[155298.853210] smsc95xx 1-1.1:1.0: eth0: link down
[155300.391676] smsc95xx 1-1.1:1.0: eth0: link up, 100Mbps, full-duplex, lpa 0xCDE1
[431985.443392] smsc95xx 1-1.1:1.0: eth0: link down
[431987.589937] smsc95xx 1-1.1:1.0: eth0: link up, 100Mbps, full-duplex, lpa 0xCDE1
[431997.884195] smsc95xx 1-1.1:1.0: eth0: link down
[432034.252898] smsc95xx 1-1.1:1.0: eth0: link up, 100Mbps, full-duplex, lpa 0xCDE1
[432034.786843] smsc95xx 1-1.1:1.0: eth0: link down
[432036.325184] smsc95xx 1-1.1:1.0: eth0: link up, 100Mbps, full-duplex, lpa 0xCDE1
[501637.217028] usb 1-1.3: new high-speed USB device number 6 using dwc_otg
[501637.317567] usb 1-1.3: New USB device found, idVendor=13fd, idProduct=160e
[501637.317597] usb 1-1.3: New USB device strings: Mfr=0, Product=0, SerialNumber=0
root@raspberryPiBread:~#
```

Bild 1.37: Über den `dmesg`-Befehl finden Sie heraus, ob die angeschlossene Festplatte auch ordnungsgemäß vom Raspberry Pi erkannt worden ist oder nicht.

Benötigen Sie in Sachen Geräte und USB-Anschluss eine etwas übersichtlichere Darstellung, dann nutzen Sie statt `dmesg` das Kommando:

```
lsusb -v | grep -E '\<(Bus|iProduct|bDeviceClass|bDeviceProtocol)'
2>/dev/null
```

Im nächsten Schritt prüfen Sie, ob der USB-Speicher auch ordnungsgemäß von `fdisk` erkannt wird. Mit dem Kommando

```
fdisk -l
```

listen Sie sämtliche erkannten Speichergeräte samt ihrem Mountpoint auf.

Mittels `fdisk -l` lassen sich die erkannten Festplatten- bzw. USB-/Flash-Speicher anzeigen. In diesem Fall wurde die eingesteckte Festplatte an `/dev/sda1` eingebunden.

Im nächsten Schritt wird die angeschlossene USB-Festplatte formatiert. Dabei verlieren Sie alle auf der USB-Festplatte vorhandenen Daten. Sollen diese Daten bestehen bleiben, müssen Sie sie vorher auf einem anderen Datenträger sichern. In diesem Beispiel wurde die eingesteckte USB-Festplatte auf den Pfad `/dev/sda1` vom Raspberry Pi eingebunden. In diesem Fall sorgt das Kommando

```
mkfs.ext3 /dev/sda1
```

dafür, dass die externe Festplatte mit dem ext3-Dateisystem formatiert wird. Alternativ können Sie natürlich auch das Windows-freundliche FAT32-Dateisystem nutzen. Dies ist interessant, falls Sie einmal die Festplatte direkt an den USB-Anschluss des Windows-Computers anschließen möchten. In diesem Fall nutzen Sie zum Formatieren den Befehl:

```
mkfs.vfat -F 32 /dev/sda1
```

In diesem Beispiel wird darauf verzichtet und das ext3-Dateisystem verwendet. Im nächsten Schritt legen Sie einen fixen Mountpoint für den Raspberry Pi an. Dafür benötigen Sie ein Verzeichnis, das hier der Einfachheit halber mit `usbhdd` bezeichnet wird. Mit dem Kommando

```
mkdir -p /media/usbhdd
mount /dev/sda1 /media/usbhdd
```

legen Sie das Verzeichnis an und mounten anschließend die formatierte USB-Festplatte in dieses Verzeichnis. Damit nach einem Neustart des Raspberry Pi die USB-Festplatte auch wieder automatisch zur Verfügung steht, sollten Sie sie mit in die Systemdatei `fstab` aufnehmen. Die zweite Anforderung ist, dass die Platte auch dann immer richtig gemountet ist, egal welchen USB-Anschluss Sie verwenden - und hier kommt die sogenannte UUID ins Spiel. Diese erhalten Sie mit dem Kommando:

```
blkid | grep /dev/sda1
```

Im nächsten Schritt öffnen Sie via Nano-Editor die Systemdatei `fstab`:

```
nano /etc/fstab
```

und fügen dort am Ende der Datei folgende Zeile ein:

```
UUID=123456789-1234-1234-1234-123456789012    /media/usbhdd       ext3
defaults    0    2
```

Ersetzen Sie die Beispiel-UUID `123456789-1234-1234-1234-123456789012` durch die UUID Ihrer Festplatte. Die Änderungen werden erst nach einem Neueinlesen der Systemdatei `/etc/fstab` aktiv. Ohne Neustart erfolgt dies mit dem Kommando:

```
mount -a
```

Dennoch sollten Sie per `reboot`-Kommando den Raspberry Pi neu starten, um die Funktion zu testen. Auch nach einem Neustart sollte die USB-Festplatte nun unter dem gewählten Namen erreichbar sein. Haben Sie die USB-Festplatte in Betrieb genommen, dann installieren Sie die für ownCloud notwendigen Dienste und Pakete auf dem Raspberry Pi nach. Zunächst laden Sie die aktuelle Version von ownCloud auf den Raspberry Pi. Wenn eine aktuellere Version erscheint, ist die Versionsnummer entsprechend anzupassen, damit der nachstehende `wget`-Befehl auch funktioniert.

```
cd ~
wget http://download.owncloud.org/community/owncloud-5.0.5.tar.bz2
```

Bevor Sie per `apt-get` die notwendigen Pakete samt deren Abhängigkeiten installieren, legen Sie für den Webserver-Zugriff eine eigene Gruppe an:

```
groupadd -f -g33 www-data
```

Nicht zwingend notwendig, doch manchmal praktisch ist es, neben der Webserver-Gruppe `www-data` auch einen dazugehörigen User einzurichten. Wer nicht den Standarduser `pi` nutzen möchte, der legt dafür kurzerhand mit dem Kommando

```
usermod -a -G www-data www-data
```

einen gleichnamigen Benutzer der Gruppe `www-data` an, um anschließend per

```
sudo chown -R www-data:www-data /var/www
```

den Besitz des Verzeichnisses `/var/www` zu übernehmen. Anschließend installieren Sie mit `apgt-get` die für den ownCloud-Server notwendigen abhängigen Pakete auf den Raspberry Pi:

```
apt-get install apache2 php5 sqlite libapache2-mod-php5 curl libcurl3
libcurl3-dev php5-gd php5-sqlite php5-curl php5-common php5-intl php-pear
php-apc mc php-xml-parser
```

Je nachdem, was auf dem Raspberry Pi bereits an installierten Paketen vorhanden ist, wird in diesem Schritt aktualisiert. Wie bereits aus dem obigen Installationsaufruf hervorgeht, benötigt ownCloud für einen reibungslosen Betrieb einen Webserver, der mit PHP5 (Version ab 5.3) sowie den Paketen php5-json, php-xml, php-mbstring. php5-zip, php5-gd und weiteren optionalen Abhängigkeiten wie php5-sqlite (ab Version 3), curl, libcurl3, libcurl3-dev, php5-curl installiert sein sollte. Um in Sachen Aktualität auf Nummer sicher zu gehen, führen Sie hier ein gewohntes

```
apt-get update && apgt-get upgrade
```

aus. Grundsätzlich ist das Apache-Modul *mod_webdav* nicht zwingend notwendig, falls Sie die praktische WebDAV-Unterstützung von ownCloud nutzen möchten, da ownCloud diese selbst mitbringt.

Erscheint beim Start des Apache-Webservers auf der Konsole die Meldung, dass der *FQDN (fully qualified domain name)* nicht aufgelöst werden kann, dann nehmen Sie in der Datei */etc/apache2/httpd.conf* noch folgende Änderung vor:

```
nano /etc/apache2/httpd.conf
```

Prüfen Sie, ob die Datei leer ist oder nicht. Nach der Apache-Neuinstallation ist sie nämlich ohne Inhalt. Hier tragen Sie einfach

```
ServerName localhost
```

ein, speichern mit [Strg]+[S] und bestätigen mit [Y] und [Enter]-Taste die Änderung an der Datei.

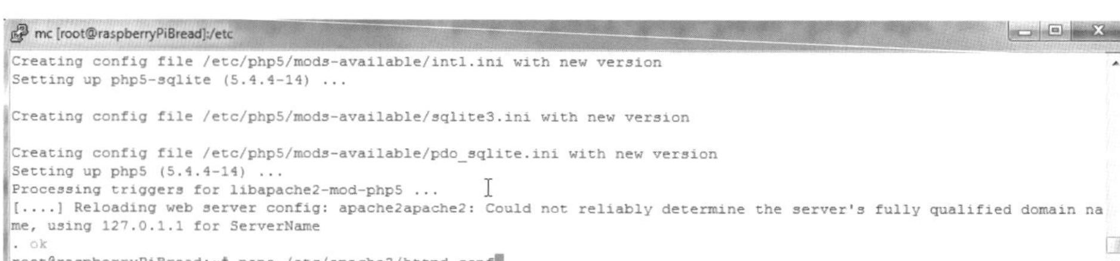

Bild 1.38: Erst mit dem neuen Eintrag `ServerName localhost` in der Datei `/etc/apache2/httpd.conf` eliminieren Sie diese Fehlermeldung.

Im nächsten Schritt ändern Sie die Berechtigungen für `AllowOverride` auf dem Apache über die Konfigurationsdatei `000-default.conf`.

```
nano /etc/apache2/sites-enabled/000-default.conf
```

Stellen Sie den Wert bei `AllowOverride` von `None` auf `All` um und aktivieren Sie vorsichtshalber noch die Module `rewrite` und `headers` auf dem Apache-Webserver.

```
a2enmod rewrite && a2enmod headers
```

Falls diese bereits eingeschaltet sind, ist dies auch kein Beinbruch, hier erscheint die Meldung `Module rewrite already enabled`. Für den PHP-Betrieb mit ownCloud benötigen Sie noch einen kleinen Eingriff in der `php.ini`-Datei, um die zulässige Dateigröße für den ownCloud-Betrieb anzupassen. Standardmäßig ist sie auf 2 MB festgelegt.

```
nano /etc/php5/apache2/php.ini
```

Anschließend suchen Sie per Tastenkombination [Strg]+[W] nach dem Eintrag `upload_max_filesize` und `post_max_size` und ändern dort den Wert von 2M bzw. 8M in beiden Fällen auf 4G, um die maximal zulässige Dateigröße auf 4 GB zu erhöhen. Läuft auf dem Raspberry Pi bereits ein Apache-Webserver, dann starten Sie diesen anschließend neu:

```
/etc/init.d/apache2 restart
```

Alternativ zum Befehl `/etc/init.d/apache2 restart` können Sie auch das Kommando

```
apache2ctl restart
```

nutzen, um den laufenden Apache-Prozess zu beenden und neu zu starten.

1.6.2 ownCloud installieren und konfigurieren

Im nächsten Schritt entpacken Sie die heruntergeladene Datei zunächst in das Home-Verzeichnis des Users root und kopieren anschließend den Inhalt rekursiv in das Stammverzeichnis `/var/www` des Apache-Webservers. Passen Sie das Stammverzeichnis des Webservers bezüglich der Berechtigungen für den Zugriff der Gruppe/Benutzer `www-data` noch an. Im nächsten Schritt legen Sie auf der USB-Festplatte für die Daten von ownCloud ein eigenes Verzeichnis an (hier: `/media/usbhdd/owncloud/data`) und setzen abermals die passenden Berechtigungen für die Gruppe bzw. den Benutzer `www-data`.

```
cd ~
tar -xjf owncloud-8.0.2.tar.bz2
cp -r owncloud /var/www
chown -R www-data:www-data /var/www
mkdir -p /media/usbhdd/owncloud/data
chown -R www-data:www-data /media/usbhdd/owncloud/data
/etc/init.d/apache2 restart
```

Im nächsten Schritt nutzen Sie den Webbrowser auf dem Computer zur Einrichtung von ownCloud. Um auf die Konfigurationseite zu gelangen, reicht die IP-Adresse des Raspberry Pi in der Adresszeile des Webbrowsers aus. Erscheint hier nachstehende Fehlermeldung

```
Can't write into config directory 'config'
You can usually fix this by giving the webserver user write access to the
config directory in owncloud
```

führt eine erneute Eingabe von

```
chown -R www-data:www-data /var/www
/etc/init.d/apache2 restart
```

zum Ziel.

Bild 1.39: Grundinstallation erfolgreich: Über die Weboberfläche konfigurieren Sie ownCloud nach Ihren Wünschen. Zunächst legen Sie einen Administrator fest und tragen das gewünschte Kennwort dafür ein, um anschließend den Speicherpfad (per Klick auf *Fortgeschritten*) einzutragen. Per Klick auf *Installation abschließen* ist die Installation von ownCloud erledigt.

Das festgelegte Administratorkonto von ownCloud muss kein Systembenutzer auf dem Raspberry Pi sein. Hier können Sie später weitere, auch nicht administrative Konten anlegen. Das können Sie nach dem Login im linken unteren Bereich über das Zahnrad-Symbol im Administrator-Menü erledigen. Die ownCloud ist anfangs leer. Um etwas hochzuladen, klicken Sie auf den Pfeil oben links.

Bild 1.40: Es lassen sich auch mehrere Dateien auf einmal auswählen und blockweise hochladen.

Die eingerichtete ownCloud lässt sich nun im Heimnetz von jedem Computer aus per Webbrowser über die IP-Adresse des Raspberry Pi verwenden, egal ob es sich dabei um einen Windows-, Mac-, oder Linux-Computer oder ein Smartphone handelt. Für die mobile Fraktion, also den Zugriff via Android- und iOS-Smartphone sowie Tablet, stehen in den entsprechenden App Stores die passenden ownClouds-Clients zur Verfügung. Doch im Gegensatz zu ownCloud sind diese Apps leider nicht kostenlos.

In Sachen Heimautomation haben Sie nun die Möglichkeit, die gewünschten Daten - beispielsweise Log-Dateien, Bilder der Überwachungskamera, Wetterinformationen und dergleichen mehr in den entsprechenden Unterverzeichnissen auf der externen Festplatte unterzubringen, was dem Speicherbedarf auf der SD-Karte des Raspberry Pi entgegenkommt.

Mit einer installierten bzw. eingerichteten dynamischen DNS-Adresse sowie der passenden Portweiterleitung im LAN/WLAN-Router ist der Zugriff auch aus dem Internet auf die Cloud Marke Eigenbau problemlos möglich. In diesem Fall sollten Sie aus Sicherheitsgründen jedoch statt des HTTP-Protokolls das sicherere HTTPS-Protokoll verwenden und die Apache-Konfiguration entsprechend ändern.

1.6.3 Mehr Sicherheit: Benutzerkonto absichern

Spätestens jetzt, wenn die ownCloud-Installation des Raspberry Pi über das Internet erreichbar ist, ist es höchste Zeit, den Computer bzw. die entsprechenden Userkonten abzusichern, um möglichen Einbrechern wenig Zerstörungsspielraum zu geben. Grundsätzlich sollten Sie das Standard-Benutzerkonto `pi` bereits angepasst und das Standard-Kennwort `raspberry` in ein sicheres Kennwort Ihrer Wahl geändert haben. Dies erledigen Sie bekanntlich mit dem Kommando:

```
sudo passwd pi
```

Geben Sie das neue Kennwort ein und bestätigen dies im zweiten Schritt. Mit der Benutzerkennung `pi` können Sie sich auch die administrativen `root`-Rechte mittels `sudo`-Kommando holen. Wer für das root-Konto auf dem Raspberry Pi ebenfalls ein persönliches Konto setzen möchte, der erledigt dies mit den Befehlen:

```
sudo -i
passwd
```

Tragen Sie zunächst das neue Kennwort und anschließend die Kennwortbestätigung ein, um das root-Konto mit einem persönlichen Kennwort abzusichern.

Konsolen-Basics: wichtige Befehle im Überblick

Die Konsole bzw. bei Linux und Mac OS das Terminal kommt standardmäßig im Textmodus daher und lässt sich auch vom Window-Manager aus starten. Damit sich Linux-Neulinge ebenfalls auf Anhieb mit der Kommandozeile wohlfühlen, gibt es hier die wichtigsten Befehle im Überblick:

Beschreibung	Befehl
Beendet einen laufenden Prozess	kill
Befehl als Superuser ausführen	sudo [BEFEHL]
Benutzer ändern	usermod [BENUTZER]
Benutzer hinzufügen	useradd [BENUTZER]
Benutzer löschen	userdel [BENUTZER]
Datei kopieren	cp [dateiname.erweiterung] [ZIEL]/
Datei löschen	mv [dateiname.erweiterung]
Datei suchen	find -name [dateiname.erweiterung]
Dateiinhalt anzeigen	less [dateiname.erweiterung]
Dienste auf dem Raspberry Pi beenden	service [dienstname] stop
Dienste auf dem Raspberry Pi starten	service [dienstname] start
Dienste auf dem Raspberry Pi neu starten	service [dienstname] restart
DNS-Informationen herausfinden	host
GZ-Archiv auspacken	gunzip [dateiname.gz]
Laufende Prozesse beenden und System herunterfahren	halt
Liste der bisher eingegebenen Kommandos anzeigen	history
MAC-Adresse herausfinden	arp -a
Netzwerkkonfiguration anzeigen	ifconfig
Ordner löschen	rmdir [ORDNERNAME]
Ordner wechseln	cd /[ORDNERNAME]
Ordnerinhalt anzeigen	ls oder ls -al
Passwort ändern	passwd

Beschreibung	Befehl
SSH-Verbindung zu entferntem Computer aufnehmen	ssh [IP-Adresse] oder: ssh [DNS-Adresse]
TGZ-Archiv entpacken	tar xzvf [dateiname.tgz]
Zeigt den aktuellen Standort im Ordner	lwd

Zugriff auf Dateien und Verzeichnisse regeln

Eine Spezialität unter Unix im Allgemeinen ist der Befehl `chmod`, mit dem Sie den Zugriff auf Dateien und Verzeichnisse regeln können. Das Unix-Rechtesystem hat drei verschiedene Bereiche:

- Benutzer (`user`)
- Gruppe (`group`)
- Andere (`other`)

Für jeden Bereich können folgende Eigenschaften zugewiesen werden:

- `r` = lesbar (`readable`), Wert: `4`
- `w` =beschreibbar (`writeable`), Wert: `2`
- `x` =ausführbar (`executable`), Wert: `1`

Beim Linux des Raspberry Pi, also wenn Sie beispielsweise `ls` ausführen, werden diese

Eigenschaften im folgenden Format angezeigt:

```
rwxrwxrwx
```

Die ersten drei Buchstaben gelten für den Bereich `user`, weitere drei gelten für `group`, und die letzten drei stehen für `other`. Der Ausdruck `rwxr--r--` bedeutet: Der Besitzer darf die Datei lesen, schreiben und ausführen; alle andere Personen haben nur Lesezugriff. Um die Darstellung in Form einer oktalen Zahl zu erhalten, muss man alle Werte für jeden Bereich addieren. In diesem Fall gilt: (4 + 2 + 1) (4) (4) = 744. So können Sie mit folgender Anweisung die entsprechenden Rechte setzen.

```
chmod 744 [DATEINAME.DATEIERWEITERUNG]
```

Hilfe zu einem Befehl

Um weitere Informationen zu einem Befehl zu erhalten, nutzen Sie am besten den man-Mechanismus. Mit dem man-Befehl (von Manual, Handbuch) wirft die Konsole für nahezu jeden Konsolenbefehl die passende Syntax mit Parametern aus.

2

Alarm und Bewegungsmelder

Der Raspberry Pi nutzt einen ressourcenschonenden ARM-Prozessor, der auch in NAS-Systemen, Routern, Smartphones und Tablets zum Einsatz kommt und vor allem den Vorteil hat, wenig Strom zu verbrauchen. Gerade deshalb ist der Raspberry Pi auch für den Dauerbetrieb im Rahmen der Hausautomation so gut geeignet. Dank der verfügbaren Schnittstellen lässt sich alles Erdenkliche mit dem Raspberry Pi messen, steuern und regeln.

Nutzen Sie Sensoren, um Anwendungsszenarien aus dem Alltag technisch abzubilden. Dank des USB-Anschlusses lassen sich außerdem beispielsweise Bluetooth- oder WLAN-Schnittstelle nachrüsten, mit der Sie in Sachen Kontakt zur Außenwelt noch flexibler sind. So haben Sie damit zum Beispiel die Möglichkeit, selbst bei einem Internet-/Netzwerkausfall zu Hause auf wichtige, vorab definierte Funktionen des Raspberry Pi zuzugreifen.

Projekte koppeln und erweiteren

Nutzen Sie die interessante 1-Wire-Technik, um mit dem Raspberry Pi die Temperaturen in Ihren Räumen kontinuierlich zu überwachen und davon abhängig die Heizung zu steuern. Sämtliche Projekte lassen sich auf Wunsch koppeln und erweitern. Ziel ist es, wie die weiteren Abschnitte dieses Buches zeigen, elektronische Komponenten im Alltag zusammenzuführen, angefangen bei der Haustürklingel und dem Smartphone bis hin zur Steckdose.

2.1 Raspberry-Pi-SMS meldet Netzwerkausfall

Fällt der Internetzugang daheim aus, ist auch die Benachrichtigung über den Status der Geräte und Ereignisse per E-Mail oder Webseite nach außen nicht mehr möglich. Mit einem alten Telefon und dem Raspberry Pi lässt sich dieses Problem umschiffen, indem Sie kurzerhand für die Notfallbenachrichtigung in Ihrem Heimnetz und Ihrer Smart-Home-Umgebung ein SMS-Gateway konfigurieren. Damit lassen sich über den Raspberry Pi bequem per Kommandozeile SMS-Nachrichten versenden und empfangen.

Die gleich vorgestellte Methode basiert auf dem aus dem Linux-Umfeld bekannten Gnokii, das eigentlich für die Synchronisation der Smartphone-Daten mit dem Computer gedacht ist. Es lässt sich jedoch auch für andere Dinge nutzen, wie zum Beispiel die gewünschte Schnittstelle nach außen über SMS/GSM. Grundsätzlich benötigen Sie kein neues oder modernes Handy. Haben Sie noch ein altes, ausgemustertes Gerät in der Schublade liegen, dann prüfen Sie, ob es noch funktioniert.

Die Unterstützung von Gnokii ist zwar auf den ersten Blick etwas Nokia-lastig (*http://wiki.gnokii.org/index.php/Config*), bringt das einzusetzende Handy jedoch eine Bluetooth-Schnittstelle mit und haben Sie einen Bluetooth-Mini-USB-Adapter am Raspberry Pi im Einsatz, dann lassen sich auch andere Hersteller zur Zusammenarbeit mit Gnokii überreden. In diesem Beispiel wird als Referenz das betagte Sony Ericsson K800i-Handy (*http://wiki.gnokii.org/index.php/SonyK800iConfig*) als SMS-Gateway für den Raspberry Pi eingerichtet. Dafür wird die vorhandene Bluetooth-Schnittstelle des Telefons genutzt.

Zudem sollten Sie sich eine passende SIM-Karte besorgen, die in der Lage ist, SMS zu versenden. Hierzu gehören auch ausreichend Guthaben auf der Karte und die dazugehörige PIN, die jedoch abgeschaltet sein sollte, falls das Telefon seinerseits mal neu gestartet werden muss.

2.1.1 Bluetooth und Gnokii in Betrieb nehmen

Nun zum ersten Test: Haben Sie die Bluetooth-Schnittstelle auf dem Raspberry Pi in Betrieb genommen, aktivieren Sie auf dem Telefon die Bluetooth-Sichtbarkeit. Dies ist bei jedem Gerät etwas unterschiedlich gelöst. In der Regel wird die Sichtbarkeit auch mit dem Einschalten der Bluetooth-Funktion aktiviert. Nun nutzen Sie in der Kommandozeile des Raspberry Pi den Befehl

```
hcitool scan
```

um die nähere Umgebung auf verfügbare und nicht geschützte Bluetooth-Geräte hin zu prüfen.

```
Processing triggers for menu ...
pi@raspberrypi ~ $ hcitool scan
Scanning ...
        00:            :18        K800i
pi@raspberrypi ~ $ 
```

Bild 2.1: K800i gefunden: Ist die Bluetooth-Sichtbarkeit des Telefons aktiviert, meldet sich das Bluetooth-Gerät umgehend mit seiner Bluetooth-ID sowie dem Gerätenamen zurück.

Nun ist zunächst die Voraussetzung geschaffen, Gnokii in Betrieb zu nehmen. Dafür installieren Sie das Paket mit dem Kommando

```
sudo apt-get install gnokii
```

auf dem Raspberry Pi. Wer Gnokii lieber auf der grafischen Benutzeroberfläche des Raspberry Pi verwenden möchte, der nutzt stattdessen:

```
sudo apt-get install xgnokii
```

In diesem Fall werden die notwendigen Basispakete für die Kommandozeile per Paketabhängigkeiten mit installiert.

```
pi@raspberrypi: ~
Processing triggers for python-support ...
pi@raspberrypi ~ $ /etc/init.d/bluetooth status
[ ok ] bluetooth is running.
pi@raspberrypi ~ $ sudo apt-get install xgnokii
Reading package lists... Done
Building dependency tree
Reading state information... Done
The following packages were automatically installed and are no longer required:
  libblas3gf liblapack3gf
Use 'apt-get autoremove' to remove them.
The following extra packages will be installed:
  gnokii-common libgnokii6 libical0
The following NEW packages will be installed:
  gnokii-common libgnokii6 libical0 xgnokii
0 upgraded, 4 newly installed, 0 to remove and 0 not upgraded.
Need to get 767 kB of archives.
After this operation, 1,922 kB of additional disk space will be used.
Do you want to continue [Y/n]?
Get:1 http://mirrordirector.raspbian.org/raspbian/ wheezy/main gnokii-common all 0.6.30+dfsg-1 [188 kB]
Get:2 http://mirrordirector.raspbian.org/raspbian/ wheezy/main libical0 armhf 0.48-2 [196 kB]
Get:3 http://mirrordirector.raspbian.org/raspbian/ wheezy/main libgnokii6 armhf 0.6.30+dfsg-1 [241 kB]
Get:4 http://mirrordirector.raspbian.org/raspbian/ wheezy/main xgnokii armhf 0.6.30+dfsg-1 [141 kB]
Fetched 767 kB in 1s (592 kB/s)
Selecting previously unselected package gnokii-common.
(Reading database ... 70309 files and directories currently installed.)
Unpacking gnokii-common (from .../gnokii-common_0.6.30+dfsg-1_all.deb) ...
Selecting previously unselected package libical0.
Unpacking libical0 (from .../libical0_0.48-2_armhf.deb) ...
Selecting previously unselected package libgnokii6.
Unpacking libgnokii6 (from .../libgnokii6_0.6.30+dfsg-1_armhf.deb) ...
Selecting previously unselected package xgnokii.
Unpacking xgnokii (from .../xgnokii_0.6.30+dfsg-1_armhf.deb) ...
Processing triggers for desktop-file-utils ...
Processing triggers for menu ...
Processing triggers for man-db ...
Setting up gnokii-common (0.6.30+dfsg-1) ...
Setting up libical0 (0.48-2) ...
Setting up libgnokii6 (0.6.30+dfsg-1) ...
Setting up xgnokii (0.6.30+dfsg-1) ...
Processing triggers for menu ...
pi@raspberrypi ~ $ 
```

Bild 2.2: Ist Bluetooth installiert und betriebsbereit, dann installieren Sie Gnokii wie gewohnt über die Konsole.

Nach der Installation geht es an das Konfigurieren, doch wer aus Gewohnheit umgehend im */etc*-Verzeichnis Ausschau hält, der wird auf Anhieb keine Konfigurationsdatei zu Gnokii finden. Zunächst hilft die Suche über das gewöhnliche `find`-Kommando:

```
sudo find / -name 'gnokii' -type d
ls /etc/xdg/gnokii
```

Das Suchergebnis offenbart, dass das Programm im Verzeichnis `/etc/xdg/gnokii` zu finden ist. Dort finden Sie die Beispieldatei `config`, die Sie vom Verzeichnis `/etc/xdg/gnokii` in das Home-Verzeichnis des Users `pi` kopieren:

```
cp /etc/xdg/gnokii/config .
```

In diesem Fall wird gemäß der Anleitung im Wiki der Gnokii-Installation (*http://wiki.gnokii.org/index.php/Bluetooth*) anschließend die Beispieldatei umbenannt:

```
# This is a sample ~/.gnokiirc file.  Copy it into your
# home directory and name it .gnokiirc.
# See http://wiki.gnokii.org/index.php/Config for working examples.
```

Ist die Datei in das Home-Verzeichnis kopiert, benennen Sie sie in `.gnokiirc` um.

```
mv config .gnokiirc
```

Aus dieser Konfigurationsdatei holt sich Gnokii die Parameter des zu nutzenden Telefons. Bei `port` tragen Sie die über `hcitool scan` ermittelte Bluetooth-Adresse ein und stellen bei `connection` die Verbindung auf `bluetooth` um. Laut Wiki von Gnokii sind für das Sony Ericsson K800i folgende Parameter in der Datei einzutragen:

```
config : Linux, Bluetooth Verbindung
port = 00:[redacted]:18
# Mit der Bluetooth Adresse des Telefons ersetzen
model = AT
connection = bluetooth
rfcomm_channel = 2
```

Holen Sie die passenden Parameter für Ihr Telefon aus dem Gnokii-Wiki (*http://wiki.gnokii.org/index.php*) und tragen Sie sie in die Konfigurationsdatei ein. Mit dem Kommando

```
sudo nano .gnokiirc
```

öffnen Sie die Datei und tragen die Parameter ein. Wenn Sie die Beispieldatei verwenden, dann achten Sie auch darauf, andere gleichlautende Attribute per vorangestelltem Rautensymbol `#` auszukommentieren, damit diese nicht doppelt und möglicherweise fehlerhaft beim Start von Gnokii ausgelesen werden.

```
pi@raspberrypi: ~
  GNU nano 2.2.6                               File: .gnokiirc

# port = /dev/cuaa0
#
# With Linux-IrDA you will want to use
# port = /dev/ircomm0
# or similiar.
#
# Use this setting also for the Bluetooth connection:
# port = aa:bb:cc:dd:ee:ff
# when using it with AT driver set it to:
# port = /dev/rfcomm0
# or similiar.
#
# config : Linux, Bluetooth Verbindung
port = 00:_._._._._:18 # Mit der Bluetooth Adresse des Telefons ersetzen
model = AT
connection = bluetooth
rfcomm_channel = 2

# For the Linux USB cables you will need one of the following settings (or
# similiar)
# port = /dev/ttyUSB0
# port = /dev/tts/USB0
# port = /dev/ttyACM0
# the last one will work only with AT driver. The correct setting should be
# given in the dmesg output.
#
# If you use connection type dku2libusb use it to denote which use endpoint
# you'd wish to use. It is useful when you have more than one phone connected
# to your computer using DKU2 cable. Numbering goes from 1 upwards.
# Default is 1.
# port = 1

# Set model to the model number of your phone. For the
# Symbian phones use:
# model = symbian
# For other non-Nokia phones and when you want to use AT

^G Get Help       ^O WriteOut       ^R Read File      ^Y Prev Page
^X Exit           ^J Justify        ^W Where Is       ^V Next Page
```

Bild 2.3: Übertragen Sie die Konfigurationseinstellungen für das Telefon in die Gnokii-Konfiguration.

Die Konfigurationsdatei muss für alle lokalen User, die später auch Gnokii einsetzen dürfen, in das Home-Verzeichnis kopiert werden. Grundsätzlich ist das auf dem Raspberry Pi der User `pi`. Wollen Sie also mit FHEM auch SMS verschicken, muss die Konfigurationsdatei im Home-Verzeichnis des Benutzers `fhem` abgelegt werden. Doch zuvor prüfen Sie, ob die eben angepasste Konfigurationsdatei überhaupt funktioniert. Mit dem Kommando

```
gnokii --identify
```

prüfen Sie, ob das Telefon überhaupt vom Raspberry Pi bzw. von Gnokii erkannt wird.

```
pi@raspberrypi /etc/xdg $ gnokii --identify
GNOKII Version 0.6.30
Couldn't read /home/pi/.config/gnokii/config config file.
Gnokii serial_open: open: No such file or directory
Couldn't open FBUS device: No such file or directory
Gnokii serial_open: open: No such file or directory
Couldn't open FBUS device: No such file or directory
Gnokii serial_open: open: No such file or directory
Couldn't open FBUS device: No such file or directory
Telephone interface init failed: Command failed.
Quitting.
Command failed.
pi@raspberrypi /etc/xdg $
```

Bild 2.4: Gnokii läuft zwar, jedoch noch nicht fehlerfrei: Hier fehlt offensichtlich ein Verzeichnis für die Konfigurationsdatei.

In diesem Beispiel moniert Gnokii mit der Fehlermeldung `Couldn't read /home/pi/.config/gnokii/config config file` ein fehlendes Verzeichnis für die Konfigurationsdatei - auch entgegen den Wiki-Einträgen heißt die Konfigurationsdatei hier doch wieder `config` und nicht `.gnokiirc`. Die kurze Verwirrung wird wieder besser, nachdem folgende Kommandos im Terminal auf die Reise geschickt wurden:

```
mkdir -p /home/pi/.config/gnokii
mv /home/pi/.gnokiirc /home/pi/.config/gnokii/config
```

Anschließend starten Sie Gnokii erneut:

```
gnokii --identify
```

Die Fehlermeldung verschwindet und, wie könnte es anders sein, eine neue taucht auf: In diesem Fall hat nämlich der Raspberry Pi mit dem Telefon Kontakt aufgenommen, und dieses hat als Verbindungsbestätigung eine Bluetooth-Verbindungs-PIN angefordert. Die Standard-PIN in solchen Fällen lautet `0000`, doch hier wird sie abgewiesen - Gnokii liefert eine Fehlermeldung:

```
pi@raspberrypi ~ $ gnokii --identify
GNOKII Version 0.6.30
Orphaned line: config : Linux, Bluetooth Verbindung
If in doubt place this line into [global] section.
Can't connect: Connection refused
Telephone interface init failed: Command failed.
Quitting.
Command failed.
pi@raspberrypi ~ $ hcitool scan
Scanning ...
        00:[illegible]:18        K800i
pi@raspberrypi ~ $ bluez-simple-agent hci0 00:
```

Bild 2.5: Obwohl die Bluetooth-Sichtbarkeit aktiviert ist, ist eine Verbindung nicht möglich - aufgrund offensichtlicher Sicherheitsprobleme (`Connection refused`).

Hier brachte das manuelle Setzen der Bluetooth-Verbindungs-PIN mithilfe des Kommandos

```
cd /user/bin
sudo sudo bluez-simple-agent hci0 00:[redacted]:18
```

den durchschlagenden Erfolg, um den Raspberry Pi und das Telefon miteinander zu koppeln.

```
root@raspberrypi:/usr/bin# bluez-simple-agent hci0 00:[illegible]:18
RequestPinCode (/org/bluez/9885/hci0/dev_00_[illegible]_18)
Enter PIN Code: 1234
```

Bild 2.6: Nun lässt sich eine PIN festlegen, die Sie auf dem Telefon zum Pairing mit dem Raspberry Pi verwenden können.

Das Pairing funktionierte in diesem Fall jedoch auch nicht auf Anhieb: Aufgrund des sehr kurzen Zeitintervalls für die Bestätigung der PIN auf dem Telefon sollten Sie eine einfache PIN nutzen. Nach mehreren Anläufen mit einer schnell zu tippenden PIN ist die Zwangsheirat von Raspberry Pi und Sony Ericsson über Bluetooth letztendlich erfolgreich.

2.1.2 SMS über die Kommandozeile senden

Sind der Raspberry Pi und das Telefon nun miteinander gekoppelt, dann prüfen Sie mit dem Gnokii-Kommando

```
gnokii --monitor
```

die Umgebungsvariablen bzw. die Konfiguration des verbundenen Telefons. Hier wird allerhand ausgegeben, es ist interessant, welche Informationen zutage treten. Falls Sie sich einmal gefragt haben, woher die Kartenapplikation auf dem Smartphone Ihren Standort so genau kennt - hier ist die Lösung:

Obwohl die Positionen der Handymasten und deren Zuordnung zur `CellID` zu den gut gehüteten Geheimnissen der Mobilfunkbetreiber gehören und eigentlich nicht öffentlich gemacht werden, sammeln Dienste wie Google, Apple und dergleichen so viele Rohdaten (Zelle und Position) wie möglich, um daraus die eine wahrscheinliche Position des Zellmittelpunkts (bzw. des Mastenstandorts) zu berechnen.

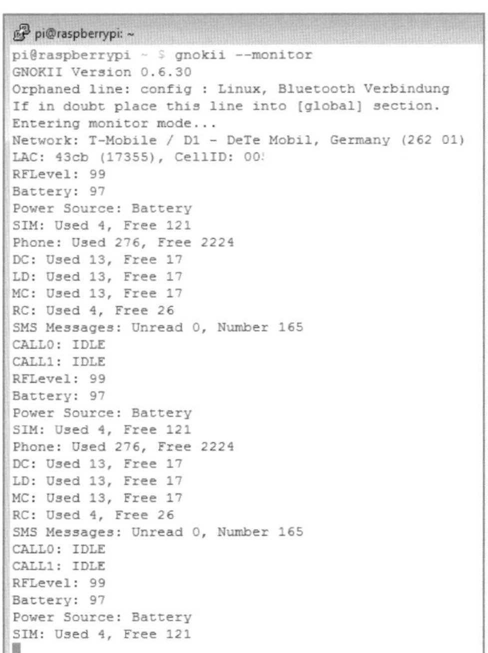
```
pi@raspberrypi: ~
pi@raspberrypi ~ $ gnokii --monitor
GNOKII Version 0.6.30
Orphaned line: config : Linux, Bluetooth Verbindung
If in doubt place this line into [global] section.
Entering monitor mode...
Network: T-Mobile / D1 - DeTe Mobil, Germany (262 01)
LAC: 43cb (17355), CellID: 00
RFLevel: 99
Battery: 97
Power Source: Battery
SIM: Used 4, Free 121
Phone: Used 276, Free 2224
DC: Used 13, Free 17
LD: Used 13, Free 17
MC: Used 13, Free 17
RC: Used 4, Free 26
SMS Messages: Unread 0, Number 165
CALL0: IDLE
CALL1: IDLE
RFLevel: 99
Battery: 97
Power Source: Battery
SIM: Used 4, Free 121
Phone: Used 276, Free 2224
DC: Used 13, Free 17
LD: Used 13, Free 17
MC: Used 13, Free 17
RC: Used 4, Free 26
SMS Messages: Unread 0, Number 165
CALL0: IDLE
CALL1: IDLE
RFLevel: 99
Battery: 97
Power Source: Battery
SIM: Used 4, Free 121
```

Bild 2.7: Jeder Mobilfunkmast verfügt über eine eindeutige Bezeichung - die CellID. Damit ist eine genaue Ortung des Geräts mit einfachen Mitteln möglich.

Abseits der technischen Spielereien können Sie mit Gnokii nun auch bequem per Kommandozeile eine SMS versenden: Mit einem simplen `echo`-Befehl, der zwecks Ausgabe auf Gnokii umgeleitet wird, schicken Sie eine Nachricht auf die Handynummer, die Sie am besten mit der internationalen Vorwahl `+49` einleiten:

```
echo "Das ist eine Test-SMS vom Raspberry Pi" | gnokii --sendsms
+4917977XXXXX
```

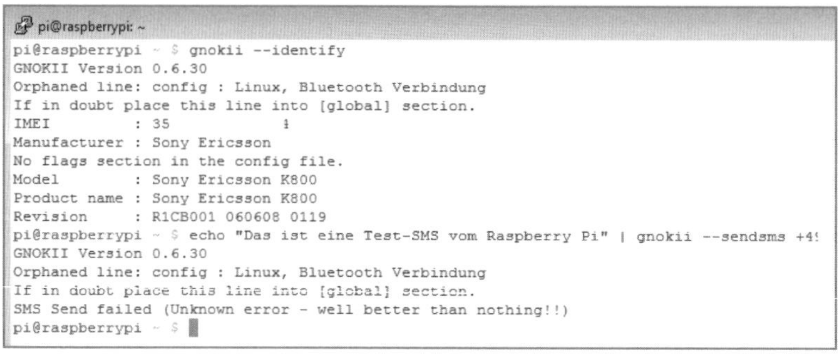

Bild 2.8: Unknown error: Gnokii ist ratlos. Tatsächlich liegt die Ursache beim Mobilfunkbetreiber bzw. bei der eingelegten SIM-Karte, die nicht für den Empfang und Versand der Datendienste konfiguriert ist.

Im Beispiel wurde eine Multi-SIM von T-Mobile verwendet - nutzen Sie für das betagte Handy eine zusätzliche Karte für das SMS-Gateway, dann funktioniert das Versenden der SMS so lange nicht, bis die eingelegte Karte über die Nummer **222#* für den Empfang und Versand der Datendienste konfiguriert wurde. So werden sämtliche SMS-Nachrichten auch auf das SMS-Gateway geschickt.

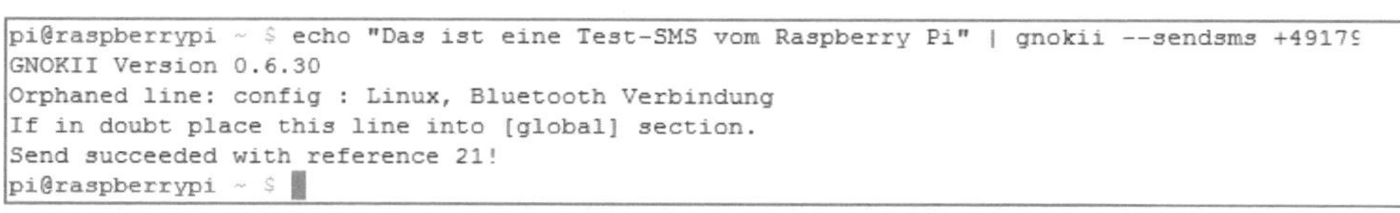

Bild 2.9: Ist das Telefon bzw. die SIM-Karte für den Empfang und Versand der Datendienste konfiguriert, funktioniert auch der Versand der SMS über die Kommandozeile.

Nun können Sie die Benachrichtigungsfunktion per SMS in der Smart-Home-Logik einsetzen. Dafür gibt es zahlreiche Anwendungsszenarien. Ist etwa der DSL-Internetzugang gestört, können Sie sich umgehend per SMS benachrichtigen lassen.

```
#!/bin/sh
ping -c 5 www.google.de
if [[ $? != 0 ]]; then
   date '+%Y-%m-%d %H:%M:%S WWW Verbindung nicht verfuegbar'| gnokii --
sendsms +4917977XXXXX
else
   date '+%Y-%m-%d %H:%M:%S Verbindung verfuegbar'
```

```
    echo "Web verfuegbar"
fi
```

So ein Shell-Skript, mit dem Sie eine Webseite im Netz regelmäßig darauf überprüfen, ob sie verfügbar ist oder nicht, ist recht schnell geschrieben. Im letzteren Fall geben Sie die entsprechende Nachricht auf das Handy.

2.1.3 Raspberry Pi mit SMS-Nachrichten steuern

Kann der Raspberry Pi über ein gekoppeltes Handy SMS-Nachrichten versenden, dann kann er auch SMS-Nachrichten empfangen und verarbeiten. Somit lassen sich sicherheitsrelevante Dinge steuern - zum Beispiel ein Tür- oder Garagenschloss, das über die GPIO-Pins des Raspberry Pi verbunden ist. So braucht der Raspberry Pi nicht einmal über Ethernet oder WLAN mit dem Heimnetz oder Internet verbunden zu sein, es reicht die Bluetooth-, Kabel- oder Infrarot(IrDA)-Verbindung aus, um Aktionen anzustoßen und für die Heimautomation zu nutzen.

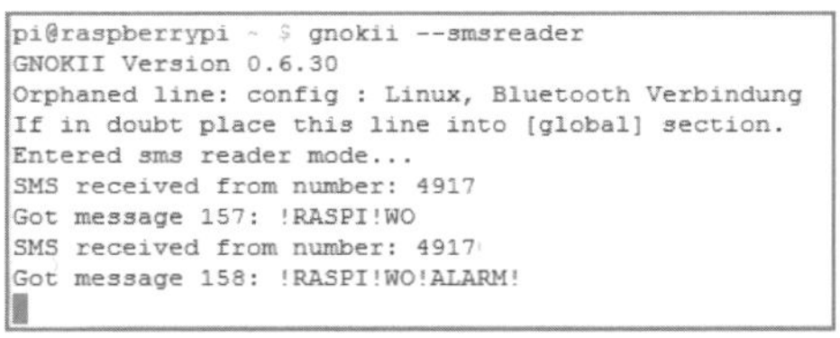
```
pi@raspberrypi ~ $ gnokii --smsreader
GNOKII Version 0.6.30
Orphaned line: config : Linux, Bluetooth Verbindung
If in doubt place this line into [global] section.
Entered sms reader mode...
SMS received from number: 4917
Got message 157: !RASPI!WO
SMS received from number: 4917
Got message 158: !RASPI!WO!ALARM!
```

Bild 2.10: Mit dem Kommando **`gnokii --smsreader`** prüft der Gnokii-Daemon, ob beim verbundenen Telefon neue SMS-Nachrichten eingegangen sind.

Ähnlich wie beim TAN-Verfahren der Banken können Sie SMS-Nachrichten anpassen und kodieren. Zu diesem Zweck hinterlegen Sie auf dem Raspberry Pi entsprechende Befehle, Programme und Skripte, die beim Eingang von bestimmten Nachrichten von definierten Rufnummern automatisch ausgeführt werden. Haben Sie beispielsweise den Haustürschlüssel vergessen, dann lässt sich so einfach per SMS der Türöffner bedienen, wenn die SMS einen bestimmten Befehl bzw. eine Befehlssequenz auf dem Raspberry Pi auslöst, die ihrerseits das Schalten des GPIO-Ausgangs auslöst, der mit dem elektronischen Türöffner gekoppelt ist.

Sie haben es in der Hand, selbst einen SMS-Watchdog zu bauen und die nötigen Sicherheitsabfragen oder Texterkennungs-Patterns festzulegen. Im nachstehenden Beispiel mit dem Erkennungs-Pattern in Form des `!RASPI!`-Befehls reicht der simple `grep`-Befehl auf das Gnokii-Kommando aus, um den gewünschten Befehl an den Raspberry Pi zu übermitteln. Mit dem Befehl

```
gnokii --getsms ME 1 end | grep \!RASPI\! | grep -v grep | cut -d'!' -f3
```

scannt Gnokii den kompletten SMS-Nachrichten-Eingang und extrahiert bei einem Vorkommen des Musters `!RASPI!` den dort angehängten Befehl, der anschließend beispielsweise in einem `case`-Konstrukt abgefragt werden kann. Soll die Nachricht gelöscht werden, sorgt die Option `-d` beim Gnokii-Kommando dafür, dass der SMS-Nachrichteneingang nach dem Auslesen gelöscht wird. Ein Skript zum Weiterverarbeiten des SMS-Befehls kann ähnlich wie dieses Beispiel gestaltet werden - dabei können Sie sich nach Lust und Laune verwirklichen:

```
$ #!/bin/bash
# ----------------------------------------------------------------------
# Smart-Home mit Raspberry Pi-Projekte
# E.F.Engelhardt, Franzis Verlag, 2016
# ----------------------------------------------------------------------
# Skript: smscheck.sh
CMD=$(gnokii --getsms ME 1 end | grep \!RASPI\! | grep -v grep | cut -d'!' -f3)
GNOKIIBIN="/usr/bin/gnokii"
# echo $CMD
case $CMD in
  WO)
    RCMD="\usr\local\bin\sendgps-sms.sh"
    echo "GPS Koordinaten wurden an SMS-Nummer geschickt"
    echo WO -> $CMD
    ;;
  ALARM)
    RCMD="\usr\local\bin\fhem2mail ALARM"
    RCMD2="\usr\local\bin\shutdown.sh ALL"
    echo "ALARM-Meldung wurde verschickt, Router, Rechner, NAS, Drucker
shutdown"
    echo ALARM -> $CMD
    ;;
  TUERAUF)
    RCMD="\usr\local\bin\opendoor.sh"
    echo "Notfall-Tueroeffner wurde von §§ ausgeloest!"
    echo TUERAUF -> $CMD
    ;;
  *)
    echo "FEHLER" #$CMD
   ;;
esac
echo $RCMD
```

Um nun über das Handy bzw. über eine SMS oder durch andere Ereignisse, wie an den Raspberry Pi angeschlossene Schalter und Sensoren, einen anderen Stromkreis über ein Relais oder einen Schalter zu steuern, nutzen Sie die dafür vorgesehenen GPIO-Pins auf dem Raspberry Pi.

2.2 Bewegungsmelder mit dem PIR-Modul

Mit den zahlreichen GPIO-Anschlüssen ist der Raspberry Pi gerade für Bastler nicht nur das ideale Spielzeug, er lässt sich auch für sinnvolle Dinge nutzen, wie etwa eine Tür- oder Raumüberwachung. Das dazu notwendige PIR-Modul (PIR steht für Passiver

Infrarot-Bewegungsmelder) ist für kleines Geld auf einschlägigen Auktionsseiten im Netz zu finden. Die Lieferanten solcher Billigmodule sitzen jedoch meist in Hongkong, und die Lieferung dauert manchmal bis zu drei Wochen, doch der Preis von 2 Euro für 10 PIR-Module entschädigt für die Wartezeit. Vergessen Sie dabei die Zollgebühren nicht! Die kleineren PIR-Module sind im Vergleich teurer, sie kosten pro Stück je nach Händler und Wartezeit 1 bis 2 Euro.

Bild 2.11: Groß und klein: Das linke PIR-Modul hat in etwa den Durchmesser einer 1-Euro-Münze. Das PIR-Modul rechts ist deutlich kleiner und kostet im Einkauf circa 1 Euro.

Egal ob Sie das kleine oder das große PIR-Modul verwenden: Diese Infrarot-Module benötigen eine Versorgungsspannung von 5 V - auch die Signalleitung liefert passende 3 V -, sodass der Anschluss am Raspberry Pi direkt ohne irgendwelche Lötarbeiten erfolgen kann. Lediglich beim kleineren Modul sind die Kabel für den Anschluss an den Raspberry Pi zu verlöten. Nutzen Sie am besten Jumper-Kabel, die sich nach dem Löten einfach an die entsprechenden Pins am Raspberry Pi stecken lassen.

Bild 2.12: Sehr praktisch: Die 5V-, Out- und GND-Anschlüsse können direkt zur Pin-Leiste des Raspberry Pi geführt werden.

Die drei Pins des PIR-Moduls werden folgendermaßen mit dem Raspberry Pi verbunden:

PIR-Pin	Raspberry-Pi-Pin-Nr.	GPIO-Bezeichnung	WiringPi - Pin Nr.
5V	2	–	–
Out	26	GPIO-7	11
GND	6	–	–

Bei den größeren Modulen sind dieselben Pins mit einem Dreifachstecker einfach zu erreichen. Nutzen Sie einfach die Jumper-Kabel für den Anschluss des PIR-Moduls am Raspberry Pi.

Bild 2.13: Pin-Belegung von links nach rechts: GND / Out / 5V: Damit können Sie sich direkt mit dem Raspberry Pi verbinden.

So kommt der Anschluss GND an Pin 6 (Masse), 5 V an den 5-Volt-Anschlusspin 2, und der Zustand *Out* wird in diesem Beispiel an GPIO 7 (Pin 26) beim Raspberry Pi gesteckt. Ist die WiringPi-API installiert, checken Sie zunächst die Standard-Pin-Belegungen.

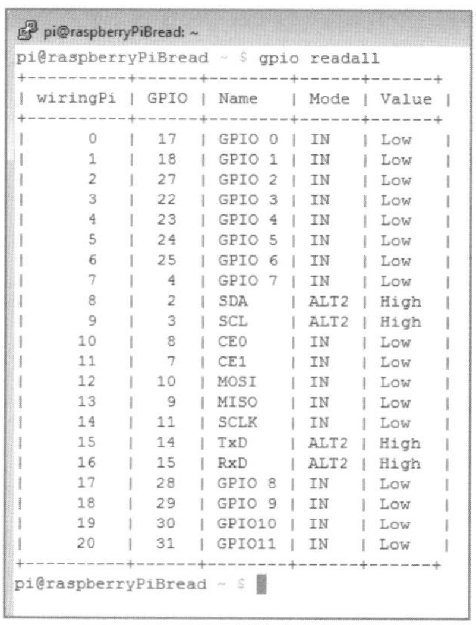

```
pi@raspberryPiBread: ~
pi@raspberryPiBread ~ $ gpio readall
+----------+------+--------+------+------+
| wiringPi | GPIO | Name   | Mode | Value |
+----------+------+--------+------+------+
|      0   |  17  | GPIO 0 | IN   | Low   |
|      1   |  18  | GPIO 1 | IN   | Low   |
|      2   |  27  | GPIO 2 | IN   | Low   |
|      3   |  22  | GPIO 3 | IN   | Low   |
|      4   |  23  | GPIO 4 | IN   | Low   |
|      5   |  24  | GPIO 5 | IN   | Low   |
|      6   |  25  | GPIO 6 | IN   | Low   |
|      7   |   4  | GPIO 7 | IN   | Low   |
|      8   |   2  | SDA    | ALT2 | High  |
|      9   |   3  | SCL    | ALT2 | High  |
|     10   |   8  | CE0    | IN   | Low   |
|     11   |   7  | CE1    | IN   | Low   |
|     12   |  10  | MOSI   | IN   | Low   |
|     13   |   9  | MISO   | IN   | Low   |
|     14   |  11  | SCLK   | IN   | Low   |
|     15   |  14  | TxD    | ALT2 | High  |
|     16   |  15  | RxD    | ALT2 | High  |
|     17   |  28  | GPIO 8 | IN   | Low   |
|     18   |  29  | GPIO 9 | IN   | Low   |
|     19   |  30  | GPIO10 | IN   | Low   |
|     20   |  31  | GPIO11 | IN   | Low   |
+----------+------+--------+------+------+
pi@raspberryPiBread ~ $
```

Bild 2.14: WiringPi-API im Einsatz: Mit dem Kommando `gpio readall` liefert der Raspberry den Status sämtlicher Pin-Einstellungen der GPIO-Stiftleiste zurück.

Im nächsten Schritt erstellen Sie ein einfaches Skript, das Ihnen die Zustandsänderung des GPIO-Eingangs anzeigt.

2.2.1 Shell-Skript für den Bewegungsmelder

Mit dem Nano-Editor erstellen Sie ein Skript - in diesem Beispiel ist es die Datei `piri.sh` - und definieren dort zunächst den genutzten Pin-Anschluss auf dem Rasperry Pi. Hier ist der Out-Ausgang des Sensors auf den Eingang GPIO-7 (Pin 26) des Raspberry Pi gesteckt. Dieser Pin-Anschluss ist gleichbedeutend mit der WiringPi-

Nummer 11. Anschließend legen Sie mit dem `gpio mode`-Kommando die Richtung des GPIO-Pins fest. Dann geht es in die `while`-Schleife, in der der Zustand des Eingangs per `gpio read`-Befehl permanent abgefragt wird.

```
#!/bin/bash
# ---------------------------------------------------
# Smart-Home mit Raspberry Pi-Projekte
# E.F.Engelhardt, Franzis Verlag, 2016
# ---------------------------------------------------
# Skript: piri.sh
#
# GPIO7 = Pin 26 = wiringPi-Pin 11
piri="11"
gpio mode $piri in
PiriBin=/usr/local/bin/piri.sh
LockFile=/var/lock/subsys/piri  ## Define Lock Datei
echo "PIRI Modul im Einsatz (Beenden mit: CTRL-C)"
while true; do
sleep 2
if [ $(gpio read $piri) -eq  0 ]; then
    echo "Ready";
   else
    echo "Bewegung"
   fi
done
exit 0
# --------------------------------------------------
```

Das Skript starten Sie, nachdem es zuvor mit `chmod +x` auf ausführbar gesetzt wurde. Bei der Ausführung befindet sich das Skript sozusagen in der Dauerschleife (konkret der `while`-Schleife) und prüft permanent den Status des GPIO-7 ab. Meldet der Bewegungsmelder eine Zustandsänderung, wird dies auf der Konsole angezeigt, ansonsten wird eine `Ready`-Meldung ausgegeben.

Bild 2.15: Das Beispielskript bei der Ausführung: Wird eine Bewegung erkannt, dann wird der Output-Pin auf der PIR-Platine auf den Zustand **`high`** gesetzt, was wiederum beim GPIO-Eingang auf dem Raspberry Pi für eine Zustandsänderung sorgt.

Erfolgt hingegen keine Bewegung am PIR-Modul, dann ist der Output-Pin auf der PIR-Platine auf 0 Volt gesetzt, der GPIO-Eingang auf dem Raspberry Pi ist dann sozusagen im Leerlauf.

2.2.2 PIR-Skript als Daemon im Dauereinsatz

Ist die Schaltung gelötet und das Skript wunschgemäß programmiert, dann soll dieses Skript nicht nur automatisch beim Start des Raspberry Pi gestartet und ausgeführt werden, sondern auch brav im Hintergrund arbeiten und nur dann aktiv werden, wenn beispielsweise der Bewegungsmelder anschlägt. Zudem soll der Raspberry Pi parallel auch noch andere Dinge erledigen - das Skript soll als Hintergrundprozess arbeiten. Dafür bietet Linux die sogenannten Daemons an, mit denen Sie ein Programm oder ein Skript als Hintergrunddienst arbeiten lassen können. Geben Sie auf der Konsole beispielsweise das Kommando

```
ps ax
```

ein, werden sämtliche Prozesse, also parallel laufende Programme, übersichtlich angezeigt. Ziel ist es, das entwickelte Skript automatisch als Daemon laufen zu lassen. Dafür nutzen Sie das `daemon`-Werkzeug, das Sie mit dem Kommando

```
sudo apt-get install daemon
```

auf dem Raspberry Pi installieren. Anschließend klärt der Befehl `daemon -h` in der Konsole über die Funktionsvielfalt des Tools auf. Grundsätzlich legen Sie das Shell-Skript (hier `piri.sh`) im lokalen Verzeichnis `/usr/local/bin` ab und erstellen dafür zusätzlich ein Startskript im Verzeichnis `/etc/init.d` - in diesem Beispiel mit der Bezeichnung `piri`. Je nachdem, welche Parameter und Konfigurationen für die Ausführung des Skripts notwendig sind, sind sie in einer eigenen Datei ausgelagert (hier `piri.cfg`) und werden über das Startskript gegebenenfalls miteingebunden.

```
sudo mkdir -p /etc/piri
sudo touch /etc/piri/piri.cfg
sudo nano /etc/init.d/piri
```

Für das Startskript `piri` im Verzeichnis `/etc/init.d` reichen auf die Schnelle zunächst folgende Zeilen aus:

```
pi@raspberryPiBread: ~
pi@raspberryPiBread ~ $ sudo /etc/init.d/piri start
Starting Piri: daemon: debug: handle_name_option(spec = piri)
daemon: debug: config()
daemon: debug: config_load(configfile = /etc/daemon.conf)
daemon: debug: config_load(configfile = /root/.daemonrc)
daemon: debug: config_process(target = *)
daemon: debug: config_process(target = piri)
daemon: debug: handle_name_option(spec = piri)
daemon: debug: sanity_check()

pi@raspberryPiBread ~ $ ps ax | grep piri
13934 ?        S      0:00 daemon --unsafe /usr/local/bin/piri.sh -c /etc/piri/piri.cfg -d --name=piri
13935 ?        S      0:00 /bin/bash /usr/local/bin/piri.sh /etc/piri/piri.cfg
13941 pts/1    S+     0:00 grep --color=auto piri
pi@raspberryPiBread ~ $ sudo /etc/init.d/piri stop
Shutting down Piri: pi@raspberryPiBread ~ $
pi@raspberryPiBread ~ $ ps ax | grep piri
13949 pts/1    S+     0:00 grep --color=auto piri
pi@raspberryPiBread ~ $
```

Bild 2.16: Starten und Beenden erfolgreich: Durch den Daemon kann das Selbstbau-Skript automatisch beim Rechnerstart wie ein Systemdienst gestartet und beim Herunterfahren gestoppt werden.

Damit sind die Voraussetzungen geschaffen, das selbstgebaute Skript automatisch beim Start vom Raspberry Pi im Hintergrund zu starten und zu betreiben. Nun müssen Sie das Start-Skript in die gewünschten Runlevel-Verzeichnisse verlinken. Grundsätzlich ist jedem Runlevel ein eigenes Verzeichnis unterhalb von Verzeichnis `/etc/` zugeordnet. Jedes Start-Stop-Skript besitzt zwei Verknüpfungen:

Die Start-Verknüpfung beginnt mit dem Buchstaben S (`Start`), die Stop-(`Kill`)-Verknüpfung mit dem Buchstaben K.

Grundsätzlich werden die Runlevels beim Start nacheinander ausgeführt, zunächst diejenigen, die mit K beginnen, anschließend jene mit S. Soll nun das gewünschte Skript beispielsweise als Dienst im `Runlevel 2` laufen, so legen Sie in `/etc/rc2.d` einen S-Link dafür an und in allen verbleibenden Runlevel-Verzeichnissen einen passenden `K`-Link. Die Abarbeitungsreihenfolge der Kill- und Start-Links wird durch die Nummerierung festgelegt. So wird beispielsweise `K12Skriptname` vor dem `K34Testprogramm` beendet. Darum müssen Sie sich jedoch nicht direkt kümmern und keine `ln`-Befehle im Terminal absetzen. Die Reihenfolge und das ganze Drumherum liest der Befehl `update-rc.d` aus dem umfangreichen Kommentarteil im obigen Skript ein, der sich zwischen `### BEGIN INIT INFO` und `### END INIT INFO` befindet. Idealerweise nutzen Sie dieses als Vorlage. Anschließend fügen Sie das Skript mit dem Befehl `update-rc.d` in die entsprechenden Runlevel ein:

```
sudo update-rc.d piri defaults
```

Um zu überprüfen, ob nun alles ordnungsgemäß in den Runlevels verlinkt ist, nutzen Sie den Befehl:

```
cd /etc
ls -l rc* |  grep piri
```

Möchten Sie das Skript wieder aus den Runlevels entfernen, nutzen Sie das Kommando:

```
sudo update-rc.d piri remove
```

Haben Sie das Skript bzw. den Dienst aus den Runlevels entfernt, sollten Sie ihn vorsichtshalber abschließend beenden:

```
sudo invoke-rc.d piri stop
```

Damit ist gewährleistet, dass beim nächsten Herunterfahren des Raspberry Pi die Dienste auch sauber beendet sind und diesbezüglich keine Fehlermeldungen erscheinen.

2.2.3 WiringPi-API mit Python bekannt machen

Um nun auch die Wiring-Pi-API mit der Skriptsprache Python nutzen zu können, installieren Sie die beiden Pakete *python-dev python-setuptools* mit dem Kommando

```
sudo -i
apt-get install python-dev python-setuptools
```

auf den Raspberry Pi. Anschließend klonen Sie das Git-Paket *WiringPi-Python.git* lokal auf die Speicherkarte, initialisieren das Repo-Paket und installieren die Python-Quellen mit dem auf *www.buch.cd* zur Verfügung stehenden *setup.py*-Skript.

```
git clone https://github.com/WiringPi/WiringPi-Python.git
cd WiringPi-Python
git submodule update --init
sudo python setup.py install
```

Die Dokumentation zur WiringPi finden Sie auf der Seite des Autors (*https://projects.drogon.net/raspberry-pi/wiringpi/*). Grundsätzlich werden WiringPi und die Zugriffsmethode/Zählung auf die GPIO-Pins, bevor die zur Verfügung stehenden Funktionen genutzt werden können, einfach per `import wiringpi` im Python-Code definiert. Diese legen Sie über den Schalter

```
wiringpi.wiringPiSetupSys // -> /sys/class/gpio Definition mit GPIO
Zählung
wiringpi.wiringPiSetup // sequentielle Pin Zählung
wiringpi.wiringPiSetupGpio // GPIO Pin Zählung
```

fest. Beachten Sie, dass Sie beim Einsatz der `/sys/class/gpio`-Methode zunächst die entsprechenden GPIO-Pins per `export`-Funktion zur Verfügung stellen müssen. In der Praxis sollten Sie sich auf eine systemweite einheitliche Nutzung festlegen. Hier hat sich die GPIO-Pin-Zählung bewährt, die sich auch einfach mit der Raspberry-Pi-GPIO-Bibliothek nutzen lässt. Diese steht in der aktuellsten Version kostenlos auf *http://pypi.python.org/pypi/RPi.GPIO* zum Download bereit.

2.3 Briefkastenalarm mit Benachrichtigung

Egal ob Bewegungssensor oder Schalter oder beides zusammen: Haben Sie einmal das Zusammenspiel der GPIO-Pins mit der Schaltung auf dem Steckboard und dem anschließenden Ansteuern per Shell-Skript, Perl oder Python verstanden, dann lässt sich nahezu jedes beliebige Gadget zu Hause realisieren, wie zum Beispiel ein Briefkastenalarm. So brauchen Sie nicht mehrmals am Tag zum Briefkasten zu rennen, sondern lassen sich bequem per Signal, Mail oder SMS benachrichtigen, wenn die Briefkastenklappe betätigt wurde. Auf den ersten Blick ist dies für manche eine »geekige« Spielerei, doch gerade für behinderte Menschen kann so etwas eine sinnvolle Bereicherung und Hilfe im Alltag darstellen, auch wenn die vorgestellte Lösung keinen Schutz vor ungebetenen Rechnungen oder Werbesendungen im Briefkasten bietet.

Der Einbau in einen Briefkasten ist nicht immer problemlos möglich und hängt natürlich auch mit den Gegebenheiten vor Ort zusammen. So ein kleiner Reed-Schalter oder Druckschalter kann jedoch mit etwas Klebstoff und Kabelbindern so an einem Briefkasten montiert werden, dass dieser auch weiter wie gewohnt benutzbar bleibt. Prinzipiell ist die Anwendung auch nicht auf einen Briefkasten beschränkt, Sie können auch einen Reed-/Magnetkontakt an der Eingangstür oder am Fenster anbringen und diese Zustandsänderung am Raspberry Pi weiterverarbeiten.

Dieses Projekt ist also variabel und kann nach Wunsch angepasst werden. Für die Verkabelung der Anschlüsse der Sensoren oder Schalter zum Raspberry Pi reicht prinzipiell dünner, isolierter Telefondraht aus, sodass der Raspberry Pi bequem und sicher innerhalb der eigenen vier Wände betrieben werden kann. Ist der Raspberry Pi mit einem WLAN-USB-Nano-Adapter versehen, sind Sie in Sachen Aufstellort noch flexibler und benötigen nur noch einen Stromanschluss.

2.3.1 Reed-Schalter und Sensoren im Einsatz

Reed-Schalter sind nichts anderes als Schalter, die sich über einen Magneten schalten lassen. Mit dieser Technologie sind in der Regel die Tür- bzw. Fensterkontakte und Signalgeber versehen. Sie lassen sich jedoch auch mit relativ wenig Aufwand in einer eigenen Schaltung, wie etwa in einem Briefkasten als Postzustellungsbenachrichtigung, einsetzen. Auch die Bauform des Schalters müssen Sie bei der Entwicklung einer Schaltung berücksichtigen.

Einen Schalter gibt es in der Bauform »Öffner« oder »Schließer«. Ein Schließer sorgt beim Betätigen für das Schließen des Stromkreises, während der Öffner den Stromkreis unterbricht. Zusätzlich gibt es Wechselschalter. Diejenigen, die eine neue Verbindung herstellen, bevor die alte getrennt wird, werden als »brückend« bezeichnet. Schalter, die den alten Stromkreis hingegen zuerst trennen, werden auch als nicht brückende Schalter bezeichnet.

Das Vorhandensein eines Schalters lässt sich gut auf dem Steckboard demonstrieren. Hier reicht in der Regel ein einfacher Stromkreis mit einer LED. Ist der Schalter geschlossen, dann ist es auch der Stromkreis, und die verbundene LED leuchtet. Bei geöffnetem Stromkreis leuchtet die LED nicht. In der vorgestellten Schaltung wird das Ausschalten anhand einer zweiten LED demonstriert.

In diesem Beispiel ist der Stromkreis geschlossen, und die grüne LED leuchtet. Wird der Schalter betätigt, wird der zweite Stromkreis geschlossen, die rote LED zum Leuchten gebracht und gleichzeitig die grüne LED abgeschaltet.

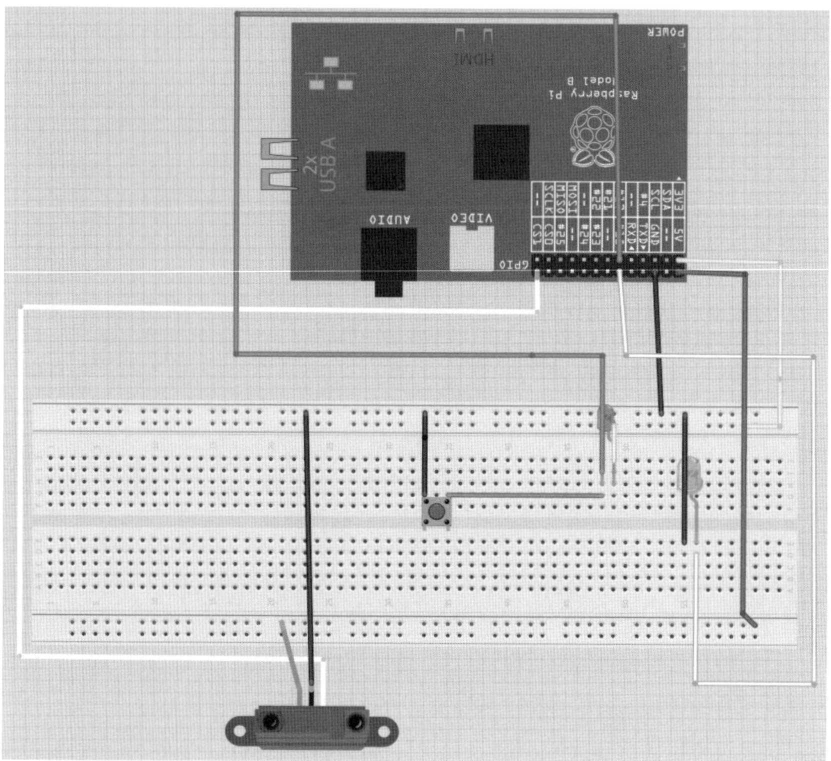

Bild 2.17: Diese LEDs mit 3,3 V benötigen beim Raspberry Pi keinen vorgeschalteten Widerstand.

Um auf Nummer sicher zu gehen, lässt sich der Schalter zusätzlich mit einem Licht- oder Bewegungssensormodul (in obiger Abbildung links unten, angeschlossen an GND, 5 V und GPIO-7) kombinieren, damit ausschließlich Alarm oder eine Benachrichtigungsfunktion ausgelöst wird, wenn die Briefkastenklappe betätigt wird.

2.3.2 Shell-Skript für den Schaltereinsatz

Mit den GPIO-Ein- und Ausgängen des Raspberry Pi können Sie nahezu alle Schaltkreise und Schalter überwachen und beispielsweise ein Relais bzw. einen Optokoppler schalten. In diesem Fall müssen Sie auch in der Steuerlogik (siehe Beispielskript unten) nicht nur die GPIO-Pins mit den betreffenden Anschlüssen der Schaltung verbinden, sondern auch im Skript eindeutig referenzieren und nutzen.

Aus Gründen der Übersichtlichkeit wurde in diesem Beispiel als Variable die Farbe der in der Schaltung genutzten LEDs verwendet. `GPIO 17` ist für die rote LED, `GPIO 18` für die grüne LED zuständig, und `GPIO 07` wird in diesem Fall für den Bewegungssensor genutzt und anfangs über eine `init()`-Funktion auf ihre Startparameter initialisiert.

```
#!/bin/bash
# -------------------------------------------------------
# Smart-Home mit Raspberry Pi-Projekte
# E.F.Engelhardt, Franzis Verlag, 2016
# -------------------------------------------------------
# Skript: piriblink.sh
#
red=0 # ist GPIO 17 - Pin 11
green=1 # ist GPIO 18 - Pin 12
piri=11 # ist GPIO 07 - Pin 26
# ---------------------------------------------------------------------------
#  funktion init
#  GPIO einstellen und LEDs initialisieren fuer Reed-Schalter
# ---------------------------------------------------------------------------
init ()
{
  echo initialisieren...
  gpio mode $piri in
  gpio mode $piri up
  gpio mode $red in
  gpio mode $red up
  gpio mode $green out
  gpio write green 1
}
# ---------------------------------------------------------------------------
# Schaltung initialisieren und ab in Schleife
# ---------------------------------------------------------------------------
init
# schleife bis ctrl-c Abbruch
echo "PIRI Modul im Einsatz (Beenden mit: CTRL-C)"
while true; do
if [ $(gpio read $piri) -eq  0 ]; then
# keine bewegung
# -> ist schalter geschlossen
  if [ `gpio read $red` = 1 ]; then
     gpio write $green 1
   else
# -> ist schalter nicht geschlossen
     gpio write $green 0;
  fi
```

```
else
# kein schalter betaetigt
   gpio write $green 0;
   echo "Bewegung"
fi
sleep 0.1
done

exit 0
# ------------------------------------------------------------------------
```

Nach dem Initialisieren geht das Skript umgehend in die (Dauer-)`while`-Schleife, die im laufenden Betrieb mit der Tastenkombination [Strg]+[C] abgebrochen werden kann, und prüft am GPIO-Eingang des Bewegungssensors, ob hier eine Zustandsänderung eingetreten ist oder nicht. Wird eine Bewegung gemeldet, dann erlischt die leuchtende grüne LED, und die Meldung *Bewegung* erscheint auf der Konsole.

Falls keine Bewegung erfolgt, kann die grüne LED trotzdem per manuellen Druck auf den Schalter ausgeschaltet werden, hier wird der Status des GPIO-Eingangs GPIO-17 geprüft. Liegt dort ein Signal an, leuchtet die rote LED. Die vorgestellte Briefkastenschaltung kann für viele weitere Zwecke eingesetzt werden. Mit einer angeschlossenen Kamera können Sie die Schaltung, in diesem Fall ohne Schalter, als Kamera-Auslösersteuerung für eine im Vogelhaus montierte Kamera einsetzen.

2.4 Paparazzi Pi zeigt Neues aus dem Vogelhaus

Paparazzi Pi im Eigenbau: Wie ein Schalter oder ein Sensor, beispielsweise ein PIR-Bewegungsmelder, erfolgreich mit dem Raspberry Pi gekoppelt werden kann, ist nach dem obigen Reed-Schalter-Experiment kein großes Geheimnis mehr. Im nächsten Schritt schließen Sie einfach eine Webcam über den USB-Anschluss an.

Dabei ist grundsätzlich nur darauf zu achten, dass die angeschlossene Kamera auch als `/dev/video`-Device erkannt wird. Prüfen Sie zunächst mit dem `dmesg`-Befehl auf der Konsole, ob die Kamera vom System überhaupt erkannt wurde.

Falls ja, dann prüfen Sie zunächst, ob die Kamera auch als sogenannter Gerätelink im Raspberry Pi zur Verfügung steht:

```
ls /dev/video*
```

Ausgabe:

```
/dev/video0
```

Anschließend nutzen Sie obiges Shell-Skript (Datei: `piriblink.sh`) und integrieren dort die Steuerung der Kamera. Nimmt der PIR-Sensor eine Bewegung wahr, soll umgehend ein Befehl an die angeschlossene Kamera weitergeleitet werden, um eine Aufnahme zu erstellen. Wer statt einer USB-Webcam stattdessen ein Raspberry-Pi-Kameramodul (NoIR oder IR-Modell) im CSI-Anschluss im Einsatz hat, der benötigt das Fotografiewerkzeug fswebcam nicht, und nutzt stattdessen für Bildaufnahmen das eigens für die Raspberry-Pi-Kamera vorhandene `raspistill`-Kommando.

2.4.1 Funktionsweise der USB-Webcam prüfen

Stecken Sie die USB-Webcam in den USB-Anschluss und prüfen Sie per `dmesg` bzw. `lsusb`-Kommando, ob das Gerät auch ordnungsgemäß vom System erkannt worden ist. In der Regel ist die Kamera als Videodevice `/dev/video0` im System eingehängt. Für die Nutzung der Kamera auf der Kommandozeile ist das Werkzeug `fswebcam` vorgesehen, das Sie mit dem Kommando

```
sudo apt-get install fswebcam
```

auf den Raspberry Pi installieren. Per `man fswebcam` erfahren Sie mehr über den Funktionsumfang des Werkzeugs.

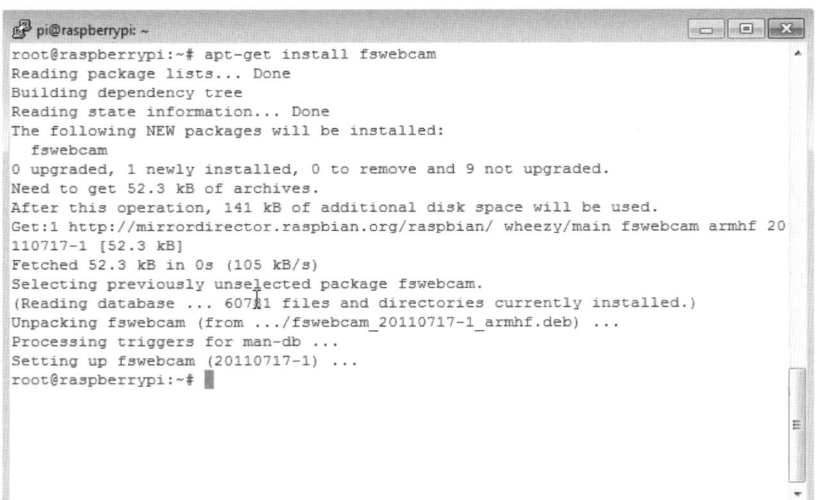

Bild 2.18: Wie gewohnt: Per `apt-get install`-Kommando ziehen Sie das fehlende Paket `fswebcam` auf den Raspberry Pi nach.

In diesem Fall starten Sie mit dem Kommando

```
/usr/bin/fswebcam -r 320x240 -i 0 -d /dev/video0 --jpeg 95 --shadow --title
"Raspi im Vogelhaus" --subtitle "Yummi-Front" --info "Monitor: Active" -v
/var/tmp/mailpic.jpg
```

eine Aufnahme und legen diese zunächst im Verzeichnis `/var/tmp` mit der Bezeichnung `mailpic.jpg` ab. Prüfen Sie per `ls /var/tmp`-Kommando, ob `fswebcam` hier erfolgreich eine Aufnahme abgelegt hat oder nicht. Für den regelmäßigen, wiederkehrenden Einsatz nutzen Sie den `fswebcam`-Befehl in einer Schleife oder koppeln das Kommando im Skript mit dem Bewegungsmelder: Nur wenn der Sensor eine Bewegung feststellt, wird über `fswebcam` eine Aufnahme erstellt.

2.4.2 Piri-Skript als Vorlage nutzen und aufbohren

Im Folgenden wird das obige Skript (Datei: `piriblink.sh`) als Vorlage genutzt und das beschriebene `fswebcam`-Kommando mit dem angeschlossenen Sensor gekoppelt. Daneben sind noch LEDs integriert, die zwar nicht zwingend vorhanden sein müssen, jedoch einen zusätzlichen optischen Nutzen auf dem Steckboard bringen.

Bei der endgültigen Lösung auf der Platine können Sie diese jedoch einsparen und auf die entsprechenden Codezeilen verzichten (Variablen `red` und `green`, `GPIO 17` (Pin 11) bzw. `GPIO 18` (Pin 12)).

In diesem Skript wird nach Erkennung einer Bewegung in dem Konstrukt `if [ "$(ls /dev/video0)" ]; then` zunächst geprüft, ob das Gerät `/dev/video0` zur Verfügung steht. Wer statt einer USB-Webcam das Raspberry-Pi-Kameramodul im Einsatz hat, für den ist das obige Konstrukt nutzlos, da die Kamera in der Regel nicht über */dev/video* eingebunden ist.

Wenn ja, wird eine Aufnahme erstellt und gespeichert. Ist keine Kamera angeschlossen, erfolgt nur eine Bildschirmmeldung (*KEIN Videodevice an Raspberry Pi angeschlossen*).

```
#!/bin/bash
# -----------------------------------------------------
# Smart-Home mit Raspberry Pi-Projekte
# E.F.Engelhardt, Franzis Verlag, 2016
# -----------------------------------------------------
# Skript: piriblinkcam.sh
#
red=0 # ist GPIO 17 - Pin 11
green=1 # ist GPIO 18 - Pin 12
piri=11 # ist GPIO 07
FILENAME=$(date +"%m-%d-%y|||%H%M%S")
MAILFILE="/var/tmp/mailpic.jpg"
# -----------------------------------------------------------------------
#  funktion init
#  GPIO einstellen und LEDs initialisieren fuer Reed-Schalter
# -----------------------------------------------------------------------
init ()
{
  echo initialisieren...
  gpio mode $piri in
  gpio mode $piri up
  gpio mode $foto out
  gpio mode $red in
  gpio mode $red up
  gpio mode $green out
  gpio write green 1
}
# -----------------------------------------------------------------------
```

```
# Schaltkreis einschalten
# -----------------------------------------------------------------------
init
# schleife bis ctrl-c
while true; do
if [ $(gpio read $piri) -eq  0 ]; then
  if [ `gpio read $red` = 1 ]; then
     gpio write $green 1
   else
     gpio write $green 0;
  fi
else
   gpio write $green 0;
   echo "Bewegung"
   echo "-> erstelle Aufnahme"
    if [ "$(ls /dev/video0)" ]; then
        echo "Videodevice an Raspberry Pi angeschlossen"
        /usr/bin/fswebcam -r 320x240 -i 0 -d /dev/video0 --jpeg 95 --
shadow --title "Raspi im Vogelhaus" --subtitle "Yummi-Front" --info
"Monitor: Active" -v $MAILFILE
        cp ${MAILFILE} /var/tmp/${FILENAME}.jpg
    else
        echo "KEIN Videodevice an Raspberry Pi angeschlossen"
     fi
fi
sleep 0.1
done
exit 0
# -----------------------------------------------------------------------
```

Der hell hinterlegte Bereich wurde in diesem Skript ergänzt, um die Zusammenarbeit einer am Raspberry Pi angeschlossenen USB-Kamera mit dem Bewegungsmelder zu ermöglichen.

Im Falle des Raspberry-Pi-Kameramoduls ersetzen Sie den hinterlegten Bereich mit dem nachstehenden Code-Block:

```
   echo "-> erstelle Aufnahme"
    if [ "`vcgencmd get_camera`" = "supported=1 detected=1" ]; then
        echo "Raspberry Pi Kameramodul an Raspberry Pi angeschlossen"
        raspistill -o $MAILFILE
        cp ${MAILFILE} /var/tmp/${FILENAME}.jpg
    else
        echo "KEIN Raspberry Pi Kameramodul an Raspberry Pi angeschlossen"
     fi
```

Bild 2.19: Bewegung erkannt: Nun prüft das Skript, ob eine USB-Webcam angeschlossen ist. Hier ist das nicht der Fall. Die Bewegung wird zwar registriert, löst jedoch keine Aufnahme aus.

Das war es zunächst. Sie können die Fotos nach Wunsch über WLAN auf ein externes Speichermedium, etwa über eine NFS- oder Samba-Freigabe in Ihrem Heimnetz auslagern. Alternativ richten Sie einen automatisierten E-Mail-Versand ein, mit dem die gemachten Aufnahmen aus dem Vogelhaus automatisch in das E-Mail-Postfach gelangen.

2.4.3 Ohne Strom nix los: Akkupack auswählen

Hängt das Vogelhaus im Garten an einem Baum und ist keine Steckdose in Sicht, dann können Sie sich im Handyzubehörmarkt bedienen und den Raspberry Pi sozusagen als mobile Lösung nutzen. Wichtig ist eine Ausgangsspannung von 5 V. Damit der Raspberry Pi auch entsprechend Power bekommt und wenigstens eine Zeit lang betrieben werden kann, empfehle ich einen Akku mit mindestens 700 mAh, besser mehr.

Mit einer Kapazität von 9000 mAh laden Sie ein Smartphone wie das betagte iPhone 4S oder das Samsung Galaxy S3 vier- bis fünfmal vollständig auf. Vom Preis-Leistungs-Verhältnis und Gewicht her stellt das Raikko USB AccuPack 5200 von Niebauer in Sachen Akku-Einsatz für den Raspberry Pi den besten Kompromiss dar. Das Kraftpaket eignet sich vor allem wegen der Bauform und des geringen Gewichts ideal für den Einsatz im Vogelhaus-Projekt.

2.4.4 Vogelhaus-Montage: kleben und knipsen

Je nach verwendetem Raspberry-Pi-Gehäuse und Größe des genutzten Vogelhauses kommt es darauf an, wo bzw. wie Sie den Raspberry Pi unterbringen. Bei größeren Modellen wie beispielsweise dem Modell Eigenbau lässt sich der Raspberry schön unter dem Dach des Vogelhauses unterbringen, für die Kabel der Kamera müssen jedoch passende Öffnungen geschaffen werden. Diese Arbeiten kommen aber erst zum Schluss.

Zunächst passen Sie die Komponenten genau ein. Dabei lautet die Empfehlung, den Platz für die Elektronik etwas großzügiger zu bemessen und somit auch ein größeres Vogelhaus zu bauen oder anzuschaffen. Bei diesem Prototypen musste die Elektronik aufgrund der beengten Verhältnisse außerhalb des Vogelhauses Platz finden, lediglich der Bewegungssensor und das Kameramodul hatten im Vogelhaus noch Platz. Das war wohl auch der Grund, warum sich in den zwei Wochen, in denen das Vogelhaus in Betrieb war, kein Vogel blicken ließ.

Bild 2.20: Vogelhaus-Erlkönig mit Bewegungsmelder: Der Platzbedarf für Kamera und Verkabelung ist nicht zu unterschätzen. In diesem Fall mussten der Raspberry Pi und der Akkublock außerhalb des Vogelhauses provisorisch mit Klebeband und Kabelbinder befestigt werden.

Nutzen Sie hingegen ein großzügig bemessenes Vogelhaus und locken die Piepmätze mit einem Meisenknödel, dann stehen die Chancen gut, dass im Vogelhaus-Einsatz viele Fotos geschossen werden. Bei einer zu klein geratenen Speicherkarte im Raspberry Pi ist auch aus Speicherplatzgründen der sofortige Versand des Bildes per WLAN eine gute Sache.

2.5 Türklingelbenachrichtigung mit Foto

E-Mail-Benachrichtigungen sind Fluch und Segen zugleich: Während die meisten Anwender im Online-Alltag, beispielsweise im Umgang mit den sozialen Netzen Facebook, Twitter & Co., die dazugehörigen E-Mail-Benachrichtigungen im eigenen Postfach als störend empfinden dürften, sind manche solcher Nachrichten äußerst begehrt. So können Sie sich beispielsweise über Vorgänge im Haushalt automatisch informieren lassen, etwa wenn die Waschmaschine fertig ist oder bestimmte Türen oder Fenster geöffnet wurden oder gar jemand vor der Haustür steht und klingelt.

Einsatzgebiete gibt es viele, gerade wenn es um Sicherheits- und Überwachungsaspekte zu Hause geht. In diesem Abschnitt des Buchs lesen Sie, wie Sie mit dem Raspberry Pi und dem passenden Zubehör mit relativ wenig Aufwand eine funktionierende Klingelbenachrichtigung per E-Mail samt Fotofunktion realisieren.

2.5.1 FS20-KSE-Funkmodul in die Türklingel einbauen

Für den Einbau des FS20-KSE-Klingelmoduls benötigen Sie keinen Elektriker, sondern lediglich ein wenig handwerkliches Geschick, einen Schraubenzieher sowie je nach örtlicher Gegebenheit eine kleine Leiter, um zur verbauten Türklingel zu gelangen. Der unschätzbare Vorteil des FS20-KSE-Klingelmoduls ist, dass es keine eigene Stromversorgung benötigt und für den Versand des Funksignals bei der Betätigung der Klingel vom Klingelstromkreis mitversorgt wird. Dieser kurze Augenblick lädt den entsprechenden Kondensator ausreichend auf.

Bild 2.21: Nach dem Anschluss an der Türklingel kann das KSE-Klingelmodul aufgrund seiner flachen Bauweise oftmals mit im Klingelgehäuse untergebracht werden.

Für den Anschluss des FS20-KSE-Klingelmoduls an der Wechselstrom-Klingelanlage benötigen Sie zwei Drähte sowie eine Zweifach-Lüsterklemme, um mit den beiden vorhandenen Kabeln, die zur Klingel führen, eine Parallelschaltung aufzubauen. In diesem Fall löst der Klingelschalter vor der Tür nicht nur die Klingel aus, sondern sendet auch dasselbe Signal an das Funkmodul. Beim Betätigen der Klingel leuchtet auf der kleinen Funkmodulplatine eine kleine LED.

2.5.2 Die Funkmodulkonfiguration ist schnell erledigt

Wer möchte, kann mithilfe der vier kleinen Schalter auf der FS20-KSE-Klingelmodulplatine gemäß der Bedienungsanleitung den Hauscode setzen. Pflicht ist das für den FHEM-Gebrauch jedoch nicht, sodass wir uns diese Fummelei erspart und FHEM in den `autocreate`-Mode versetzt haben. Beim Anliegen der Wechselspannung an der Klingel ertönt somit nicht nur die Klingel, sondern es wird auch ein Schaltsignal vom KSE-Klingelmodul übertragen.

```
2012.12.01 10:04:55 2: FHT set arb_Heizung desired-temp 5.5
2012.12.01 10:49:23 2: FS20 set arb_LampeTisch on
2012.12.01 12:45:24 3: FS20 Unknown device c080 (41113111), Button 00 (1111) Code 00 (off), please define it
2012.12.01 12:45:24 2: autocreate: define FS20_c08000 FS20 c080 00
2012.12.01 12:45:24 2: autocreate: define FileLog_FS20_c08000 FileLog /var/log/fhem/FS20_c08000-%Y.log FS20_c08000
2012.12.01 12:45:25 3: FS20 Unknown device c080 (41113111), Button 01 (1112) Code 00 (off), please define it
2012.12.01 12:45:25 2: autocreate: define FS20_c08001 FS20 c080 01
2012.12.01 12:45:25 2: autocreate: define FileLog_FS20_c08001 FileLog /var/log/fhem/FS20_c08001-%Y.log FS20_c08001
2012.12.01 12:45:25 2: FS20 FS20_c08000 off
2012.12.01 12:45:25 2: FS20 FS20_c08001 off
2012.12.01 12:45:28 2: FS20 FS20_c08000 on
2012.12.01 12:45:28 2: FS20 FS20_c08001 on
```

Bild 2.22: Für die beiden Kanäle auf dem FS20-KSE-Klingelmodul hat FHEM zwei Buttons sowie das Klingelmodul selbst automatisch erstellt.

Hat FHEM das Klingelmodul automatisch in der Geräteübersicht einsortiert, dann passen Sie die Beschriftung mit dem `rename`-Kommando sowie den Standort des Geräts über das `room`-Attribut an.

Bild 2.23: Um den Standort anzupassen, müssen Sie zunächst das alte Attribut bei `room` über den Link `deleteattr` löschen.

Nach der Initialisierung in FHEM prüfen Sie nun die ordnungsgemäße Funktion bzw. das Übertragen des Klingelsignals als Schaltbefehl in FHEM. Dafür nutzen Sie am besten die Log-Datei, die per Klick auf den Link `logfile` erreichbar ist. In der Kommandozeile können Sie auch das `tail`-Kommando `tail -f /var/log/fhemfhem-JAHR-MONAT.log` nutzen. Ersetzen Sie den Platzhalter `JAHR` beispielsweise durch `2013` und `MONAT` durch den aktuellen Monat.

```
pi@fhemraspian ~ $ tail -f /var/log/fhem/fhem-2012-12.log
2012.12.01 13:42:28 2: FS20 FS20_c08000 off
2012.12.01 13:42:29 2: FS20 FS20_c08001 off
2012.12.01 13:42:29 2: FS20 FS20_c08000 on
2012.12.01 13:42:29 2: FS20 FS20_c08001 on
2012.12.01 13:42:30 2: FS20 FS20_c08000 off
2012.12.01 13:42:30 2: FS20 FS20_c08001 off
2012.12.01 13:42:33 2: FS20 FS20_c08000 on
2012.12.01 13:42:33 2: FS20 FS20_c08001 on
2012.12.01 13:42:34 2: FS20 FS20_c08000 off
2012.12.01 13:42:34 2: FS20 FS20_c08001 off
2012.12.01 14:33:09 2: FS20 FS20_c08000 on
2012.12.01 14:33:10 2: FS20 FS20_c08001 on
2012.12.01 14:33:10 2: FS20 FS20_c08000 off
2012.12.01 14:33:10 2: FS20 FS20_c08001 off
2012.12.01 14:33:11 2: FS20 FS20_c08000 off
2012.12.01 14:33:11 2: FS20 FS20_c08001 off
2012.12.01 14:33:11 2: FS20 FS20_c08000 off
2012.12.01 14:33:12 2: FS20 FS20_c08001 off
2012.12.01 14:33:12 2: FS20 FS20_c08000 on
2012.12.01 14:33:13 2: FS20 FS20_c08001 off
```

Bild 2.24: Die Log-Datei klärt auf: Eine On/Off-Beziehung ist die Kopplung des KSE-Klingelmoduls der FS20-Reihe mit FHEM.

In diesem Fall werden bei der Betätigung des Klingeltasters beide Kanäle auf dem FS20-KSE geschaltet und übertragen. Das ist nicht weiter schlimm und kann in einem späteren Skript dazu auch als Sicherheitsnetz dienen. Doch zunächst geht es darum, das Klingelsignal innerhalb FHEM weiterzuverarbeiten, damit Sie beim Auslösen der Klingel wie gewünscht umgehend eine Benachrichtigung erhalten.

2.5.3 Neuer E-Mail-Account nur für die Klingel

Wer als Absenderadresse für die Klingelbenachrichtigung nicht seine persönliche E-Mail-Adresse nutzen möchte, der legt kurzerhand bei einem der zahlreichen Freemail-Anbieter einen Account an. Allein aus Sicherheitsgründen ist dies eine gute Wahl, denn da das zum Versand notwendige Kennwort auf dem Raspberry Pi gespeichert sein muss, entsteht hier natürlich auch eine Sicherheitslücke.

Jeder, der unbefugt Zugriff auf den Raspberry Pi hat, kann durch das gespeicherte Passwort auch Zugriff auf die E-Mails haben. In diesem Beispiel nutzen wir ein vorhandenes Freemail-Konto bei GMX, das ausschließlich für die Benachrichtigung genutzt wird und mithilfe des Raspberry Pi umgehend eine Mail mit dem Ereignis verschickt.

Hier sind Sie selbstverständlich nicht auf GMX beschränkt, wichtig ist nur, dass Ihnen die notwendigen Parameter wie E-Mail-Adresse, Kennwort, Zugangsdaten für den Mailserver und verschiedene weitere Einstellungen bekannt sind. Wer über die Kommandozeile oder per Skript E-Mails versenden möchte, tut dies bei einem vollwertigen Linux-Computer mithilfe eines Mailservers wie *Sendmail*. Doch so eine Lösung ist für den Raspberry Pi völlig überdimensioniert, und auch der Betrieb stellt einen nicht unerheblichen Aufwand dar.

```
root@fhemraspian:/home/pi# chmod a+x /usr/local/bin/fhem2mail
root@fhemraspian:/home/pi# apt-get install sendEmail
Paketlisten werden gelesen... Fertig
AbhÃ¤ngigkeitsbaum wird aufgebaut.
Statusinformationen werden eingelesen.... Fertig
Die folgenden zusÃ¤tzlichen Pakete werden installiert:
  libio-socket-inet6-perl libsocket6-perl
Vorgeschlagene Pakete:
  libio-socket-ssl-perl libnet-ssleay-perl
Die folgenden NEUEN Pakete werden installiert:
  libio-socket-inet6-perl libsocket6-perl sendemail
0 aktualisiert, 3 neu installiert, 0 zu entfernen und 3 nicht aktualisiert.
Es mÃ¼ssen 76,9 kB an Archiven heruntergeladen werden.
Nach dieser Operation werden 315 kB Plattenplatz zusÃ¤tzlich benutzt.
MÃ¶chten Sie fortfahren [J/n]?
```

```
root@fhemraspian:/home/pi# sendemail -v -f @gmx.de -s smtp.gmx.net:25 -xu @gmx.de
tls=yes -u "Betreff: Test" -m "Hallo, dies ist ein Test"
Dec 06 21:30:07 fhemraspian sendemail[5123]: ERROR => No TLS support!  SendEmail can't load required libraries.
et::SSL)
root@fhemraspian:/home/pi# apt-get install sendEmail libio-socket-ssl-perl libnet-ssleay-perl perl
Paketlisten werden gelesen... Fertig
AbhÃ¤ngigkeitsbaum wird aufgebaut.
Statusinformationen werden eingelesen.... Fertig
perl ist schon die neueste Version.
sendemail ist schon die neueste Version.
Die folgenden zusÃ¤tzlichen Pakete werden installiert:
  libnet-libidn-perl
Die folgenden NEUEN Pakete werden installiert:
  libio-socket-ssl-perl libnet-libidn-perl libnet-ssleay-perl
0 aktualisiert, 3 neu installiert, 0 zu entfernen und 3 nicht aktualisiert.
Es mÃ¼ssen 406 kB an Archiven heruntergeladen werden.
Nach dieser Operation werden 1.284 kB Plattenplatz zusÃ¤tzlich benutzt.
MÃ¶chten Sie fortfahren [J/n]?
```

Bild 2.25: Zunächst installieren Sie `sendEmail` per `apt-get` nach. Gegebenenfalls sind weitere Pakete (automatisch) nachzuinstallieren.

Besser ist es, auf dem Raspberry Pi stattdessen die kostenlose Lösung `sendEmail` zu nutzen, mit der Sie auch Dateianhänge verschicken können, falls Sie beispielsweise bei dem Klingelereignis eine Fotoaufnahme erstellen. So sind Sie nicht nur darüber informiert, dass es geklingelt hat, sondern auch, wer geklingelt hat. Voraussetzung dafür ist natürlich, dass die USB-Webcam des Raspberry auch an einem passenden Ort platziert werden kann - oftmals tut es schon ein kleiner handwerklicher Umbau in der Bohrung des Türspions.

```
sudo apt-get install sendEmail libio-socket-ssl-perl libnet-ssleay-perl perl
```

Die Installation ist in wenigen Minuten erledigt, der Mailversand erfolgt zunächst testweise über die Konsole.

Benötigte Variablen	Beispiel
Absender-E-Mail-Adresse	MAIL.ADRESSE.DE@gmx.de
Passwort für den E-Mail-Versand	geheimesPasswort
Empfänger-E-Mail-Adresse	ERSTEMAIL@ADRESSE.DE
SMTP-Server:Port	smtp.gmx.net:25
TLS	no

Anschließend bauen Sie den Kommandozeilenbefehl wie folgt aus den verfügbaren Optionen zusammen:

Optionen für *sendEmail*	Beschreibung
v	Verbose: Ausführliche Ausgabe
f	From: Absenderadresse hier: MAIL.ADRESSE.DE@gmx.de
s	Server: Server mit Portangabe hier: smtp.gmx.net:25
xu	User-Mailserver: Benutzer auf dem Mailserver hier: MAIL.ADRESSE.DE@gmx.de
xp	Passendes Kennwort: Passwort zu dem unter xu angegebenen User hier: geheimesPasswort
t	To: Empfängeradresse hier: MAIL.EMPFÄNGERADRESSE.DE@gmx.de
o	Verschlüsselung: je nach Anbieter unterschiedlich hier: tls=no
u	Betreff, hier: Betreff: Foto
m	Message: Textinhalt der Mail
a	Anhang: Pfad zur Datei, die mit übertragen werden soll hier: /var/tmp/mailpic.jpg

Am Ende müsste bei Ihnen ein ähnliches Kommando herauskommen. Beachten Sie, dass der Befehl in einer einzigen Zeile ohne Zeilenumbruch in die Konsole zu schreiben ist.

```
sendemail -v -f MAIL.ADRESSE.DE@gmx.de -s smtp.gmx.net:25 -xu
MAIL.ADRESSE.DE@gmx.de -xp geheimesPasswort -t
MAIL.EMPFÄNGERADRESSE.DE@gmx.de -o tls=no -u "Betreff: Foto" -a
"/var/tmp/mailpic.jpg"
```

Zum Testen und mal zwischendurch ist so ein langer Kommandozeilenbefehl zwar ganz nett, in der Praxis jedoch und für den angestrebten Zweck einer automatisierten Verarbeitung in Verbindung mit der Türklingel parametrisieren wir das Kommando und lagern die Funktion in ein Skript aus. Zuvor benötigen wir für die Erstellung der Aufnahmen neben dem Versand der E-Mail auf der Konsole zusätzlich noch ein Programm, das ebenfalls über die Konsole und skriptbasiert arbeiten kann. Hier nutzen wir das Programm `fswebcam` und passen die Parameter für das Projekt entsprechend an.

2.5.4 fswebcam: Shell-Fotografie mit der Klingel

Für die Nutzung einer geeigneten Kamera am Raspberry Pi unter Raspian dürfen Sie keine Wunder in Sachen Bildqualität erwarten. So steht und fällt die Bildqualität mit der Optik und Lichtstärke der eingesetzten Kamera sowie deren Grafik-Engine. Der Raspberry Pi ist bei einfacheren Kameras wie beispielsweise der alten PS3-Webcam in Sachen Bildqualität etwas schwach auf der Brust. Das tut dem Bastelvergnügen jedoch keinen Abbruch, wir begnügen uns einfach mit 320 x 240 Pixeln und stellen somit eine flotte Bearbeitung innerhalb des Raspberry Pi sicher. Willkommener Nebeneffekt ist auch die schnelle Übertragung der Benachrichtigung auf das Smartphone. Für die Nutzung der Kamera über die Kommandozeile ist in diesem Klingel-Projekt das Werkzeug `fswebcam` vorgesehen, das Sie per

```
sudo apt-get install fswebcam
```

auf den Raspberry Pi installieren. Per `man fswebcam` erfahren Sie mehr über den Funktionsumfang des Werkzeugs.

```
pi@fhemraspian ~ $ sudo apt-get install fswebcam
Paketlisten werden gelesen... Fertig
AbhÃ¤ngigkeitsbaum wird aufgebaut.
Statusinformationen werden eingelesen.... Fertig
Die folgenden NEUEN Pakete werden installiert:
  fswebcam
0 aktualisiert, 1 neu installiert, 0 zu entfernen und 3 nicht aktualisiert.
Es mÃ¼ssen 52,3 kB an Archiven heruntergeladen werden.
Nach dieser Operation werden 141 kB Plattenplatz zusÃ¤tzlich benutzt.
Holen: 1 http://mirrordirector.raspbian.org/raspbian/ wheezy/main fswebcam armhf 20110717-1 [52,3 kB]
Es wurden 52,3 kB in 0 s geholt (106 kB/s).
Vormals nicht ausgewÃ¤hltes Paket fswebcam wird gewÃ¤hlt.
(Lese Datenbank ... 69058 Dateien und Verzeichnisse sind derzeit installiert.)
Entpacken von fswebcam (aus .../fswebcam_20110717-1_armhf.deb) ...
Trigger fÃ¼r man-db werden verarbeitet ...
fswebcam (20110717-1) wird eingerichtet ...
pi@fhemraspian ~ $
```

Bild 2.26: Per `apt-get install`-Kommando ziehen Sie das fehlende Paket `fswebcam` auf den Raspberry Pi nach.

Stecken Sie die USB-Webcam in den USB-Anschluss und prüfen Sie per `dmesg` bzw. `lsusb`, ob das Gerät vom System ordnungsgemäß erkannt worden ist. In der Regel wird die Kamera als Video-Device in `/dev/video0` eingebunden. In diesem Fall starten Sie mit dem Kommando

```
/usr/bin/fswebcam -r 320x240 -i 0 -d /dev/video0 --jpeg 95 --shadow --
title "Haustuere" --subtitle "Spion" --info "Monitor: Active" -v
/var/tmp/mailpic.jpg
```

eine Aufnahme und legen diese zunächst im Verzeichnis `/var/tmp/` mit der Bezeichnung `mailpic.jpg` ab. Prüfen Sie per `ls /var/tmp`-Kommando, ob `fswebcam` eine Aufnahme erfolgreich abgelegt hat. Für den weiteren Anwendungszweck bzw. die spätere Nutzung mit FHEM ist es wichtig, dass Sie für die Nutzung der angeschlossenen Webcam an `/dev/video0` die entsprechenden Berechtigungen setzen. Das erledigen Sie, indem Sie den Systemuser `fhem` der Gruppe `video` hinzufügen:

```
sudo adduser fhem video
```

Haben Sie dies nicht getan, wird Sie später eine Fehlermeldung ähnlich wie

```
--- Capturing frame...
Captured frame in 0.00 seconds.
--- Processing captured image...
Error opening file for output: /var/tmp/mailpic.jpg
fopen: Permission denied
```

daran erinnern.

```
pi@fhemraspian ~ $ ls -la /dev/video0
crw-rw---T 1 root video 81, 0 Dez  7 21:48 /dev/video0
pi@fhemraspian ~ $ sudo adduser fhem video
FÃ¼ge Benutzer Â»fhemÂ« der Gruppe Â»videoÂ« hinzu ...
Benutzer fhem wird zur Gruppe video hinzugefÃ¼gt.
Fertig.
pi@fhemraspian ~ $
```

Bild 2.27: Erst wenn der Systemuser `fhem` der `video`-Gruppe hinzugefügt wurde, kann er auch auf das Device unter Raspian zugreifen.

Nun sind die Voraussetzungen geschaffen, um das für den Mailversand notwendige Skript zusammenzustellen und später mit der Türklingel via FHEM zu koppeln.

2.5.5 Skript für E-Mail-Versand über FHEM

Für den Versand von E-Mails über FHEM gibt es zig unterschiedliche Möglichkeiten, die im FHEM-Wiki (*www.fhemwiki.de/wiki/E-Mail_senden*) ausführlich dargestellt werden. Die Lösung von Martin Fischer (*www.fischer-net.de*) ist deutlich flexibler als die Wiki-Lösungen, bietet allerdings unter anderem keine direkte Unterstützung für den parametrisierten Versand eines E-Mail-Anhangs. Wir haben diese Funktion kurzerhand nachgerüstet. Im folgenden Skript `fhem2mail` müssen die E-Mail-Adressen sowie die Parameter für den Mailanbieter angepasst werden. Das Skript selbst wird im Verzeichnis `/usr/local/bin/` auf dem Raspberry Pi gesichert. In diesem Beispiel nimmt das Skript einen Aufruf in der Form `/usr/local/bin/fhem2mail MAIL DOORBELL "Haustuere"` entgegen und befüllt im `case`-Block entsprechend die Variablen `SUBJ` und `TXT`. Anschließend wird im `if-DOORBELL`-Block geprüft, ob sich ein Video-Device an `/dev/video0` befindet. Falls ja, wird die geschossene Aufnahme unter der per `FILENAME` festgelegten Bezeichnung (`FILENAME=$(date +"%m-%d-%y||%H%M%S")`) archiviert.

In der zweiten `IF-MAILFILE`-Abfrage wird geprüft, ob die Datei `MAILFILE="/var/tmp/mailpic.jpg"` existiert. Ist sie vorhanden, dann wird der `sendemail`-Aufruf entsprechend mit dem Dateianhang befüllt, umgehend verschickt und anschließend gelöscht. Andernfalls erfolgt die Mailbenachrichtigung ohne Dateianhang.

2.5.6 FHEM und Raspberry Pi verheiraten

Für das Zusammenspiel mit FHEM und eine weitere spätere Nutzung der Kamera an der Haustür wurde der `rpiPhoto`-Aufruf in ein eigenes Perl-Modul mit der Bezeichnung `99_klingelrpi.pm` im Verzeichnis `/usr/share/fhem/FHEM/` untergebracht.

```
sudo -i
nano /usr/share/fhem/FHEM/99_klingelrpi.pm
cd /usr/share/fhem/FHEM/
chown fhem:root 99_klingelrpi.pm
```

Die selbst gestrickten Perl-Module kommen in den FHEM-Benutzerordner, der beim Raspberry Pi in der Regel im Verzeichnis `/usr/share/fhem/FHEM/` zu finden ist. Wer sich hier nicht sicher ist, der öffnet über `nano /etc/fhem.cfg` die Konfigurationsdatei und prüft beim Eintrag `modpath` die Pfadangabe von FHEM.

```
# --------------------------------------------------------------------------
# Smart-Home mit Raspberry Pi-Projekte
# E.F.Engelhardt, Franzis Verlag, 2016
# --------------------------------------------------------------------------
# Datei 99_klingelrpi.pm
#  Verzeichnis /usr/share/fhem/FHEM
package main;

use strict;
use warnings;
use POSIX;

sub
klingelrpi_Initialize($$)
{
  my ($hash) = @_;
}

sub
rpiPhoto($)
{
  my $text = "Raspi-Webcam gestartet";
  my $ret = "";
  system("/bin/echo \"$text\" > /var/tmp/foto_nachricht.txt");
  system("/usr/bin/fswebcam -r 320x240 -i 0 -d /dev/video0 -v
/var/tmp/mailpic.jpg");
   Log 3, "rpiPhoto (fswebcam): $ret";
}

1;
# --------------------------------------------------------------------------
```

Die Funktion von `99_klingelrpi.pm` bzw. von `rpiPhoto($)` prüfen Sie einfach per Aufruf im Befehlsfeld von FHEM. Geben Sie dort folgende Anweisung ein:

```
{rpiPhoto ("@")}
```

Jetzt wird mit `fswebcam` eine Aufnahme erstellt und im `/var/tmp`-Verzeichnis abgelegt. In der `fhem.cfg` fügen Sie für die Klingeltaste einen entsprechenden Notify hinzu:

```
# ----------------------------------------------------------------------
# FS20 Klingel notify
define KlingelEnable dummy
# ----------------------------------------------------------------------
define Klingel_Notify notify au_KlingelTaste {\
   if ( Value ("KlingelEnable") eq "1" ){\
     fhem("set KlingelEnable 0");;\
     fhem("delete KlingelTimer");;\
     rpiPhoto("@");;\
     fhem("define KlingelTimer at +00:00:40 set KlingelEnable 1");;\
     `/usr/local/bin/fhem2mail MAIL DOORBELL "Haustuere"`;;\
     Log 3, "Klingel-Status %, sende Nachricht via E-Mail/SMS";;\
     fhem("set au_KlingelTaste off");;\
     fhem("set au_KlingelTaste1 off");;\
   }\
}
# ---------------------------------------------------------------------
```

Um diese `notify`-Funktion zu prüfen, geben Sie in der Befehlszeile von FHEM den folgenden Trigger-Aufruf ein:

```
trigger au_KlingelTaste on
```

Zunächst wird die Dummy-Variable `KlingelEnable` definiert. Wird die Klingeltaste gedrückt (`au_KlingelTaste`), setzt das Skript die Dummy-Variable und löscht einen eventuell vorhandenen Timer. Per Aufruf des Perl-Skripts `rpiPhoto("@")` wird umgehend die angeschlossene Kamera ausgelöst, was einerseits in einem Log-Eintrag vermerkt wird und andererseits die Aufnahme im Verzeichnis `/var/tmp/mailpic.jpg` sichert.

Um das Prellen zu verhindern, falls jemand Sturm klingelt, reicht der Versand einer E-Mail. Der `KlingelTimer` wurde auf `40` Sekunden gesetzt, das eigentliche Mailversandskript startet mit dem Aufruf `/usr/local/bin/fhem2mail MAIL DOORBELL "Haustuere"`. Zu guter Letzt wird der Log-Eintrag in FHEM geschrieben, und die beiden Flags der Klingelsignalerkennung werden auf den Wert `off` gesetzt.

Das Skript für den Mailversand prüft seinerseits, ob sich im Verzeichnis `/var/tmp/` die Datei `mailpic.jpg` befindet. Ist dies der Fall, wird das Kommando `/usr/bin/sendemail` mit dem Anhangparameter gesetzt. Falls nicht, erfolgt die Benachrichtigung eben ohne angehängtes Bild.

2.6 Pi als elektronischer Wetterfrosch

Eine für den Raspberry Pi kompatible Wetterstation muss nicht teuer sein. Geeignet sind grundsätzlich alle USB-Wetterstationen, die auch für den Linux-Betrieb eingesetzt werden können. Vor allem gehört eine Wetterstation nicht mehr zu den unerschwinglichen Gadgets. Bereits in der Preisklasse von 100 bis 150 Euro bekommen Sie Geräte, die sich für die Heimautomation prima eignen. Gerade wenn es um die Steuerung von Rollläden, Bewässerungsanlagen im Garten, Schalten von Temperaturen usw. geht, liefern die Messwerte einer Wetterstation hilfreiche Informationen. Bessere Wetterstationen liefern sogar eine Wettervorhersage, auf die Sie sich in etwa so gut verlassen können wie auf die professionellen Wettervorhersagen im Fernsehen. In diesem Projekt kommt ein Raspberry Pi 2 mit installiertem Raspbian Jessie Lite Image (`2016-02-26-raspbian-jessie-lite.img`) zum Einsatz, was schließlich über die Kommandos:

```
sudo apt-get install rpi-update && sudo rpi-update && sudo reboot
```

auf den aktuellen Stand gebracht wurde.

2.6.1 Wetterstationen für den Pi-Team-Einsatz

So können Sie beispielsweise abschätzen, ob im Sommer der Garten in den nächsten Tagen intensiver bewässert oder ob im Winter der Heizungszulauf aufgedreht werden muss. Auch die automatische Dokumentation des Wetterverlaufs oder tägliche Daten bezüglich Luftdruck, Temperatur, Luftfeuchtigkeit, Windstärke, -richtung und -wahrscheinlichkeit oder gar für Allergiker nützliche Angaben über den Pollenflug sind je nach Modell der Wetterstation möglich.

Bild 2.28: Viele Kabelbinder: Um die Wetterstation stabil zu befestigen, nutzen Sie am besten solide Kabelbinder oder Schraubschellen aus Metall, damit der Mast der Wetterstation auch Wind und Wetter standhält. Prüfen Sie die Kabelbinder spätestens alle sechs Monate auf ihre Stabilität, da sie durch den Einfluss von Wind und Wetter mit der Zeit spröde werden und dann leicht brechen können.

Für den gemeinsamen Einsatz mit dem Raspberry Pi eignet sich vorzugsweise eine Wetterstation, wie beispielsweise eine Elecsa AstroTouch 6975, Watson W-8681, WH-1080PC, WH1080, WH1081, WH3080 etc., die mit einer USB-Schnittstelle zur Datenübertragung ausgestattet ist und in der Regel auch für den Windows-Einsatz eine passende *EasyWeather für Windows*-Software (siehe: *www.foshk.com*) im Lieferumfang hat. Diese wird auf dem Raspberry Pi nicht benötigt, stellt aber indirekt sicher, dass die Wetterstation auch eine Weiterverarbeitung der Messwerte über USB unterstützt. Auch ist dann die notwendige softwareseitige Unterstützung des kostenlosen *pywss*-Projekts (*http://jim-easterbrook.github.io/pywws/doc/en/html/index.html*) sichergestellt, mit dem Sie das Auslesen der Daten der Wetterstation und die Übertragung auf den Raspberry Pi realisieren. Die Darstellung und Aufbereitung der Daten erfolgt anschließend mit einem passenden Webfrontend in Form eines *pywss*-kompatiblen Templates, das ebenfalls im Internet zum Nulltarif zur Verfügung steht.

2.6.2 Inbetriebnahme einer USB-Wetterstation

Das A und O ist die Kopplung der Wetterstation mit dem Raspberry Pi, was in der Regel über die USB-Schnittstelle erfolgt. Die Wetterstation wird wie jedes andere USB-Gerät in den `/dev`-Knoten des Dateisystems eingehängt, und die entsprechenden Treiber werden automatisch geladen. Möchten Sie auf Nummer sicher gehen, dann prüfen Sie mit dem `lsusb`-Kommando zusätzlich das Vorhandensein der Wetterstation. In diesem Beispiel wirft `lsusb` den Eintrag *Dream Link WH1080 Weather Station / USB Missile Launcher* aus.

Falls noch nicht vorhanden, müssen verschiedene Pakete wie beispielsweise `git` und `python-dev` installiert werden:

```
mkdir -p ~/weather
sudo su
apt-get install git
apt-get install install python-dev libudev-dev python-pkg-resources
        python-pip
pip install pytz
pip install tzlocal
pip install python-daemon
pip install pywws
```

Kopieren Sie die Beispieldateien in das Home-Verzeichnis des Benutzers pi:

```
cp -R /usr/local/lib/python2.7/dist-packages/pywws/examples/* ~/weather
```

Anschließend sollte die Bildschirmausgabe ähnlich wie Bild 2.29 aussehen. Zahlreiche Werte im Hexadezimalsystem werden ausgeworfen.

Wie üblich muss das `sudo`-Kommando für den Aufruf des Python-Skripts vorangestellt werden. Damit das in der späteren Verwendung in den Skripten nicht mehr erforderlich ist, gehen Sie wie folgt vor: Geben Sie dem Standardbenutzer `pi` die Rechte, die Daten von der Wetterstation über USB auf den Raspberry Pi zu übertragen.

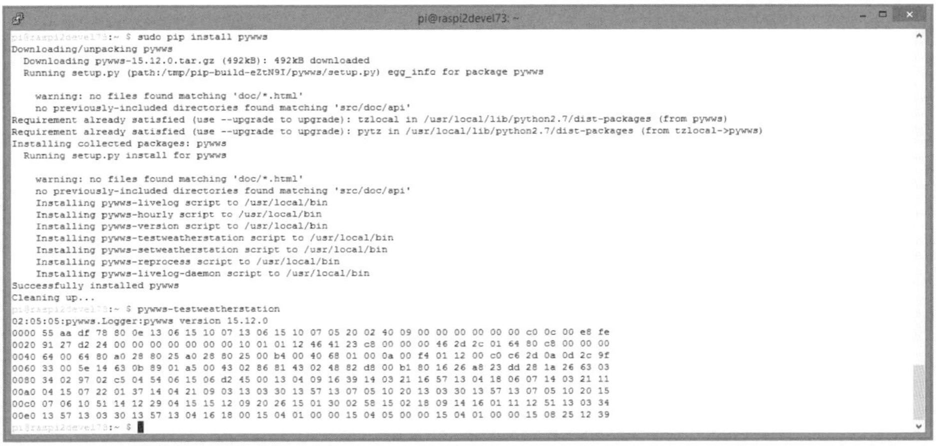

Bild 2.29: Testlauf erfolgreich: pywss funktioniert prinzipiell, nun können Sie das Python-Werkzeug auf Ihre Anforderungen zuschneiden.

Legen Sie dafür zunächst eine Systemgruppe mit der Bezeichnung `weather` an und fügen dieser Gruppe den Benutzer `pi` hinzu.

```
sudo addgroup --system weather
sudo adduser pi weather
```

Anschließend prüfen Sie über den `dmesg`-Befehl die `Vendor`- und `Product-ID` für die genutzte Wetterstation.

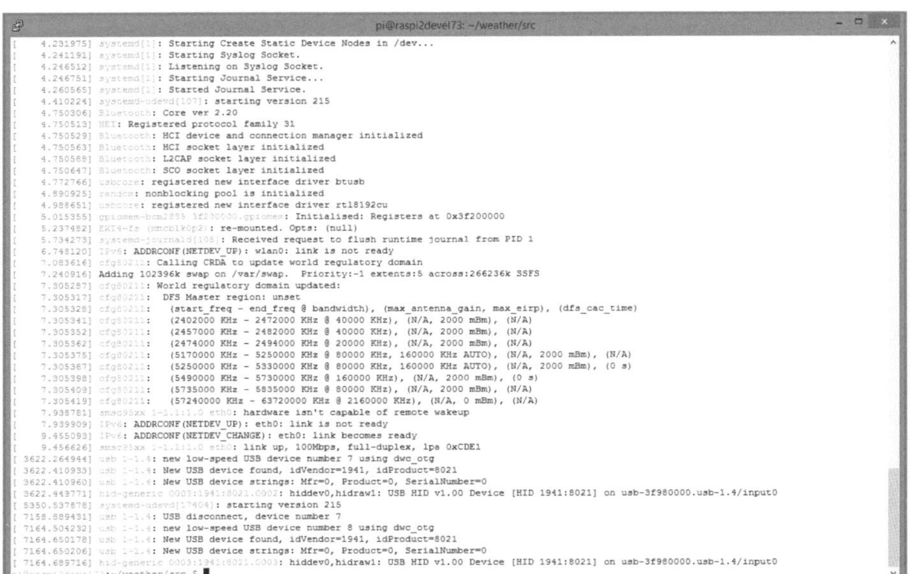

Bild 2.30: Nach dem Einstecken des USB-Kabels der Wetterstation prüft `dmesg` die `Vendor`- und `Product-ID`.

Suchen Sie dort nach dem String `hid-generic` – in diesem Beispiel wird die gewünschte Zahlenreihe bei `[HID 1941:8021]` angezeigt.

```
hid-generic 0003:1941:8021.0001: hiddev0,hidraw0: USB HID v1.00 Device [HID
1941:8021]
```

Je nach eingesetzter Wetterstation kann die Vendor- und Product-ID unterschiedlich sein, nutzen Sie also die Nummern, die `dmesg | grep HID` auswirft. In diesem Beispiel ist die Vendor-ID `1941` und die Product-ID `8021`. Im nächsten Schritt legen Sie mit `nano` eine neue Regel für die Wetterstation an:

```
sudo nano /etc/udev/rules.d/39-weather-station.rules
```

und tragen dort Folgendes ein:

```
ACTION!="add|change", GOTO="rpi_end"
SUBSYSTEM=="usb", ATTRS{idVendor}=="1941", ATTRS{idProduct}=="8021",
GROUP="weather"
LABEL="rpi_end"
```

Beachten Sie die entsprechenden Werte für die Vendor- und Product-ID, die Sie natürlich an die anpassen, die der vorherige `dmesg | grep HID`-Aufruf ermittelt hat. Speichern Sie anschließend die Datei und starten Sie den Raspberry Pi mit dem `reboot`-Befehl neu.

```
mkdir -p ~/weather/templates
mkdir -p ~/weather/graph_templates
mkdir -p ~/weather/data
mkdir -p ~/weather/data/templates
mkdir -p ~/weather/temp
```

Diese Pfade müssen natürlich später mit den Einträgen in der Konfigurationsdatei `weather.ini` im Verzeichnis `~/weather/data/` übereinstimmen, damit beim Datentransport keine Fehler auftreten.

2.6.3 Logging-Intervall einrichten

In der Regel ist die Wetterstation ab Werk in einem halbstündigen Logging-Intervall konfiguriert, das heißt, alle 30 Minuten werden die aktuellen Daten wie Temperatur, Windgeschwindigkeit usw. in den Speicher geschrieben, was je nach Wetterstation eine dreimonatige Datenhistorie möglich macht. Im Rahmen der sofortigen Veröffentlichung im Heimnetz oder im Internet sind 30 Minuten manchmal etwas zu träge, bei der Weiterverarbeitung über den Raspberry Pi sorgt ein Abfrageintervall von fünf Minuten für eine relativ zeitnahe Aktualisierung der Daten. Das erledigen Sie mit dem Befehl:

```
pywws-setweatherstation -r 5
```

Im nächsten Schritt schaffen Sie die Voraussetzungen, dass die Daten von der Zentraleinheit der Wetterstation auch in dem passenden Verzeichnis auf den Raspberry Pi gelangen.

2.6.4 Datentransport zum Raspberry Pi

Laden Sie die vorhandenen Daten der Wetterstation auf den Pi - dafür wechseln Sie zunächst in das `data`-Verzeichnis und setzen vorsichtshalber die Berechtigungen rekursiv zurück, falls Sie dort ggf. Daten aus früheren `pywws`-Installation vorfinden.

```
cd ~/weather/data/
sudo chown pi:pi /home/pi/weather/data/* -R
```

Falls `pywss` erstmalig in Betrieb genommen wird, erstellen Sie mit dem nachstehenden Aufruf die Konfigurationsdatei *weather.ini*, die im Daten-Vereichnis (hier: `~/weather/data`) abgelegt wird.

```
python -m pywws.LogData -vvv ~/weather/data
```

Die neue *weather.ini* ist im ersten Schritt recht leer, es ist nicht einmal die angeschlossene Wetterstation bzw. der Typ der Wetterstation eingetragen, was Sie manuell per Editor nachholen müssen. Dafür ist die Zeile

```
ws type = Unknown
```

in

```
ws type = 1080
```

oder in:

```
ws type = 3080
```

zu ändern. In diesem Fall kommt die Billigwetterstation vom Typ WH3080 zum Einsatz. Dementsprechend lautet in diesem Beispiel der Eintrag im Bereich `[config]` `ws type 3080` statt `1080`. Auch die Pfadangaben im `[path]`-Block wurden wie folgt angepasst:

```
[paths]
work = /home/$USER/weather/temp/
templates = /home/$USER/weather/templates/
graph_templates = /home/$USER/weather/graph_templates/
```

Die durch das Attribut `fixed block` markierten Einträge werden automatisch befüllt. Im Bereich `[live]` lässt sich auch eine automatische Twitter-Veröffentlichung einstellen. Doch bis es so weit ist, sollten Sie zunächst das Datenintervall der Wetterstation für Ihren Einsatzzweck einrichten. Wer gleich mit einer vollständigen Konfigurationsdatei starten möchte, der findet die Beispieldatei aus diesem Projekt im Verzeichnis *wetterstation-pywws*.

Ist der `ws type`-Parameter angepasst, dann starten Sie das Kommando

```
python -m pywws.LogData -vvv ~/weather/data
```

erneut, damit *pywss* die restlichen Optionen in der Konfigurationsdatei automatisch nachziehen kann.

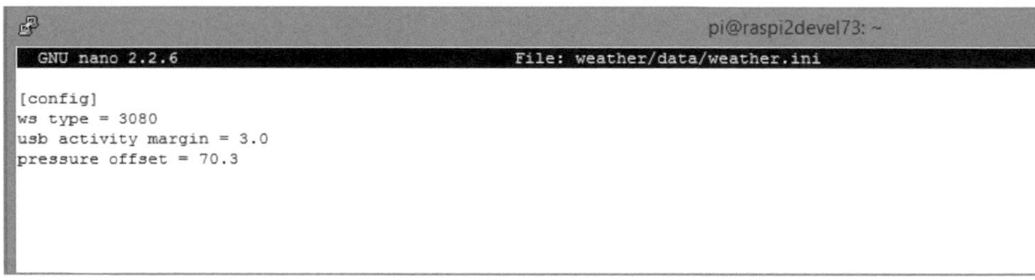

Bild 2.31: Die Datei *weather.ini* befindet sich im Datenverzeichnis von *pywss* (in diesem Beispiel in *~/weather/data*). Dort passen Sie die Datenablage der Wetterstation an die *pywss*-Konfiguration an.

Dieser Vorgang kann einige Minuten dauern, da sämtliche Daten und Parameter aus der Wetterstation ausgelesen und in der Konfigurationdatei abgelegt werden.

2.6.5 Rohdaten in Pywws-Format konvertieren

Liegen die Daten der Wetterstation im Datenverzeichnis, sind sie entsprechend anzupassen, damit sie später verarbeitet und dargestellt werden können. Dafür bringt *pywws* ein eigenes Werkzeug mit.

Mit dem Kommando

```
python -m pywws.Process ~/weather/data
```

verarbeiten Sie die im Datenverzeichnis liegenden Rohdaten, wo sie schließlich in die jeweiligen Unterverzeichnisse hourly, daily, monthly und calib einsortiert werden.

```
pi@raspi2devel73:~ $ python -m pywws.LogData -vvv ~/weather/data
13:40:14:pywws.Logger:pywws version 15.12.0
13:40:14:pywws.Logger:Python version 2.7.9 (default, Mar  8 2015, 00:52:26)
[GCC 4.9.2]
13:40:14:pywws.WeatherStation.CUSBDrive:using pywws.device_cython_hidapi
13:40:16:pywws.DataLogger:Synchronising to weather station
13:40:16:pywws.weather_station:read period 5
13:40:16:pywws.weather_station:delay 1, pause 17.6969
13:40:34:pywws.weather_station:delay 1, pause 0.5
13:40:35:pywws.weather_station:avoid 5.78815102577
13:40:41:pywws.weather_station:delay 1, pause 0.5
13:40:41:pywws.weather_station:delay 1, pause 0.5
13:40:42:pywws.weather_station:delay 1, pause 0.5
13:40:43:pywws.weather_station:delay 1, pause 0.5
13:40:43:pywws.weather_station:delay 1, pause 0.5
13:40:44:pywws.weather_station:live_data missed
13:40:44:pywws.weather_station:delay 1, pause 37.8602
13:41:22:pywws.weather_station:avoid 0.701059103012
13:41:23:pywws.weather_station:avoid 5.75745606422
13:41:29:pywws.weather_station:live_data new data
13:41:29:pywws.DataLogger:Reading time 13:41:26
13:41:29:pywws.DataLogger:log time 13:39:21
13:41:29:pywws.DataLogger:Fetching data
13:41:30:pywws.DataLogger:1 minutes gap in data detected
13:41:30:pywws.DataLogger:2 catchup records
pi@raspi2devel73:~ $ python -m pywws.Process ~/weather/data
13:42:11:pywws.Logger:pywws version 15.12.0
pi@raspi2devel73:~ $
```

Bild 2.32: Rohdaten der Wetterstation werden zum Raspberry Pi übertragen.

Für Altdaten aus einer früheren Installation verwenden Sie den Befehl:

```
python -m pywws.Reprocess ~/weather/data
```

Ob nun Daten eingelesen und verarbeitet worden sind, prüfen Sie mit dem `less` oder `more`-Kommando:

```
more ~/weather/data/daily/2016/2016-02-01.txt
```

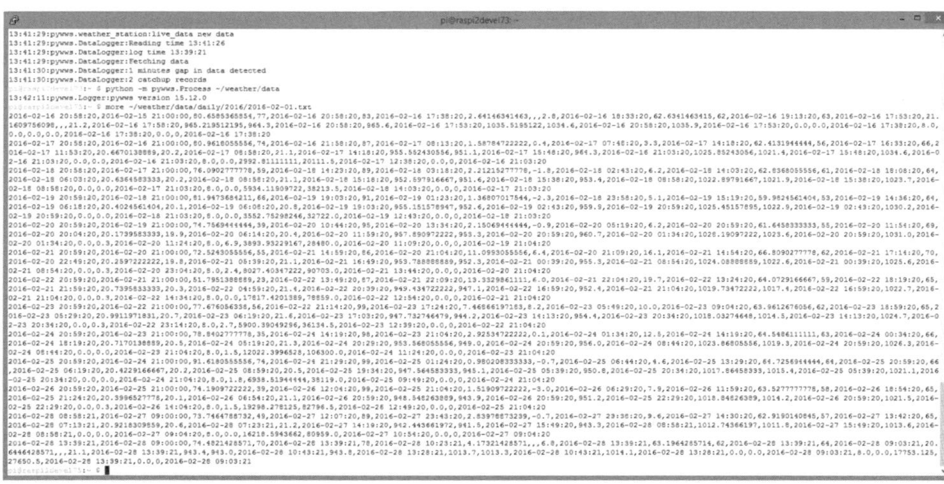

Bild 2.33: Daten erfolgreich importiert: Die Daten wurden von der Wetterstation auf den Raspberry Pi übertragen und in das passende pywws-Format übertragen.

Im nächsten Schritt bereiten Sie die Übertragung der Daten zum Webserver, der ebenfalls auf dem Raspberry Pi installiert ist, vor. Dieser sorgt schließlich für die grafische und übersichtliche Aufbereitung der Messdaten der Wetterstation. Für die grafische Darstellung der Temperaturverläufe etc. wird auf dem Raspberry Pi noch das Paket `gnuplot` benötigt. Für den FTP-Zugriff wird der FTPD-Daemon installiert.

```
sudo apt-get install gnuplot
sudo apt-get install ftpd
```

Wer die Daten nicht lokal auf dem Raspberry Pi, sondern auf einem entfernten Webserver präsentieren möchte, überträgt die Daten vom Raspberry Pi aus dorthin. Für den (sicheren) Transfer der Daten über FTP benötigen Sie noch den entsprechenden Client, den Sie mit den beiden folgenden Kommandos nachinstallieren:

```
sudo apt-get install python-paramiko
sudo apt-get install python-pycryptopp
```

Im nächsten Schritt richten Sie einen sogenannten Cron-Job ein, um die Daten automatisiert in das Datenverzeichnis des Webservers hochladen zu können. Dafür erstellen Sie im Verzeichnis `/usr/local/bin/` mit dem Nano-Editor einfach ein neues Skript – hier mit der Bezeichnung `weatherupload` – mit dem Befehl

```
sudo nano /usr/local/bin/weatherupload
```

und tragen dort folgende Zeilen ein:

```
#!/bin/bash
cd /home/pi/weather/code
python -m pywws.Hourly -vvv /var/www/wetter/html/data
```

Unter Linux braucht das passende Skript natürlich die nötigen Ausführen-Rechte, anschließend fügen Sie dieses Skript der `crontab`-Datei hinzu.

```
sudo chmod a+x /usr/local/bin/weatherupload
sudo nano /etc/crontab
```

```
pi@raspi2devel73: ~
pi@raspi2devel73:~ $ python -m pywws.Hourly -vvv /var/www/wetter/html/data
20:08:13:pywws.Logger:pywws version 15.12.0
20:08:13:pywws.Logger:Python version 2.7.9 (default, Mar  8 2015, 00:52:26)
[GCC 4.9.2]
20:08:13:pywws.WeatherStation.CUSBDrive:using pywws.device_cython_hidapi
20:08:14:pywws.DataLogger:Synchronising to weather station
20:08:15:pywws.weather_station:read period 5
20:08:15:pywws.weather_station:delay 4, pause 0.5
20:08:16:pywws.weather_station:live_data log extended
20:08:16:pywws.weather_station:delay 4, pause 18.3022
20:08:34:pywws.weather_station:delay 4, pause 0.5
20:08:35:pywws.weather_station:avoid 5.69035005569
20:08:41:pywws.weather_station:delay 4, pause 0.5
20:08:42:pywws.weather_station:delay 4, pause 0.5
20:08:42:pywws.weather_station:delay 4, pause 0.5
20:08:43:pywws.weather_station:delay 4, pause 0.5
20:08:44:pywws.weather_station:live_data missed
20:08:44:pywws.weather_station:delay 4, pause 12.5173
20:08:57:pywws.weather_station:live_data new ptr: 0010c8
20:08:57:pywws.weather_station:live_data lost log sync -3.39306
20:08:57:pywws.weather_station:delay 0, pause 25.2458
20:09:22:pywws.weather_station:delay 0, pause 0.5
20:09:23:pywws.weather_station:avoid 5.77989006042
20:09:29:pywws.weather_station:delay 0, pause 0.5
20:09:29:pywws.weather_station:delay 0, pause 0.5
20:09:30:pywws.weather_station:delay 0, pause 0.5
20:09:31:pywws.weather_station:delay 0, pause 0.5
20:09:31:pywws.weather_station:delay 0, pause 0.5
20:09:32:pywws.weather_station:live_data missed
20:09:32:pywws.weather_station:delay 0, pause 37.8595
20:10:10:pywws.weather_station:delay 1, pause 0.5
20:10:11:pywws.weather_station:avoid 5.76495599747
20:10:17:pywws.weather_station:delay 1, pause 0.5
20:10:17:pywws.weather_station:delay 1, pause 0.5
20:10:18:pywws.weather_station:delay 1, pause 0.5
20:10:19:pywws.weather_station:delay 1, pause 0.5
20:10:19:pywws.weather_station:delay 1, pause 0.5
20:10:20:pywws.weather_station:live_data missed
20:10:20:pywws.weather_station:delay 1, pause 37.862
20:10:58:pywws.weather_station:delay 1, pause 0.5
20:10:59:pywws.weather_station:avoid 5.76706504822
20:11:05:pywws.weather_station:live_data new data
20:11:05:pywws.DataLogger:Reading time 20:11:02
20:11:05:pywws.weather_station:delay 2, pause 41.3012
20:11:46:pywws.weather_station:delay 2, pause 0.5
20:11:47:pywws.weather_station:avoid 5.76864790916
20:11:53:pywws.weather_station:live_data new data
20:11:53:pywws.DataLogger:Reading time 20:11:50
20:11:53:pywws.weather_station:delay 3, pause 41.3028
```

Bild 2.34: Bevor das `crontab`-Skript aktiv wird, sollten Sie es einmal per manuellen Aufruf über die Kommandozeile testen.

Anschließend sollten die Messwerte in das definierte Datenverzeichnis geschrieben werden.

Nun sind die ersten Voraussetzungen für die automatische Wetterfee geschaffen. Liegen die Daten in den txt-Dateien im definierten Datenverzeichnis von `pywss` vor, ist der Königsweg natürlich die Anzeige der Messwerte auf einer optisch ansprechenden Oberfläche, die Sie in Ihrem Heimnetz (oder über das Internet) zur Verfügung stellen können.

Bild 2.35: Der Verzeichnis-Wechsel per `cd`-Befehl ist zwingend notwendig, damit das Skript den Python-Aufruf erfolgreich starten kann.

2.6.6 Template für die aktuelle Wettervorhersage

Dafür nutzen Sie einfach einen Webserver, gepaart mit dem passenden Template, um die aktuellen Daten darzustellen. Damit sich der Aufwand in Grenzen hält, nutzen Sie einfach ein kostenlos verfügbares Template, das Sie an Ihre persönlichen Zwecke anpassen können. In diesem Fall nutzen wir das nach Registrierung auf *http://weatherbyyou.com* kostenlos verfügbare Template für *pywss* mit der Bezeichnung *pywws_Weather_Nature_Template.zip*.

Nach dem Download in das Home-Verzeichnis `/home/pi` wird die Datei in das root-Verzeichnis des Webservers entpackt. Da der Raspberry Pi in unserem Fall mehrere Server- und Webserver-Dienste wie AirPrint, Cacti, Cups, FHEM usw. auf Apache-Basis bereitstellt, bekommt auch die Wetter-Webseite ein »eigenes« Verzeichnis auf dem Webserver. Dafür legen Sie im Verzeichnis `/var/www` ein neues Verzeichnis an und entpacken die Datei `pywws_Weather_Nature_Template.zip` in dieses Verzeichnis.

```
sudo su
mkdir -p /var/www/wetter/html
cd /var/www/wetter/html
cp /home/pi/pywws_Weather_Nature_Template.zip /var/www/wetter/html
unzip pywws_Weather_Nature_Template.zip
```

Für das eigene Wetter-Verzeichnis in der /var/www-Struktur kopieren Sie von der default-Schablone einen neuen Eintrag - in diesem Beispiel schlicht `wetter.conf`.

```
sudo cp /etc/apache2/sites-available/000-default.conf /etc/apache2/sites-
available/wetter.conf
```

Bearbeiten Sie die »neue« Datei und tragen Sie dort das Unterverzeichnis als Datenquelle für den Webserver ein.

```
nano /etc/apache2/sites-available/wetter.conf
```

Dort prüfen Sie, ob nachstehende Angaben

```
DocumentRoot /var/www/wetter
<Directory />
        Options FollowSymLinks
        AllowOverride all
</Directory>
```

vorhanden sind. Anschließend kann die neue Wetterseite aktiviert werden:

```
sudo a2ensite wetter.conf
```

Sicherheitshalber starten Sie den Apache2-Webserver ebenfalls neu. Jetzt ist der Apache-Webserver prinzipiell startklar und das Template über die Webadresse

```
http://<IP-Adresse-Raspberry-Pi>/wetter/
```

im Heimnetz erreichbar. Um die Daten an Ihre persönliche Umgebung anzupassen, können Sie die im root-Verzeichnis liegende *index.php* nach Ihrem Geschmack ändern. Für das Design der Webseite inklusive Grafiken, Buttons und Abbildungen sind neben *index.php* und *styles.css* die beiden Verzeichnisse `/var/www/wetter/html/data` und `/var/www/wetter/html/images` relevant. Starten Sie anschließend die (unkonfigurierte) Wetter-Webseite, dann sollte sich die »nackte« Webseite in einer ähnlichen Form wie nachstehende Abbildung präsentieren.

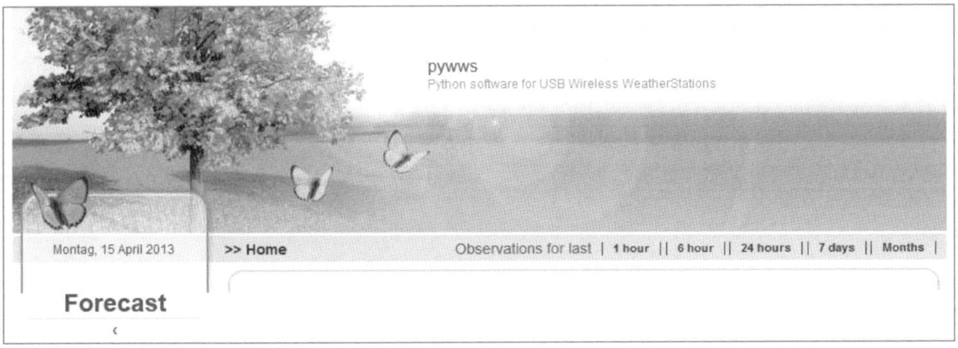

Bild 2.36: Grundinstallation erfolgreich: Nun befüllen Sie das Template mit den eigenen Messwerten. Dies gelingt jedoch nur dann, wenn in der *index.php* die Zeile `require_once ('data/forecast_icon_9am.txt')` auch erfolgreich verarbeitet werden kann - im Verzeichnis `data` muss also die Datei `forecast_icon.txt` vorhanden sein.

Aus dem `/var/www/html/wetter`-Verzeichnis kopieren/verschieben Sie noch die beiden Verzeichnisse `plot` und `text` in das Verzeichnis der pywws-Installation. Dies erledigen Sie in diesem Beispiel mit den beiden Kommandos:

```
mv /var/www/wetter/html/plot /home/pi/weather/
mv /var/www/wetter/html/text /home/pi/weather/
```

Zu guter Letzt konfigurieren Sie die im Datenverzeichnis von `pywws` (hier: `/home/pi/weather/data`) liegende `weather.ini`-Konfigurationsdatei und ändern den Eintrag:

```
graph_templates = /home/$USER/weather/graph_templates/
```

in:

```
graph_templates = /home/$USER/weather/plot/
```

und passen gemäß der im Template beigefügten `Readme`-Datei die nachstehend genannten Einträge an:

```
[hourly]
last update =
plot = ['24hrs_full_features.png.xml', '24hrs.png.xml',
'rose_24hrs.png.xml']
text = ['feed_hourly.xml', '24hrs.txt']
twitter = []
services = []

[logged]
last update =
plot = ['rose_1hr.png.xml', 'rose_12hrs.png.xml']
text = ['1hrs.txt', '6hrs.txt', '6hrs_html_cp.txt', 'forecast_icon.txt']
twitter = []
services = []

[daily]
last update =
plot = ['7days.png.xml', '2012.png.xml', '28days.png.xml',
'rose_7days_nights.png.xml']
text = ['feed_daily.xml', 'forecast_week.txt', '7days.txt',
'allmonths.txt']
twitter = []
services = []
```

```
[ftp]
secure = False
site = localhost
local site = True
user = pi
directory = /var/www/wetter/html/data/
password = raspberryPasswordFuerUserPi
```

Der Bereich `[ftp]` ist für den Datentransport vom eigentlichen Datenverzeichnis (`/home/pi/weather`) in das Webserver-Verzeichnis für die Bereitstellung der Daten zuständig. Hier wurde kurzerhand der User `pi` genutzt. Sie können jedoch auch mit dem `adduser`-Kommando eigens dafür einen Benutzer anlegen und im `/var/www/wetter`-Verzeichnis die entsprechenden Rechte setzen. Dies muss auch mit dem User `pi` geschehen – in diesem Fall erscheint folgende Fehlermeldung:

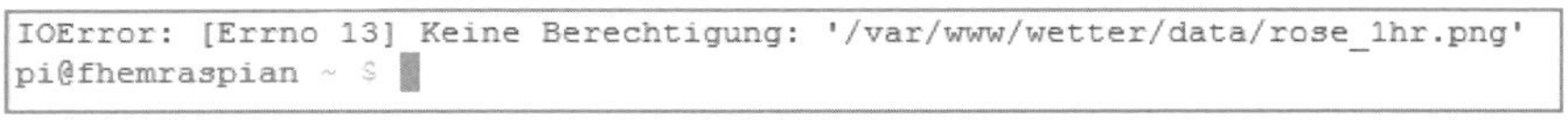

```
IOError: [Errno 13] Keine Berechtigung: '/var/www/wetter/data/rose_1hr.png'
pi@fhemraspian ~ $
```

Bild 2.37: Erscheint eine Fehlermeldung in der Form »Keine Berechtigung«, dann setzen Sie die Rechte für den entsprechenden Benutzer im Verzeichnis (hier: `/var/www/wetter/html/data/` zurück.

Oft kommt es bei der Installation oder beim Kopieren von Dateien und Verzeichnissen vor, dass manche Dateien und Verzeichnisse im Benutzerkontext, manche im root-Kontext erstellt werden – was zu unterschiedlichen Berechtigungsstrukturen in einem Verzeichnis führen kann. In diesem Fall lässt sich dies einfach mit dem `chown`-Kommando zurücksetzen:

```
sudo chown -R pi:weather /home/pi/weather/*
sudo chown -R:www-user:weather /var/www/wetter/data/*
```

Starten Sie nochmals im Benutzerkontext `pi` das Übertragen der Messwerte in das www-Verzeichnis, um das Zusammenspiel der Konfiguration des Webservers und der Wetterstation zu testen.

```
python -m pywws.Hourly -vvv /home/pi/weather/data/
```

Erscheint keine Fehlermeldung in Form einer `Permission denied`- oder `Error / Errno`-Meldung mehr, wurde das Datenverzeichnis des Webservers ordnungsgemäß befüllt. Anschließend rufen Sie die Wetter-Webseite in Ihrem lokalen Heimnetz nochmals auf.

```
pi@fhemraspian: ~
pi@fhemraspian ~ $ sudo chown -R pi:users /var/www/wetter/data/*
pi@fhemraspian ~ $ python /home/pi/weather/code/Hourly.py -vvv /home/pi/weather/data
20:49:20:pywws.WeatherStation.CUSBDrive:using pywws.device_cython_hidapi
20:49:21:pywws.LogData:Synchronising to weather station
20:49:22:pywws.weather_station:delay 0, pause 38.8027
20:50:00:pywws.weather_station:avoid 2.7779340744
20:50:03:pywws.weather_station:avoid 3.67396187782
20:50:07:pywws.weather_station:live_data new data
20:50:07:pywws.LogData:Reading time 18:50:04
20:50:07:pywws.LogData:log time 18:49:01
20:50:07:pywws.LogData:Fetching data
20:50:08:pywws.LogData:1 catchup records
20:50:08:pywws.Process:Generating summary data
20:50:08:pywws.Calib:Using default calibration
20:50:08:pywws.Process:daily: 2013-04-14 23:00:00
20:50:09:pywws.Process:monthly: 2013-03-31 23:00:00
20:50:09:pywws.Tasks.RegularTasks:Graphing rose_1hr.png.xml
20:50:09:pywws.Tasks.RegularTasks:Graphing rose_12hrs.png.xml
20:50:09:pywws.Tasks.RegularTasks:Templating 1hrs.txt
20:50:10:pywws.Tasks.RegularTasks:Templating 6hrs.txt
20:50:10:pywws.Tasks.RegularTasks:Templating 6hrs_html_cp.txt
20:50:10:pywws.Tasks.RegularTasks:Templating forecast_icon.txt
20:50:10:pywws.Upload:Copying to local directory
pi@fhemraspian ~ $
```

Bild 2.38: Die Daten wurden erfolgreich übertragen – keine Fehlermeldung mehr! Damit besitzt das Template einen Datenbestand, der sich (hoffentlich) darstellen lässt.

Beim Umstieg von einer älteren pywws-Version funktioniert der obige Aufruf nicht auf Anhieb - dann ist die Variable `wind_dir_text` in sämtlichen `xml`-Dateien durch die Bezeichnung `winddir_text` zu ersetzen. Um die eventuellen Dateien zu finden setzen Sie bspw. bei xml-Dateien nachfolgendes Kommando auf der Befehlszeile ein:

```
for i in *.xml; do (cat $i | grep wind_dir_text) && echo "Found:  " $i; done
```

Ist das `python -m pywws.Hourly -vvv /home/pi/weather/data/`-Kommando fehlerfrei durchgelaufen, starten Sie den Webbrowser und prüfen, ob die Daten ordnungsgemäß im Template dargestellt werden. Tragen Sie einfach die IP-Adresse des Raspberry Pi, je nach Apache-Konfiguration gefolgt vom Unterverzeichnis (hier: `192.168.123.73/wetter/...`), in die Adresszeile des Browsers ein.

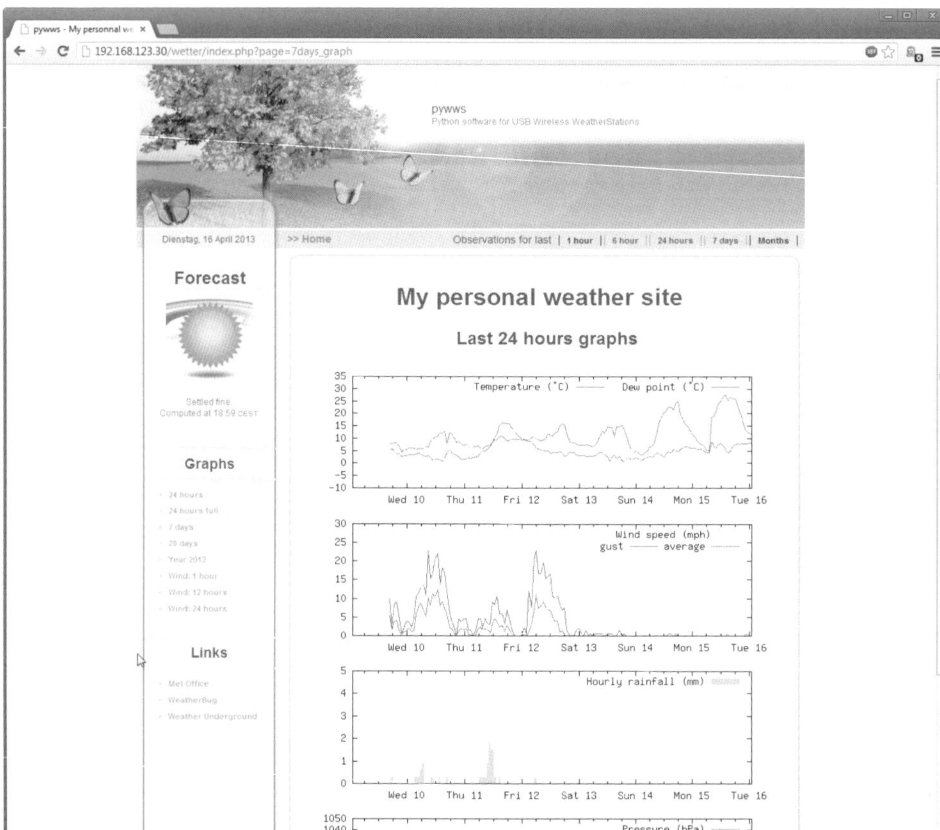

Bild 2.39: Erfolgreich installiert: Dank des kostenlosen Templates stellen Sie nun die Daten der Wetterstation über den Raspberry Pi im Heimnetz oder über das Internet Interessierten zur Verfügung.

Sind die Daten automatisch über das Template geladen, testen Sie die Darstellung der Grafiken, Graphen und dergleichen. Anschließend passen Sie die Steuerdatei *index.php* nach Belieben an. Auf diese Weise übersetzen Sie beispielsweise die englischen Begriffe und stellen die Datums- und Zeitangaben nach Wunsch um.

2.7 Ninja Blocks 2.0 für Pi pimpen

Ninja Blocks ist aus einem Kickstarter-Projekt entstanden und seit Januar 2013 verfügbar. Mittlerweile wurden die in diesem Kapitel besprochenen Ninja Blocks von den Ninja-Sphere-Modulen abgelöst, die die Sensordaten in einer Cloud (Sphere) speichern können. Wie auch immer, die Ninja-Blocks-Module sind noch immer für verschiedene Einsätze in der Heimautomation geeignet und derzeit zu Spottpreisen bei Ebay und Co. verfügbar. Im Wesentlichen sind die Ninja Blocks ein oder mehrere Mini-Rechner in einer Plastikbox, die mit Sensoren und Aktoren verbunden sind. Je nach festgelegtem Regelwerk führt die Box bestimmte Dinge durch. Beispielsweise erhalten Sie, ausgelöst durch den Bewegungsmelder oder den Türkontakt, über den integrierten Ninja-Cloud-Dienst eine E-Mail oder eine SMS auf Ihr Smartphone, dass die Tür geöffnet wurde.

Bild 2.40: Preiswerter Einstieg in die Heimautomation: viel China-Plastik, jedoch geschickt und durchdacht gekoppelt - Bewegungsmelder, Funktürklingel, Ninja Block, Funktür-/-fensterkontakt mit Antenne, Temperatur-/Feuchtigkeitssensor (von links nach rechts).

Das in diesem Buch beschriebene Komplettpaket enthält einen Bewegungsmelder, einen Tür-/Fensterkontakt, einen Temperatur- und Feuchtigkeitssensor, eine Funktürklingel sowie eine Ninja-Block-Steuereinheit für 199 US-Dollar. Es kann direkt über *http://ninjablocks.com* bezogen werden. Sämtliche Komponenten funken über 433 MHz und haben in der Regel ihre eigene Stromversorgung in Form von Batterien - der Ninja Block natürlich über ein Steckernetzteil - dabei. Die Steuerung erfolgt über den Ninja Block, der sich nach Öffnen des Gehäuses als ein gepimptes Arduino/BeagleBone-Board herausstellt.

2.7.1 Ninja Blocks 2.0 in Betrieb nehmen

Für die Konfiguration des Ninja Blocks ist zunächst die Nutzung des eingebauten Ethernet-Anschlusses nötig, um die Netzwerkumgebung und den beigefügten USB-WLAN-Adapter einzurichten. Dadurch sparen Sie sich das Verlegen von Netzwerkkabeln am

Aufstellort. Im Inneren des Ninja Blocks werkelt das BeagleBone-Board mit einer ARM-Cortex-A8-CPU mit 720 MHz und 256 MB DDR2-Speicher und bietet ferner einen USB-2.0-Port, einen 10/100-Mbit-Netzwerkanschluss sowie einen MicroSD-Kartenschacht, auf dem sich das angepasste Image für den Ninja Block befindet.

Bild 2.41: Beagle macht Ninja: Beim Notieren der Seriennummer (auf dem Aufkleber in der Nähe der LAN-Buchse) erhalten Sie schon einen Blick auf das Innenleben des Ninja Blocks, das sich als BeagleBoard entpuppt.

Haben Sie einmal so ein Komplettpaket in Betrieb, lässt es sich Schritt für Schritt vergrößern: Sie haben die Möglichkeit, die Komponenten um einen weiteren Ninja Block zu erweitern, an den beispielsweise USB-Webcams angeschlossen sind. Dabei sind Sie nicht auf die Neuanschaffung eines original Ninja Blocks angewiesen, sondern können stattdessen oder zusätzlich den Raspberry Pi nutzen. Die Macher von Ninja Blocks stellen dazu ein passendes Image kostenlos zum Download (*http://ninjablocks.s3.amazonaws.com/images/pi/NinjaPi-0.2.2.img.zip*) zur Verfügung, das Sie auf eine Speicherkarte übertragen können. Standardbenutzer und Kennwort (`pi` und `raspberry`) sind wie beim Original gesetzt. Um eine Seriennummer, die für die Inbetriebnahme zwingend nötig ist, zu erhalten, starten Sie nach der Anmeldung am Raspberry Pi das Kommando:

```
getserial
```

Um die Seriennummer bei einem original Ninja Block herauszufinden, ist das Öffnen des Plastikgehäuses erforderlich. Dafür finden Sie am Gehäuse einen Stofffetzen mit dem Aufdruck *Hackme*, mit dessen Hilfe Sie das Gehäuse mit ein klein wenig Kraftaufwand problemlos öffnen können.

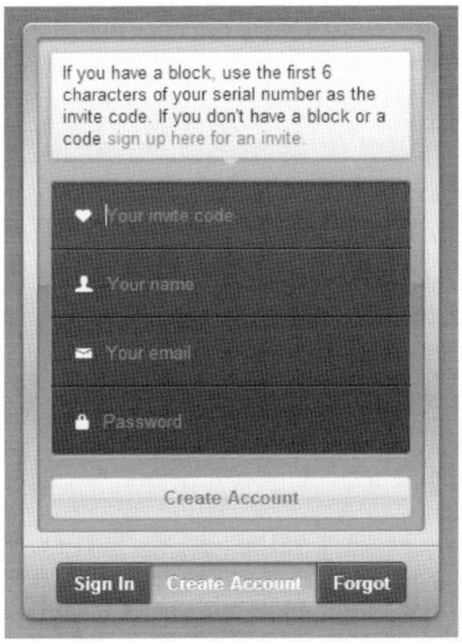

Bild 2.42: Invite Code (Einladungscode) gleich Seriennummer: Hier tragen Sie die Seriennummer sowie eine E-Mail-Adresse und ein beliebiges Kennwort für die Registrierung und Aktivierung des Ninja Blocks ein.

Auf der Platine finden Sie einen kleinen Aufkleber mit der Seriennummer, die Sie sich notieren oder gleich am Computer in den geöffneten Webbrowser auf der Registrierungsseite (*https://a.ninja.is/born*) eintragen.

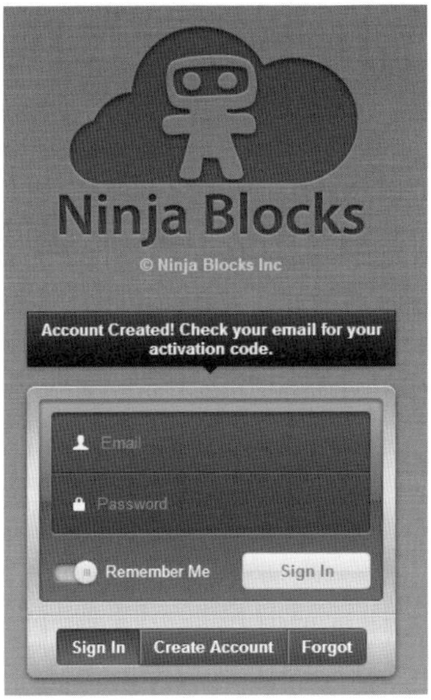

Bild 2.43: Nach der Registrierung erhalten Sie einen Aktivierungslink. Danach können Sie sich mit Ihrer E-Mail-Adresse und Ihrem Kennwort in das Benutzerkonto einloggen und den Ninja Block konfigurieren.

Nun sind alle Voraussetzungen geschaffen, um den Ninja Block in Betrieb nehmen zu können. Im nächsten Schritt schließen Sie das Ninja-Block-Gehäuse wieder bzw. machen den Raspberry Pi betriebsbereit. Anschließend nehmen Sie das sogenannte Pairing vor. Dazu koppeln Sie das eingerichtete Ninja-Blocks-Benutzerkonto mit der Hardware und richten diese über das Benutzerkonto nach Ihren Wünschen ein.

2.7.2 Geräteeinstellungen und WLAN-Einrichtung

Sie werden sich wahrscheinlich an dieser Stelle fragen: Warum benötige ich nun schon wieder die Seriennummer, die ich bereits bei der Registrierung angegeben habe? Der Grund ist, dass die bereits eingegebene Seriennummer ausschließlich für die Aktivierung des Benutzerkontos bzw. die Generierung des Einladungslinks genutzt wird. Für den Betrieb können Sie nicht nur den ersten Ninja Block, sondern auch weitere Geräte in Ihre Konfiguration einbeziehen.

Bild 2.44: Zunächst sorgen Sie dafür, dass der Ninja Block betriebsbereit am Netzwerk sowie an der Spannungsversorgung angeschlossen ist.

Um den Ninja Block nun in Ihre Konfiguration aufzunehmen, klicken Sie auf die Schaltfläche *Pair Your Block*. Im darauffolgenden Dialog geben Sie die Seriennummer des Ninja Blocks ein und warten einen kleinen Moment, bis die Kopplung abgeschlossen ist. Anschließend wird das Gerät im Einstellungen- bzw. *Settings*-Bereich bei *Paired Blocks* geführt.

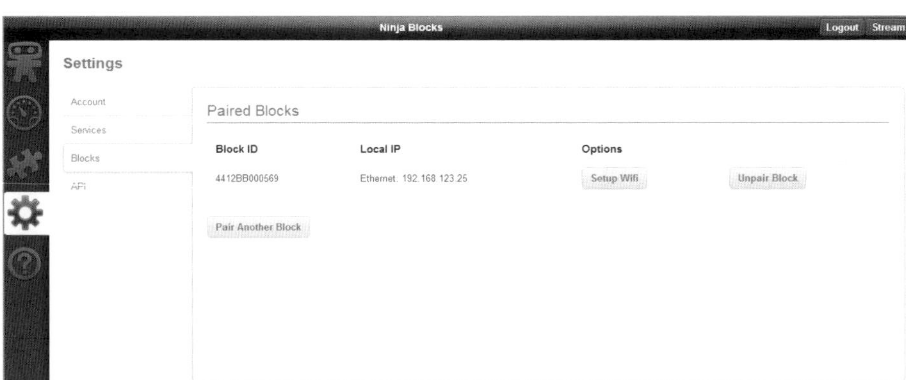

Bild 2.45: Der Ninja Block ist derzeit noch mit der Ethernet-Schnittstelle konfiguriert. Im nächsten Schritt können Sie den bereits eingesteckten WLAN-USB-Stick konfigurieren, falls Sie zu Hause ein WLAN-Netz betreiben.

Anschließend meldet sich der Konfigurationsassistent mit der optionalen Einrichtung der WLAN-Parameter: Sie brauchen nur das richtige WLAN auszuwählen und das für den Verbindungsaufbau nötige Kennwort einzutragen, um die WLAN-Schnittstelle in Betrieb zu nehmen. Zunächst scannt der Assistent die Umgebung nach verfügbaren drahtlosen Netzwerken ab: Klicken Sie im nachfolgenden Dialog auf die *Scan*- bzw. nach der Auswahl der Netzwerk-*SSID* und dem Eintragen des Kennworts im Feld *Password* auf die *Connect*-Schaltfläche.

Soll die Verbindung erfolgreich aufgebaut werden, beachten Sie, dass die WLAN-Verbindung nur bei Nichtgebrauch der Ethernet-Schnittstelle funktioniert. Stecken Sie also nach dem Einrichten der WLAN-Parameter das Netzwerkkabel aus, der Ninja Block startet automatisch neu, um die WLAN-Schnittstelle in Betrieb zu nehmen.

Bild 2.46: Entweder – oder: Für den vollständigen WLAN-Betrieb des Ninja Blocks muss das Ethernet-Kabel vom Gerät abgezogen werden.

Nach der Grundinstallation nehmen Sie die Komponenten wie Bewegungssensor, Tür-/Fensterkontakte und dergleichen in Betrieb und koppeln diese mit dem Ninja Block bzw. mit Ihrem Benutzerkonto.

2.7.3 Mit Ninja Blocks ein To-do-Regelwerk aufstellen

Ähnlich wie auf der *ifttt*-Webseite (*ifttt.com*), die Abkürzung für *if this, then that*, lässt sich auch mit den Ninja Blocks ein Regelwerk erstellen, was der Ninja Block beim Eintritt bestimmter Ereignisse tun soll. Mithilfe des Benutzer-Accounts und der gekoppelten Ninja Blocks erstellen Sie im Handumdrehen einen Ablaufplan für Aufgaben, die durch ein Ereignis, beispielsweise den Bewegungsmelder, ausgeführt werden sollen. Im Gegensatz zu den selbst gestrickten Lösungen wie in diesem Buch benötigen Sie hier keine Kenntnis einer Skript- oder Programmiersprache. Sie klicken sich einfach die Abläufe mithilfe eines Assistenten zusammen.

Wer mehrere Ninja Blocks im Einsatz hat, kann sie anhand der aufgestellten Regeln und abhängig von den angeschlossenen Komponenten miteinander interagieren lassen und verschiedene Abläufe steuern. An den USB-Buchsen des Raspberry Pi lassen sich auch USB-Kameras anschließen, die beispielsweise bei bestimmten Ereignissen ein Foto oder einen Film anfertigen.

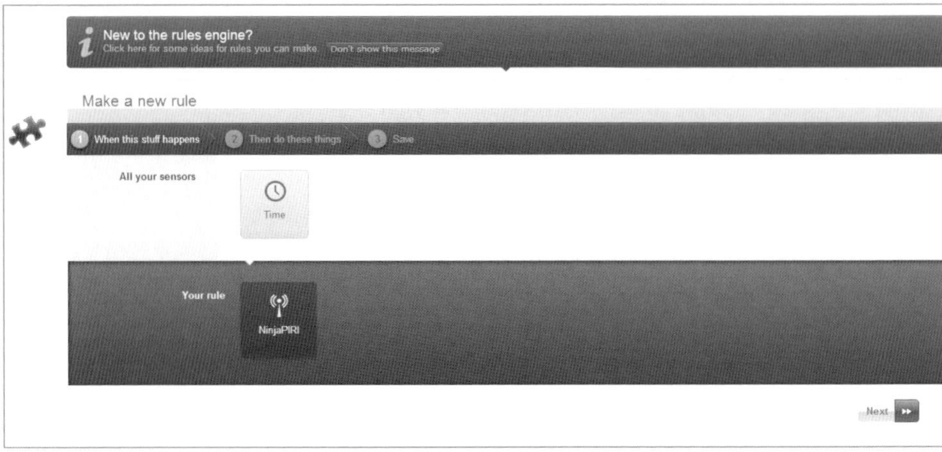

Bild 2.47: Um ein Regelwerk zu erstellen, nehmen Sie zuvor das benötigte Zubehör, zum Beispiel den Bewegungsmelder, in Betrieb und koppeln es mit dem Ninja Block. Anschließend steht dieses Gerät als Modul zur Verfügung.

Klick für Klick leitet der Regel-Einrichtungsassistent durch die Konfigurationsschritte. Möchten Sie zum Beispiel eine E-Mail bei bestimmten Aktionen erhalten, müssen Sie zunächst eine oder bei mehreren Empfängern zusätzlich gültige E-Mail-Adressen im Regelwerk definieren.

Bemerkung	Schritt
Neue Regel erstellen	
Gerät auswählen	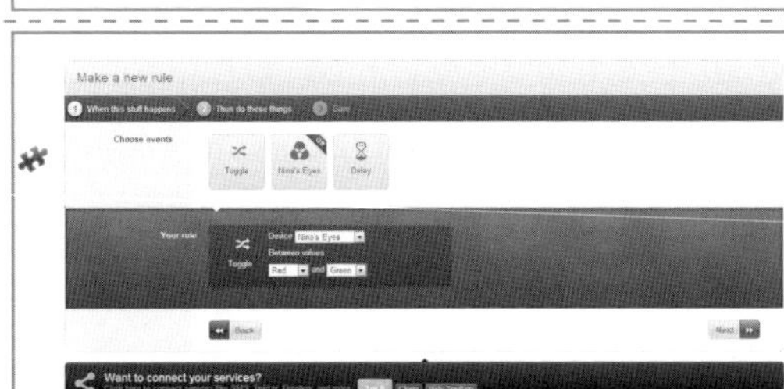

Bemerkung	Schritt
Aussagekräftige Bezeichnung für Regelwerk festlegen und speichern	
Sensor auswählen und der Regel hinzufügen	
Aktion konfigurieren und neue Regel erstellen – hier Mailversand an den User *erich* und an den User *pi*.	

Dabei sind Sie völlig flexibel und können je nach Aktion den Inhalt bzw. den Betreff der E-Mail nach Ihrem Gusto anpassen. Nach dem Anlegen der Regel testen Sie die korrekte Funktion. In diesem Beispiel wird eine E-Mail an das festgelegte E-Mail-Konto geschickt, sobald der Bewegungsmelder anschlägt.

Bild 2.48: Es hat sich etwas bewegt: Der Test des Bewegungssensors funktioniert schon einmal.

Anschließend nehmen Sie Schritt für Schritt die weiteren Sensoren und Gerätschaften wie zum Beispiel die USB-Kamera am Raspberry-Pi-Ninja in Betrieb.

Insgesamt ist die Ninja-Blocks-Lösung für diejenigen interessant, die keine Lust haben, tief in die Heimautomation einzusteigen, aber dennoch etwas Funktionalität auf ihrem Smartphone und dergleichen zu schätzen wissen. So lassen sich einfache und konkrete Szenarien mit wenig Aufwand umsetzen, wie beispielsweise eine E-Mail-Benachrichtigung bei bestimmten Aktionen - etwa wenn der Briefträger eine Postsendung eingeworfen hat oder eine Tür geöffnet wurde.

3

Energiekosten fest im Griff

Smart Home im Eigenbau hat nur dann richtig Sinn, wenn Sie einen Überblick haben, wie viel Strom das Haus oder die Wohnung bzw. die einzelnen Verbraucher darin komplett benötigen. Zu den späteren Optimierungen und Neuanschaffungen von Stromverbrauchern gehören auch passende Messmöglichkeiten. Der geringe Stromverbrauch des Raspberry Pi kommt natürlich Ihrer Energiebilanz zugute. Weniger Strom für Messeinrichtungen bedeutet weniger Kosten und Mess-Overhead insgesamt.

3.1 Unter Strom: Smart Home im Eigenbau

Ideal ist bei der Suche nach den vermeintlichen Stromfressern eine Live-Verbrauchsanzeige, geteilt nach Stromkreis. Manche Lösungen bieten gar die Möglichkeit, Grenzwerte festzulegen und je nach Verbrauch eine automatische Benachrichtigung und/oder einen Schaltvorgang auszulösen.

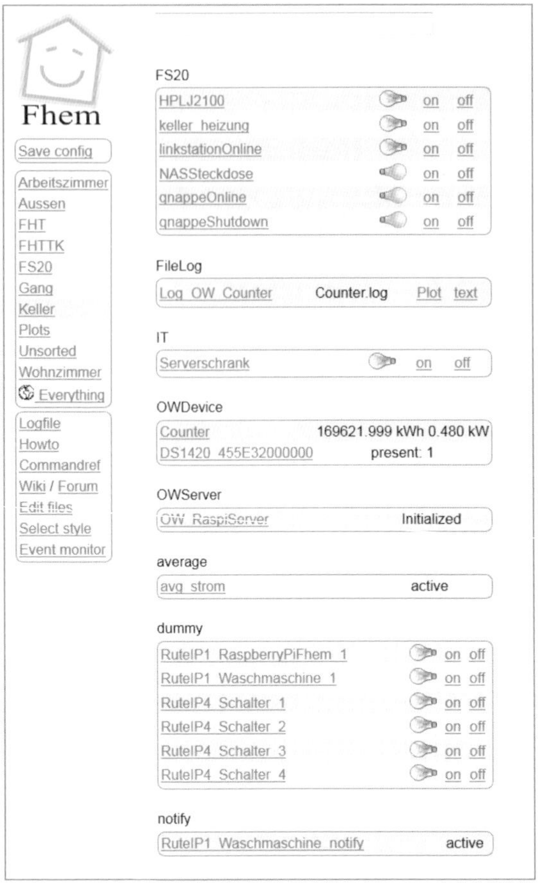

Bild 3.1: Im Blick: Mit einem Raspberry Pi und etwas Zubehör lassen sich auch der Stromverbrauch und mehr übersichtlich darstellen.

Lief früher jährlich ein zweibeiniger Ableser durch die Straßen und nahm den Zählerstand für den Energieversorger auf, ist diese Arbeit heutzutage so gut wie verschwunden. Entweder beruht der Verbrauch auf Schätzwerten oder der Zählerstand wird von den Eigentümern bzw. Mietern selbst mitgeteilt. Der Trend geht heutzutage zu einer selbstständigen Übermittlung der Verbrauchswerte an den Versorger. Wer noch den Überblick über seinen Stromverbrauch haben möchte, der kann diesen heute selbst mit einem klassischen Stromzähler mit Drehscheibe elektronisch und automatisiert erfassen. Die Bastelgemeinde und kleinere Elektronikanbieter im Internet bieten entsprechende Lösungen, um an die Zählerdaten zu gelangen, damit sie über den Computer oder besser über ein 1-Wire-Netzwerk weiterverarbeitet werden können.

Moderner als die betagte Drehscheibe ist beispielsweise der elektronische Haushaltszähler (abgekürzt eHZ), der meist auch mehrere unterschiedliche Tarife (beispielsweise Tages- und Nachtstrom) verwalten kann. Gerade mit der Anschaffung bzw. dem Einbau einer Photovoltaikanlage wird ein neuer Stromzähler notwendig, der auch den Strom mitzählen kann, der in das Stromnetz des Anbieters eingespeist wird. Dieser Zweirichtungszähler hat neben der Digitalanzeige an der Vorderseite eine Infrarotdiode (IR-

Diode), die die aktuellen Zählerstände ausgibt. Somit fällt die klassische Zählscheibe weg, die Digitalanzeige lässt sich auch nicht anzapfen, doch die Zählerdaten eines eHz lassen sich über eine IR-Diode auslesen sowie auf das Netzwerk übertragen, was eine zusätzliche Anschaffung eines IR-Lesekopfs notwendig macht.

Wie bei der Zählscheibenlösung ist auch hier der Selbstbau der Hardware für Bastelbegeisterte mit einem überschaubaren Aufwand möglich. Wer auf eine fertige Lösung zurückgreifen möchte, der wird am Markt fündig. Eine gute Fundgrube ist die Webseite *www.volkszaehler.org* - dort gibt es auch gut dokumentierte Anleitungen für den Selbstbau eines Zählscheibenzählers oder des IR-Lesekopfs (*http://wiki.volkszaehler.org/hardware/controllers/ir-schreib-lesekopf-usb-ausgang*).

Die klassischen eHZ-Haushaltszähler kommen mit dem Datenprotokoll *SML* (Smart Message Language) und bieten alle 1 bis 4 Sekunden eine lastabhängige SML-Sendung im Push-Betrieb, die anschließend entgegengenommen und decodiert werden muss. Wer sich für den Aufbau, das Format sowie die Dekodierung der SML-Frames interessiert, erhält im PDF-Dokument der Firma iTrona GmbH (*http://www.itrona.ch/stuff/F2-2_PJM_5_Beschreibung SML Datenprotokoll V1.2_26.04.2011.pdf*) weitere Hinweise und Informationen.

Wesentlich moderner als die Drehzählscheibe und die erste Generation der eHZ-Stromzähler sind vollelektronische Drehstromzähler, die neben einer digitalen Anzeige des Verbrauchs auf dem Minidisplay auch eine sogenannte S0-Schnittstelle für die Verbrauchsdaten mitbringen. Diese lassen sich mithilfe eines Daten-Loggers mitprotokollieren und auf dem Raspberry Pi weiterverarbeiten. Anhand des Drehstromzählers Eltako DSZ12D-3x65A mit Display, der über die S0-Schnittstelle mit einem 1-Wire-Dual-S0 Zählermodul verbunden ist, wird diese Lösung nachfolgend dargestellt. Sie können aber auch andere Drehstromzähler verwenden, die eine S0-Schnittstelle mitbringen.

Bild 3.2: Drehstromzähler mit Drehscheibe: So oder ähnlich sind seit Jahrzehnten die Stromzähler der Energieversorger aufgebaut.

3.1.1 Drehstromzähler einbauen und anschließen

Es gibt Dinge, die macht man selbst und spart dabei viel Geld. Es gibt jedoch auch Dinge, die lässt man aus Sicherheitsgründen lieber von Fachpersonal erledigen: Arbeiten wie der Einbau und Anschluss eines (zusätzlichen) Drehstromzählers und das Verkabeln der Hutschienenkomponenten im Sicherungs- bzw. Schaltkasten gehören definitiv dazu.

Bild 3.3: Der Anschluss des Eltako DSZ12D-3x65A ist vom Fachmann relativ schnell erledigt, vorausgesetzt, auf der Hutschiene ist noch genügend Platz.

Der Stromzähler wird anschließend mit einem zweiadrigen Kabel mit dem Zählmodul über den S0-Bus verbunden. Der (-)-Anschluss des Stromzählers wird hier zur Masse (GND), der (+)-Anschluss wird zu Eingang 1 (1) des S0-Anschlusses geführt. Vom Zählmodul wird anschließend das 1-Wire-Kabel (dreiadrig, mit GND, Daten, 5-V-Leitung) zum 1-Wire-USB-Adapter geführt, der wiederum mit dem Raspberry Pi über die USB-Schnittstelle verbunden wird.

3.1.2 1-Wire-Geräte an Raspberry Pi anschließen

Für den Anschluss von 1-Wire-Geräten am Raspberry Pi haben Sie mehrere Möglichkeiten. Neben der GPIO-Selbstbaulösung ist für die bequeme 1-Wire-Fraktion ein passender USB-Adapter wie der DS9490R die einfachste Lösung.

Bild 3.4: Links der blaue DS9490R (DS1490F), rechts der schwarze DS9097U-COM-to-1-Wire-USB-Adapter

Hier werden 1-Wire-Geräte wie beispielsweise Temperaturfühler oder das Counter-Modul für den Smart-Home-Zähler einfach mit dem RJ11-Stecker verbunden. Am besten nutzen Sie dafür ein sechsadriges Telefonkabel – von sechs Adern werden im

Falle des DS1490F nur die ersten drei (Pin 1–3) benötigt. Alternativ besorgen Sie sich einen RJ11/RJ12-zu-RJ45-Adapter, um normale Patch-Kabel für den 1-Wire Bus zu nutzen. In unserem Beispielfall wurden die 1-Wire-Pins wie folgt auf das RJ45-Kabel geführt:

PIN-RJ12 (Buchse)	Signal	Beschreibung	Kabel RJ45	PIN-RJ45
Pin 1	VDD	5-V-Ausgang	weiß/braun	7
Pin 2	GND	Masse	grün	6
Pin 3	OW	1-Wire-Daten	weiß/blau	5
Pin 4	OW_OW	1-Wire-Daten-GND-Return	–	4
Pin 5	SUSO	USB Suspend Out	–	3
Pin 6	NC	Keine Verbindung	–	2

Das unterscheidet RJ11 von RJ12

Beachten Sie den Unterschied zwischen dem RJ11- und dem RJ12-Standard. Üblicherweise nutzen Sie für 1-Wire auf dem Raspberry Pi und den USB-Adaptern RJ12-Stecker und -Kabel. Zwar besitzt RJ11 ebenfalls sechs Pins, es sind bei einem RJ11-Kabel jedoch nur vier bestückt, da die beiden äußeren Leitungen (1 und 6) fehlen. Achten Sie darauf, dass in der Tabelle die Pin-Zählung der RJ12-Buchse absteigend, weil spiegelverkehrt, erfolgt.

Bild 3.5: Rückwärtszählen: Bei der RJ11/RJ12-Buchse ist die Zählrichtung der Pins absteigend, weil spiegelverkehrt.

Das entspricht der Pin-Belegung, wenn Sie in die Steckerbuchse des USB-Adapters blicken. Sobald das 1-Wire-Kabel angeschlossen ist, testen Sie zunächst den Bus – werden alle Geräte ordnungsgemäß erkannt und funktionieren sie einwandfrei?

Für 1-Wire nutzen Sie die drei Kabelanschlüsse GND (Ground), Daten (DATA) und 5 V (VDD). Grundsätzlich darf der 1-Wire-Bus bis zu 100 Meter lang werden und kann auch Abzweigungen und Verästelungen (Stern-Topologie) haben. Die angeschlossenen Geräte werden anhand ihrer eindeutigen 64-Bit-ID unterschieden. Beachten Sie, dass es je nach USB-Adapter und verwendetem Chip bezüglich der Pin-Belegung zu erheblichen Unterschieden kommen kann. Beispielsweise ist der obige

DS9097U-USB-COM-Adapter laut Datenblatt mit nachstehender Pin-Belegung bestückt.

FIGURE 2
RJ-11 socket pin-out
(looking into socket)

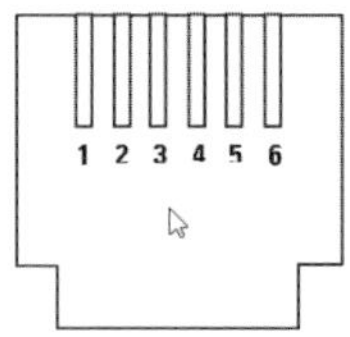

pin	signal
1	NC
2	NC
3	1-Wire data
4	1-Wire GND
5	NC
6	NC

TABLE 2
Pin assignments
(this pin assignment is common to Dallas manufactured adapters and other iButton accessories)

Bild 3.6: Pin-Belegung des DS9097U: Daten auf Pin 3, Masse auf Pin 4. Der 5-V-Stromanschluss muss hier extern bezogen werden.

Der schwarze DS9097U-COM-to-1-Wire-USB-Adapter nutzt von den sechs Anschlüssen nur zwei. Die jeweils äußeren beiden Kabelverbindungen (1, 2 und 5, 6) sind nicht bestückt. Pin 3 führt hier 1-Wire-Daten, Pin 4 ist für die Masse (GND) vorgesehen. Gerade beim Einsatz mit dem Raspberry Pi ist es jedoch sinnvoll, sich auf eine einheitliche 1-Wire-Strategie zu einigen. Hier wird die 3-adrige Technik mit Masse (GND), Daten und 5-V-Stromversorgung präferiert, um für zukünftige Anwendungszwecke gewappnet zu sein. Im Folgenden wird der DS9490R für den Anschluss der 1-Wire-Komponenten genutzt und anschließend mittels `owfs` mit dem Dateisystem des Raspberry Pi gekoppelt.

3.1.3 1-Wire-Bus und 1-Wire-USB-Connector prüfen

Gerade beim Einsatz eines 1-Wire-USB-Connectors wie des DS9490R mit RJ11/12-Buchse ist es zu Testzwecken sinnvoll, die eingesetzten 1-Wire-Geräte sowie die Verdrahtung vor dem praktischen Einsatz auf ihre ordnungsgemäße Funktion zu testen. Mit dem DS9490 koppeln Sie einen kompletten 1-Wire-Bus an den USB-Port. Dieser wird über die `libusb`-Bibliothek angesteuert, die von `owfs` unterstützt wird. Die einfachste Möglichkeit ist die eigens dafür vorhandene Software OneWireViewer, die kostenlos auf den Webseiten von Maxim Integrated (*www.maximintegrated.com/products/ibutton/software/1wire/OneWireViewer.cfm*) zur Verfügung steht.

Nach dem Download starten Sie die Installation und klicken diese bis zum Ende durch. Hierbei werden der passende USB-Treiber sowie die Software zum Auslesen des 1-Wire-Bus installiert. Wichtig ist, dass der USB-1-Wire-Adapter noch nicht am Windows-PC eingesteckt ist, dies sollten Sie erst nach Abschluss der Installation tun.

Bild 3.7: *www.maximintegrated.com/products/ibutton/software/tmex/:* Dort laden Sie sich die Treiber für den USB-1-Wire-Adapter herunter, der sich neben dem Raspberry Pi auch auf einem Windows-PC einsetzen lässt.

Bild 3.8: Da der 1-Wire-Treiber im Rahmen der Softwareinstallation mit auf dem Windows-PC installiert wird, sollte der USB-Adapter auch erst nach Abschluss der Installation am USB-Anschluss eingesteckt werden.

Nach Abschluss der Installation kann der USB-Adapter in den USB-Anschluss gesteckt werden. Nach einem Augenblick werden die passenden Treiber initialisiert und in Betrieb genommen. Anschließend wird der 1-Wire-Adapter im Windows-Gerätemanager im Bereich *1-Wire* geführt.

Ist der USB-Adapter gesteckt und wurde am 1-Wire-Kabel das eine oder andere 1-Wire-Gerät angeschlossen, dann werden die erkannten Devices in der Übersicht des gestarteten *OneWireViewer*, den Sie in der Programmgruppe von Windows finden, mit ihrer Geräte-ID gelistet.

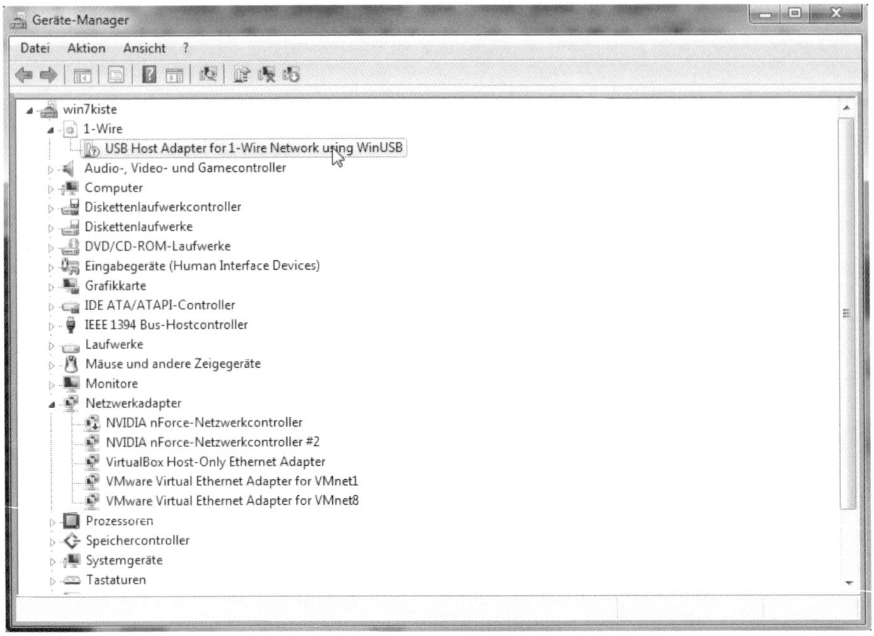

Bild 3.9: Erfolgreich initialisiert und betriebsbereit: der 1-Wire-Adapter am USB-Anschluss

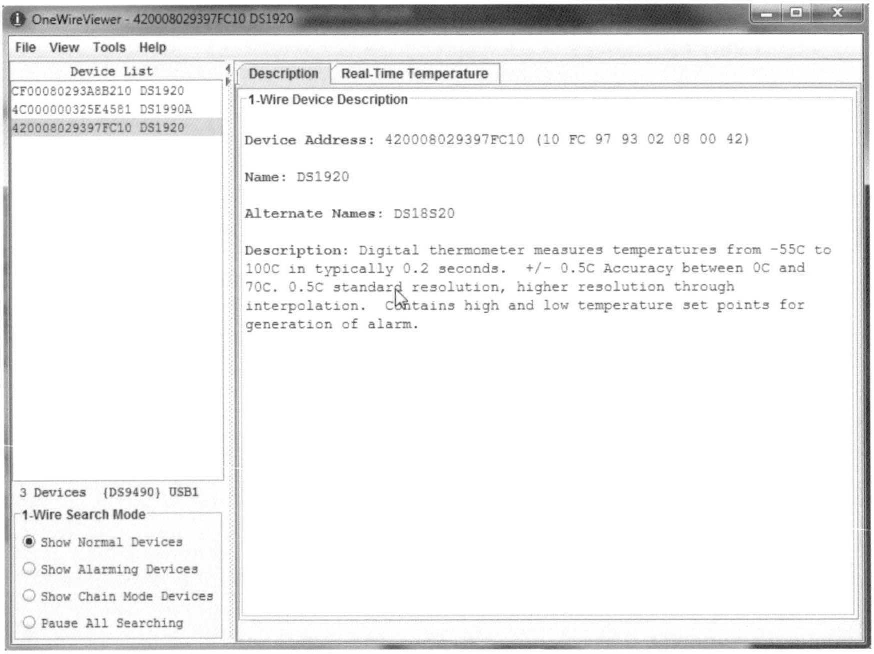

Bild 3.10: Ordnungsgemäß bestückt: In diesem Beispiel werden zwei Temperaturfühler (hier: DS1920) mit dem USB-Adapter gekoppelt.

Anschließend können Sie über das Register *Real-Time Temperature* die aktuelle Temperatur des Sensors abfragen und in einem Diagramm darstellen lassen. Funktioniert die 1-Wire-Schaltung, stecken Sie den USB-Adapter vom Windows-PC ab. Nun kann der USB-Adapter auf dem Raspberry Pi samt den angeschlossenen Komponenten zum Einsatz kommen.

3.1.4 OWFS kompilieren und installieren

Das Wichtigste vorweg: Für den Zugriff auf die Daten des 1-Wire-Bus gibt es unter Linux bzw. dem Raspberry Pi verschiedene Möglichkeiten. Neben dem betagteren *DigiTemp*-Verfahren und *w1retap* ist das OWFS (1-Wire-Filesystem) sehr verbreitet. Auch in diesem Abschnitt kommt es zum Einsatz. Zunächst bringen Sie den Raspberry Pi per `apt-get update && apt-get upgrade` auf den aktuellsten Stand und installieren dann `fuse` und `libusb` samt abhängiger Pakete auf den Raspberry Pi. Je nachdem, wie viele Pakete fehlen, kann sich die Installation etwas ziehen. Anschließend holen Sie sich die aktuellste Version von OWFS-Dateisystem (*http://sourceforge.net/projects/owfs/files/*), die Sie am besten per vorangestelltem `wget` auf den Raspberry Pi laden und danach per `tar`-Kommando entpacken.

```
sudo -i
apt-get update && apt-get upgrade
apt-get install fuse-utils libfuse-dev libfuse2 automake autoconf
autotools-dev  gcc g++ libtool libusb-dev fuse-utils libfuse-dev swig
 tcl8.4-dev  php5-dev
wget http://downloads.sourceforge.net/project/owfs/owfs/3.1p1/owfs-
3.1p1.tar.gz
tar -xzf owfs-3.1p1.tar.gz
cd owfs-3.1p1/
./configure -enable-usb -enable-owfs -enable-w1
```

Wechseln Sie in das Verzeichnis und bereiten Sie per `./configure` das Kompilieren von OWFS vor: Schalten Sie die USB-Unterstützung sowie den 1-wire- und OWFS-Support mit den angegebenen Optionen ein. Nach einem kurzen Moment sollte eine Rückmeldung in Form einer etwas längeren Bildschirmmeldung erscheinen, die Sie dann auf `DISABLED`-Einträge prüfen.

```
config.status: creating src/include/owfs_config.h
config.status: creating src/include/config.h
config.status: executing depfiles commands
config.status: executing libtool commands
/bin/rm: cannot remove `libtoolT': No such file or directory

Current configuration:

    Deployment location: /opt/owfs

Compile-time options:
                      USB is enabled
                      I2C is enabled
                       W1 is enabled
    Parallel port DS1410E is enabled
         Zeroconf/Bonjour is enabled
             Debug-output is enabled
                Profiling is DISABLED
Tracing memory allocation is DISABLED
1wire bus traffic reports is DISABLED

Module configuration:
                    owlib is enabled
                  owshell is enabled
                     owfs is enabled
                  owhttpd is enabled
                   owftpd is enabled
                 owserver is enabled
               owexternal is enabled
                    ownet is enabled
                 ownetlib is enabled
                    owtap is enabled
                    owmon is enabled
                   owcapi is enabled
                     swig is enabled
                   owperl is enabled
                    owphp is DISABLED
                 owpython is enabled
                    owtcl is enabled

root@raspberryPiBread:~/owfs-2.9p0#
```

Bild 3.11: Falls hier eine Meldung `owfs is DISABLED` erscheint, sollten Sie prüfen, ob in Sachen `fuse`-Installation noch abhängige Pakete fehlen.

Erscheint die obige Bildschirmausgabe, dann fahren Sie mit folgendem Kommando fort, um `owfs` auf dem Raspberry Pi zu kompilieren:

```
make && make install
```

Dafür können Sie rund 30 Minuten auf dem Raspberry Pi einplanen. Die restlichen Arbeiten für `owfs` sind schnell erledigt. Legen Sie anschließend im Filesystem für den Mountpoint ein Verzeichnis an. Hier wird das Verzeichnis `/owfs` genutzt und im nächsten Schritt die Berechtigung per `chmod` gesetzt.

```
mkdir -p /owfs
chmod 777 /owfs
```

Nun lässt sich das `owfs`-Filesystem auf das angelegte Verzeichnis mounten (hier mit USB-Option), nachdem Sie mit `modprobe` den `fuse`-Treiber initialisiert haben. Damit es nach einem Neustart des Rechners auch funktioniert, sollten Sie in die Datei `/etc/modules` das Modul `fuse` eintragen.

```
modprobe fuse
ls -la /owfs
/opt/owfs/bin/owfs --Celsius --usb /owfs
```

Je nachdem, wie viele 1-Wire-Geräte sich auf dem Bus tummeln, kann unter Umständen ein mehrmaliges Mounten des Verzeichnisses nötig werden. Für den späteren

Einsatz in einer Nicht-`root`-Umgebung sollten Sie schon einmal die Nutzung von `fuse` in der Datei `/etc/fuse.conf` konfigurieren.

```
pi@raspberryPiBread: ~
  GNU nano 2.2.6                    File: /etc/fuse.conf

# Set the maximum number of FUSE mounts allowed to non-root users.
# The default is 1000.
#
#mount_max = 1000

# Allow non-root users to specify the 'allow_other' or 'allow_root'
# mount options.
#
user_allow_other
```

Bild 3.12: Hier entfernen Sie einfach vor dem Eintrag `user_allow_other` das vorangestellte Rautensymbol `#`, um den Eintrag zu aktivieren.

Das Unmounten des Filesystems erfolgt, falls nötig, mit dem Kommando:

```
fusermount -u /owfs
```

Beachten Sie, dass für den OWFS-Betrieb immer das Kernel-Modul und die Bibliothek von `fuse` benötigt werden. In der Regel sollten Sie `fuse` über `/etc/modules` automatisch starten lassen, damit auch OWFS grundsätzlich betriebsbereit ist. Durch die Abbildung über virtuell bereitgestellte Dateien in das Dateisystem sind nun sämtliche Standard-Dateioperationen wie Lesen, Schreiben, Verzeichnisliste auf dem 1-Wire-Bus möglich. Manche Funktionen wie Erstellen, Löschen oder Umbenennen von Dateien innerhalb des 1-Wire-Filesystems sind nicht möglich – hier steht nur der Umweg über einen symbolischen Link zur Verfügung. Nach dem Aktivieren des `fuse`-Treibers sollte anschließend der `ls`-Befehl die angeschlossenen 1-Wire-Komponenten zeigen.

```
ls -la /owfs
cat /owfs/10.B2A893020800/temperature
```

Mit dem `cat`-Kommando lassen sich nun die Attribute der angeschlossenen 1-Wire-Geräte auslesen.

```
pi@raspberryPiBread ~ $ sudo -i
root@raspberryPiBread:~# modprobe fuse
root@raspberryPiBread:~# sudo ls -la /owfs
total 8
drwxrwxrwx  2 root root 4096 Apr 26 21:18 .
drwxr-xr-x 23 root root 4096 Apr 26 21:18 ..
root@raspberryPiBread:~# /opt/owfs/bin/owfs --Celsius --usb /owfs
DEFAULT: ow_usb_msg.c:(295) Opened USB DS9490 bus master at 1:4.
DEFAULT: ow_usb_cycle.c:(191) Set DS9490 1:4 unique id to 81 45 5E 32 00 00 00 4C
root@raspberryPiBread:~# sudo ls -la /owfs
total 4
drwxr-xr-x  1 root root    8 Apr 28 16:03 .
drwxr-xr-x 23 root root 4096 Apr 26 21:18 ..
drwxrwxrwx  1 root root    8 Apr 28 16:03 10.B2A893020800
drwxrwxrwx  1 root root    8 Apr 28 16:03 10.FC9793020800
drwxrwxrwx  1 root root    8 Apr 28 16:03 81.455E32000000
drwxr-xr-x  1 root root    8 Apr 28 16:03 alarm
drwxr-xr-x  1 root root    8 Apr 28 16:03 bus.0
drwxr-xr-x  1 root root    8 Apr 28 16:03 settings
drwxrwxrwx  1 root root    8 Apr 28 16:03 simultaneous
drwxr-xr-x  1 root root    8 Apr 28 16:03 statistics
drwxr-xr-x  1 root root   32 Apr 28 16:03 structure
drwxr-xr-x  1 root root    8 Apr 28 16:03 system
drwxr-xr-x  1 root root    8 Apr 28 16:03 uncached
root@raspberryPiBread:~# cat /owfs/10.B2A893020800/temperature
        23.5root@raspberryPiBread:~#
```

Bild 3.13: Über den `cat`-Befehl lesen Sie die Temperaturen der angeschlossenen Sensoren aus. In diesem Beispiel werden 23,5 Grad Celsius gemessen.

Nun sind der USB-Adapter sowie der 1-Wire-Bus auf dem Raspberry Pi betriebsbereit. Im nächsten Schritt schließen Sie den 1-Wire-Zähler für den Drehstromzähler an, um den gemessenen Stromverbrauch auf dem Raspberry Pi darzustellen, damit dieser an weitere Frontends zwecks Darstellung und Weiterverarbeitung übermittelt werden kann. Besser ist es, für weitere Zwecke die OWFS-Konfiguration in einer eigenen Datei, `/etc/owfs.conf`, unterzubringen und diese beim Start des jeweiligen Daemons anzugeben.

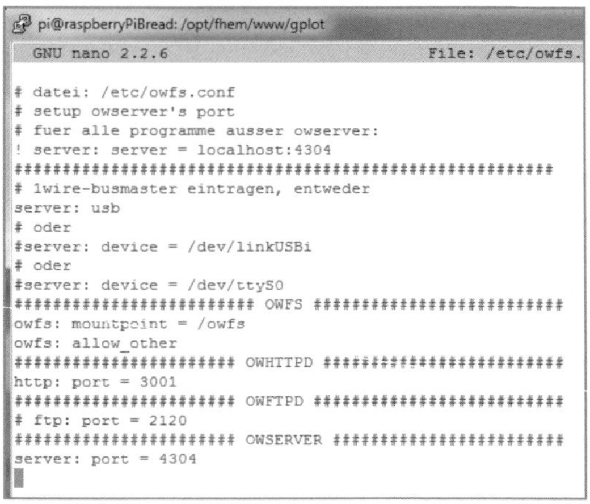

Bild 3.14: In der `owfs`-Konfigurationsdatei legen Sie den genutzten Port (`4304`), den `http`-Port (hier: `3001`) sowie den Mountpoint (hier: `/owfs`) und die Zugriffsberechtigungen (`allow_other`) fest.

Sind die `owfs`-Parameter in der Konfigurationsdatei festgelegt worden, dann können Sie die gewünschten `owfs`-Dienste starten. Hier stehen neben dem klassischen `owserver`-Dienst ein HTTP- und ein FTP-Dienst zur Verfügung, die mittels der festgelegten `conf`-Datei automatisch konfiguriert werden. Die entsprechenden Dienste würden Sie in diesem Fall wie folgt starten:

```
/opt/owfs/bin/owfs --Celsius -c /etc/owfs.conf
/opt/owfs/bin/owhttpd -c /etc/owfs.conf
/opt/owfs/bin/owserver -c /etc/owfs.conf
```

Ohne Konfigurationsdatei müssten Sie die einzelnen Parameter im Aufruf händisch angeben. Beispielsweise beim Start des HTTPD-Servers für OWFS würde der Aufruf

```
/opt/owfs/bin/owhttpd -p 3001 --usb
```

lauten, um den HTTP-Server auf Port `3001` zu konfigurieren. Nach dem Start lassen sich die Dienste wie gewohnt über `kill` oder `killall` beenden. In diesem Beispiel reicht das folgende Kommando, um beispielsweise den laufenden HTTP-Server zu beenden:

```
killall owhttpd
```

Damit Sie beim Neustart des Raspberry Pi die Dienste nicht mehr manuell starten müssen, ist im Verzeichnis `/etc/init.d` für jeden Dienst, hier `owserver` und `owfs`, ein passendes Startskript zu erstellen. Sie können sich an den vorhandenen Dateien orientieren, eine Datei kopieren, umbenennen und die entsprechenden Pfade anpassen. In diesem Startskript passen Sie die Variable `DAEMON` an – das ist das Verzeichnis, in dem sich die `owfs`-Installation bzw. die Binaries befinden. In der `CONFFILE` legen Sie den Pfad zur besprochenen `conf`-Datei fest:

```
sudo nano /etc/init.d/owfs
```

Mit folgendem Inhalt:

```
#!/bin/sh
### BEGIN INIT INFO
# Provides: owfs
# Required-Start: $remote_fs $syslog $network $named
# Required-Stop: $remote_fs $syslog $network $named
# Should-Start: owfs
# Should-Stop: owfs
# Default-Start: 2 3 4 5
# Default-Stop: 0 1 6
# Short-Description: 1-wire file system mount & update daemon
# Description: Start and stop 1-wire file system mount & update daemon.
### END INIT INFO
CONFFILE=/etc/owfs.conf
DESC="1-Wire file system mount"
NAME="owfs"
DAEMON=/opt/owfs/bin/$NAME
case "$1" in
start)
echo "Starting $NAME"
$DAEMON -c $CONFFILE
# --Celsius --usb /owfs
;;
stop)
echo "Stopping $NAME"
killall $NAME
;;
*)
echo "Usage: $N {start|stop}" >&2
exit 1
;;
esac
exit 0
```

Je nachdem welche OWFS-Dienste Sie einsetzen möchten, legen Sie für jeden weiteren (hier `owhttpd` und `owserver`) jeweils noch ein passendes Startskript an. Zu guter Letzt sorgen Sie dafür, dass die Skripts auch für jedermann ausführbar sind:

```
sudo chmod +x /etc/init.d/ow*
```

und starten anschließend die gewünschten Dienste. Mit dem Kommando

```
sudo netstat -tulpn | grep ow
```

können Sie bequem prüfen, ob der entsprechende owfs-Dienst auch an seinem konfigurierten Port erreichbar ist. Anschließend fügen Sie das Skript bzw. die Skripte mit dem Befehl update-rc.d in die entsprechenden Runlevels ein:

```
sudo update-rc.d owfs defaults
sudo update-rc.d owserver defaults
```

Um zu überprüfen, ob nun alles ordnungsgemäß in den Runlevels verlinkt ist, nutzen Sie den Befehl:

```
cd /etc
ls -l rc* | grep owfs
```

bzw.:

```
ls -l rc* | grep owserver
```

Möchten Sie beispielsweise das Skript owfs wieder aus den Runlevels entfernen, nutzen Sie das Kommando:

```
sudo update-rc.d owfs remove
```

Haben Sie das Skript bzw. den Dienst aus den Runlevels entfernt, sollten Sie ihn vorsichtshalber abschließend beenden:

```
sudo invoke-rc.d owfs stop
```

Damit ist gewährleistet, dass beim nächsten Herunterfahren des Raspberry Pi die Dienste auch sauber beendet sind und diesbezüglich keine Fehlermeldungen erscheinen. Grundsätzlich ist der Daemon owserver für die Zusammenarbeit mit dem Raspberry Pi und FHEM ausreichend. Wer stattdessen oder zusätzlich mit selbst gebauten Programmen und Skripten auf die 1-Wire-Daten zugreifen möchte, nutzt den OWFS-Daemon.

3.1.5 Zählermodul am Raspberry Pi in Betrieb nehmen

Über das 1-Wire-Netzwerk kann das Zählermodul jetzt mit dem Raspberry Pi, aber auch mit jedem anderen Computer gekoppelt werden, sofern dort eine passende 1-Wire-Schnittstelle zur Verfügung steht. Mit der 1-Wire-Schnittstelle fragen Sie das Zählermodul des montierten Stromzählers ab und ermitteln damit ständig den aktuellen Verbrauch. Das Zählermodul lässt sich mit wenigen Bausteinen selbst zusammenbauen, oder aber Sie kaufen sich eine Fix-und-fertig-Lösung.

Dazu geben Sie einfach in eine Suchmaschine die Suchbegriffe »s0 zähler 1-wire DS2423« ein und wählen aus den verfügbaren Angeboten das günstigste aus. Im Rahmen dieses Projekts kam das 1-Wire-Dual-S0-Zählermodul (Art. Nr.: 11211) der Firma eService Online zum Einsatz.

0 11 12

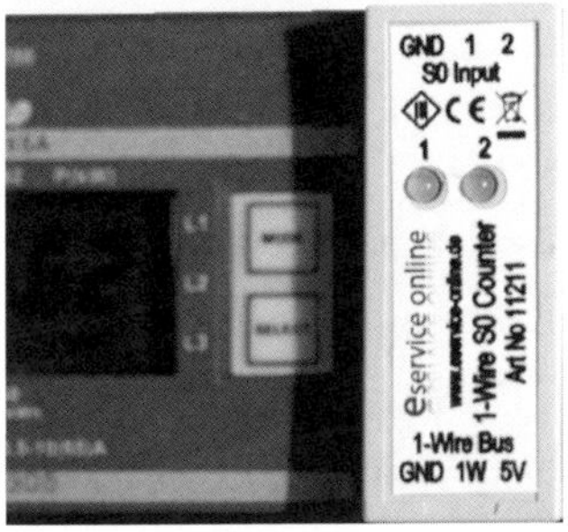

Bild 3.15: Das Zählermodul wird auf der Hutschiene im Sicherungskasten neben dem Stromzähler montiert. Auf der Oberseite wird der zweiadrige S0-Anschluss mit dem Stromzähler verbunden, auf der Unterseite wird der 1-Wire-Bus (dreiadrig) GND 1 W und 5 V angeschlossen.

In diesem Beispiel ist die Pin-Belegung aus dem Temperaturprojekt noch bekannt. Legen Sie einfach die entsprechenden Kabel auf die dazugehörigen Anschlüsse, die wie folgt beschaltet sind:

1-Wire-USB-Adapter PIN-RJ11 (Buchse)	Signal	Beschreibung	Kabel RJ45 / PIN-RJ45	Anschluss 1-Wire-Dual-S0-Zählermodul
Pin 1	VDD	5-V-Ausgang	weiß/braun / 7	5V (Pin 3)
Pin 2	GND	Masse	grün / 6	GND (Pin 1)
Pin 3	OW	1-Wire-Daten	weiß/blau / 5	1W (Pin 2)

Im nächsten Schritt prüfen Sie, ob der 1-Wire-Zähler vom Raspberry Pi ordnungsgemäß erkannt wurde und entsprechende Werte darstellt. In diesem Fall bietet das 1-Wire-Dual-S0-Zählermodul zwei Anschlüsse an, von denen in diesem Beispiel Anschluss 1 für den Stromzähler eingesetzt wird. Wer beispielsweise noch den Zählerstand des Gaszählers, der Solaranlage und dergleichen verfolgen möchte, hat schon ein zweites Zählmodul in petto. Mit dem Kommando

```
sudo ls -la /owfs
```

halten Sie auf dem 1-Wire-Bus Ausschau nach einem neuen Gerät. In diesem Fall ist neben dem USB-Adapter ausschließlich das 1-Wire-Dual-S0-Zählermodul aktiv, das sich mit der eindeutigen ID `1D.00C90F000000` im System eingenistet hat. Dank des OWFS-Dateisystems können Sie nun in das `/owfs/1D.00C90F000000`-Verzeichnis navigieren und die Zählwerte auslesen.

```
mc [root@raspberryPiBread]:/etc
root@raspberryPiBread:/opt# sudo ls -la /owfs
total 4
drwxr-xr-x  1 root root    8 Apr 29 15:55 .
drwxr-xr-x 23 root root 4096 Apr 26 21:18 ..
drwxrwxrwx  1 root root    8 Apr 29 16:27 1D.00C90F000000
drwxrwxrwx  1 root root    8 Apr 29 16:27 81.455E32000000
drwxr-xr-x  1 root root    8 Apr 29 15:55 bus.0
drwxr-xr-x  1 root root    8 Apr 29 15:55 settings
drwxr-xr-x  1 root root    8 Apr 29 15:55 statistics
drwxr-xr-x  1 root root   32 Apr 29 15:55 structure
drwxr-xr-x  1 root root    8 Apr 29 15:55 system
drwxr-xr-x  1 root root    8 Apr 29 15:55 uncached
root@raspberryPiBread:/opt# sudo ls -la /owfs/1D.00C90F000000/
total 0
drwxrwxrwx 1 root root   8 Apr 29 16:27 .
drwxr-xr-x 1 root root   8 Apr 29 15:55 ..
-r--r--r-- 1 root root  16 Apr 29 15:55 address
-rw-rw-rw- 1 root root 256 Apr 29 15:55 alias
-r--r--r-- 1 root root  12 Apr 29 16:27 counters.A
-r--r--r-- 1 root root  25 Apr 29 16:27 counters.ALL
-r--r--r-- 1 root root  12 Apr 29 16:27 counters.B
-r--r--r-- 1 root root   2 Apr 29 15:55 crc8
-r--r--r-- 1 root root   2 Apr 29 15:55 family
-r--r--r-- 1 root root  12 Apr 29 15:55 id
-r--r--r-- 1 root root  16 Apr 29 15:55 locator
-rw-rw-rw- 1 root root 512 Apr 29 15:55 memory
-rw-rw-rw- 1 root root  12 Apr 29 16:27 mincount
drwxrwxrwx 1 root root   8 Apr 29 16:27 pages
-r--r--r-- 1 root root  16 Apr 29 15:55 r_address
-r--r--r-- 1 root root  12 Apr 29 15:55 r_id
-r--r--r-- 1 root root  16 Apr 29 15:55 r_locator
-r--r--r-- 1 root root  32 Apr 29 15:55 type
root@raspberryPiBread:/opt#
```

Bild 3.16: Der Stand der angeschlossenen Zähler wird jeweils in einer eigenen Datei (*counters.A* und *counters.B*) sowie in einer gemeinsamen Datei (*counters.ALL*) fortlaufend geschrieben und ist nicht zurücksetzbar.

Die genutzten Zählerdateien lassen sich nun mit den dafür vorgesehenen Werkzeugen auslesen. Wer einmal einen kurzen Blick auf die Kommandozeile erhaschen möchte, nutzt entweder das `tail -f`- oder das `less`-Kommando, um den Zählerstand der jeweiligen Datei anzuzeigen.

3.1.6 FHEM-Konfiguration für den Stromzähler

Bevor Sie den S0-Zähler in FHEM integrieren, sollten Sie zunächst sicherstellen, dass der Zugriff auf die 1-Wire-Daten per OWFS in der Kommandozeile funktioniert, der notwendige `owserver`-Daemon aktiv ist und, wie in diesem Beispiel, auf den richtigen Port läuft (hier: `4304`). Dies prüfen Sie zunächst auf der Konsole mit dem `sudo netstat -tulpn`-Kommando.

Steht der konfigurierte Port im Heimnetz zur Verfügung, kann FHEM auf dem Raspberry Pi konfiguriert werden. Definieren Sie den Port-Anschluss auf demselben Raspberry Pi, auf dem FHEM ausgeführt wird, würde auch stattdessen der `localhost`-Eintrag funktioneren. Das FHEM-Modul `OWServer` benötigt zwingend ein installiertes und funktionierendes OWFS und bildet für FHEM den 1-Wire-Serverdienst ab. Das dazugehörige `OWDevice`-Modul ergänzt diesen um eine Gerätekomponente, über die die angeschlossenen Module definiert werden.

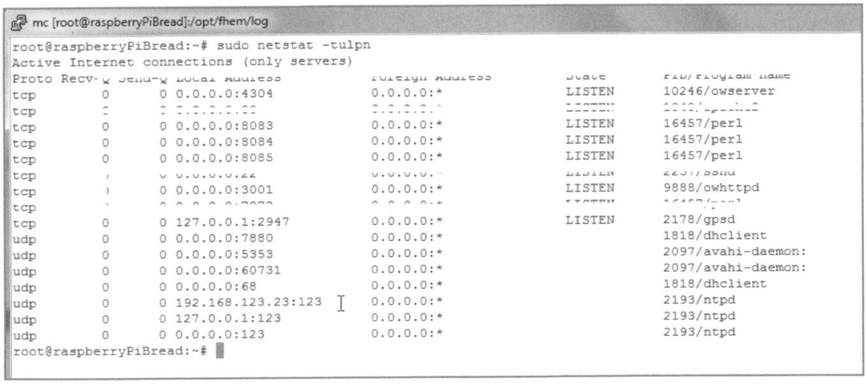

Bild 3.17: Für das ordnungsgemäße Zusammenspiel mit FHEM muss `netstat` auf dem konfigurierten Port (`4304`) lauschen. Der HTTP-Server (`owhttpd`) ist hingegen für den FHEM-Betrieb nicht notwendig und in diesem Beispiel zur Kontrolle aktiviert.

Bei aktivierter `autocreate`-Funktion von FHEM in der `fhem.cfg` geschieht dies nach einem Neustart über `shutdown restart` automatisch, und Sie brauchen nur die gewünschten Attribute nachzufeuern. In diesem Beispiel wurde der Stromzähler wie folgt in der `fhem-cfg` definiert:

```
# ----------------------------------------------------------
define OW_RaspiServer OWServer 192.168.123.23:4304 # IP-Adresse des Pi mit
1Wire
attr OW_RaspiServer room Keller
# ----------------------------------------------------------
define Counter OWDevice 1D.00C90F000000 60
attr Counter model DS2423
attr Counter polls counters.A
attr Counter room Keller
attr Counter stateFormat { sprintf("%.3f kWh  %.3f kW",
ReadingsVal("Counter","consumption","?"),
ReadingsVal("Counter","power","?"));; }
attr global userattr offset
attr Counter offset 169526.15 # Offset zw.Stromverbrauch 1Wire-Counter und
tats.Wert Stromzaehler
attr Counter userReadings consumption {
ReadingsVal("Counter","counters.A",0)/1000.0+AttrVal("Counter","offset",0)
;; }, power differential { 3.6*ReadingsVal("Counter","counters.A",0);; }
#
# ----------------------------------------------------------
define avg_strom average Counter:(power|consumption).*
attr avg_strom room Keller
# ----------------------------------------------------------
```

Die `120` bei `define OW_DualCounter OWDevice` stehen für das Abfrage-Intervall in Sekunden, in dem der Zustand des definierten 1-Wire-Device abgefragt werden soll. Der 1-Wire-Busmaster wird ebenfalls erkannt und von FHEM angezeigt.

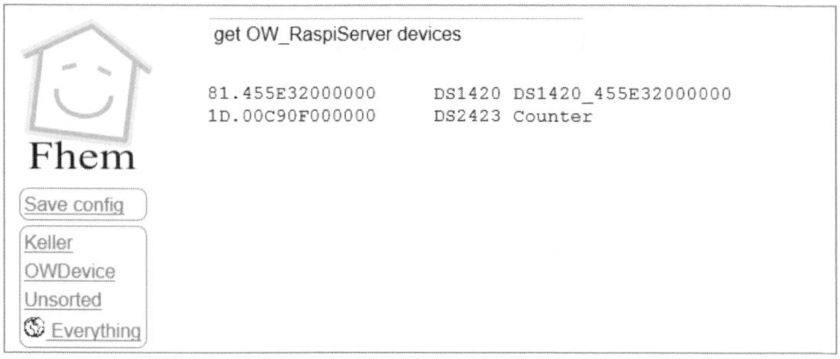

Bild 3.18: Angeschlossene Geräte auslesen: Mit dem Kommando **`get OW_RaspiServer devices`** fragen Sie den 1-Wire-Bus nach verfügbaren Geräten ab und listen diese mit ihrer eindeutigen ID auf.

Für die Darstellung der Verbrauchskurve können Sie eigens eine Grafik nutzen. Grundsätzlich wird beim Einsatz der `autocreate`-Funktion auch automatisch ein Weblink (Plots) erstellt. Mit der Angabe der Filelog-Datei geben Sie zunächst die Datenquelle für die Darstellung an und definieren die Filterkriterien (hier: `Counter:counters.A.*|Counter:counters.All.*`).

```
# alternativer Pfad - je nach fhem-Installation:
# define Log_Counter FileLog /opt/fhem/log/Counter.log Counter: usw...
define Log_OW_Counter FileLog /var/log/fhem/Counter.log
Counter:counters.A.*|Counter:counters.All.*
attr Log_OW_Counter logtype power4:Plot,text
attr Log_OW_Counter room Keller
```

Zu guter Letzt konfigurieren Sie das `logtype`-Attribut des `FileLog` (hier: `power4`). Damit wird festgelegt, welche Plotvorlagedatei (`.gplot`) zum Einsatz kommen soll. Welche bei FHEM hier zur Verfügung stehen, finden Sie im linken Menü bei `Edit files` heraus, auch mit passenden Beispieldateien. Die `gnuplot`-Dateien enthalten die zugehörigen `FileLog`-Beispiele.

3.2 Kampf der Stand-by-Verschwendung

Das leidige Thema Stand-by-Verschwendung zu Hause verschärft sich mit jeder Neuanschaffung eines Haushaltsgeräts. Nahezu jeder Fernseher und jede HiFi-Anlage, die Computer samt Zubehör, der Blu-ray-/DVD-Spieler und die Spielekonsolen im Wohnzimmer sind rund um die Uhr in Bereitschaft und warten auf den Tastendruck der Fernbedienung oder der Tastatur. Das Tückische: Die meisten Geräte hängen in der Regel an einer Steckdosenleiste hinter dem Wohnzimmerschrank oder unter dem Schreibtisch und sind somit auch noch schlecht erreichbar oder haben keinen vernünftigen Ein-/Ausschalter.

Doch wer nur ein klein wenig seine Gewohnheiten umstellt und dem Raspberry Pi sozusagen die Aufsicht über seine Steckdosen gewährt, der kann schnell einige Hundert Euro im Jahr sparen. Gerade wenn Sie netzwerkfähige Steckdosen oder steckbare Funkschalterlösungen einsetzen, haben sich die Anschaffungskosten schnell amortisiert.

3.2.1 Vorteile von steuerbaren Steckdosen

Mit einer steuerbaren Steckdose haben Sie allerhand Vorteile: Sie können wie gewohnt die Geräte nutzen, können sie aber dank des Raspberry Pi automatisch ausschalten lassen. Die Funksteckdose selbst benötigt natürlich auch etwas Strom, doch je nach Hersteller und Modell ist dieser Verbrauch verglichen mit dem Stand-by-Verbrauch sehr moderat. So liegt der Markenhersteller Rutenbeck mit seinen Steckdosen hier bei ca. 0,2 bis 0,5 Watt, die Billigsteckdosen aus dem Baumarkt liegen im Schnitt bei rund 2 Watt Verbrauch, und bei älteren China-Funksteckdosen sind bis zu 8 Watt Stand-by-Verbrauch keine Seltenheit. Folglich lohnt sich eine Funksteckdose auch nur dann, wenn Sie den Stromverbrauch damit auch merklich senken. Es lohnt sich, den Taschenrechner hervorzuholen und die Anschaffung der Funksteckdosen der zu erwartenden Stromersparnis und dem Komfort gegenüberzustellen.

3.2.2 Markenprodukt oder China-Ware?

Vergleicht man die verfügbaren und bezahlbaren Steckdosenlösungen auf dem Markt, dann haben Sie die Wahl zwischen Funksteckdosen und IP-Steckdosen. Beide haben beim Einsatz in der Hausautomation mit dem Raspberry Pi ihre Daseinsberechtigung und Ihre Vor- und Nachteile. Vor dem Kauf sollten Sie sich im Internet die Datenblätter der Produkte besorgen und vor allem den Stand-by-Verbrauch der Geräte gegenüberstellen.

Modell	Vorteil	Nachteil
China-Funksteckdosen-Modelle (Internet, Baumarkt)	Sehr günstiger Preis	Höherer Stand-by-Verbrauch, Funksmog
FS20/HomeMatic-Steckdosen (Elektronikhändler, Internet)	Moderater Preis	Funksmog
TC-IP-Steckdosen	Kein Funksmog (bei deaktivierter WLAN-Funktion) Je nach Modell eingebaute Zeitschaltfunktionen Steuerung über Webseite möglich	Höherer Preis

Natürlich kommt einem zuerst das Thema Funksmog in den Sinn, und das auch zu Recht. Denn neben dem »normalen« Handynetz ist auch noch das WLAN-Netz zu Hause aktiv – oder zumindest in der Nachbarschaft. Und angefangen vom Außenthermometer der Wetterstation über die Funksteckdosen bis hin zur Wärme- und Heizungssteuerung sind auch viele Haushaltsgeräte bereits mit Funktechnik vollgepackt.

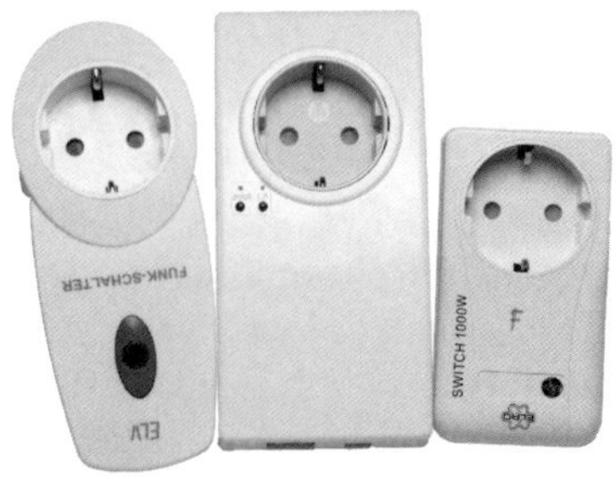

Bild 3.19: Von links nach rechts: Die ELV-FS20-Funksteckdose ist seit Jahren ein Klassiker, in der Mitte sehen Sie die edle Rutenbeck-Steckdose TC IP 1 in Reinweiß sowie rechts eine China-Funksteckdose, die unter verschiedenen Herstellerbezeichnungen auf dem Markt zu finden ist.

Viele funkende Geräte im Haushalt sorgen nicht nur für einen höheren Elektrosmog, sondern senken auch die Schaltzuverlässigkeit, was bei manchen Geräten etwas lästig sein kann, wenn man nicht sicher davon ausgehen kann, dass sie wirklich ausgeschaltet sind. Je nach eingesetzter Funktechnologie erfolgt eine Bestätigung des angeforderten Schaltvorgangs, bei Billiglösungen hingegen herrscht Funkstille, und es erfolgt keine Bestätigung.

Zusätzlich besteht bei den etwas besseren TCP/IP-Modellen die Möglichkeit, die Steckdose ohne Umwege direkt über Smartphone, Tablet oder Computer anzusprechen. Somit können Sie unabhängig von anderen Rahmenbedingungen agieren und beispielsweise die Beleuchtung, Webcams, Computer und Lüftungen bzw. Heizungen bedarfsgerecht per Weboberfläche schalten.

3.3 IP-Steckdosen Made in Germany

Das Wesentliche zuerst: Die Steckdosen- und Schaltlösungen von Rutenbeck gehören mit zum Besten, was der Markt in diesem Segment hergibt. Das hat allerdings seinen Preis - »made in Germany« fordert seinen Tribut.

3.3.1 Für Profis: Rutenbeck TCR IP 4

Doch wer sich zum Beispiel für die Anschaffung eines TCR IP 4 für den Einsatz im Sicherungskasten entscheidet, der bekommt im Gegenzug Qualität und die Gewissheit, dass das verbaute Gerät zuverlässig arbeitet. Andererseits spielt das Investment hier eine nachgelagerte Rolle, da zum Beispiel der Einbau des TCR IP 4 unbedingt von versiertem Fachpersonal, sprich einem Elektriker Ihres Vertrauens, vorzunehmen ist und zusätzlich etwas Geld kostet.

Ist der Rutenbeck TCR IP 4 einmal montiert, können Sie gleich vier voneinander unabhängige Schaltkreise wie beispielsweise Steckdosen in Ihrem Haushalt zentral von Ihrem Stromkasten aus schalten. Der Vorteil dabei ist, dass Sie sich nicht nur die Aufsteck-Steckdosen sparen, die je nach Modell nicht gerade eine optische Bereicherung im Wohnbereich darstellen.

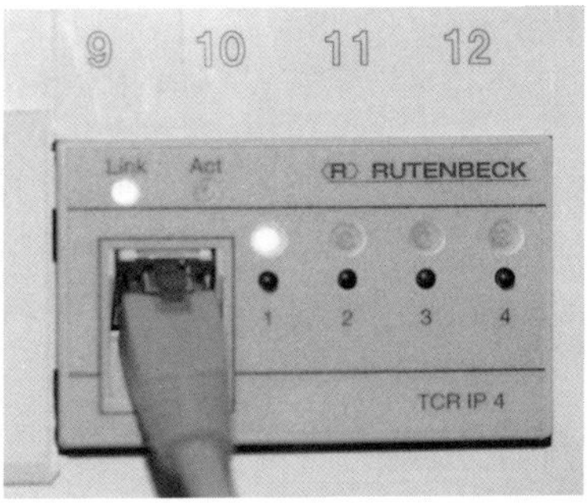

Bild 3.20: Vier Einheiten auf der Hutschiene beansprucht der TCR IP 4 von Rutenbeck. Die vier Schaltkreise lassen sich auch manuell über die kleinen schwarzen Taster schalten.

Mit dem TCR IP 4 von Rutenbeck schalten Sie elektrische Geräte wie Lampen, Netzwerkdrucker, Espressomaschine, IP-Kamera oder was auch immer ganz bequem über einen Webbrowser im Heimnetzwerk. Ist der heimische LAN/WLAN-Router entsprechend konfiguriert, können Sie die Webseite des TCR IP 4 auch über das Internet erreichen. Da solche Steckdosenlösungen jedoch nur das klassische HTTP-Protokoll, nicht aber das sicherere HTTPS-Protokoll unterstützen, sollten Sie wissen, dass sämtliche Kennwörter unverschlüsselt über den Äther gehen.

3.3.2 TCR IP 4 in Betrieb nehmen

Ist der TCR IP 4 erst einmal vom Elektriker auf der Hutschiene montiert und sind die entsprechenden Stromkreise oder Steckdosen mit den jeweiligen Schaltkreisen des TCR IP 4 gekoppelt, dann brauchen Sie nur noch das Netzwerkkabel mit dem TCR IP 4 zu verbinden. Beachten Sie, dass der TCR IP 4 bereits vorkonfiguriert mit einer festen, statischen IP-Adresse (192.168.0.3) ausgeliefert wird.

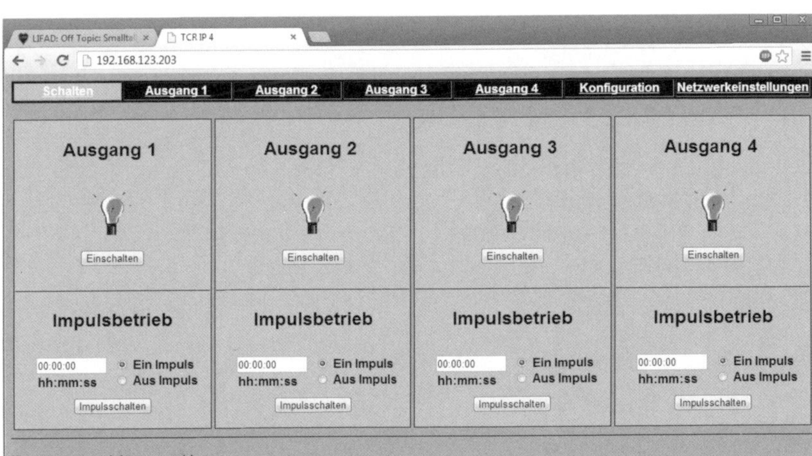

Bild 3.21: Einfach, übersichtlich und praktisch: Rutenbeck gewinnt zwar keinen Webdesignpreis mit dem Schalt-Frontend. Dennoch ist das Wesentliche übersichtlich und vor allem einfach per Klick erreichbar.

Um die Netzwerkeinstellung an Ihre Belange anzupassen, müssen Sie zunächst Ihren Computer in dasselbe Netz bringen, in dem Sie ihn auch mit einer statischen IP-Adresse konfigurieren. Anschließend haben Sie Zugriff auf das Konfigurationsmenü, in dem Sie die Netzwerkeinstellungen des TCR IP 4 an die Gegebenheiten des lokalen Netzwerks anpassen können.

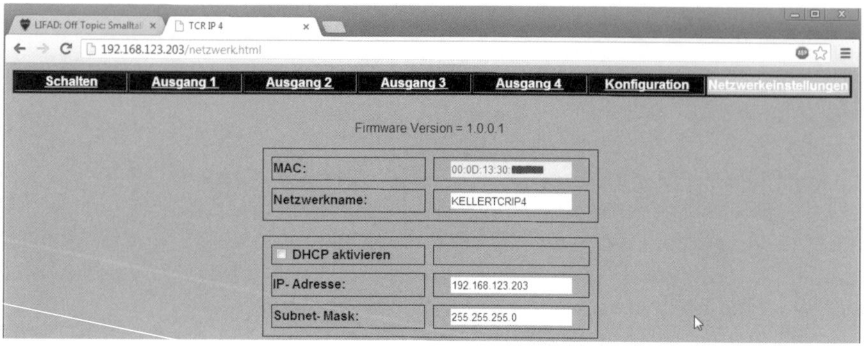

Bild 3.22: Netzwerkeinstellungen: In diesem Fall wurde trotz vorhandenem DHCP-Server eine statische IP-Adresse aus dem Heimnetz verwendet. Damit ist die Nutzung des TCR IP 4 auch dann möglich, wenn der DHCP-Server aus irgendeinem Grund einmal ausgeschaltet sein sollte.

Der TCR IP 4 wird über einen gewöhnlichen Hub/Switch bzw. Router per CAT-Kabel mit dem Heimnetz verbunden. Wie viele Netzwerkdrucker kommt der TCR IP 4 mit der langsameren Übertragungsgeschwindigkeit von 10 MBit/s, was manchmal für Probleme sorgen kann.

Beachten Sie, dass in diesem Fall der Hub/Router auch vollständig abwärtskompatibel sein muss. Topmoderne Geräte vernachlässigen im Gigabit-Geschwindigkeitsrausch oftmals den Support der langsameren Geräte mit Übertragungsraten von 10 oder 100 Mbit/s oder drosseln die Geschwindigkeit auf den kleinsten gemeinsamen Nenner. Damit das nicht passiert, prüfen Sie die Konfigurationseinstellungen des Routers im Heimnetz, vielleicht findet sich ja dort die Lösung.

Ist das manuelle Anpassen des Routers nicht von Erfolg gekrönt, dann bleibt der Umweg über einen separaten Hub/Switch, der besser mit den unterschiedlichen Geschwindigkeitsklassen im Heimnetz umgehen kann. Im Gegensatz zu den Billigmodellen aus dem Baumarkt bieten die Rutenbeck-Steckdosen auch eine Zeitschaltfunktion, die Sie übersichtlich per Webbrowser einrichten können.

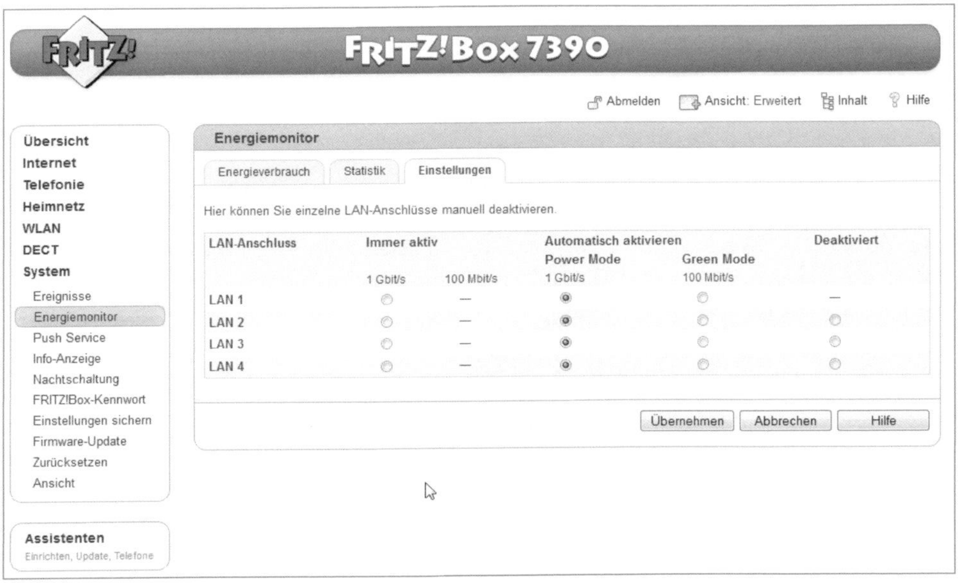

Bild 3.23: FRITZ!Box 7390: Sind sämtliche Anschlüsse fest auf 1 GBit konfiguriert, legen Sie am entsprechenden Anschluss Hand an und setzen ihn auf die Einstellung *Green Mode*.

Sie können bequem für jeden Schaltkreis die gewünschten Schaltzeiten zuordnen und auch abhängig von den Wochentagen schalten. So sind das nächtliche automatische Ausschalten und das Einschalten des LAN/WLAN-Routers ohne Einschränkungen einfach umsetzbar. Sie schlafen ohne WLAN-Funksmog, sparen Strom, und am nächsten Morgen steht der LAN/WLAN-Router wie gewohnt zur Verfügung.

3.3.3 Mit Trick 17 durch die HTTP-Hintertür

In der Regel besitzen IP-Steckdosen einen eingebauten Webserver, mit dem Sie banale Dinge wie das Einschalten und Ausschalten diverser Geräte steuern können. Eigentlich ist vorgesehen, dass Sie sich am Webserver anmelden und per Klick den entsprechenden Anschluss schalten. Das ist zwar bequem, aber in Sachen Automatisierung etwas umständlich. Gerade wenn Sie Schalter bei bestimmten Aktionen und Situationen automatisch schalten möchten, zum Beispiel wenn der angeschlossene Bewegungsmelder den Deckenfluter im Hausgang einschalten soll, dann ist es bequemer, diese Aktionen in Form eines Skripts oder über ein passendes Frontend wie FHEM steuern zu können.

Eine kleine Analyse der Implementierung der Schaltungslogik auf der Webseite der Rutenbeck-Serie bringt hier die HTTP-Hintertür zutage, so dass Sie nicht zwingend darauf angewiesen sind, den Schaltvorgang über die Weboberfläche vorzunehmen.

Bild 3.24: Trick 17: Mit der Eingabe des kompletten Schaltlinks wird die Steckdose erfolgreich geschaltet und gibt in diesem Fall eine *Success!*-Meldung zurück.

Gerade Tools wie Firebug (für Firefox, *https://addons.mozilla.org/de/firefox/addon/firebug/*) sind in Sachen Webseitenanalyse sehr hilfreich und fördern in diesem Fall Interessantes zutage: Im Button für das Ein-/Ausschalten ist ein Ajax/CGI-Parameter abgelegt - `'leds.cgi?led=1'`. Er setzt hier den Wert `value="Einschalten"`. Zusammengestrickt mit der HTTP-Adresse ergibt das den Schaltlink *http://192.168.123.203/leds.cgi?led=1&value=Einschalten.*

Wenn Sie diesen Link in die Adresszeile des Webbrowsers eingeben, erfolgt der Schaltvorgang. In diesem Fall wird Port 1 (`led`) geschaltet - bei einem TCR-IP-4-Modell stehen davon vier zur Verfügung. Mit diesen Informationen lassen sich nun Skripte entsprechend nutzen, auch FHEM bietet für die URL-Verarbeitung die äußerst praktische `GetHttpFile`-Funktion an, mit der Sie Schaltvorgänge automatisieren können. Aber auch in einem Shell-Skript können Sie die HTTP-Adresse zur Steuerung der IP-Steckdose nutzen - im nächsten Abschnitt lesen Sie, wie Sie das elegant lösen können.

3.3.4 Rutenbeck-Steckdose per Shell-Skript steuern

Um nun die Rutenbeck-Steckdose oder eine andere beliebige per HTTP-Adresse steuerbare IP-Steckdose einfach per Shell-Skript schalten zu können, ist cURL das Mittel der Wahl. Damit lassen sich automatisiert Dinge anstellen, wie Dateien zu einem Server übertragen oder einfach auch Webseiten aufrufen. Ein Vorteil ist auch, dass cURL neben HTTP noch zahlreiche weitere Netzwerkprotokolle wie FTP, FTPS, HTTPS, Telnet usw. unterstützt. Grundsätzlich erfolgt die Steuerung von cURL über Kommandozeilenparameter, die Sie hier im Skript in einer eigenen Variablen (`CURLARGS`) angeben. Beim Aufruf von cURL werden diese beim Programmaufruf mit angehängt.

```
#!/bin/bash
# ---------------------------------------------------------
# Smart-Home mit Raspberry Pi-Projekte
# E.F.Engelhardt, Franzis Verlag, 2016
# ---------------------------------------------------------
# Skript: curute.sh
#  Hier erfolgt der Einschaltbefehl fuer die Rutenbeck-Steckdose
#  oder einer anderen per IP / http ansteuerbare IP-Steckdose
#
CURL='/usr/bin/curl'
#CURLARGS="-f -s -S -k -v"
CURLARGS="--silent"
HTTPON="http://192.168.123.204/leds.cgi?led=1\&value=Einschalten"
# HTTPOFF="http://192.168.123.204/leds.cgi?led=1\&value=Ausschalten"
# Ereignis in Variable
```

```
raw="$($CURL $CURLARGS $HTTPON)"
# oder Ergebnis in Datei
$CURL $CURLARGS $HTTPON > /tmp/rutenbeck-dose
echo $raw
# ------------------------------------------------------
```

Grundvoraussetzung für den Einsatz dieses Skriptbeispiels ist natürlich ein cURL-Paket auf dem Raspberry Pi. Dieses installieren Sie gegebenenfalls per

```
sudo apt-get install curl
```

nach. Es befindet sich nach der Installation im Programmverzeichnis `/usr/bin/curl`. Weiter passen Sie hier die Variablen `HTTPON` und `HTTPOFF` mit dem entsprechenden Einschalt-/Ausschaltlink an. In diesem Fall findet nur `HTTPON` Verwendung, da der Schaltvorgang über HTTP bei den Rutenbeck-Steckdosen im sogenannten Toggle-Modus erfolgt.

3.3.5 Hacking Rutenbeck: Schalten via HTTP-Adresse

Um Geräte aus dem Hause Rutenbeck wie den TCR IP 1 WLAN oder TC IP 4 LAN bequem per FHEM zu schalten und mit dem restlichen Equipment im Haushalt zu verheiraten, legen Sie für die Geräte in FHEM zunächst ein sogenanntes Dummy-Device an.

Anschließend definieren Sie für das Dummy-Device mit `notify` jeweils ein Einschalt- und ein Ausschalt-Event, das die Zustandsänderung des Dummy-Device überwacht.

```
# ------------------------------------------------------------------------
define RuteIP1_Waschmaschine_1 dummy
    attr RuteIP1_Waschmaschine_1 eventMap on:on off:off
    attr RuteIP1_Waschmaschine_1 room Keller
    attr RuteIP1_Waschmaschine_1 state off
# ------------------------------------------------------------------------
define RuteIP1_On notify RuteIP1_Waschmaschine_1 {\
  if (ReadingsVal("RuteIP1_Waschmaschine_1","state","off") eq "off") {\
  fhem("set RuteIP1_Waschmaschine_1 on");;\
  fhem("define at_RuteIP1_Waschmaschine_1_off at +00:35:00 set
RuteIP1_Waschmaschine_1 off");;\
  `/usr/local/bin/fhem2mail MAIL LIGHT "Keller"`;;\
  GetHttpFile("192.168.123.204:80",
"/leds.cgi?led=1&value=Einschalten");;\
  Log 3, "Rutenbeck TC IP 1-Schalter an Waschmaschine wurde eingeschaltet,
sende Benachrichtigung per E-Mail";;\
  }\
  if (ReadingsVal("RuteIP1_Waschmaschine_1","state","on") eq "on") {\
  fhem("set RuteIP1_Waschmaschine_1 off");;\
  GetHttpFile("192.168.123.204:80",
"/leds.cgi?led=1&value=Ausschalten");;\
```

```
    Log 3, "Rutenbeck TC IP 1 an Waschmaschine wurde ausgeschaltet!";;\
  }\
}
# ----------------------------------------------------------------------
```

Tritt das Event `RuteIP1_Waschmaschine_1` ein, wird der Status des Dummy-Devices `RuteIP1_Waschmaschine_1` auf `on` gesetzt, aber nur falls der aktuelle Status auf `off` steht. Wer eine Zeitschaltuhr nach dem Schaltvorgang benötigt, kann im nächsten Schritt mit dem Job `at_RuteIP1_Waschmaschine_1_off` einen `at`-Job definieren, der nach 35 Minuten das Dummy-Device auf `off` setzt und damit den Ausschaltvorgang anstößt.

Parallel dazu kann über das Mail-Versandskript eine Benachrichtigung über das `fhem2mail`-Skript versendet, der eigentliche Schaltvorgang vorgenommen und abschließend ein Eintrag in der FHEM-Logdatei (Level 3) gesetzt werden. Möchten Sie die angelegten `Notify`-Definitionen testen, dann können Sie diese im FHEM-Befehlsfenster per Eingabe von

```
trigger RuteIP1_Waschmaschine_1 on
```

bzw.

```
trigger RuteIP1_Waschmaschine_1 off
```

antriggern. Im Falle des Rutenbeck TC IP 4 wurden folgende Definition für die vier Schaltkreise gesetzt:

```
# ----------------------------------------------------------------------
# Rutenbeck TC IP 4 als HTTP-Link
#
define RuteIP4_Schalter_1 dummy
    attr RuteIP4_Schalter_1 eventMap on:on off:off
    attr RuteIP4_Schalter_1 room Keller
define RuteIP4S1On notify RuteIP4_Schalter_1:on {
GetHttpFile("192.168.123.203:80", "/leds.cgi?led=1&value=Einschalten") }
define RuteIP4S1Off notify RuteIP4_Schalter_1:off {
GetHttpFile("192.168.123.203:80", "/leds.cgi?led=1&value=Ausschalten")") }
# ----------------------------------------------------------------------
define RuteIP4_Schalter_2 dummy
    attr RuteIP4_Schalter_2 eventMap on:on off:off
    attr RuteIP4_Schalter_2 room Keller
define RuteIP4S2_On notify RuteIP4_Schalter_2:on {
GetHttpFile("192.168.123.203:80", "/leds.cgi?led=2&value=Einschalten") }
define RuteIP4S2_Off notify RuteIP4_Schalter_2:off {
GetHttpFile("192.168.123.203:80", "/leds.cgi?led=2&value=Ausschalten"") }
# ----------------------------------------------------------------------
define RuteIP4_Schalter_3 dummy
    attr RuteIP4_Schalter_3 eventMap on:on off:off
    attr RuteIP4_Schalter_3 room Keller
define RuteIP4S3_On notify RuteIP4_Schalter_3:on {
GetHttpFile("192.168.123.203:80", "/leds.cgi?led=3&value=Einschalten") }
```

```
define RuteIP4S3_Off notify RuteIP4_Schalter_3:off {
GetHttpFile("192.168.123.203:80", "/leds.cgi?led=3&value=Ausschalten"") }
# ------------------------------------------------------------------------
define RuteIP4_Schalter_4 dummy
    attr RuteIP4_Schalter_4 eventMap on:on off:off
    attr RuteIP4_Schalter_4 room Keller
define RuteIP4S4_On notify RuteIP4_Schalter_4:on {
GetHttpFile("192.168.123.203:80", "/leds.cgi?led=4&value=Einschalten") }
define RuteIP4S4_Off notify RuteIP4_Schalter_4:off {
GetHttpFile("192.168.123.203:80", "/leds.cgi?led=4&value=Ausschalten"") }
# ----------------------------------------------------------------------
```

Wie bereits angesprochen, lassen sich die Events per `trigger`-Kommando manuell auslösen: Mit dem Befehl

```
trigger RuteIP4_Schalter_3 on
```

nehmen Sie an Schalter 3 den Einschaltvorgang vor. Anschließend prüfen Sie bei FHEM die Log-Datei:

```
17:53:48 2: IT set arb_ELRO_00110_A on
17:53:50 2: IT set arb_ELRO_00110_A off
17:55:50 3: RuteIP4S3_On return value: 401 Unauthorized: Password required

17:57:31 3: RuteIP4S3_On return value: Success!
```

Bild 3.25: Gerade bei der Fehlersuche ist die Log-Datei von FHEM das A und O. In diesem Fall fehlt zunächst die Autorisierung für den beabsichtigten Schaltvorgang.

In diesem konkreten Beispiel ist der Zugriff über HTTP auf die Rutenbeck-Steckdose eigens mit einem Benutzernamen/Kennwort abgesichert. Ist er abgeschaltet, kann FHEM nun die Steckdose erfolgreich per Klick oder automatisch per `notify` schalten, wie der zweite Eintrag in der FHEM-Log-Datei mitteilt.

Ohne die Python-GPIO-Bibliothek geht es nicht

Damit sich GPIO-Ports über Python-Programme nutzen lassen, muss die Python-GPIO-Bibliothek installiert sein.

Installieren der Python-GPIO-Bibliothek

Sind Sie sich nicht sicher, ob alle notwendigen Module installiert sind, installieren Sie einmal die aktuellen Versionen:

```
sudo apt-get update
sudo apt-get install python-dev
sudo apt-get install python-rpi.gpio
```

Die GPIO-Ports sind, wie unter Linux für alle Geräte üblich, wie Dateien in die Verzeichnisstruktur eingebunden. Zum Zugriff auf diese Dateien braucht man `root`-Rechte. Starten Sie also die Python-Shell mit `root`-Rechten über ein LXTerminal:

```
sudo idle
```

Das nächste Programm `led.py` schaltet die LED für fünf Sekunden ein und danach wieder aus:

```
import RPi.GPIO as GPIO
import time

GPIO.setmode(GPIO.BCM)
GPIO.setup(25, GPIO.OUT)
GPIO.output(25, 1)
time.sleep(5)
GPIO.output(25, 0)
GPIO.cleanup()
```

Grundlegende Funktionen der RPi.GPIO-Bibliothek

Die Bibliothek `RPi.GPIO` muss in jedem Python-Programm importiert werden, in dem sie genutzt werden soll. Für die Beschreibung der folgenden Funktionen wurden für die Schaltung von Lichteffekten LEDs an die GPIO-Ports angeschlossen.

```
import RPi.GPIO as GPIO
```

Die Bibliothek `time` enthält Funktionen zur Zeit- und Datumsberechnung, unter anderem auch eine Funktion `time.sleep`, mit der sich auf einfache Weise Wartezeiten in einem Programm realisieren lassen.

```
import time
```

Die Funktion `GPIO.setup` initialisiert einen GPIO-Port als Ausgang oder als Eingang. Der erste Parameter bezeichnet den Port je nach vorgegebenem Modus `BCM` oder `BOARD` mit seiner GPIO-Nummer oder Pin-Nummer. Der zweite Parameter kann entweder `GPIO.OUT` für einen Ausgang oder `GPIO.IN` für einen Eingang sein.

```
GPIO.setup(25, GPIO.OUT)
```

Auf dem soeben initialisierten Port wird eine `1` ausgegeben. Die dort angeschlossene LED leuchtet. Statt der `1` können auch die vordefinierten Werte `True` oder `GPIO.HIGH` ausgegeben werden.

```
GPIO.output(25, 1)
```

Diese Funktion aus der am Anfang des Programms importierten `time`-Bibliothek bewirkt eine Wartezeit von 5 Sekunden bevor das Programm weiter läuft.

```
time.sleep(5)
```

Zum Ausschalten der LED gibt man den Wert `0` bzw. `False` oder `GPIO.LOW` auf dem GPIO-Port aus.

```
GPIO.output(25, 0)
```

Am Ende eines Programms müssen alle GPIO-Ports wieder zurückgesetzt werden. Diese Zeile erledigt das für alle vom Programm initialisierten GPIO-Ports auf einmal. Ports, die von anderen Programmen initialisiert wurden, bleiben unberührt. So wird der Ablauf dieser anderen, möglicherweise parallel laufenden Programme nicht gestört.

```
GPIO.cleanup()
```

GPIO-Warnungen abfangen

Soll ein GPIO-Port konfiguriert werden, der nicht sauber zurückgesetzt wurde, sondern möglicherweise von einem anderen oder einem abgebrochenen Programm noch geöffnet ist, kommt es zu Warnmeldungen, die jedoch den Programmfluss nicht unterbrechen. Während der Programmentwicklung können diese Warnungen sehr nützlich sein, um Fehler zu entdecken. In einem fertigen Programm können sie einen unbedarften Anwender aber verwirren. Deshalb bietet die GPIO-Bibliothek mit `GPIO.setwarnings(False)` die Möglichkeit, diese Warnungen zu unterdrücken.

3.4 Billigsteckdosen mit dem Pi koppeln

Grundsätzlich gibt es Steckdosen-Schaltlösungen, die sich entweder über ein TCP/IP-Netz oder über Funk schalten lassen. Setzen Sie die Billigsteckdosen aus dem Baumarkt ein, dann sind Sie zunächst auf das Schalten über die mitgelieferte Fernbedienung angewiesen. Dumm nur, wenn Sie diese verlegt haben, denn die Billiglösungen aus Fernost bieten keine manuellen Schalter auf der Steckdose.

Abgesehen davon ist das Koppeln mit dem Raspberry Pi eine recht praktische Sache. Für den perfekten Einsatz in Sachen Heimautomation nutzen Sie die GPIO-Pin-Steckleiste des Raspberry Pi zum Schalten der Funksteckdosen. Damit ist der bequeme Zugriff über das Heimnetz oder das Internet sichergestellt - daran angeschlossene Geräte können aus der Ferne ein- und ausgeschaltet werden.

3.4.1 Taugliche Funksteckdosen mit Fernbedienung

Mit einem drahtlosen Funksteckdosen-Set lassen sich mit der mitgelieferten Funkfernbedienung elektrische Geräte wie beispielsweise Lampen, Haushaltsgeräte, Lüfter usw. bequem vom Wohnzimmersofa aus ein- und ausschalten. Dank des eingebauten Funksenders funktioniert das je nach Dicke der Decke und der Wände in einer Entfernung von bis zu 25 Metern. Nach dem Auspacken müssen die Funksteckdosen zunächst miteinander gekoppelt werden, damit die mitgelieferte Fernbedienung die Steckdosen (in der Regel drei) unterscheiden und schalten kann. Grundsätzlich kann die Fernbedienung maximal vier Verbraucher schalten - wer das ausreizen möchte, braucht also noch eine zusätzliche vierte Steckdose.

Achtung: Brandgefahr!
Vorsicht und Augen auf beim Kauf: Die genannten Funksteckdosen (433-MHZ-Code-Sendemodul) sind in einigen Varianten unter verschiedensten Handelsbezeichnungen auf dem Markt erhältlich. Gerade bei den Billigprodukten können Sie nicht immer sicher sein, was in der Verpackung steckt. So ist es bei Funksteckdosen aus der Billigfraktion schon vorgekommen, dass die Maximalbelastung pro Steckdose mit 3.680 Watt angegeben wurde, während die tatsächliche Belastungsgrenze bei 1.000 Watt liegt. Werden diese zulässigen 1.000 Watt überschritten, besteht aufgrund der Bauweise der eingebauten Sicherung die Gefahr der Überhitzung der Platine und somit akute Brandgefahr. Auch bei der Bauweise der Kontakte in der Steckdose selbst, insbesondere beim Anschluss des Schutzleiters, gab und gibt es möglicherweise noch Probleme, die durch das Auslösen der Schmelzsicherung ein Schmoren bis hin zum Brennen der Leiterplatte verursachen können.
Aus diesem Grund stellen Sie sicher, dass der Verbraucher pro Funksteckdose die 1.000-Watt-Grenze nicht überschreitet. Dazu zählt auch, dass an einer solchen Funksteckdose die Nutzung einer Steckdosenleiste mit mehreren Verbrauchern in der Regel tabu sein sollte - hier addieren Sie einfach die Maximalwerte der Wattzahlen der angeschlossenen Geräte. In unserem Fall schalten wir aus genannten Sicherheitsgründen ausschließlich Kleingeräte wie beispielsweise ein Handyladegerät oder das Radio in der Garage. Für die Schaltung größerer Verbraucher achten Sie bitte auf die zulässige Maximalbelastung pro Steckdose.

Nach dem Auspacken stellen Sie an der Fernbedienung zunächst einen Systemcode (Pin 1–5) ein, der an allen Funksteckdosen gleich sein muss (hier auch Pin 1–5). Mit einem der Schalter 6 bis 10 wird eine der Steckdosen A bis D ausgewählt. Weisen Sie den einzelnen Steckdosen eine Taste der Fernbedienung zu, indem Sie jeweils den DIP-Schalter einer Steckdose (DIP-Schalter 6=A, DIP-Schalter 7=B, DIP-Schalter 8=C oder DIP-Schalter 9=D) auf die Position ON schalten, während die verbleibenden DIP-Schalter auf Position OFF gesetzt bleiben.

3.4.2 Funksteckdosen via GPIO mit Raspberry Pi koppeln

Die GPIO-Pin-Steckleiste des Raspberry Pi kann mithilfe eines Relais zum Schalten anderer Stromkreise, aber auch zum Manipulieren anderer Schaltungen genutzt werden. Gerade bei einfachen Schaltungen, die nur den Zustand Ein/Aus, sprich Strom/Nichtstrom, kennen, lässt sich der Raspberry Pi mithilfe der GPIO-Pins sowie einer kleinen Logikschaltung parallel einhängen. Damit erweitern Sie den ursprünglichen Einsatzzweck enorm: Aus einem nicht einmal zehn Euro teuren autarken Funksteckdosen-Set aus der Ramschkiste im Elektronikmarkt bauen Sie eine Steckdosenlösung, die sich über das Heimnetz oder Internet bequem per Shell-Kommando oder passende Programmiersprache steuern lässt.

Besitzen die Fernbedienung und die Steckdosen denselben Hauscode, dann sprechen sie sozusagen auf einer Wellenlänge. Durch das Setzen des jeweiligen Gerätecodes sind die Steckdosen per A/B/C/D-Tastendruck unterscheidbar. Drücken Sie beispielsweise die linke Taste bei der Fernbedienung ON, um die entsprechend gepaarte Funksteckdose einzuschalten. Durch Drücken der rechten Taste OFF schalten Sie die Funksteckdose aus. Ob die Steckdose eingeschaltet ist oder nicht, zeigt eine LED an der jeweiligen Steckdose an (LED leuchtet = Steckdose ist eingeschaltet; LED leuchtet nicht = Steckdose ist ausgeschaltet).

Funktioniert die Steuerung per Funkfernbedienung einwandfrei, dann können Sie die Fernbedienung »pimpen«, indem Sie die entsprechenden Schaltzustände vom Raspberry Pi aus anstoßen. Dafür zapfen Sie die Steuereinheit der Fernbedienung an, die für das Schalten der entsprechenden Funkkanäle zuständig ist. Um überhaupt erst einmal zu prüfen, ob sich die Idee auch bei der vorhandenen Steckdose realisieren lässt, nehmen Sie die Fernbedienung, entfernen die Batterie und öffnen auf der Rückseite mit einem Kreuzschlitzschraubenzieher das Gehäuse, um einen Blick auf die Platine zu erhalten.

3.4.3 China-Chip: Schaltung entschlüsselt

Je nach Funkfernbedienung benötigen Sie zum Öffnen des Gehäuses eventuell ein Spezialwerkzeug, doch in der Regel kommen Sie mit einem normalen Schlitz- oder Kreuzschlitzschraubenzieher immer ans Ziel. Drehen Sie dafür die Fernbedienung auf den Rücken und arbeiten Sie sich weiter vor, bis die Platine zu sehen ist – in diesem Beispiel waren es drei Kreuzschlitzschrauben. Heben Sie die Platine vorsichtig aus dem Gehäuse, eventuell sind ein paar kleine Schrauben zu lösen, um sie problemlos herausnehmen zu können. Nun lässt sich die Platine vom Gehäuse lösen und genauer inspizieren. Sie bzw. die Schaltung der Funkfernbedienung ist verhältnismäßig einfach aufgebaut.

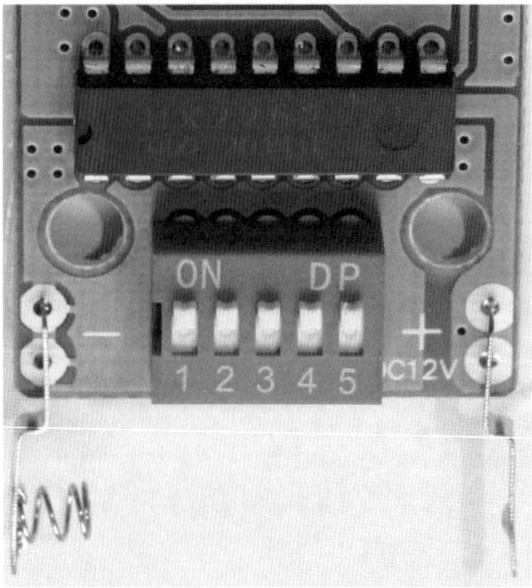

Bild 3.26: Augen scharf stellen: Ein bisschen schlecht zu lesen, aber nach genauem Hinsehen wird klar, dass es sich um den HX2262-IC handelt.

Der genutzte IC für die Schaltung ist in der Regel oberhalb der DIP-Schalterleiste untergebracht und trägt in diesem Fall die Bezeichnung HX2262. Nach etwas Recherchearbeit im Internet stellt sich heraus, dass sich dahinter der Baustein Remote Control Encoder PT2262 versteckt. Dank des gut dokumentierten Datenblatts ist die Schaltung auf dem IC schnell verstanden.

Im nächsten Schritt nehmen Sie also den Lötkolben zur Hand, um die Schalteingänge mit Kabelverbindern zu verlöten, die Sie auf das Steckboard führen, und die entsprechenden Schaltkontakte mit den GPIO-Ausgängen des Raspberry Pi zu verheiraten.

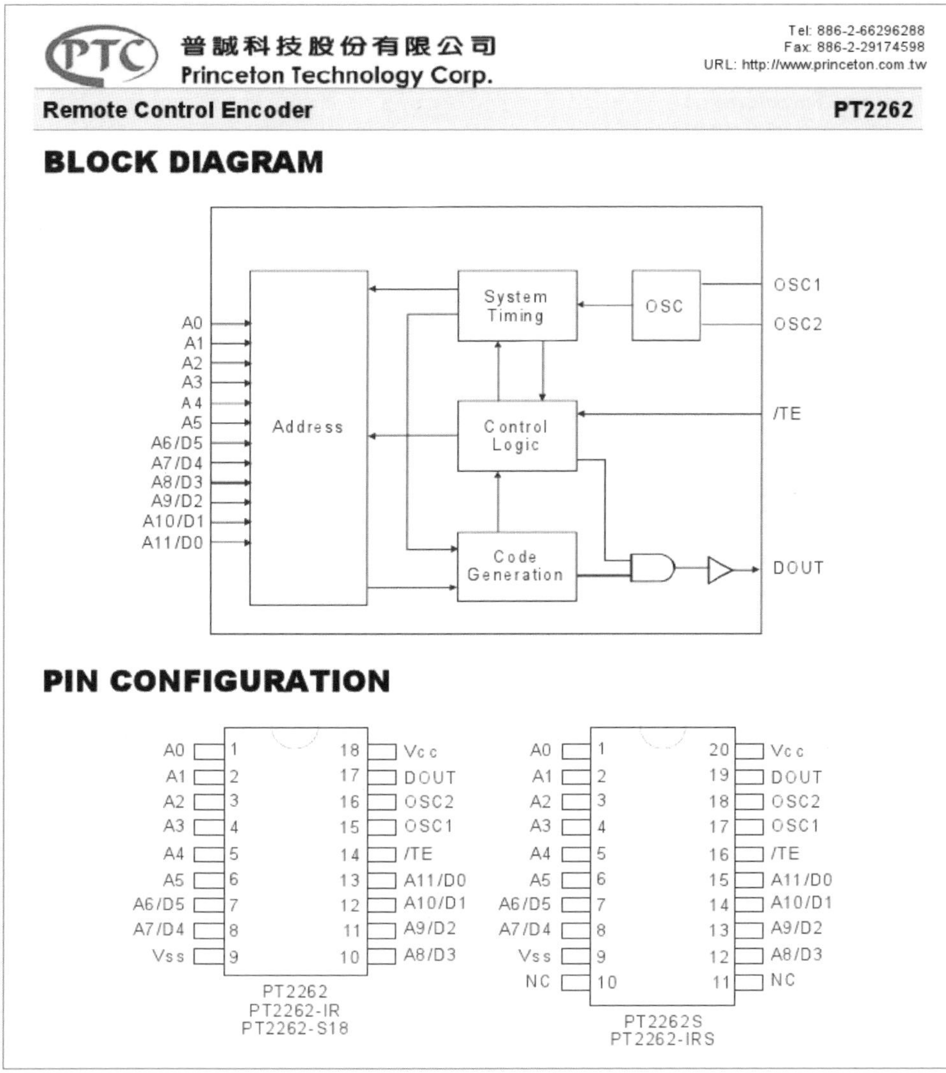

Bild 3.27: Übersichtlicher Schaltplan: Der Chip HX2262, der in der Funkfernbedienung der China-Steckdosen verbaut ist, lässt sich gut für eigene Zwecke anzapfen.

3.4.4 Mit dem Lötkolben ran an den IC-Baustein

Ob Sie nun eine oder mehrere Steckdosen per Funkfernbedienung schalten, ist egal, mit dem Lötkolben müssen Sie so oder so an den IC-Baustein heran. In diesem Fall verlöten Sie am besten sämtliche Kanäle, um später einfach eine zusätzliche Steckdose nutzen zu können, ohne erneut den Lötkolben ansetzen zu müssen. Grundsätzlich sollte nachfolgende Stückliste eine erste Basis für das Steckdosenprojekt bilden.

- Schaltung für Fernbedienung, IC ULN2803A
- Werkzeuge: Schraubendreher-Set, Lötkolben (dünne Spitze, nicht mehr als 250 W) oder besser Lötstation
- Kleinteile: Klebeband, (Flachband-)Kabel, Steckverbindung
- Steckboard
- handwerkliches Geschick

IC ULN2803A

Der eingesetzte Allround-IC ULN2803A verfügt über acht TTL-kompatible Eingänge sowie acht dazugehörige Ausgänge, die jeweils bis zu 500 mA liefern. Der Chip ist sehr flexibel, hier ist es völlig egal, ob Sie damit induktive oder ohmsche Lasten schalten. Mehr Informationen zum IC ULN2803A finden Sie im Internet unter der URL *www.skilltronics.de/versuch/elektronik_pc/uln2803.pdf.*

Der Raspberry Pi und der IC ULN2803A werden mit dem Steckboard miteinander verbunden. Zunächst setzen Sie den IC mittig auf das Steckboard, sodass die gegenüberliegenden Pins des ICs keinen Kontakt miteinander haben. Jeder IC besitzt auf einer schmalen Seite eine Einkerbung, mit der Sie die Zählrichtung der Pins zuordnen können. Liegt die Kerbe oben, dann hat der linke obere Pin die Nummer 1 – zählen Sie einfach gegen den Uhrzeigersinn weiter.

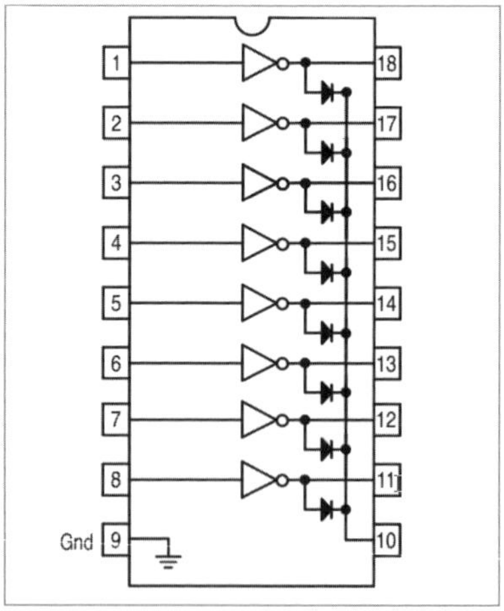

Bild 3.28: Immer gegen den Uhrzeigersinn hochzählen: Ausgehend von der Lage der Einkerbung ist die Zählweise der Pins immer identisch.

Anhand der vorliegenden Informationen können Sie den Raspberry Pi schon mit dem Steckboard bzw. dem IC verbinden. Nachstehende GPIO-Anschlüsse wurden in diesem Beispiel genutzt.

Raspberry-Pi-Pin	Raspberry-Pi-GPIO	ULN2803A Pin-Nr.	ULN2803A Pin-Bezeichnung
6	-	9	GND
8	GPIO-14	1	I1
10	GPIO-15	2	I2
12	GPIO-18	3	I3
16	GPIO-23	4	I4
18	GPIO-24	5	I5
22	GPIO-25	6	I6

Im nächsten Schritt inspizieren Sie die Platine der Funkfernbedienung und nehmen die Pin-Anschlüsse, an denen jeweils ein Kabel angelötet werden soll, in Augenschein. Insgesamt müssen sieben Kabel angelötet werden, die jeweils an ihren passenden Pin gehören. Liegt die Platine auf dem Bauch, dann ist die Zählrichtung des eingesetzten HX2262-ICs auf der Platine von rechts unten nach links (Pin 1-9) und anschließend von Pin 10 ausgehend wieder nach rechts zu Pin 18.

Bild 3.29: Die Rückseite der Funkfernbedienungsplatine: Hier wurde die Anordnung der Pins beschriftet, damit die Suche bzw. die Zählrichtung des ICs leichterfällt.

In diesem Beispiel wurde an Pin 6, 7, 8, 13, 12 und 10 jeweils ein Kabel mit einer Länge von circa 8 cm angelötet und am Kabelende mit einem Klebestreifen versehen, auf dem sich die Nummer des Pins befindet. Ist das Gehäuse später geschlossen, erleichtert dies nämlich die Zuordnung des Kabels zu dem entsprechenden Pin auf der Funkfernbedienung. Die sieben Kabel der Funkfernbedienung sind nach folgendem Schema mit der Steckplatine bzw. dem darauf befindlichen IC ULN2803A und dem Raspberry Pi verbunden:

Leitung von Raspberry Pi an Handsender

Raspberry-Pi-Pin	HX2262 Pin-Nr	HX2262 Pin-Bezeichnung
6	9	Vss

Leitungen von IC-Schaltung an Handsender

ULN2803A Pin-Nr	ULN2803A Pin-Bezeichnung	HX2262 Pin-Nr.	HX2262 Pin-Bezeichnung
18	01	6	A5
17	02	7	A6/D5
16	02	8	A7/D4
15	03	13	A11/D0
14	04	12	A10/D1
13	05	10	A8/D3

Beim Einsatz des Lötkolbens wurde in diesem Beispiel die Platine in einem Schraubstock fixiert, um ein erschütterungsfreies Arbeiten zu ermöglichen. Die nicht benötigten Bereiche der Platine wurden mit Kreppband vor eventuellen Schäden (tropfendes Lötzinn vom Lötkolben etc.) gesichert.

Bild 3.30: In diesem Beispiel wurden kurzerhand sieben Steckboardkabel an den Steuer-IC der Funkfernbedienung gelötet, um den schnellen und sicheren Einsatz auf dem Steckboard zu gewährleisten.

Wer sich den Weg über das Steckboard sparen möchte, der lötet den IC sowie die Kabel direkt auf eine kleine, passende Platine auf und nutzt einen 26-poligen Pfostenbuchsenstecker für den Anschluss an den Raspberry Pi.

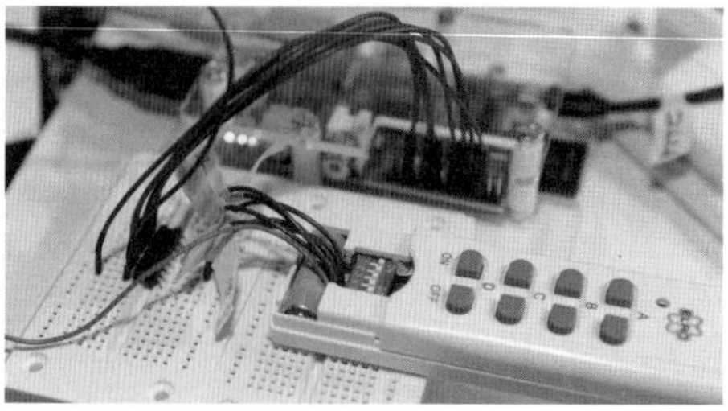

Bild 3.31: Nach dem Verlöten bauen Sie die Platine wieder in das Gehäuse der Fernbedienung ein. Hier ist ein Herausschneiden oder vorsichtiges Herausbrechen kleiner Plastikteile nötig, damit die dünnen Kabel sicher und zugfest herausgeführt werden können und dennoch die Batterie eingesetzt werden kann.

Funkfernbedienung und Stromversorgung
Die Batterie der Funkfernbedienung dient in unserem Fall für den Parallelbetrieb. Ist der Raspberry Pi einmal nicht eingeschaltet, können die Steckdosen dennoch manuell per Funkfernbedienung bedient werden. Grundsätzlich ließe sich die Stromversorgung der Platine jedoch auch vom 5-V-Anschluss des Raspberry Pi betreiben.

Nach dem Zusammenbau der Funkfernbedienung verbinden Sie die beschrifteten Kabel mit den Anschlüssen auf dem Steckboard. Neben den sechs Steuerleitungen (GPIO-Leitungen) muss auch eine Leitung (Pin 9, Vss) mit dem Masse-(GND-) Anschluss des Raspberry Pi verbunden sein.

3.4.5 Steckdosen schalten mit der Shell

Sind die Kabel der Funkfernbedienung nun mit dem Steckboard bzw. den GND- und GPIO-Anschlüssen des Raspberry Pi verbunden, können Sie diesen anschalten. Anschließend sind zunächst das Aktivieren, die Bestimmung der Flussrichtung und das Setzen der Berechtigungen für die Nutzung der GPIO-Anschlüsse festzulegen.

```
#!/bin/sh
for i in 0 14 15 18 23 24 25; do echo "$i" > /sys/class/gpio/export; done
for i in 0 14 15 18 23 24 25; do echo "out" > /sys/class/gpio/gpio$i/
direction; done
for i in 0 14 15 18 23 24 25; do chmod 666 /sys/class/gpio/gpio$i/value;
done
for i in 0 14 15 18 23 24 25; do chmod 666 /sys/class/gpio/gpio$i/direction;
done
```

Mit der WiringPi-API ist das etwas übersichtlicher. Für die weitere Schaltung nutzen wir nun die WiringPi-API, deren Installation für dieses Beispiel vorausgesetzt wird.

```
#!/bin/sh
for i in 0 15 16 1 4 5 6; do gpio mode $i out; done
```

Die angegebenen GPIO-Anschlüsse wurden auf den Modus OUT geschaltet. Für das Schalten der Anschlüsse sind mehrere Befehle notwendig, da ein Schaltvorgang zwei GPIO-Pins betrifft. Hier ist es praktischer, zunächst für jeden Schaltvorgang je Steckdose ein Shell-Skript zu erstellen. Auf der Shell schalten Sie die Steckdosen nun nach folgender Syntax – hier mit der WiringPi-API:

```
# -----------------------------------------------------------------------
#!/bin/sh
#Taste A einschalten
gpio write 15 1
gpio write 5 1
sleep 1
gpio write 15 0
gpio write 5 0
```

```
# ----------------------------------------------------------------------
#Taste B einschalten
gpio write 16 1
gpio write 5 1
sleep 1
gpio write 16 0
gpio write 5 0
# ----------------------------------------------------------------------
#Taste D ausschalten
gpio write 6 1
gpio write 4 1
sleep 1
gpio write 6 0
gpio write 4 0
```

Ausgehend von obiger Verkabelung und Nutzung der entsprechenden Pins des Raspberry Pi ist die Schaltung nun wie folgt gekoppelt:

Raspberry-Pi-Pin	GPIO	WiringPi	Funktion Fernbedienung
6	-	-	
8	GPIO-14	15	Taste A
10	GPIO-15	16	Taste B
12	GPIO-18	1	Taste C
16	GPIO-23	4	Aus
18	GPIO-24	5	Ein
22	GPIO-25	6	Taste D

Den aktuellen Zustand der GPIO-Pins erhalten Sie mit dem Kommando:

```
gpio readall
```

Wer die Funkfernbedienung bzw. die Steckdosen stattdessen mit Python ansteuern möchte, kann das natürlich auch tun.

3.4.6 Steckdosen schalten mit Python

Hier benötigen Sie nur noch die Raspberry-Pi-GPIO-Bibliothek, die in der aktuellsten Version kostenlos auf *http://pypi.python.org/pypi/RPi.GPIO* zum Download bereitsteht. Achten Sie in diesem Fall auch beim Python-Einsatz per `setmode` immer auf eine durchgängige Definition der Zählung bzw. der Zuordnung der Pins, ob diese über die Pin-Zählung (`GPIO.setmode(GPIO.BOARD)`) oder wie in diesem Beispiel über die GPIO-Nummer (`GPIO.setmode(GPIO.BCM)`) erfolgt.

```
# ----------------------------------------------------------------------------
GPIO.setmode(GPIO.BCM)
#Python: Taste A einschalten
GPIO.output(14, True)
GPIO.output(24, True)
time.sleep(1.0)
GPIO.output(14, False)
GPIO.output(24, False)
# ----------------------------------------------------------------------------
#Python: Taste D ausschalten
GPIO.output(25, True)
GPIO.output(23, True)
time.sleep(1.0)
GPIO.output(25, False)
GPIO.output(23, False)
# --------------------------------------------------------------------------
```

Auch hier gilt: Das Auslagern in entsprechende Funktionen in Python oder das Aufteilen in einzelne Skripte ist nicht nur sinnvoll, sondern auch deutlich bequemer. Bei der Nutzung des Skripts schalten Sie die gewünschte Funksteckdose ein. Nun sollte sich der Schaltzustand der Steckdose ändern. Sollte ein Empfänger nicht auf die Fernbedienung reagieren, so kann das unterschiedliche Gründe haben. Wenn es nicht an einer schwachbrüstigen Batterie des Senders liegt und auch die Entfernung zwischen Sender und Empfänger nicht zu groß ist, dann prüfen Sie die Kodierung der Steckdose bzw. der Funkfernbedienung erneut.

3.5 Billigsteckdosen und FHEM koppeln

Die Billigsteckdosen aus dem Baumarkt sind in Sachen Heimautomation sehr flexibel einsetzbar: Neben dem normalen, autarken Betrieb über die Fernbedienung lassen sie sich nicht nur mithilfe der GPIO-Pfostenleiste des Raspberry Pi, sondern beim Einsatz eines passenden Funkmoduls für den Raspberry Pi auch per Funk steuern. Der Vorteil ist, dass dies nicht über die bei einem 3er-Steckdosenset mitgelieferte Funkfernbedienung erfolgt, sondern über das mit dem Raspberry Pi verbundene CUL- oder COC-Modul. In diesem Fall lassen sich per Funkfrequenz deutlich mehr Steckdosen ansteuern, als dies mit der mitgelieferten Steckdosen-Fernbedienung der Fall ist.

3.5.1 DIP-Schalter-Codierung entschlüsselt

Grundsätzlich ist nach dem Auspacken der Funksteckdosen ein gemeinsamer Hauscode sowie für jede einzelne Steckdose ein individueller Code festzulegen. Stellen Sie zunächst an der Fernbedienung einen Systemcode (Pin 1–5) ein, der an allen Funksteckdosen gleich sein muss (dort auch Pin 1-5). Durch Umlegen der DIP-Schalter 6 bis 10 lässt sich die Zuordnung zu den Steckdosen A bis D auswählen. Bei einer Nutzung der Steckdosen über das CUL-/COC-Funkmodul mit FHEM lassen sich noch weitere

Buchstaben (insgesamt theoretisch 32 Kodierungsmöglichkeiten) kodieren, die allerdings ab Buchstabe E nicht mehr auf der Funkfernbedienung zum Schalten zur Verfügung stehen.

Bild 3.32: Klappe auf: Auf der Rückseite der ELRO-Funksteckdosen ist die DIP-Schalterleiste versteckt, bei der Sie den Hauscode sowie die Schalter-ID per DIP-Schalter konfigurieren.

Weisen Sie den einzelnen Steckdosen eine Taste der Fernbedienung bzw. einen Buchstaben zu, indem Sie jeweils den DIP-Schalter in der betreffenden Steckdose (DIP-Schalter 6=A, DIP-Schalter 7=B, DIP-Schalter 8=C, DIP-Schalter 9=D, DIP-Schalter 10=E) auf die Position ON schalten, während die verbleibenden DIP-Schalter auf Position OFF gesetzt bleiben. Benötigen Sie mehr Funksteckdosen mit demselben Hauscode, zählen Sie einfach schrittweise binär hoch. Mit diesen zwölf angegebenen Codevarianten können Sie mit FHEM vier Steckdosen-Sets mit jeweils drei Funksteckdosen schalten. Insgesamt ist das Binärsystem auf 2^5 = 32 Steckdosen beschränkt, dann ist die Anzahl der freien DIP-Codes für den gemeinsamen Hauscode erschöpft.

Steckdose	Hauscode-DIP-Schalter					Funksteckdosencode-DIP-Schalter					InterTek-Code
	1	2	3	4	5	6	7	8	9	10	für FHEM
A	OFF	OFF	ON	ON	OFF	ON	OFF	OFF	OFF	OFF	FF00F0FFFF
B	OFF	OFF	ON	ON	OFF	OFF	ON	OFF	OFF	OFF	FF00FF0FFF
C	OFF	OFF	ON	ON	OFF	OFF	OFF	ON	OFF	OFF	FF00FFF0FF
D	OFF	OFF	ON	ON	OFF	OFF	OFF	OFF	ON	OFF	FF00FFFF0F
E	OFF	OFF	ON	ON	OFF	OFF	OFF	OFF	OFF	ON	FF00FFFFF0
F	OFF	OFF	ON	ON	OFF	ON	ON	OFF	OFF	OFF	FF00F00FFF
G	OFF	OFF	ON	ON	OFF	ON	OFF	ON	OFF	OFF	FF00F0F0FF
H	OFF	OFF	ON	ON	OFF	ON	OFF	OFF	ON	OFF	FF00F0FF0F
I	OFF	OFF	ON	ON	OFF	ON	OFF	OFF	OFF	ON	FF00F0FFF0
J	OFF	OFF	ON	ON	OFF	ON	OFF	ON	OFF	OFF	FF00F0F0FF
K	OFF	OFF	ON	ON	OFF	ON	OFF	OFF	ON	OFF	FF00F0FF0F
L	OFF	OFF	ON	ON	OFF	ON	OFF	OFF	OFF	ON	FF00F0FFF0

Für den in FHEM zu konfigurierenden Code gehen Sie wie folgt vor: Von links nach rechts definieren Sie für die DIP-Schalterstellung OFF die Hexzahl F, für die DIP-

Schalterstellung ON eine Hex-0. Dies ergibt beispielsweise für Funksteckdose E folgenden FHEM/InterTek-Code: FF00FFFFF0. Mit der Original-Fernbedienung ist sie so nicht erreichbar, über FHEM bzw. den Raspberry Pi schon.

3.5.2 DIP-Schalter und FHEM verknüpfen

Ergänzen Sie nun die FHEM-Konfiguration mit den beiden Codes für Einschalten= FF und Ausschalten F0 und definieren Sie in der `/etc/fhem.cfg` jede eingesetzte Funksteckdose nach folgendem Schema:

```
NAME_HAUSCODEBINÄR_STECKDOSE
```

Im nachstehenden Beispiel wurde der Hauscode in der Bezeichnung der ELRO-Steckdosen mit untergebracht, damit die Steckdosen auf den ersten Blick unterscheidbar sind:

```
ELRO_00110_A IT FF00F0FFFF FF F0
ELRO_00110_B IT FF00FF0FFF FF F0
ELRO_00110_C IT FF00FFF0FF FF F0
ELRO_00110_D IT FF00FFFF0F FF F0
ELRO_00110_E IT FF00FFFFF0 FF F0
ELRO_00110_F IT FF00F00FFF FF F0
usw.
```

Hier können Sie jedoch im `define`-Block eine Bezeichnung nach Wunsch verwenden, in unserem Beispiel wurde das Raumkürzel (arb = Arbeitszimmer, wz = Wohnzimmer, sz = Schlafzimmer) der Steckdosenbezeichnung vorangestellt.

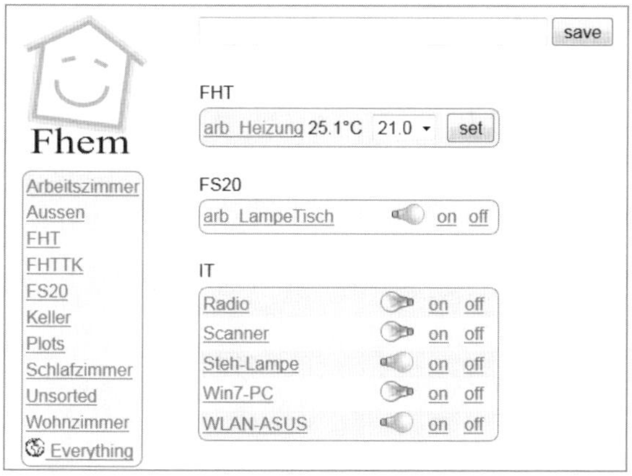

Bild 3.33: Günstige Funklösung: Nach der `define`-Definition sind die angelegten Baumarkt-Steckdosen in FHEM schaltbar.

Für Steckdose A ergibt sich somit folgende Beispieldefinition:

```
define arb_ELRO_00110_A IT FF00F0FFFF FF F0
  attr arb_ELRO_00110_A IODev COC
  attr arb_ELRO_00110_A alias MACMINI
```

```
  attr arb_ELRO_00110_A room Arbeitszimmer
```

Steckdosen B, C, D, E:

```
define arb_ELRO_00110_B IT FF00FF0FFF FF F0
  attr arb_ELRO_00110_B IODev COC
  attr arb_ELRO_00110_B alias Scanner
  attr arb_ELRO_00110_B room Arbeitszimmer
define arb_ELRO_00110_C IT FF00FFF0FF FF F0
  attr arb_ELRO_00110_C IODev COC
  attr arb_ELRO_00110_C alias Radio
  attr arb_ELRO_00110_C room Arbeitszimmer
define arb_ELRO_00110_D IT FF00FFFF0F FF F0
  attr arb_ELRO_00110_D IODev COC
  attr arb_ELRO_00110_D alias Win7PC
  attr arb_ELRO_00110_D room Arbeitszimmer
define arb_ELRO_00110_E IT FF00FFFFF0 FF F0
  attr arb_ELRO_00110_E IODev COC
  attr arb_ELRO_00110_E alias WLAN-ASUS
  attr arb_ELRO_00110_E room Arbeitszimmer
```

bis hin zu Steckdose F:

```
define sz_ELRO_00110_F IT FF00F00FFF FF F0
  attr sz_ELRO_00110_F IODev COC
  attr sz_ELRO_00110_F alias Wasserbett
  attr sz_ELRO_00110_F room Schlafzimmer
```

Ganz wichtig ist hier das `IODev`-Attribut, das besagt, welches CUL (hier Raspberry Pi: `COC`) die Steckdosen steuern soll. In diesem Fall wird das über die Zeile `attr arb_ELRO_00110_A IODev COC` geregelt. Die Umschaltung in den 433-MHz-Modus nimmt das COC automatisch vor. Falls es zu einem Schaltvorgang kommt, sendet es das gewünschte Ein/Aus-Signal und wechselt daraufhin in den 868-MHz-Modus zurück. Wirft die FHEM-Log-Datei einen Fehler in der Form:

```
No I/O device found for arb_ELRO_00110_A
```

aus, dann sorgt das Setzen des `rfmode`-Attributs mit dem Wert `SlowRF` für das angeschlossene CUL (hier: COC) für Abhilfe. Dafür setzen Sie diesen Eintrag unter der `define`-Definition des CULs. In diesem Beispiel wird die Zeile

```
attr COC rfmode SlowRF
```

in der `fhem.cfg` (Verzeichnis `/etc`) eingefügt.

3.6 Praktische Gimmicks der TC-IP-1-Dosen

In der Regel besitzen TCP/IP-Steckdosen einen eingebauten Webserver, mit dem Sie banale Dinge wie das Ein- und Ausschalten steuern können. Begibt man sich auf die

Suche nach dem passendem Modell, ist man zunächst mehr als überrascht, dass es neben der China-Baumarktware und den Billigsteckdosen beim Elektronikhändler auch deutsche Hersteller gibt, die sich in diesem Marktsegment bewegen. Sieht man von »Made in Germany« einmal ab, muss es auch gute Gründe geben, ein Steckdosenmodell auszuwählen, das mit 100 Euro und mehr so teuer ist, dass Sie für das gleiche Geld 30 Funksteckdosen (zum Beispiel ELRO 440) erhalten würden.

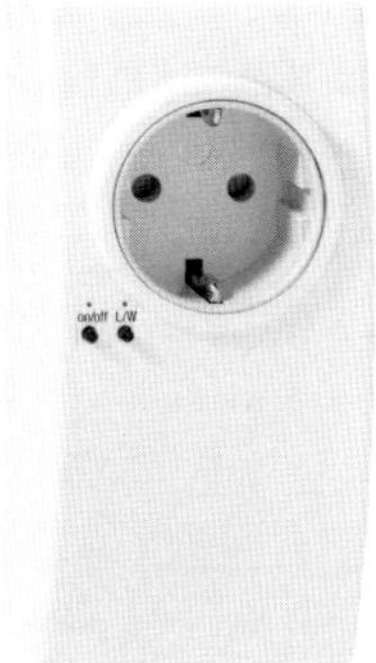

Bild 3.34: Während die Standard-IP-Steckdose TC IP 1 zu einem Straßenpreis von 75 bis 100 Euro erhältlich ist, zahlen Sie für das Modell TC IP 1 WLAN Energy Manager das Doppelte. Beide kommen im selben stylish geformten Gehäuse und bringen einen Ein-/Auschalter sowie eine *Netz/Konfig*-Taste mit. (Bild: rutenbeck.de)

Jeder, der bereits Erfahrungen mit den Billig-Baumarktsteckdosen und den Funksteckdosen FS20/HomeMatic und dergleichen gemacht hat, kennt jedoch das Problem: Die einen Steckdosenmodelle sind nur für eine begrenzte Last ausgelegt, die anderen haben keinen manuellen Ein-/Ausschalter auf der Steckdose, bei anderen Modellen ist die eingebaute Sicherung zu schwach. Trotz dieser Unzulänglichkeiten und Mängel können diese Steckdosenlösungen für bestimmte Einsatzzwecke vor allem aus Kostengründen dennoch die richtige Anschaffung sein.

Wer hingegen in Sachen Heimautomation auf Nummer sicher gehen möchte, eine gewisse (Verarbeitungs-)Qualität erwartet und darüber hinaus die nötigen Zertifizierungen und Prüfsiegel und somit auch eine Funktionsgarantie bekommen möchte, für den bleiben die Rutenbeck-Modelle in der Auswahl. Sie bieten je nach Modell neben dem eigentlichen An/Aus-Schaltvorgang noch weitere Funktionen wie Temperaturmessung, Zeitschaltuhrfunktionen oder gar eine Stromverbrauchsmessung samt dazugehöriger Kostenberechnung.

Das Rutenbeck-Modell Energy Manager TC IP 1 WLAN ist vollgepackt mit solchen praktischen Gimmicks und Möglichkeiten. So bietet es einen sogenannten Impulsbetrieb, um beispielsweise ein abgestürztes Gerät zurückzusetzen. Praktisch ist das manuelle Schalten per Taster, zudem protokolliert die Steckdose die Leistung des angeschlossenen Verbrauchers und bietet auch eine Schaltung je nach Last- oder Temperaturwerten an.

Mit den eingebauten Funktionen lassen sich auch einfach Konfigurationen erstellen, die einen wirksamen Einbruchsschutz darstellen können. So kann beispielsweise in einer Wohnung die Beleuchtung jeden Abend sporadisch geschaltet werden, sodass Anwesenheit simuliert werden kann. Diese vielen Möglichkeiten der Rutenbeck-Steckdose bedeuten natürlich in Sachen Heimautomation auch deutlich mehr praktische Möglichkeiten, mit denen Sie Ihrem Partner die Anschaffung eines solchen Modells schmackhaft machen können.

3.6.1 Waschmaschine und Trockner überwachen

Die zusätzlichen Features des TC IP 1 WLAN lassen sich bequem in verschiedene Anwendungsszenarien zu Hause integrieren: Möchten Sie beispielsweise sicherstellen, dass eine Lampe eingeschaltet ist - etwa in einem Gewächshaus, Terrarium oder dergleichen -, dann können Sie mit der Messung des Laststroms an der angeschlossenen Lampe über das Netzwerk feststellen, ob das Gerät tatsächlich eingeschaltet ist oder nicht. Diesen Zustand kann der TC IP 1 WLAN selbstständig per E-Mail melden. Oder Sie möchten beispielsweise darüber informiert werden, ob der Waschgang im Keller beendet ist oder nicht, damit die Wäsche zeitnah entnommen und getrocknet werden kann.

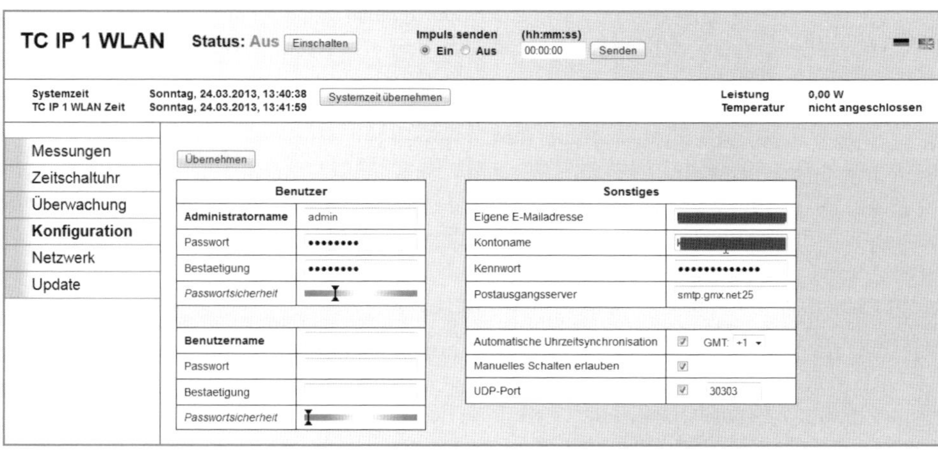

Bild 3.35: Vorbereitung: Soll die Steckdose bei Beendigung des Waschgangs oder des Trockenvorgangs eine Benachrichtigung verschicken, dann ist in diesem Dialog zunächst die Konfiguration der E-Mail-Parameter notwendig.

Der TC IP 1 WLAN Energy Manager lässt sich so einstellen, dass er die Leistungsaufnahme der Waschmaschine überwacht. Nach dem Waschgang sinkt die Leistungsaufnahme der Waschmaschine dauerhaft ab und geht in den Ruhezustand. Hier kommt der TC IP 1 WLAN Energy Manager ins Spiel und sendet darüber eine Benachrichtigung per E-Mail.

Um beispielsweise den Leerlauf-Leistungswert der Waschmaschine zu bestimmen, schalten Sie einfach die Waschmaschine ein und prüfen die Leistung. Runden Sie diesen Wert leicht auf, tragen ihn im Feld *Min-Wert* ein und setzen anschließend das Häkchen bei »aktiviert«.

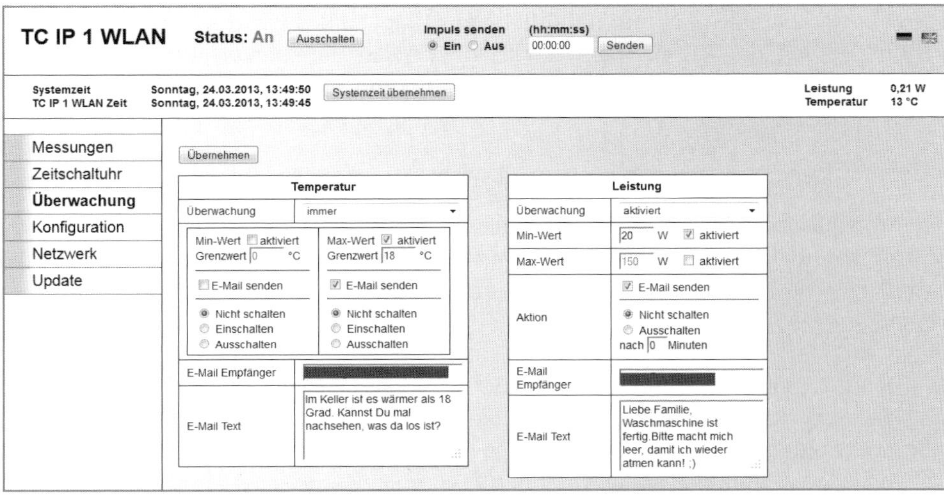

Bild 3.36: Im zweiten Schritt legen Sie die Überwachung fest: Hier können Sie die Temperatur und Leistungsparameter nach Ihren Wünschen konfigurieren.

3.7 Raumtemperatur und Heizkosten senken

Die Temperaturen steigen, der Energiebedarf sinkt - diese Regel gilt auch umgekehrt: Wer richtig heizt und lüftet, der kann seinen Energieverbrauch zu Hause maßgeblich beeinflussen und somit bares Geld sparen. Denn wer die Raumtemperatur um nur ein Grad Celsius senkt, der spart bis zu fünf Prozent Energie ein. Gerade im Herbst und Winter werden rund 85 Prozent der in einem Durchschnittshaushalt benötigten Energie für die Wärmeerzeugung verbraucht, davon über 70 Prozent allein für die Raumheizung in der Wohnung. Wer seinen Heizbedarf jedoch klug einschätzt und die Temperaturen im Wohnbereich umsichtig steuert, der erspart sich nach Ende der Heizperiode eine horrende Heizkostennachzahlung.

Tatsächlich ist das einfacher als gedacht: Mit wenigen Regeln können der Energieverbrauch und damit auch die Kosten erheblich gesenkt werden, indem die vorhandene Technik mit dem geeigneten Zubehör und einem Raspberry Pi sinnvoll ergänzt und eingesetzt wird. Grundsätzlich hängen die Raumtemperatur und somit auch der Verbrauch und die Kosten davon ab, wie beispielsweise die Wohnung eingerichtet ist. Ist der Heizkörper hinter dicken, langen Gardinen oder Möbelstücken wie Sofas versteckt und findet somit so gut wie keine Zirkulation der erwärmten Luft statt, kann man sich das Hochdrehen der Heizung sparen.

Auch beim regelmäßigen Lüften gilt: Lieber kurz und effektiv als lang und nur ein bisschen. Sprich, alle Fenster weit öffnen und nicht über Stunden in der Kippstellung belassen, da dann zu wenig Luftaustausch im Raum stattfindet. Die Thermostate der Heizung sollten während der Lüftungsphase heruntergeregelt werden, um nicht unnötig Wärme und somit Geld aus dem Fenster zu heizen. Hier hilft beispielsweise ein

Tür-/Fensterkontakt, der automatisch beim Öffnen des Fensters bzw. der Tür die Ventilsteuerung des Heizkörpers reguliert. Wie das funktioniert und wie Sie den Raspberry Pi zum Geldsparen nutzen können, erfahren Sie jetzt.

3.7.1 Temperaturmessung Marke Eigenbau

Jeder möchte trotz steigender Energiekosten Geld sparen und gleichzeitig die Behaglichkeit in den eigenen vier Wänden nicht verlieren. Um den Energieverbrauch besser unter Kontrolle zu haben, ist eine Temperaturüberwachung bzw. eine automatisierte Temperaturmessung in einem oder in mehreren Räumen unerlässlich. So wird Ihnen selbst vor Augen geführt, wie das Nutzungsverhalten in Sachen Raumtemperatur zu den unterschiedlichen Tageszeiten ist. Befinden Sie sich nicht in einem Raum oder sind Sie nicht zu Hause, dann braucht dieser Raum auch nicht beheizt zu werden. Wird der Raum beispielsweise nur in den Abendstunden genutzt, dann hat es auch keinen Sinn, die Temperatur komplett herunterzuregeln und dann für ein paar Stunden zu heizen: Bis der Raum wie gewünscht die Wohlfühltemperatur erreicht hat, ist es schon wieder zu spät.

Mit dem Raspberry Pi können Sie mithilfe sogenannter 1-Wire-Sensoren für die Raumtemperaturen in Ihrem Zuhause ein umfangreiches Sensornetzwerk aufbauen. Alles, was Sie dazu brauchen, sind die Temperatursensoren Dallas DS18B20 zum Stückpreis von circa 2,20 Euro, einen Widerstand sowie ein entsprechend langes dreiadriges Kabel, das den Strom und das Datensignal überträgt. Der Temperatursensor DS18B20 von Dallas eignet sich für Messungen im Bereich -55 °C bis +125 °C und reicht somit für den normalen Hausgebrauch im Rahmen dieses Projekts aus.

Bild 3.37: Hier sollten Masse (links) und Spannung (rechts) nicht verwechselt werden. In der Mitte ist der Datenanschluss (DQ).

Der Begriff 1-Wire-Bus ist etwas irritierend, da mindestens zwei Drähte benötigt werden - je nach Betriebsverfahren können es auch drei sein. Im sogenannten parasitären Modus wird der Masseanschluss (Ground) großzügigerweise nicht mitgezählt, die Spannungsversorgung erfolgt über die Datenleitung. In diesem Beispiel legen Sie die beiden äußeren Anschlüsse auf Masse und nutzen den mittleren Anschluss für die Spannungsversorgung sowie den Datenaustausch.

Bild 3.38: Selbstbauprojekt auf dem Steckboard: Für den Test und die Entwicklung passender Skripte lassen sich die benötigten Komponenten auf dem Steckboard verwenden.

In diesem Schaltungsbeispiel wurden die Sensoren jedoch über ein drittes Kabel separat mit Spannung versorgt, um etwaige Schwankungen auszuschließen. Jeder an den 1-Wire-Bus angeschlossene Temperatursensor hat eine 16-bit-Adresse und ist dadurch weltweit eindeutig identifizierbar. Somit ist der Betrieb mehrerer Sensoren an einem Strang kein Problem, in unserem Testaufbau hatten wir 22 Sensoren erfolgreich an einem Bus im Betrieb.

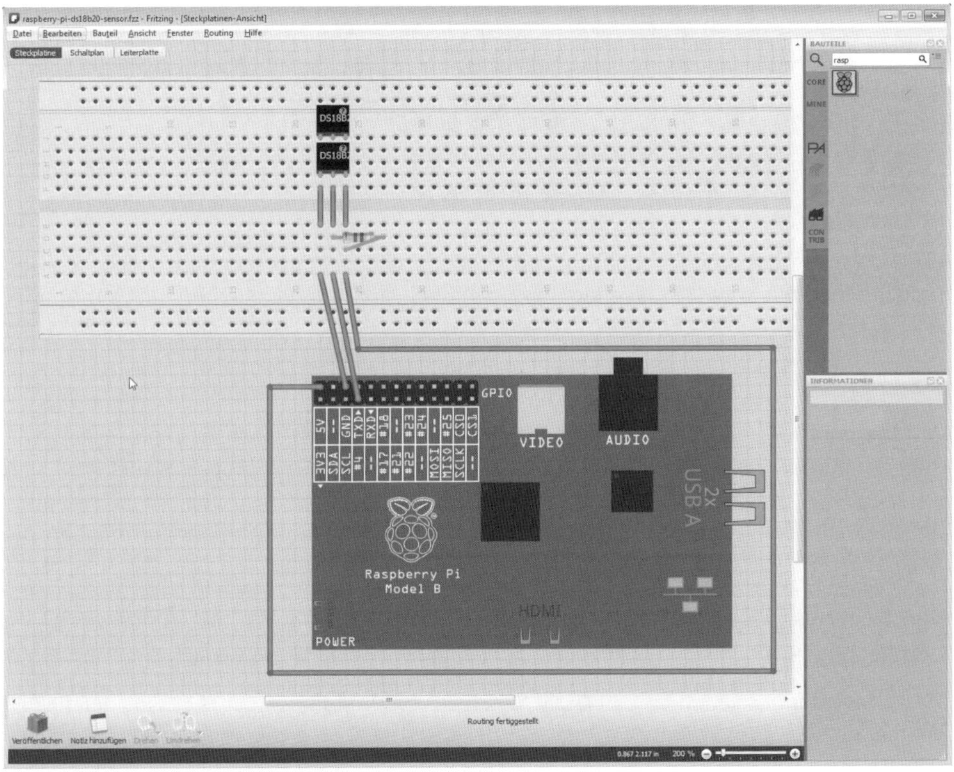

Bild 3.39: Die Schaltung selbst ist sehr simpel: Neben den Sensoren benötigen Sie ein dreiadriges Kabel sowie einen 4,7-kOhm-(kΩ-)Widerstand zwischen Daten- und Spannungsversorgungsdraht.

Wenn Sie das Datenblatt (*http://datasheets.maximintegrated.com/en/ds/DS18B20.pdf*) studieren, dann sehen Sie, dass bei Ansicht von unten (Beinchen deuten zu Ihnen) die Anordnung »Masse links - Daten-Pin - Spannungsversorgung« die richtige ist.

Raspberry-Pi-Pin	Raspberry-Pi-Pin-Bezeichnung	DS18B20-Pin	DS18B20-Pin-Bezeichnung
2	5V	3	Vdd
6	GND	1	GND
7	GPIO-4	2	DQ

Auf dem Steckboard stellt sich die Schaltung wie folgt dar:

Bild 3.40: Steckboard-Schaltung im Detail: Drei Reihen im Einsatz - hier wird der GPIO-4 mit der 5-V-Spannung über den Pull-up-Widerstand verbunden. Die Masse wird direkt zum Sensor geführt.

Nach dem erfolgreichen Schaltungsaufbau nehmen Sie den Raspberry Pi in Betrieb und sprechen die angeschlossenen Sensoren über ihre individuelle Seriennummer an.

3.7.2 Temperatursensor in Betrieb nehmen

Mithilfe der Dallas-1-Wire-Bausteine der DS18B20-Familie lässt sich ein umfangreiches Sensornetzwerk am Raspberry Pi betreiben. An einem langen Kabel, das von Raum zu Raum geht, zweigen einfach die gewünschten Drähte zu den entsprechenden Sensoren ab. Bevor Sie die Sensoren jedoch in Betrieb nehmen können, müssen die passenden Kernel-Module geladen werden.

```
sudo modprobe w1_gpio
sudo modprobe w1_therm
```

Diese Kommandos laden das zusätzliche `wire`-Modul noch mit, vorsichtshalber prüfen Sie mit dem `lsmod`-Kommando, ob die Kernel-Module auch erfolgreich geladen wurden.

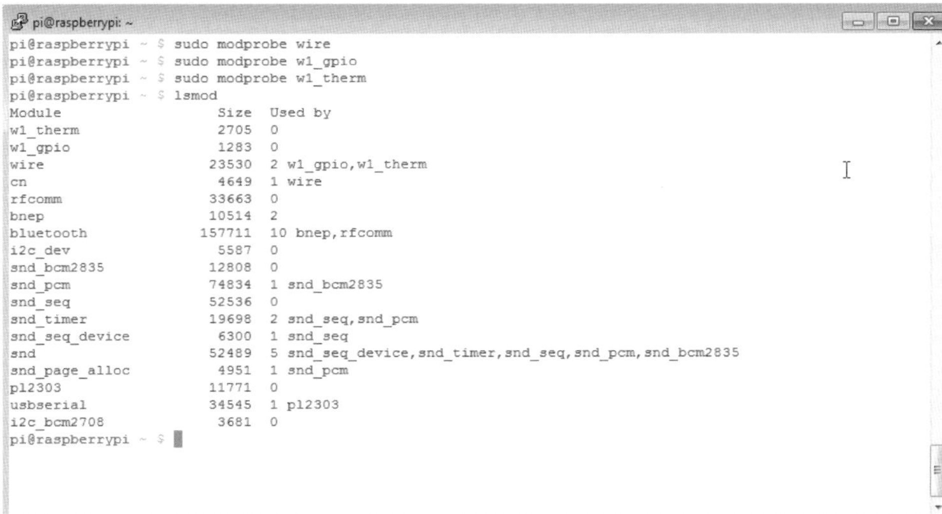

Bild 3.41: Wer auf Nummer sicher gehen möchte, lädt das notwendige `wire`-Modul zunächst von Hand, um anschließend die Kernel-Module `w1_gpio` und `w1_therm` zu starten.

Nun prüfen Sie sicherheitshalber die Anzahl der verbauten Sensoren: Sind die Kernel-Module erfolgreich geladen, erfahren Sie über die Datei `/sys/devices/w1_bus_master1/w1_master_slave_count`, wie viele Sensoren am Raspberry Pi angeschlossen sind. Das ist vor allem bei mehreren angeschlossenen Sensoren sinnvoll.

```
cat /sys/devices/w1_bus_master1/w1_master_slave_count
```

Die eindeutigen Seriennummern (IDs) der erkannten Sensoren sind in der Datei `/sys/devices/w1_bus_master1/w1_master_slaves` geführt.

```
cat /sys/devices/w1_bus_master1/w1_master_slaves
```

Zusätzlich ist im Verzeichnis `/sys/devices/w1_bus_master1/` für jeden erkannten Sensor ein Unterverzeichnis vorhanden. Nach dem ersten Check möchten wir nun auf der Konsole herausfinden, ob der Temperaturfühler überhaupt funktioniert und wie viel Grad Celsius derzeit gemessen werden.

3.7.3 Funktionsprüfung des Temperatursensors

Um nun einen oder mehrere Messwerte aus dem angeschlossenen Sensor auszulesen, lassen Sie sich auf der Konsole einfach die Datei `w1_slave` im entsprechenden Unterverzeichnis von `/sys/devices/w1_bus_master1/` anzeigen, um den aktuellen Messwert des Sensors anzuzeigen.

```
cat /sys/devices/w1_bus_master1/10-0008028a8706/w1_slave
aa 00 4b 46 ff ff 0c 10 ed : crc=ed YES
aa 00 4b 46 ff ff 0c 10 ed t=85000
```

Neben dem Messwert liefert das `cat`-Kommando noch andere Werte aus der Datei. Es fällt unschwer auf, dass die Temperatur von 85 Grad doch schon etwas zu hoch ist - das ist nämlich der Initialwert beim Sensorstart nach dem Einschalten des Raspberry Pi. Ändert sich der Wert nicht, deutet dies auf einen falsch bestückten Widerstand hin, denn für das Funktionieren der Schaltung muss hier ein 4,7-kΩ-Widerstand verwendet werden.

```
pi@raspberrypi: ~
root@raspberrypi:~# lsmod
Module                  Size  Used by
w1_therm                2705  0
w1_gpio                 1283  0
wire                   23530  2 w1_gpio,w1_therm
cn                      4649  1 wire
bnep                   10514  2
rfcomm                 33663  0
bluetooth             157711  10 rfcomm,bnep
i2c_dev                 5587  0
snd_bcm2835            12808  0
snd_pcm                74834  1 snd_bcm2835
snd_seq                52536  0
snd_timer              19698  2 snd_seq,snd_pcm
snd_seq_device          6300  1 snd_seq
snd                    52489  5 snd_seq_device,snd_timer,snd_seq,snd_pcm,snd_bcm2835
snd_page_alloc          4951  1 snd_pcm
pl2303                 11771  0
usbserial              34545  1 pl2303
i2c_bcm2708             3681  0
root@raspberrypi:~# cat /sys/devices/w1_bus_master1/w1_master_slave_count
1
root@raspberrypi:~# cat /sys/devices/w1_bus_master1/w1_master_slaves
10-0008028a8706
root@raspberrypi:~# cat /sys/devices/w1_bus_master1/10-0008028a8706/w1_slave
30 00 4b 46 ff ff 0c 10 ed : crc=ed YES
30 00 4b 46 ff ff 0c 10 ed t=24000
root@raspberrypi:~#
```

Bild 3.42: Um die Ansicht auf die Temperaturwerte einzugrenzen, nutzen Sie `grep` gekoppelt mit awk.

Mit dem gemeinsamen Einsatz von `grep` und `awk` schneiden Sie die überflüssigen Zeichen weg und geben den Wert neben dem String `'t='` auf der Konsole aus:

```
grep 't=' /sys/bus/w1/devices/w1_bus_master1/10-0008028a8706/w1_slave |
awk -F 't=' '{print $2}'
```

Nun wird der Temperaturwert allein ausgeworfen, jedoch in einem schlecht lesbaren Format - Tausendstel Grad Celsius interessieren vielleicht User mit Forschungsambitionen, sind aber hier etwas »zu gut« gemeint. Um nun den Messwert durch 1000 teilen zu können, wird es etwas trickreich: Verwenden Sie entweder ein Skript, um den Wert entsprechend umzuwandeln und für die Bildschirmanzeige aufzubereiten, oder installieren Sie den Kommandozeilenrechner *bc* nach, mit dem Sie die Ausgabe numerisch verwenden können. Mit dem Kommando `sudo apt-get install bc` installieren Sie den Rechner nach.

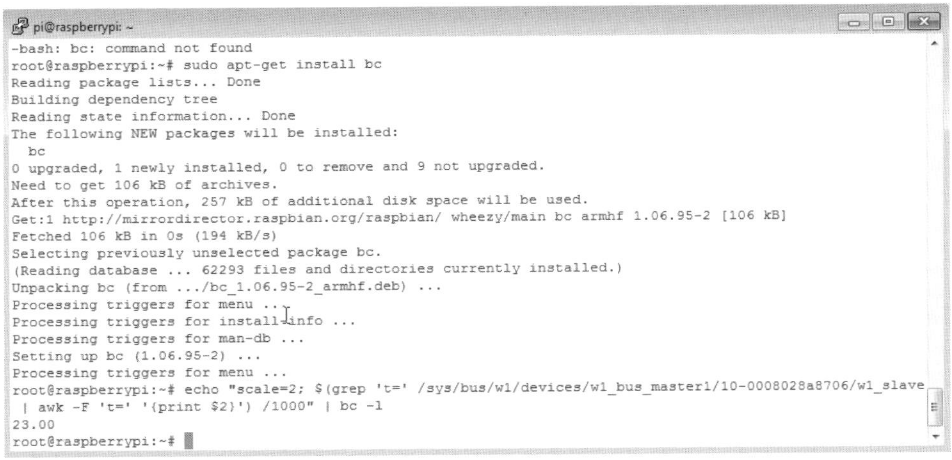

```
pi@raspberrypi: ~
-bash: bc: command not found
root@raspberrypi:~# sudo apt-get install bc
Reading package lists... Done
Building dependency tree
Reading state information... Done
The following NEW packages will be installed:
  bc
0 upgraded, 1 newly installed, 0 to remove and 9 not upgraded.
Need to get 106 kB of archives.
After this operation, 257 kB of additional disk space will be used.
Get:1 http://mirrordirector.raspbian.org/raspbian/ wheezy/main bc armhf 1.06.95-2 [106 kB]
Fetched 106 kB in 0s (194 kB/s)
Selecting previously unselected package bc.
(Reading database ... 62293 files and directories currently installed.)
Unpacking bc (from .../bc_1.06.95-2_armhf.deb) ...
Processing triggers for menu ...
Processing triggers for install-info ...
Processing triggers for man-db ...
Setting up bc (1.06.95-2) ...
Processing triggers for menu ...
root@raspberrypi:~# echo "scale=2; $(grep 't=' /sys/bus/w1/devices/w1_bus_master1/10-0008028a8706/w1_slave
 | awk -F 't=' '{print $2}') /1000" | bc -l
23.00
root@raspberrypi:~#
```

Bild 3.43: Temperaturausgabe in der Konsole: Hier wird eine Temperatur von genau `23.00` °C gemessen.

Nach der Installation von `bc` kann durch folgenden Befehl der Messwert ausgelesen, umgerechnet und angezeigt werden:

```
echo "scale=2; $( grep 't=' /sys/bus/w1/devices/w1_bus_master1/10-
0008028a8706/w1_slave | awk -F 't=' '{print $2}') / 1000" | bc -l
```

Auch wenn sich grundsätzlich das meiste in einen Einzeiler zusammenpacken lässt, ist hier in Sachen Konvertierung, Rechenoperationen und Weiterverarbeitung der Messergebnisse die Nutzung eines Skripts bzw. Programms sicherlich sinnvoller. Auf den nächsten Seiten finden Sie dazu Perl- und Python-Beispiele. Doch zunächst konfigurieren Sie den Raspberry Pi so, dass die notwendigen Kernel-Module automatisch beim Start geladen werden.

3.7.4 Kernel-Module automatisch laden

Für den automatischen Start der Kernel-Module nach einem Neustart des Raspberry Pi sorgen die in der Konfigurationsdatei `/etc/modules` eingetragenen Module. Sie brauchen diese nur mit administrativen Berechtigungen und dem Kommando

```
sudo nano /etc/modules
```

zu öffnen und am Dateiende folgende Zeilen einzufügen:

```
w1_gpio
w1_therm
```

Anschließend sichern Sie die Konfigurationsdatei. Nach einem Neustart des Raspberry Pi werden die beiden Module automatisch geladen, das Abfragen der Temperaturwerte kann nun wie beschrieben ohne Umwege direkt per Shell oder Programm erfolgen.

3.7.5 Heizungsverbrauch messen und dokumentieren

Im Fall der Verbrauchsmessung an einem Heizungsrohr wird zunächst die Temperatur direkt an der Zuleitung in die Wohnung bzw. ins Haus gemessen. Der zweite Temperaturfühler ist am Ende des Heizungskreislaufs beim Rücklauf angebracht. Die Differenz zwischen gemessener Ein- und Ausgangstemperatur stellt demnach die genutzte Verlustwärme und somit den Verbrauch dar. Dieses Differenzmessverfahren benötigt somit insgesamt zwei Sensoren - einen für den Zulauf und einen für den Rücklauf des Heizungsstrangs.

Temperaturmessung mit Perl

Mit wenigen Zeilen Skriptcode (hier: `tempsensor.pl`) kommen Sie auch an das Ziel, hier haben Sie zudem die Möglichkeit, mehrere Sensoren auf einmal abzufragen und anschließend deren Werte anzeigen zu lassen:

```
#!/bin/perl
# ------------------------------------------------------------------------
# Smart-Home mit Raspberry Pi-Projekte
# E.F.Engelhardt, Franzis Verlag, 2014
# ------------------------------------------------------------------------
# Funktion tempsensor.pl
#
@tempsensor = `cat /sys/bus/w1/devices/w1_bus_master1/w1_master_slaves`;
chomp(@tempsensor);
foreach $line(@tempsensor) {
 $tempausgabe = `cat /sys/bus/w1/devices/$line/w1_slave`;
 # Temperatur herausparsen
 $tempausgabe =~ /t=(?<temp>\d+)/;
 # und durch 1000 teilen
 $calc = $+{temp} / 1000;
 print "Sensor ID: $line, Temperatur: $calc ° Grad Celsius\n";
}
# ----------------------------------------------------------------------
```

Zunächst werden die Temperatursensoren in das Array `tempsensor` geladen, und per `chomp()` wird der Zeilenvorschub (`\n`) am Ende des Strings entfernt. Anschließend werden die Sensoren zeilenweise abgefragt, die Temperatur wird ausgelesen und per `foreach`-Schleife ausgegeben.

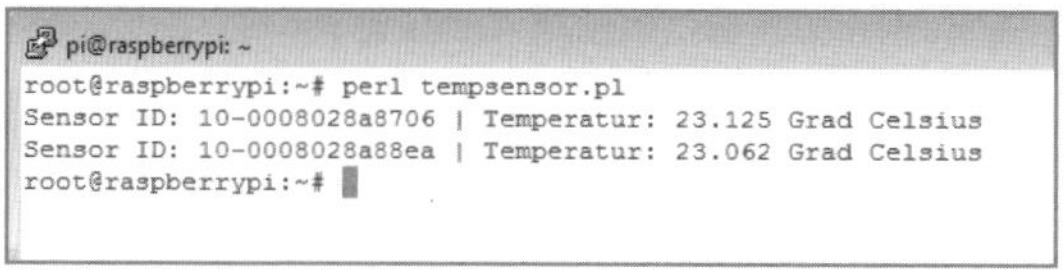

Bild 3.44: Schnellübersicht per Perl: Mit dem kleinen Skript geben Sie die Namen samt gemessener Temperatur der Sensoren aus.

Alternativ nutzen Sie statt eines Perl-Skripts die auf dem Raspberry Pi beliebte Skriptsprache Python. Gerade auf dem Raspberry Pi zeichnet sich Python durch die breite Unterstützung der Usergemeinde als Standardwerkzeug aus.

Temperaturmessung mit Python

Das nachstehende Beispielskript können Sie nach Belieben ändern und erweitern. Grundsätzlich ist wichtig, dass die Treiber `w1_gpio` und `w1_therm` geladen sind, damit das Skript funktioniert. Mit Python gehen Sie ähnlich wie mit Perl vor. In diesem Beispiel wurden die IDs der eingesetzten Sensoren durch sprechende Bezeichnungen wie `Wohnzimmer-Fenster` ersetzt. Anschließend wird die Datei `/sys/devices/w1_bus_master1/w1_master_slaves` geöffnet, zeilenweise ausgelesen, in die Variable `zeile` geschrieben und anschließend auseinandergeparst. Der nächste Schritt ist optischer Natur - es wird eine übersichtliche, tabellenähnliche Ausgabe auf der Konsole demonstriert.

```
# -*- coding: utf-8 -*-
#!/usr/bin/python
# -----------------------------------------------------------------------
# Smart-Home mit Raspberry Pi-Projekte
# E.F.Engelhardt, Franzis Verlag, 2014
# -----------------------------------------------------------------------
# Funktion tempsensor.py
#
# Import sys module
import sys
import os
from time import *
# Vorausetzung hier:
# -> sudo modprobe w1_gpio
# -> sudo modprobe w1_therm

def main():
# 1-wire Geraeteliste:
# oeffnen, einlesen und schliessen
 datei = open('/sys/devices/w1_bus_master1/w1_master_slaves')
 w1_slaves = datei.readlines()
 datei.close()
# Tabellenausgabe formatieren
 os.system("clear")
 print(' Datum-Uhrzeit          | Celsius  | Sensor (ID) ')
 print('-----------------------------------------------------------')
 # Fuer jedes gefundene Geraet..
 for zeile in w1_slaves:
   # Auseinanderparsen..
   w1_slave = zeile.split("\n")[0]
   # entsprechende w1_slave-Datei des jeweiligen Device oeffnen
   datei = open('/sys/bus/w1/devices/' + str(w1_slave) + '/w1_slave')
   # und lesen
   dateiinhalt = datei.read()
   # dann schliessen
   datei.close()
```

```
    # Temp auslesen in der zweiten Zeile, 9te Element
    tempwert = dateiinhalt.split("\n")[1].split(" ")[9]
    # Typumwandlung, den Tausender entfernen
    tempsensor = float(tempwert[2:]) / 1000
    # Temperatur ausgeben
    # 10-0008028a8706 = Wohnzimmer-fenster
    print(strftime("%d.%m.%Y") + ' um '+ strftime("%H:%M:%S") + ' | %4.2f
ï¿½C' %tempsensor  + ' | ' + sensorname(w1_slave)  )

#
# Sensorbeschriftung falls mehrere im Einsatz
def sensorname(str):
 if str == '10-0008028a8706':
  retstr='WZ-Sensor'
 elif str == '10-0008028a8707':
  retstr='WZ-Sensorfenster'
 elif str == '10-0008028a88ea':
  retstr='Kellerwand'
 elif str <> '':
  retstr=str
return retstr

if __name__ == '__main__':
        main()
sys.exit(0)
# ------------------------------------------------------------------------
```

Neben dem Datum und der Uhrzeit zeigt das Skript die gemessene Temperatur sowie die Bezeichnung des Temperatursensors an.

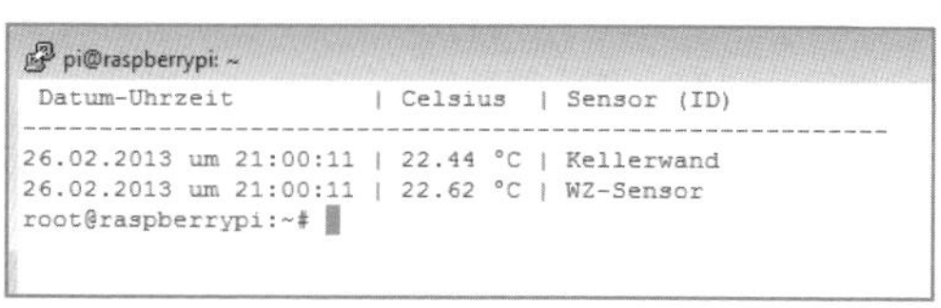

Bild 3.45: Übersichtlich: Mit einem kleinen Skript erhalten Sie eine Kurzübersicht über die aktuelle Temperatur. Je nachdem, wie häufig Sie das Skript starten (lassen), können Sie den Temperaturverlauf auch über ein gewisses Zeitfenster hinweg dokumentieren.

Wer das Skript regelmäßig ausführen lassen möchte, nutzt einfach die eingebaute `crontab`-Funktion von Linux. Dafür legen Sie das Skript im Verzeichnis `/usr/local/bin/` ab und definieren im nächsten Schritt einen automatischen Start in einer Konfigurationsdatei, die Shell-Befehle regelmäßig nach einem bestimmten Zeitplan startet. Die `crontab`-Datei finden Sie im `/etc`-Verzeichnis. Durch das Hinzufügen von

```
*/5 * * * * /usr/bin/python /usr/local/bin/tempsensor.py
```

in der `crontab`-Datei sorgen Sie beispielsweise dafür, dass das Skript `tempsensor.py` alle fünf Minuten automatisch ausgeführt wird. Möchten Sie hingegen das Skript zehn Minuten nach jeder vollen Stunde starten, nutzen Sie dafür den Eintrag

```
10 * * * * /usr/bin/python /usr/local/bin/tempsensor.py
```

in der `crontab`-Datei. Liegen Ihnen genaue Informationen darüber vor, in welchem Raum welche Temperaturwerte herrschen, können Sie der Sache gezielt auf den Grund gehen bzw. gegensteuern. Dafür bieten sich vor allem elektronische Heizungsventile an.

3.8 Heizkörperthermostate kontra Schimmelbefall

Gerade bei Neubauwohnungen oder nach dem Einbau neuer Fenster sind diese in der Regel zu dicht. Das heißt: Ist das Fenster geschlossen, bleibt die Feuchtigkeit im Raum. In Räumen wie Küche oder Bad sollten Sie daher auf das richtige Heiz- und Lüftungsverhalten achten. Sind einmal die Scheiben angelaufen und entdecken Sie innen an den Fenstern Feuchtigkeit oder gar Schimmelflecken, sollten Sie schnellstens handeln.

Dazu benötigen Sie eine gesunde Mischung aus Hoch- und Herunterdrehen der Heizung sowie Lüften des Wohnraums. Grundsätzlich sollten auch die Zimmertüren nicht immer alle geschlossen sein, damit die Luft innerhalb der Wohnung zirkulieren kann. Aus Kostengründen können Sie jedoch nicht jeden Raum auf Anschlag rund um die Uhr beheizen – vor allem dann nicht, wenn Sie tagsüber gar nicht zu Hause sind.

Das Rätsels Lösung liegt in der Anschaffung elektronischer Heizkörperthermostate. Diese sind vom prinzipiellen Aufbau her nahezu identisch, egal ob es sich um FS20, HomeMatic oder eine andere Funktechnologie handelt. Der Vorteil solcher Sets ist es, dass sie sich einerseits in die heimische Steuerzentrale, den Raspberry Pi, leicht integrieren lassen, andererseits auch ohne Zentrale für sich allein funktionieren. Die Thermostate können Sie ohne Heizungsmonteur und großen Aufwand selbst anschrauben, die gewünschten Temperaturen vorab einstellen und die Heizung automatisch regulieren lassen.

Gerade in Kombination mit einem Tür-/Fensterkontakt haben Sie hier weniger Aufwand und sparen somit doppelt: Meldet etwa der Tür- oder der Drehkontakt ein offenes Fenster, dann reguliert der elektronische Thermostat die Soll-Temperatur für den Raum automatisch. So ist gewährleistet, dass Sie beim Lüften nicht Geld zum Fenster hinausheizen, falls Sie einmal vergessen haben, das Fenster wieder zu schließen. Andererseits erreichen Sie so mehr Wohnkomfort.

Durch den geschickten Einsatz eines Zeitplans für jeden Funkthermostaten lassen sich die Heizkörper automatisch auf Wohlfühltemperatur bringen und wieder auf eine Basis-Soll-Temperatur herunterdrosseln. Gerade in den Wintermonaten ist es bei hermetisch geschlossenen Fenstern immer empfehlenswert, den Raum bzw. die Wohnung nicht ganz auskühlen zu lassen und zusätzlich regelmäßig zu lüften. Es ist besser, ein Fenster für zehn Minuten ganz öffnen, als es eine Stunde lang gekippt zu halten, besonders wenn die Luft draußen trocken und kalt ist.

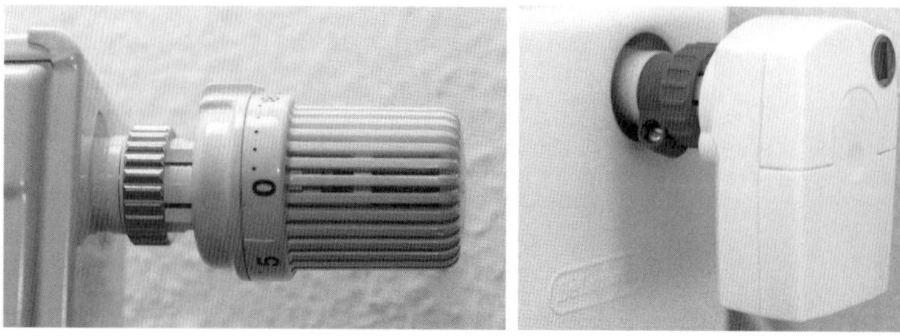

Bild 3.46: Vorher und nachher: Die alte Reglereinheit (linke Abbildung) wird durch eine elektronische Funklösung (rechte Abbildung) ersetzt.

In der nachstehend beschriebenen Lösung nutzen wir das von ELV und anderen Händlern vertriebene Heizungsset, bestehend aus der Regeleinheit FHT 80B, dem Thermostaten FHT 8V und dem Tür-Fenster-Kontakt FHT 80TF. Der Vorteil ist, dass diese Kombination auch autark funktioniert, falls der Raspberry Pi einmal ausgeschaltet ist. Ist der Raspberry Pi in Betrieb, können Sie die beiden Techniken per Funk koppeln und die Steuerung des Heizkörpers ergänzend parallel über den Raspberry Pi erledigen.

Grundsätzlich wird der Raspberry Pi mit der Regeleinheit FHT 80B gekoppelt, die ihrerseits die Befehle vom Raspberry innerhalb von circa zwei Minuten an den Thermostaten weiterreicht. Die passende Gegenstelle am Ventilantrieb reguliert dann entsprechend das Heizventil am Heizkörper. Außerdem meldet die Regeleinheit FHT 80B die derzeitige Raumtemperatur und andere Dinge an den Raspberry Pi zurück.

3.8.1 Neue Funkheizkörpermodule montieren

Um eine solche Funklösung mit dem Thermostaten FHT 8V zu montieren, entfernen Sie zunächst den alten Drehregler am Heizkörper. Für den Anschluss des neuen Thermostaten FHT 8V sind Adapter im Lieferumfang. Bei fest sitzenden Schrauben nutzen Sie eine Wasserpumpenzange, um den alten Drehthermostaten zu demontieren.

Bild 3.47: Der alte Drehthermostat wird gegen den Uhrzeigersinn vom Ventil heruntergeschraubt. Anschließend wird der Anschlussadapter für den Funkthermostaten aufgezogen.

Beim Aufsetzen des Adapters achten Sie darauf, dass dieser auch richtig auf dem Ventil sitzt und per Mutter und Schraube anschließend befestigt werden kann. Grundsätzlich gibt es verschiedene Ventiltypen, wie RAVL, RA und RAV, für die ELV die passenden Adapter beilegt. In diesem Beispiel wird der RA-Adapter montiert - anders als in der Abbildung muss er richtig fest am Ventil fixiert sein. Anschließend lässt sich der Funkthermostat auf den Adapter setzen. Durch das Drehen der Überwurfmutter von Hand schrauben Sie den Funkventilantrieb fest auf das Ventil des Heizkörpers.

Bild 3.48: Erst wenn der Adapter korrekt montiert ist, lässt sich der neue Funkthermostat per Hand befestigen.

Nach dem Montieren entfernen Sie den Batteriefachdeckel des Funkthermostaten und setzen die mitgelieferten Batterien in das Batteriefach ein. Hier beachten Sie unbedingt die im Fach markierte Polarität und legen die Batterien richtig herum ein, um eventuelle Einflüsse auf die Funkelektronik zu verhindern. Anschließend zeigt ein nicht einmal zwei Cent großes Display des Funkthermostaten die Ausgabe *C1*, gefolgt von einer zweistelligen Zahl, anschließend *C2* und nochmals eine zweistellige Zahl. Beide geben den aktuell gespeicherten zweiteiligen Sicherheitscode des FS20-Systems des Funkthermostaten an. Notieren Sie sich diesen Sicherheitscode. Danach folgt ein Signalton, und im Display ist die Anzeige *A1* und nach einem kurzen Augenblick *A2* zu sehen.

Bild 3.49: Erfolgreich am Heizkörper installiert: Im nächsten Schritt koppeln Sie den Funkthermostaten mit der Steuereinheit FHT 80B.

Drücken Sie kurz die Taste zwischen den Batterien, bis im Display der Eintrag *A3* zu sehen ist. Dabei wird das Ventil komplett geschlossen und die Funkverbindung aktiviert. Anschließend sollte auf dem Display ein Funkantennensymbol sowie der Eintrag *0%* zu sehen sein.

3.8.2 Steuereinheit mit den Thermostaten verheiraten

Um in einem Haushalt mehrere Funksysteme und auch Heizkörperthermostate unabhängig voneinander einsetzen zu können, hat jeder Funkthermostat einen eigenen zweiteiligen Sicherheitscode, den Sie nun mit der Steuereinheit FHT 80B verheiraten. Dazu nutzen Sie den notierten Steuercode des Funkthermostaten FHT 8V auch in der Steuereinheit. Grundsätzlich muss bei allen Geräten, die mit einer Steuereinheit von Typ FHT 80B geschaltet werden sollen, derselbe Sicherheitscode eingestellt sein.

Haben Sie mehrere Ventilantriebe mit der Steuereinheit im Einsatz, dann muss der Sicherheitscode verändert bzw. neu übertragen werden. Dazu drücken Sie auf der Steuereinheit FHT 80B so lange die [PROG]-Taste, bis in der Anzeige *Sond* erscheint. Anschließend wählen Sie mit dem Drehrad rechts oben die Sonderfunktion *CodE* aus. Nach dem Bestätigen per [PROG]-Taste lässt sich der erste Teil des neuen Codes einstellen. Nach dem erneuten Drücken der [PROG]-Taste legen Sie wieder durch das Drehrad den zweiten Teil des Sicherheitscodes fest und drücken die [PROG]-Taste erneut, um die Einstellungen zu sichern.

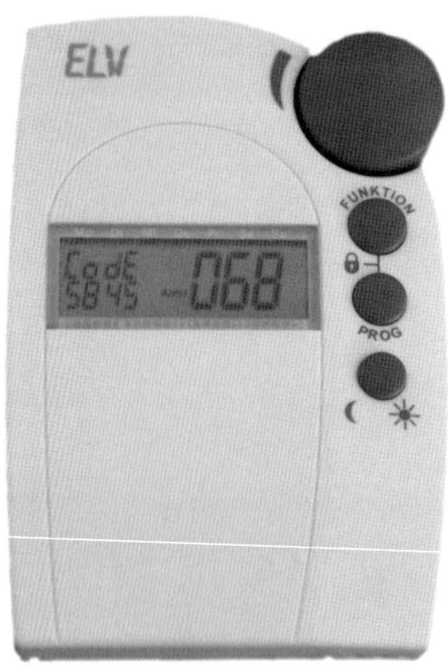

Bild 3.50: Synchronisation: Der Funkthermostat muss in den Programmier-Mode geschaltet werden, um mit dem FHT-ID-Code der Steuereinheit gekoppelt zu werden.

Nach dem Neusetzen des Codes erfolgt das Synchronisieren des (ersten) Funkthermostaten (001 im Display) auf den neu eingestellten Gerätecode. Entfernen Sie den Batteriefachdeckel und betätigen Sie die Taste des Ventilantriebs für circa drei Sekunden, bis drei Signaltöne zu hören sind. Nun ist der Ventilantrieb empfangsbereit (Display AC). Durch das Drücken der [PROG]-Taste wird dann der Sicherheitscode von der

Steuereinheit zum Funkventil übertragen. Nach einem kurzen Moment bestätigt der Funkthermostat den neuen Code.

3.8.3 Kopplung mit Fenster und Türen

Neben dem Raspberry Pi ist der FHT-80B-Sender auch in Verbindung mit bis zu vier Tür-Fenster-Kontakten FHT 80TF. Diese melden sich alle paar Minuten mit ihrem Status beim FHT-80B-Sender. Ist beispielsweise eine Tür oder ein Fenster geöffnet, regelt die Steuereinheit automatisch die Temperatur auf den festgelegten Wert herunter.

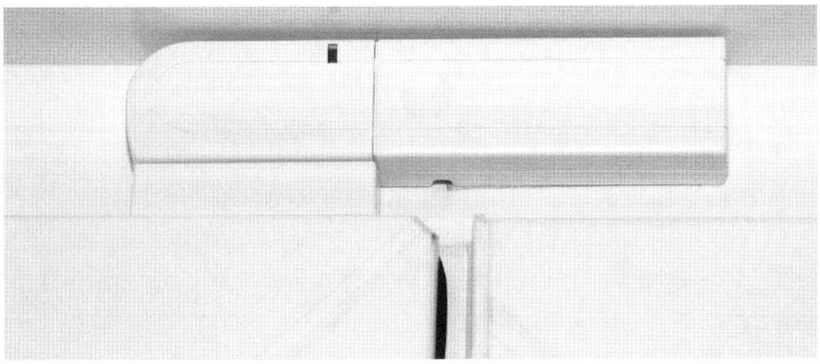

Bild 3.51: Durch den verbauten Magneten/Reed-Schalter sorgt das Öffnen des Fensters bzw. der Tür für einen Funkimpuls an das Steuermodul FHT 80B.

Diese Tür-/Fensterkontakte lassen sich prinzipiell auch für den spartanischen Aufbau einer einfachen Alarmanlage nutzen, in der Praxis ist diese Lösung jedoch zu fehleranfällig und meist zu unzuverlässig. Wird der Tür-/Fensterkontakt ausschließlich zur Temperaturüberwachung und Steuerung genutzt, misst die Regeleinheit zunächst die aktuelle Temperatur und vergleicht diese entweder mit der von Hand oder per Raspberry Pi vorgegebenen Soll-Temperatur. Aus der Differenz errechnet die Regeleinheit, wie weit das Ventil geöffnet oder geschlossen werden muss, um die gewünschte Soll-Temperatur zu erreichen.

3.8.4 Heizungsreglereinheit mit Raspberry Pi koppeln

Egal, ob Sie den beschriebenen FS20-Funkset-Thermostaten FHT 80B, FHT 8V, FHT 80TF aus dem Hause ELV, einen baugleichen von Conrad, Aldi/Medion etc. oder eine HomeMatic-Lösung nutzen, um die Steuereinheit mit dem Raspberry Pi zu koppeln, benötigen Sie entsprechendes Zubehör in Form eines Funkmoduls, das die Kommunikation zu den entsprechenden Komponenten im Haushalt wie Heizung, Tür-/Fenster-Kontakten, Steckdosen und dergleichen erledigt.

Dafür gibt es, wie könnte es anders sein, verschiedene Standards von unterschiedlichen Herstellern. Grundsätzlich suboptimal, doch mit einem CUL- oder COC-Modul für den Raspberry Pi decken Sie hier die wichtigsten Standards im 433/868-MHz-Bereich ab. Über den integrierten Funkempfänger der FHT-80B-Sendereinheit wird eine bidirektionale Funkverbindung zum COC- oder CUL-Modul des Raspberry Pi aufgebaut. Damit können Sie nun die Änderungen der Temperatureinstellungen auch über den Computer, das Smartphone oder automatisch nach Zeitplan über FHEM vornehmen.

Damit das funktioniert, muss der FHT-80B-Sender mit FHEM gekoppelt werden. Hierzu stellen Sie beim FHT-80B-Sender per [PROG]-Taste und Stellrad bei Sonderfunktionen den `cENT`-Eintrag auf `n/a` um und senden beispielsweise eine Temperaturänderung zum FHT-80B-Sender. Nach kurzer Zeit sollte der `cENT`-Eintrag auf den Wert `ON` gewechselt haben, in diesem Fall ist der Raspberry Pi über FHEM mit dem FHT-80B-Sender verbunden. Grundsätzlich dauert die Verarbeitung immer etwas: Der FHT 80B nimmt nur alle `115+X` Sekunden einen Schaltbefehl entgegen.

Die Variable `X` steht hier für den halbierten, letzten Bytewert des definierten FHT-Haus-/Sicherheitscodes. Besitzt der FHT 80B zum Beispiel den Sicherheitscode 3456, dann errechnet sich die Wartezeit 115 + 0,5 * 6 = 115 + 3 = 118 Sekunden = knapp zwei Minuten.

Werden also über FHEM bzw. den Raspberry Pi beispielsweise zwei Heizkörper über den FHT 80B gesteuert, dauert es mindestens fünf Minuten, bis die Temperaturänderung angetriggert wird. In FHEM selbst, also in der Konfigurationsdatei `/etc/fhem.cfg` auf dem Raspberry Pi, wird der Funkthermostat bzw. der dazugehörige Regler grundsätzlich wie in folgendem Beispiel definiert:

```
# ---------------------------------------------------------------------------
define arb_Heizung FHT 3456
attr arb_Heizung retrycount 3
attr arb_Heizung room Arbeitszimmer
# -----------
define FileLog_arb_Heizung FileLog /var/log/fhem/arb_Heizung-%Y.log
arb_Heizung
attr FileLog_arb_Heizung logtype fht:Temp/Act,text
attr FileLog_arb_Heizung room FHT
# -----------
define weblink_arb_Heizung weblink fileplot
FileLog_arb_Heizung:fht:CURRENT
attr weblink_arb_Heizung label "arb_Heizung Min $data{min1}, Max
$data{max1}, Last $data{currval1}"
attr weblink_arb_Heizung room Plots
# ---------------------------------------------------------------------------
```

Zunächst wird der FHT, mit der eindeutigen Kennung `3456` und dem gewünschten Namen (hier: Arbeitszimmer) definiert, zugeordnet. Optional, jedoch empfehlenswert ist die Definition und optional ist die Anzahl der Wiederholversuche für das Schreiben der Log-Datei sowie die optische Aufbereitung der Verbrauchskurve über die *weblink*-Definition.

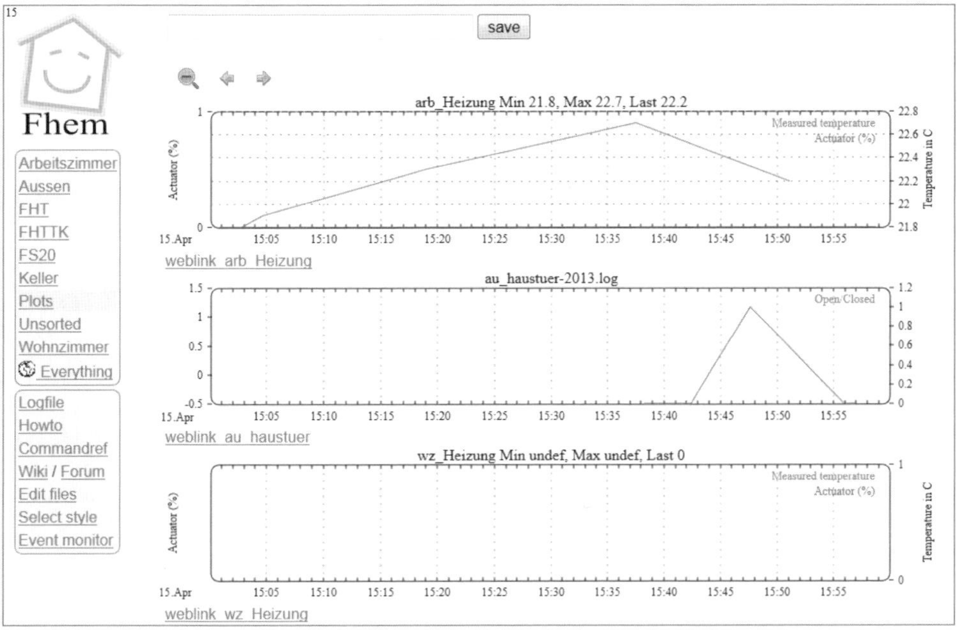

Bild 3.52: Durch die *weblink*-Definition in FHEM wird der Temperaturverlauf optisch ansprechend dargestellt.

Nach der Grundinstallation der Heizungsreglereinheiten und Darstellung der Verbrauchswerte in FHEM kommen Sie zum nächsten Meilenstein der Heimautomation – der automatischen Steuerung der Heizungsreglereinheiten.

3.8.5 Temperatursteuerung in Haus und Wohnung

Die automatische Steuerung der Heizungsreglereinheiten über FHEM erfolgt in diesem Beispiel umgehend über die gekoppelten FHT-Thermostate und somit nur indirekt über die Ventilantriebe (FHT8V). Diese werden autark und direkt von den FHT-Thermostaten gesteuert. Sie brauchen sich nach der Grundeinrichtung nicht mehr darum zu kümmern. Im nächsten Schritt definieren Sie einen Dummy-Schalter für alle angeschlossenen Heizungsthermostate, mit dem Sie beispielsweise alle Heizungsreglereinheiten mit einem Kommando ein- und ausschalten können.

Hierzu gibt es im Wiki von FHEM (*www.fhemwiki.de*) und in den Google-Newsgroups zig Beispiele und Konfigurationsvorschläge, anhand derer Sie umgehend loslegen können. Das nachfolgende Beispiel nutzt als Grundgerüst eine einfache Heizungssteuerung, die sich mit wenigen Handgriffen und Perl-Kenntnissen auf die persönliche Umgebung zuschneiden lässt.

```
# -------------------------------------------------------------------------
define keller_heizung dummy
attr keller_heizung room Keller
```

```
# ---------------------------------------------------------------------
define keller_heizung_notify notify keller_heizung {\
my $brauche_waerme=0;;\
my $ventile_im_leerlauf=0;;\
# buchstaben nach binaer wandeln
my
$keller_heizung_status=$fs20_c2b{ReadingsVal("keller_heizung","state","off
")};;\
my @@fhts=devspec2array("TYPE=FHT");;\
foreach(@@fhts) {\
    my $ventil=ReadingsVal($_, "actuator", "101%");;\
    $ventil=(substr($ventil, 0, (length($ventil)-1)));;\
    if ($ventil > 50) {\
      $brauche_waerme=1\
    }\
    if ($ventil < 20) {\
      $ventile_im_leerlauf++\
    }\
  }\
if ($brauche_waerme != 0) {\
    Log(3,"Wärme benoetigt. Vorheriger Heizungsstatus: " .
$keller_heizung_status);;\
    fhem("set keller_heizung on") if ($heizung_status == 00)\
  }
  else {\
    if ($ventile_im_leerlauf == @@fhts) {\
      Log(3,"Keine Wärme (mehr) benoetigt. Vorheriger Heizungsstatus: " .
$keller_heizung_status);;\
      fhem("set keller_heizung off") if ($keller_heizung_status == 11)\
    }
     else {\
      Log(3,"Heizbedarf: " . $ventile_im_leerlauf . " von " . @@fhts . "
Heizkörper im Leerlauf.")\
    }\
  }\
}
# ---------------------------------------------------------------------
```

Wenn Sie statt des beschriebenen FHT-Funkthermostaten zu Hause das HomeMatic Funk-Wandthermostat und das Funk-Stellantrieb-Set HM-CC-TC einsetzen, dann ersetzen Sie im dargestellten Code die Variable `@@fhts` durch `@HMCCTC` und nutzen statt der Zeile

```
my @@fhts=devspec2array("TYPE=FHT");;\
```

die Array-Definition

```
my @HMCCTC=devspec2array("model=HM-CC-TC");;\
```

Um nun die oben aufgeführte Ergänzung in FHEM zu aktivieren, starten Sie FHEM per `shutdown restart` im Befehlsfenster neu und testen anschließend das erstellte `notify`-Konstrukt. Mit der folgenden Eingabe in der FHEM-Befehlszeile triggern Sie das erstellte Makro an:

```
define at_keller_heizung at +*00:20:00 trigger keller_heizung_notify
```

In diesem Beispiel wird das Kommando alle zwanzig Minuten ausgeführt. Das Pluszeichen sorgt dafür, dass der Befehl in zwanzig Minuten ausgeführt wird, der Stern sorgt für die regelmäßige Wiederholung des Befehls. Sie sollten diesen Wert in der Praxis sogar noch etwas höher setzen, um die Häufigkeit des Ein- und Auschaltens der Heizung zu reduzieren.

3.9 Energiemonitor mit JeeLink-Arduino

Neben den kostengünstigen FS20- und Homematic-Funksteckdosen sind bei den großen Elektronikversendern wie Conrad und ELV auch noch andere Modelle zu finden, die zunächst FHEM-inkompatibel scheinen. Doch mit der breiten Fangemeinde von FHEM und durch die Beharrlichkeit einzelner Tüftler ist es auch hier gelungen, die kostengünstige Funksteckdose, beispielsweise das Modell PCA 301, in FHEM zu integrieren. Sie hat im Gegensatz zu der FS20-Funksteckdose den Vorteil, dass sich der Einschaltstatus der Funksteckdose (Ein/Aus) über ein Attribut abfragen lässt – ein wunderbarer Vorteil beim Einsatz unter FHEM samt den passenden Automatisierungsskripten.

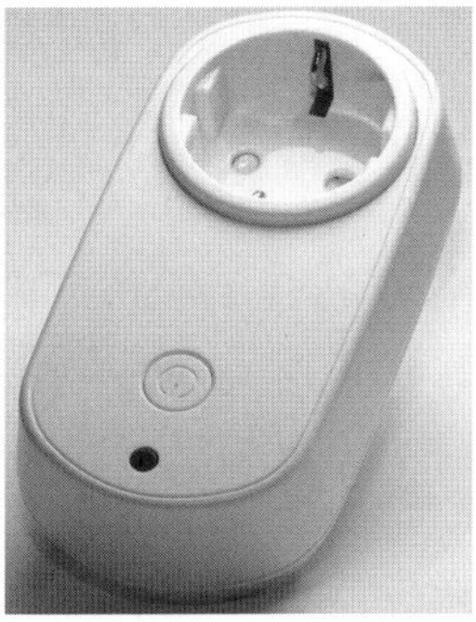

Bild 3.53: Für den Einsatz unter FHEM benötigen Sie nur die einzelnen Funksteckdosen und können auf die Anschaffung der Steuerzentrale verzichten. Einzeln ist die PCA-301-Funksteckdose für ca. 15 bis 20 Euro erhältlich.

Grundsätzlich bewerben die Händler die PCA 301 als kleine Haustechnikzentrale, die für bis zu acht Geräte im Haus eine Übersicht über den Energieverbrauch liefert und sie auch von einer »Zentrale« aus über die Funksteckdosen fernschaltbar macht.

Bild 3.54: Bei *http://jeelabs.com/products/jeelink* ist der Arduino-Uno-kompatible JeeLink (v3) mit 868 MHz erhältlich.

Der Clou beim Einsatz mit FHEM ist hierbei, dass Sie die sogenannte Zentrale überflüssig machen und die einzelnen Steckdosen selbstständig per FHEM mithilfe eines Arduino-kompatiblen USB-Sticks mit dem Raspberry Pi verbinden. Das gesparte Geld für die Steuereinheit investieren Sie in den notwendigen JeeLink-Adapter, den Sie über *http://jeelabs.com* beziehen können. In Sachen Erweiterbarkeit sind Ihnen dann keine Grenzen mehr gesetzt – im Gegensatz zur ursprünglichen Lösung mit acht unterstützten, schaltbaren Geräten haben Sie mit FHEM nahezu unbegrenzte Möglichkeiten.

3.9.1 Raspberry Pi für Arduino-IDE vorbereiten

Ist der JeeLink-USB-Adapter in der USB-Buchse des Raspberry Pi korrekt eingesteckt und somit betriebsbereit, nehmen Sie zunächst den ATmega-Atmel-AVR-Microcontroller in Betrieb. Nutzen Sie dafür die vom Arduino-Projekt bekannte Entwicklungsumgebung – die Arduino-IDE –, auch für das Aufspielen des Sketchs auf den JeeLink-USB-Adapter. Sie können die Arduino-IDE (*http://arduino.cc/en/main/software*) auf Ihrem Windows-/Linux-/Mac-Computer installieren und den notwendigen Arduino-Sketch auf den JeeLink-USB-Stick übertragen – in diesem Beispiel kommt einfach ein zweiter Raspberry Pi zum Einsatz. Bevor Sie damit starten, sollten Sie die notwendigen Vorbereitungen wie die Installation sowie die Aktualisierung notwendiger Pakete auf dem Raspberry Pi erledigen:

```
sudo -i
apt-get update
apt-get upgrade
reboot
```

Nach dem Neustart:

```
sudo -i
apt-get install arduino
```

Anschließend installieren Sie die Arduino-IDE auf dem Raspberry Pi, die die notwendigen C-Compiler, Headerdateien, Librarys, das Java-SDK und dergleichen installiert.

Im nächsten Schritt laden Sie den benötigten Sketch für den JeeLink-USB-Stick herunter und installieren ihn über die Arduino-Software. Diese Lösung aus dem FHEM-Forum (*http://forum.fhem.de/index.php?t=msg&th=11648*) wurde von verschiedenen eifrigen Bastlern erdacht und weiterentwickelt. Das FHEM-Forum bzw. den Download-Link für die aktuellste Version des notwendigen Arduino-Sketchs finden Sie am schnellsten, wenn Sie die Zeichenfolge `pcaSerial10fp.zip` in das Formular einer Suchmaschine eingeben. Anschließend finden Sie die angepasste »Firmware« für den Arduino in Form eines gewöhnlichen Sketchs, der kompiliert und anschließend auf den Arduino/JeeLink hochgeladen werden muss.

3.9.2 JeeLink-Adapter über Arduino-IDE flashen

Sind die obigen Softwarevoraussetzungen geschaffen und die benötigten Dateien auf der Speicherkarte, nehmen Sie die Arduino-Software in Betrieb. Der notwendige Sketch (hier die Datei `pcaSerial10fp.zip`) befindet sich in diesem Beispiel im Home-Verzeichnis des Users `pi` (`/home/pi`) und wurde in das Verzeichnis `/home/pi/pcaSerial10fp` entpackt.

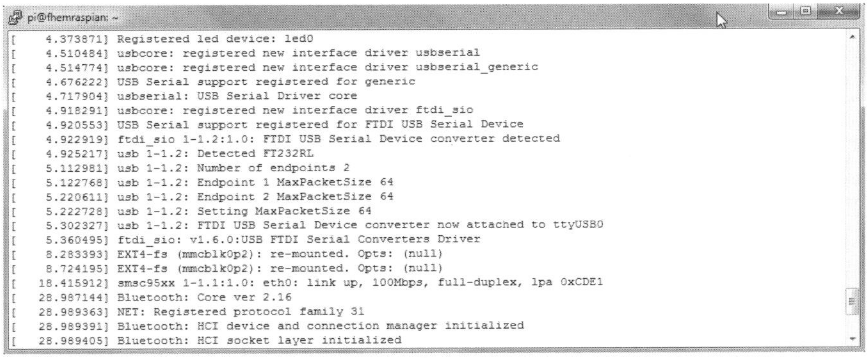

Bild 3.55: Der Befehl `dmesg` informiert über die vorhandene bzw. angeschlossene Hardware sowie über die verwendeten Kernel-Module.

Im ersten Schritt prüfen Sie auf der Konsole über `dmesg` bzw. `lsusb`, ob der JeeLink-USB-Adapter auch ordnungsgemäß erkannt und in das System eingehängt wurde. Im Fall eines Windows-Computers erfolgt die Initialisierung über den Windows-Geräte-Manager bzw. die Systemsteuerung, und spätestens mit der Installation der Arduino-Software nach einem Neustart wird das Gerät auch dort ordnungsgemäß erkannt.

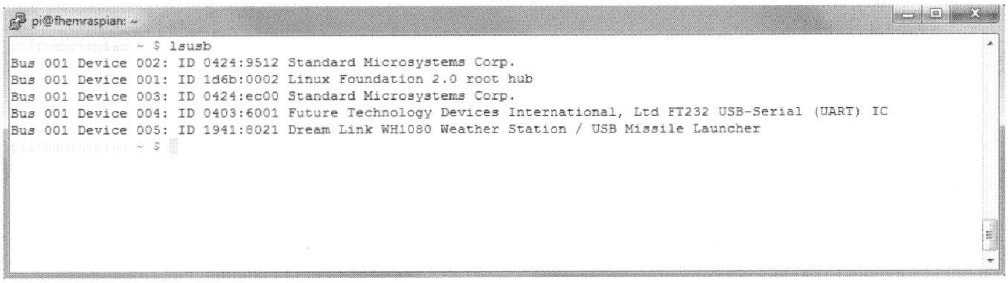

Bild 3.56: Mit dem `lsusb`-Kommando prüfen Sie, ob der eingesteckte JeeLink-USB-Stick vom USB-Subsystem ordnungsgemäß erkannt und im System eingebunden wurde.

Egal ob Mac, Windows oder Linux – starten Sie nun die Arduino-IDE. In diesem Beispiel wurde die Raspberry-Pi-Benutzeroberfläche per *Remote Desktop* auf den Computer übertragen, und die Arduino-Software wurde gestartet. Sind die Spracheinstellungen der Arduino-Software auf *Deutsch* gesetzt, konfigurieren Sie zunächst in der Arduino-Menüleiste über *Tools/Board* als Gerät den *Arduino Uno*, da der JeeLink-USB-Adapter dazu als voll kompatibel angegeben ist.

Bild 3.57: Da es viele unterschiedliche Arduinos und Klones dazu gibt, ist die Auswahl des angeschlossenen Geräts wichtig.

Im nächsten Schritt wählen Sie über *Tools/Serieller Port* die genutzte COM-Schnittstelle aus. In diesem Beispiel wurde der JeeLink-Adapter in */dev/ttyUSB0* eingehängt.

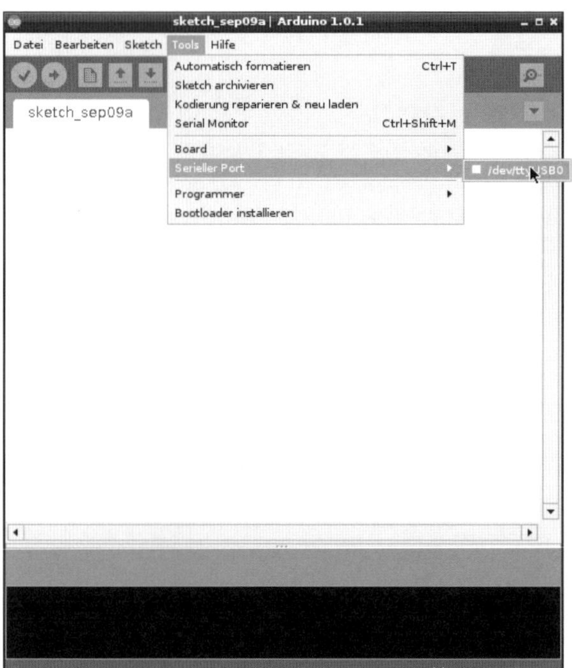

Bild 3.58: Nach dem Auswählen des genutzten seriellen Ports sind die Grundeinstellungen erledigt, nun können Sie den benötigten Sketch laden.

Über den bekannten *Datei-öffnen*-Dialog wählen Sie nun die *ino*-Datei aus, die sich in der heruntergeladenen Archivdatei *pcaSerial10fp* befindet. Beachten Sie, dass sich auch die im Archiv beigefügten Dateien *pca301.cpp* und *pca301.h* im selben Verzeichnis befinden.

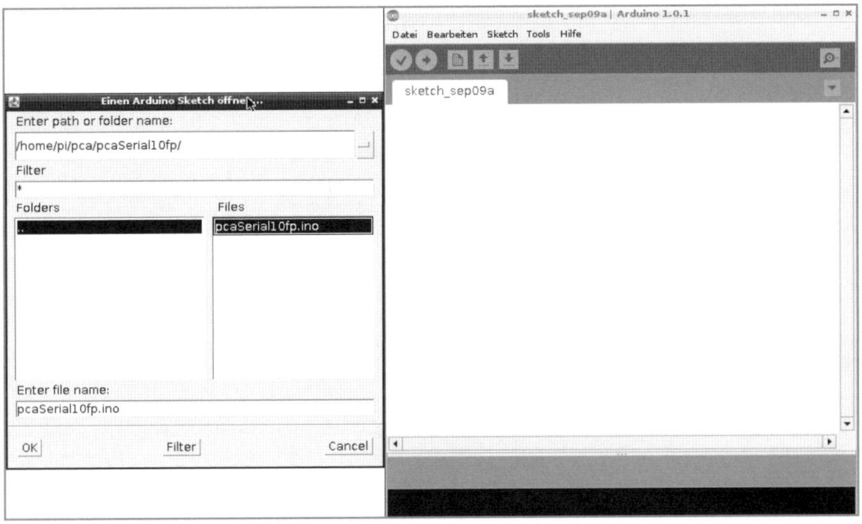

Bild 3.59: Navigieren Sie in das */home/pi*-Verzeichnis und wählen Sie die aus dem Archiv extrahierte *ino*-Datei aus.

Nach dem Laden in die Arduino-Entwicklungsumgebung wird die Sketchdatei im Programmfenster angezeigt. Drücken Sie dort oben links auf den Haken, wird der vorhandene Sketch kompiliert. Im Idealfall sollte jetzt kein Fehler auftreten, stattdessen sollte, wie in den nachstehenden Abbildungen zu sehen, nur die binäre Sketchgröße nach Abschluss der Kompilierung angegeben sein.

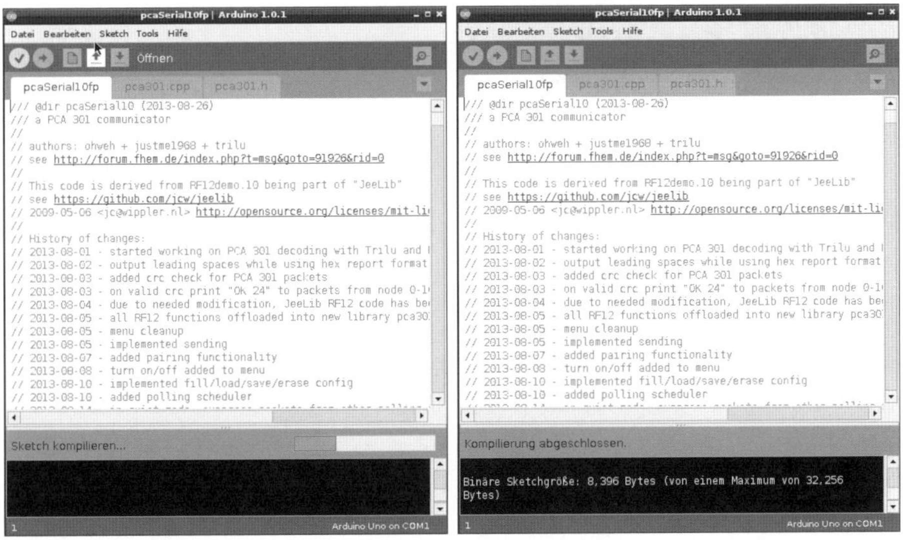

Bild 3.60: Testlauf erfolgreich: Das Laden und Kompilieren des Sketchs wurde erfolgreich abgeschlossen, nun können Sie den Sketch auf den angeschlossenen JeeLink-Adapter übertragen.

Neben dem Haken oben links im Arduino-Programmfenster befindet sich ein Pfeil nach rechts, über den Sie den Sketch bzw. das Kompilat auf den angeschlossenen Arduino hochladen können. Der vorhandene Sketch wird nochmals kompiliert und umgehend per Upload auf den Atmel-Chip übertragen. In diesem Beispiel meckert die Arduino-Software den falsch konfigurierten seriellen Port an und bietet per Pop-up-Bildschirm dafür eine Korrekturmöglichkeit an - der serielle Port ist im Fall des verwendeten Raspberry Pi hier */dev/ttyUSB0,* was per Klick auf die *OK*-Schaltfläche bestätigt wird.

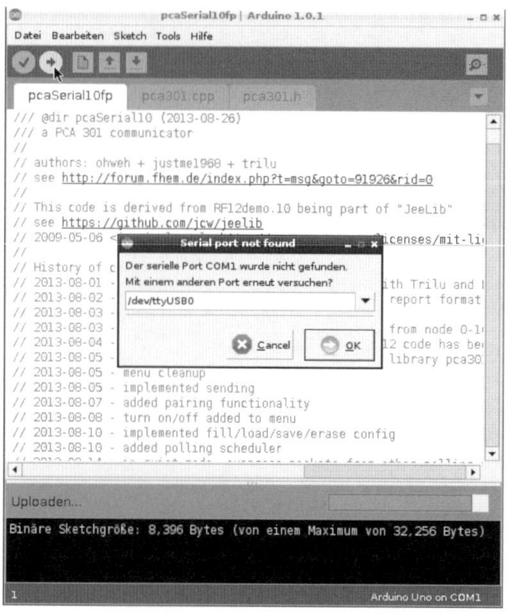

Bild 3.61: COM-Port nicht gefunden: In dem Fall fragt die Arduino-Entwicklungsumgebung nach und erwartet in diesem Dialog die korrekte Pfadangabe des eingesteckten JeeLink-Adapters. Hier kam die Arduino-Entwicklungsumgebung auf dem Raspberry Pi zum Einsatz - der JeeLink-USB-Adapter ist als */dev/ttyUSB0* eingebunden.

Erst wenn die Arduino-Software den richtigen seriellen Anschluss für den eingesteckten JeeLink-USB-Adapter zur Verfügung hat, ist das Kompilieren samt Übertragung auf den Atmel-Chip möglich. Erscheint die Statusmeldung *Upload abgeschlossen* im Statusfenster, wurde der Sketch ordnungsgemäß übersetzt und korrekt auf den JeeLink-USB-Adapter übertragen.

Haben Sie den Arduino-Sketch am Computer auf den USB-Adapter übertragen, beenden Sie die Arduino-Software und melden das USB-Gerät ordnungsgemäß vom Betriebssystem ab. Im nächsten Schritt nehmen Sie den JeeLink-USB-Adapter am Raspberry Pi, der für die Hausautomation zuständig ist, unter FHEM in Betrieb.

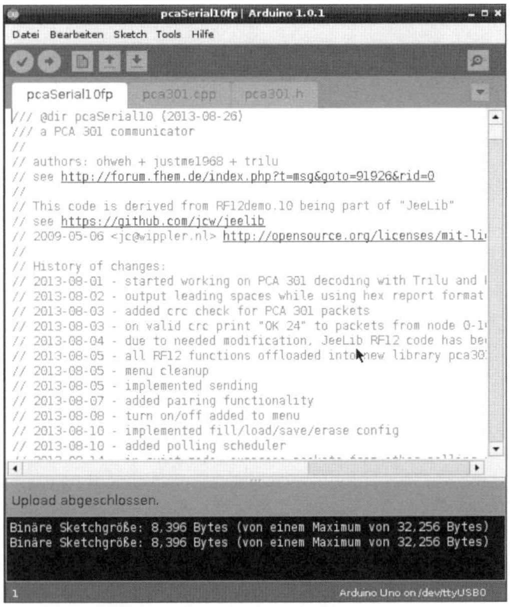

Bild 3.62: Erfolgreich geflasht: Nun können Sie die Arduino-Software beenden und den USB-Stick für die Hausautomation verwenden.

3.9.3 Arduino-JeeLink-Adapter und FHEM updaten

Grundsätzlich ist es bei der Integration bzw. Installation von neuen Komponenten unter FHEM eine gute Idee, in der Konfigurationsdatei `fhem.cfg` auch den `autocreate`-Modus zu aktivieren, damit neue Geräte automatisch erkannt und eingebunden werden können. Im Fall der JeeLink-Komponenten ist es aber noch wichtiger, dass eine möglichst aktuelle Version von FHEM zur Verfügung steht, da die JeeLink-Komponenten erst seit Mitte des Jahres 2013 Bestandteil des FHEM-Pakets sind und nahezu wöchentlich neue Bugfixes und Verbesserungen erscheinen. Deswegen bringen Sie FHEM über das Kommando `updatefhem` auf den aktuellen Stand. Mit einem nachfolgenden `shutdown restart` sorgen Sie dafür, dass die Änderungen übernommen und aktiviert werden. Anschließend stecken Sie den JeeLink-USB-Adapter in den USB-Anschluss des Raspberry Pi und öffnen die Logdatei von FHEM – so oder so ähnlich wie in der nachfolgenden Abbildung sollte nun das angeschlossene Gerät erkannt werden.

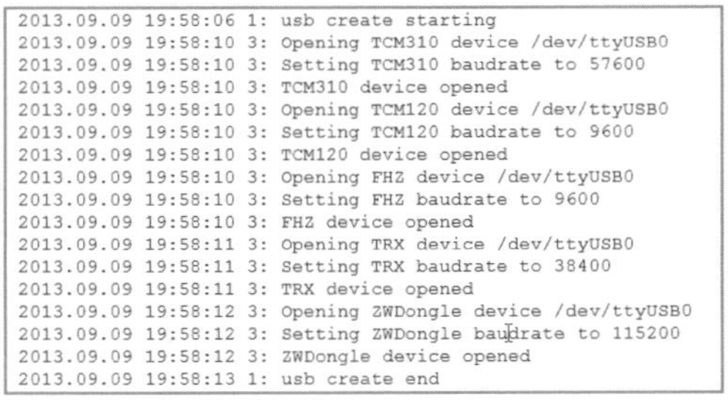

Bild 3.63: USB-Gerät erkannt, im nächsten Schritt definieren Sie den angeschlossenen Adapter für die Verwendung in FHEM.

Im nächsten Schritt definieren Sie über das `define`-Kommando den angeschlossenen USB-Adapter. In diesem Fall bekommt der JeeLink-USB-Adapter die Bezeichnung `jeelinkUSB` verpasst. Der Befehl

```
define jeelinkUSB JeeLink /dev/ttyUSB0@57600
```

sorgt nun dafür, dass der JeeLink-USB-Adapter als eigenes Gerät in FHEM eingebunden wird.

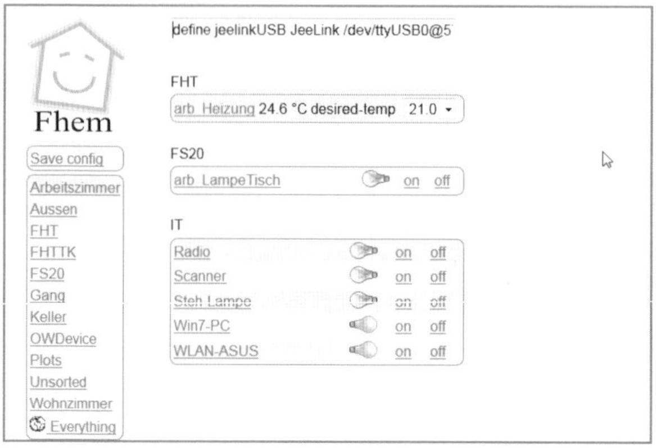

Bild 3.64: Über die Befehlszeile definieren Sie den USB-Adapter als neue FHEM-Geräteklasse.

Anschließend steht der USB-Adapter im Bereich *Unsorted* unter FHEM zur Verfügung. Wird das Gerät ordnungsgemäß erkannt und eingebunden, ist das unter *STATE* über den Eintrag *Initialized* vermerkt.

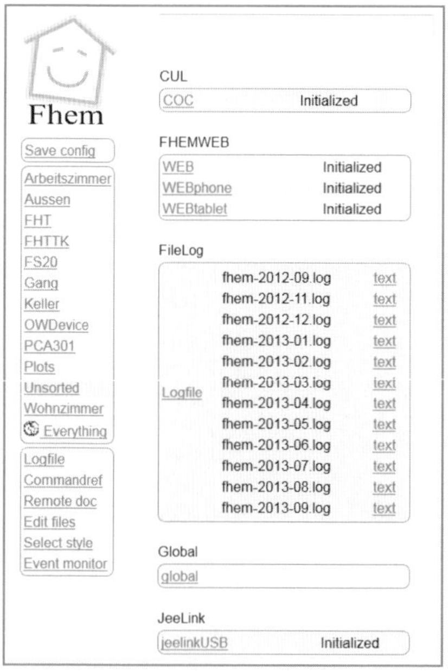

Bild 3.65: Per Status *Initialized* zeigt FHEM an, dass der eingesteckte JeeLink-USB-Adapter ordnungsgemäß in Betrieb genommen wurde.

Bei aktiviertem `autocreate`-Modus in der Konfigurationsdatei `fhem.cfg` werden neue verfügbare Geräte automatisch erkannt und in FHEM eingebunden. Im Fall der JeeLink-kompatiblen PCA-301-Funkschaltsteckdosen von ELV/Conrad reicht ein einfacher Schaltvorgang per Knopfdruck an der Funksteckdose, um sie von FHEM erkennen zu lassen. Sie werden automatisch im FHEM-Menü unter *PCA301* einsortiert.

Bild 3.66: Gesucht und gefunden: Ein einfaches Aus- und Einschalten der Funksteckdose reicht aus, um diese nach dem Initialisieren per FHEM zugänglich zu machen.

Im nächsten Schritt passen Sie das Aussehen von FHEM an. Per `rename`-Kommando lassen sich die Bezeichnungen der verknüpften Geräte in aussagekräftige Namen ändern. Möchten Sie beispielsweise einer Schaltsteckdose mit der automatisch angelegten Bezeichnung `PCA301_07FAD7` den Namen `ku_kuehlschrank` zuweisen, nutzen Sie diesen Befehl:

```
rename PCA301_07FAD7 ku_kuehlschrank
```

Auch die Auswertung der Logdatei lässt sich übersichtlicher gestalten. Für die Anzeige des aktuellen Verbrauchs und des Gesamtverbrauchs sowie der verwendeten Leistung nutzen Sie die `gplot`-Funktionen von FHEM.

```
define ku_kuehlschrank PCA301 07FAD7 03
  attr ku_kuehlschrank devStateIcon on:on:toggle off:off:toggle
set.*:light_question:off
  attr ku_kuehlschrank room Küche
  attr ku_kuehlschrank userReadings consumptionTotal:consumption monotonic
{ReadingsVal($name,'consumption',0)}
  attr ku_kuehlschrank webCmd on:off:toggle:statusRequest
define FileLog_ku_kuehlschrank FileLog /var/log/fhem/ku_kuehlschrank-
%Y.log ku_kuehlschrank:power.*
  attr FileLog_ku_kuehlschrank logtype jeepower:Plot,text
  attr FileLog_ku_kuehlschrank room PCA301
```

Die Messwerte der Schaltsteckdose werden zusätzlich zur Logdatei nun auch grafisch durch die Plot-Ergänzung bei `logtype` dargestellt. Die Datei `jeepower.gplot`, die sich im `www/gplot`-Verzeichnis von FHEM (hier `/usr/share/fhem/www/gplot`) befindet, wurde von einer vorhandenen `power8.gplot`-Datei kopiert und angepasst.

```
############################
# Display the power reported by the PCA301
# Corresponding FileLog definition:
# define FileLog_Device-PCA301 FileLog /var/log/fhem/Device-PCA301-%Y.log
Device-PCA301:power.*
# jeepower.gplot
set terminal png transparent size <SIZE> crop
set output '<OUT>.png'
set xdata time
set timefmt "%Y-%m-%d_%H:%M:%S"
set xlabel " "

set title '<TL>'
set ylabel "Leistung (W)"
set y2label "Verbrauch(kW)"
set grid
set ytics
set y2tics
set format y "%.1f"
set format y2 "%.1f"
plot "<IN>" using 1:4 notitle with lines
```

Das erste Ergebnis schaut nun wie folgt aus:

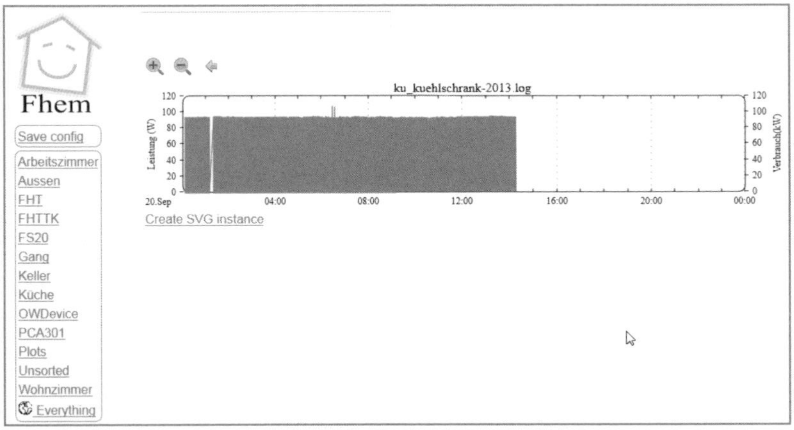

Bild 3.67: Grafische Leistungsanzeige: In diesem Fall wird der Messwert der Schaltsteckdose aus der Logdatei automatisch in die Grafik überführt.

Hier können Sie natürlich noch weitere grafische Übersichten definieren oder in einer gemeinsamen Übersicht zusammenfassen. Das ist Geschmackssache - die entsprechenden Werkzeuge und Möglichkeiten dazu bietet FHEM an.

4

LED-Lampen und Lichteffekte

LED-Leuchtmittel sind angesagt wie nie zuvor. Die Technik hat sich in den letzten Jahren entwickelt und immer mehr Einzug in unseren Alltag gehalten. Kühlschrank, Spiegelschrank im Bad und vieles mehr sind bereits mit den energiesparenden LED-Lampen und -Strahlern ausgestattet – die klassische Glühbirne mit Wolframdraht hat ausgedient, was die Stromrechnung schonen soll.

4.1 LED-Lichtspielhaus: Hue-Bridge und Lampen

Neben den Leuchtmitteln haben auch andere Dinge im Inneren einer LED-Glühbirnenfassung Platz. In Verbindung mit einer (Funk-)Netzwerktechnologie wie WPAN (*Wireless Personal Area Network*) ist es kein großes Problem mehr, jede einzelne Glühbirne explizit zu steuern.

Der Vorteil von WPAN gegenüber WLAN (*Wireless Local Area Network*) ist die geringere Sendeleistung, die zu einer Energieersparnis und damit bei mobilen Geräten wie Fernbedienungen zu einer verlängerten Batterielaufzeit führt. Die Grundidee, WPAN in Glühbirnen und dergleichen unterzubringen, wird von den in der ZigBee Alliance zusammengeschlossenen Unternehmen nach dem ZigBee-Light-Link-Standard in einer neuen Technik gekoppelt.

Allgemeine Informationen zum Thema ZigBee Light Link liefert das englischsprachige Dokument aus der Feder der ZigBee Alliance (*www.nxp.com/documents/user_manual/JN-UG-3091.pdf*) – hier erhalten Interessierte weitere Hintergrundinformationen dazu.

4.1.1 Hell wie Donald Duck: Birnen für Äpfel

Schon Donald Duck wusste: »Wer keine weiche Birne hat, isst harte Äpfel aus Halberstadt.« In diesem Fall kommen die Äpfel aus Cupertino und die Birnen aus Amsterdam. Auch Philips ist auf den ZigBee-Light-Link-Zug aufgesprungen und vertreibt die Philips Hue-Glühlampen in unterschiedlichen Komplettpaketen unter dem Motto: Wer Äpfel isst, hat mehr in der Birne. Die unter der Bezeichnung Hue verkauften Lampen sind strategisch gesehen vorwiegend für die Apple-Kundschaft gedacht, lassen sich aber mittlerweile auch mit alternativen Geräten aus der Android-Ecke und alternativen Desktop-Betriebssystemen steuern – dem ZigBee-Standard sei Dank.

Die Hue-Startpakete von Philips waren anfangs ausschließlich über den Apple-Onlinestore erhältlich und schnell ausverkauft. Das sorgte anschließend in den verschiedenen Onlineauktionshäusern für noch höhere »Early-Adopter-Preise«, die mittlerweile wieder in der Realität angekommen sind. Egal wo Sie das Philips-Hue-Startpaket beziehen – ein günstiger Preis ist das, gemessen an der dahinterliegenden Technik, nicht. Im Weihnachtsgeschäft 2013 war das Hue-Startpaket für unter 200 Euro erhältlich, einzelne LED-Lampen in einfacher »Bulb«-Ausführung schlugen mit etwas weniger als 60 Euro zu Buche.

Bild 4.1: Harmonische Farben und abgestimmte Lichtkonzepte stellen mit der Philips Hue zu Hause keine Wissenschaft mehr dar.

Fasst man alle Versprechungen und Produktbeschreibungen zum Hue-Startpaket zusammen, lassen sich bis zu 50 Hue-Glühlampen in einem einzigen System miteinander verbinden, die auch noch bis zu 80 % weniger Strom als herkömmliche Lampen – gemeint sind wohl Glühbirnen mit Wolframdraht – verbrauchen. Auch wird die Ausbaufähigkeit des Hue-Systems locker flockig mit einem »einfachen Hinzufügen einzelner Lampen« beschrieben, als Grundvoraussetzung wird lediglich die mitgelieferte notwendige Brücke angegeben, die im Startpaket enthalten ist.

Die Praxis sieht jedoch schnell anders aus: Die Lampen passen in eine handelsübliche E27-Fassung und lassen sich somit »normal« einsetzen. Sie sind ab Werk mit dem beigelegten Brückenadapter gepaart. Andere Hue-Modelle, wie der Bloom-Strahler oder die LED-Klebestreifen (Friends of Hue LightStrips), müssen manuell zur Bridge hinzugefügt werden, was sich in der Praxis als Hürdenlauf entpuppt. Auch lassen sich neue Lampen aus einem anderen Startpaket laut Herstellermeinung nicht mit einer bestehenden Bridge »pairen«, hier sollen wohl die teuren Einzellampen verkauft werden.

Der fehlende Schalter bei den Bloom- und Friends-of-Hue-LightStrips-Modellen macht in der Praxis ebenfalls nur bedingt Freude. Jeder, der nach einem anstrengenden Tag nach Hause kommt, möchte nicht vorher umständlich mit dem Smartphone die Lichter schalten müssen. Doch sämtliche genannten Hürden und Probleme lassen sich bei der Einrichtung und später mit dem Raspberry Pi technisch umschiffen und lösen. Am Ende des Tages haben Sie ein vollautomatisches, perfektes Lichtsystem in Ihren eigenen vier Wänden, was dann auch den relativ hohen Anschaffungspreis vergessen macht.

4.1.2 Mehrere Hue-Lampen zusammenschalten

In dem Hue-Startpaket befinden sich neben Netzteil und Netzwerkkabel der »Basisstation«, also der Bridge, bereits drei gekoppelte Philips-LED-Glühbirnen - auch Bulbs genannt. Haben Sie nun neben den drei Standardlampen noch weitere Hue-Glühbirnen, LED-Streifen (Friends of Hue LightStrips) oder einzelne LED-Strahler (LivingColors Bloom) oder gar ein weiteres Startpaket im Einsatz, herrscht schnell Ernüchterung: Das Zusammenschalten der unterschiedlichen Lampen will nicht auf Anhieb oder gar nicht klappen. Die Anschaffung wird schnell zum Ärgernis und zur Umtausch- oder gar zur Rückgabereklamation.

Was der Hersteller nicht leistet (oder nicht leisten will), sind Lösungen für ein wirklich einfaches Koppeln unterschiedlicher Lampen, um diese einheitlich oder getrennt in Gruppen etc. schalten zu können. Nun haben sich, wie so oft in solchen Fällen, Internettüftler der Sache angenommen und dafür verschiedene Lösungswege entwickelt. Die meisten dieser Vorschläge entpuppen sich aber als heiße Luft, nicht mehr. Die zuverlässigste Methode ist die nachstehend beschriebene Lampstealer-/Telnet-Maßnahme, um die unterschiedlichen Hue-Lampen zusammenzuführen.

Lampstealer im Einsatz

Das Freewarewerkzeug Lampstealer ist zunächst prinzipiell nichts anderes als ein ausführbares Java-Archiv - dieses steht unter *www.everyhue.com/?page_id=167* zum Download zur Verfügung.

1. Für das Starten und Ausführen der Datei `Lampstealer.jar` ist ein installiertes Java-OpenJDK-Runtime notwendig. Sicherheitshalber versehen Sie die Datei noch mit den entsprechenden Berechtigungen zum Ausführen. Das Kommando `chmod a+x Lampstealer.jar` sorgt dafür, dass sich die Datei dann auch ausführen lässt.

2 Das Programm Lampstealer selbst ist nach dem Start einfach zu bedienen: Klicken Sie zunächst auf die Schaltfläche *Find bridge*, um im Heimnetz nach der angeschlossenen Hue-Bridge zu suchen. Es wird natürlich davon ausgegangen, dass diese ordnungsgemäß mit der Stromversorgung sowie über die RJ45-Buchse mit dem heimischen Switch/Router verbunden ist und automatisch über den DHCP-Server im Heimnetz eine IP-Adresse zugeordnet bekommen hat.

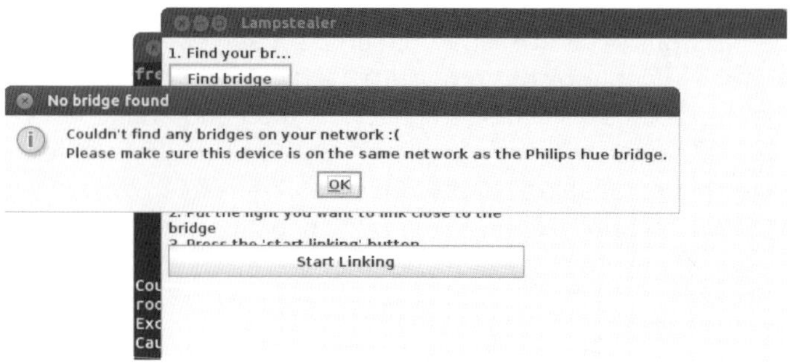

Bild 4.2: Nach dem Start des Programms stellen Sie sicher, dass sich der genutzte Computer im gleichen Netzwerksegment wie die angeschlossene Hue-Basisstation befindet.

3 Erst wenn sich der Computer sowie die Hue-Basisstation in einem gemeinsamen Netz befinden, schlägt Lampstealer an und zeigt die IP-Adresse der gefundenen Hue-Bridge im Programmfenster an. Klicken Sie hier das Hinweisfenster *Found bridge* weg und markieren Sie im Programmfenster den gefundenen Eintrag.

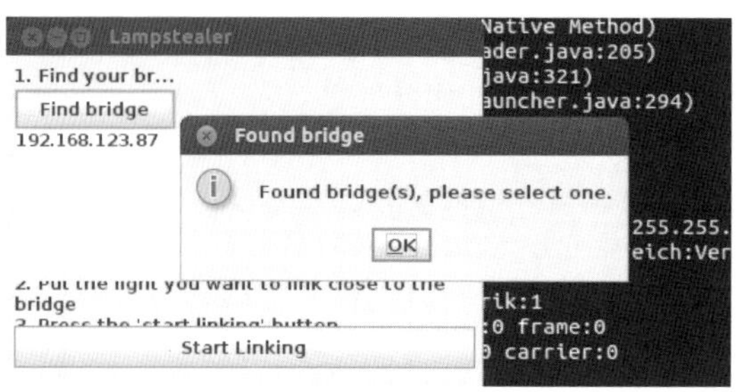

Bild 4.3: Wurde die Philips-Bridge gefunden, markieren Sie die IP-Adresse und klicken anschließend auf die Schaltfläche *Start Linking*, um den Pairing-Vorgang vonseiten der Basisstation mit den vorhandenen Lampen anzustoßen.

4 Nach dem Klick auf die Schaltfläche *Start Linking* dauert es einen Moment – Lampstealer scannt über die Bridge-Basisstation die nähere Umgebung nach neuen, unbekannten Lampen ab. Dieser Vorgang muss für jede einzelne Lampe durchgeführt werden.

5 Sie schrauben beispielsweise Lampe 1 in die Fassung, bedienen den Schalter und drücken auf *Start Linking*. Nach wenigen Augenblicken fängt die Lampe zu blinken an, nach dreimaligem Blinken ist der Pairing-Vorgang abgeschlossen.

6 Anschließend schalten Sie die Lampe aus, schrauben die nächste Lampe in die Fassung, schalten diese ein und klicken erneut auf die *Start Linking*-Schaltfläche. Wiederholen Sie Schritt für Schritt diesen Vorgang, bis Sie alle »fremden« bzw. neuen Lampen der Bridge hinzugefügt haben.

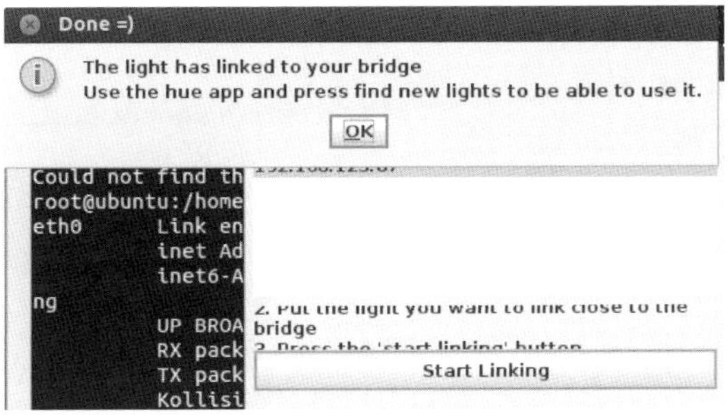

Bild 4.4: Erfolgreich »gepairt«: Nun wurde die neue LED-Glühbirne mit der Basisstation verheiratet, im nächsten Schritt können Sie die neue Lampe über die unterschiedlichen Apps auf dem Smartphone suchen und in Betrieb nehmen.

Manchmal ist es sinnvoll, unter die Haube zu schauen, sich dem Quelltext der Dateien zu widmen und nachzuschauen, was das Programm eigentlich macht. Das JAR-Format macht es einem einfach, denn es ist wie das ZIP-Archivformat aufgebaut. Öffnen Sie die Datei mit einem Archivmanager, anstatt sie auszuführen, liegen die Quellen der Java-Archivdatei offen. Jetzt können Sie in das ausgepackte Verzeichnis navigieren und die einzelnen Bestandteile unter die Lupe nehmen.

Zugriff auf die Lampen über Telnet

Die Hue-Bridge bzw. jedes ZigBee-Netzwerk stellt seine Eindeutigkeit mittels einer PAN-ID (*Personal Area Network Identifier*) sicher. Hier tut sich auch schon ein Sicherheitsloch des ZigBee-Standards auf: Lauscht jemand den Netzwerkverkehr mit und findet die PAN-ID heraus, könnte der Angreifer auf der gleichen Frequenz Befehle, also Pakete, mit der gleichen PAN-ID wie das anzugreifende Netzwerk versenden und somit auch die Lampen steuern.

1. Für Abhilfe sorgt dann nur eine Änderung der netzwerkweiten PAN-ID. Um nun in der Kommandozeile über den Raspberry Pi Kontakt mit der Hue-Bridge aufzunehmen, benötigen Sie das Programm `telnet`, das in der Regel erst noch installiert werden muss:

   ```
   sudo apt-get install telnet
   ```

2. Auf eine Begrüßungsmeldung ähnlich wie bei SSH müssen Sie bei der `telnet`-Verbindung mit der Hue-Bridge verzichten. Dort geben Sie nach dem Verbindungsaufbau einfach das folgende Kommando ein und drücken die [Enter]-Taste:

   ```
   [Link,Touchlink]
   ```

3. Anschließend horcht die Hue-Bridge die nähere Umgebung nach neuen Geräten ab. Wird eines gefunden, wird das mit einer `success`-Meldung quittiert. Hier wird erstmalig auch die PAN-ID mitgeteilt. Um weitere Lampen der lokalen Hue-Bridge zuzuordnen, drücken Sie den mittigen runden Schalter auf der Basisstation, schalten die Lampe an und geben den Befehl erneut ein:

   ```
   [Link,Touchlink]
   ```

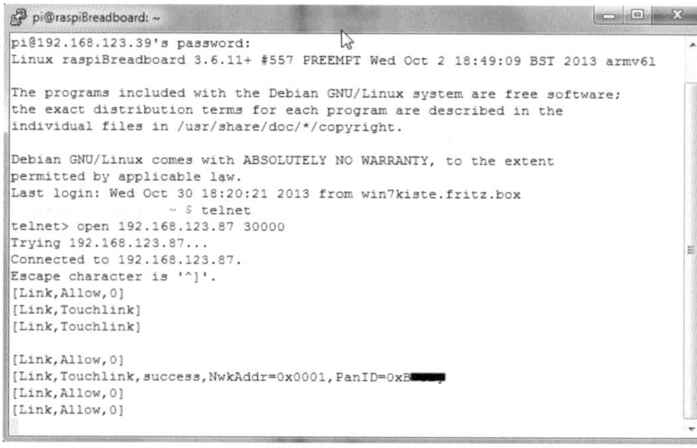

Bild 4.5: Warten auf die `success`-Meldung: Das Drücken des runden, mittig platzierten Schalters auf der Bridge initiiert `[Link,Allow,0]` und nach einer Weile den Aufruf `[Link,Disallow,0]` auf Port `30000`.

4. Beim Start der Telnet-Verbindung ist Ihnen sicher eine Bildschirmmeldung aufgefallen – der Hinweis auf den zum Beenden der Verbindung notwendigen Escape Character `^]`:

```
^]
telnet> quit
Connection closed.
```

Diesen erhalten Sie bei geöffneter Verbindung mit der Tastenkombination [Strg]+[+] (englisches Layout), bei einem deutschen Telnet-Tastaturlayout sind die Tasten [Strg]+[AltGr]+[9] die richtigen. Angekommen auf der Telnet-Konsole, reicht dann der `quit`-Befehl aus, um wieder in die Kommandozeile zu gelangen.

4.1.3 Hue-Lampen und iPhone: Zwangshochzeit per App

Wer nur die im Startpaket mitgelieferten Lampen mit der Hue-Bridge einsetzt, braucht die beschriebenen Pairing-Maßnahmen natürlich nicht vorzunehmen, da die Lampen bereits ab Werk mit der Basisstation gekoppelt sind. Hier müssen Sie nur die drei LED-Lampen in die jeweiligen E27-Lampenfassungen einschrauben und über den Lampenschalter einschalten. Anschließend verbinden Sie die Hue-Bridge über das mitgelieferte Netzwerkkabel mit dem Router im Heimnetzwerk und stecken die Versorgungsspannung ein.

1. Durch das Scannen des auf der Packung aufgedruckten QR-Codes gelangen Sie zur Philips-Hue-App im App-Store (*https://itunes.apple.com/de/app/philips-hue/id557206189*), die für die Steuerung, Ersteinrichtung sowie Nutzung von Profilen und Gruppen vorgesehen ist. An Kosten haben Sie gegebenenfalls nur die für die Verbindung zu tragen, die App an sich wird kostenlos vertrieben. Nach Download und Installation wird nach dem Start zunächst die Bridge gesucht und ausgelesen, falls bereits Lampen mit der Basisstation gekoppelt sind.

Bild 4.6: Suchen und Verbinden: In diesem Schritt scannt die App das heimische Netzsegment ab, mit dem das iPhone über die WLAN-Verbindung verbunden ist. Je nach Verbindungsgeschwindigkeit dauert das ein paar Minuten.

❷ Im nächsten Schritt drücken Sie den runden Verbinden/Connect-Knopf auf der Oberseite der Bridge, damit die App die auf der Bridge verfügbaren Lampenprofile herunterladen und nutzen kann, sofern neben den drei Standardlampen noch zusätzliche LED-Birnen angelernt werden sollen.

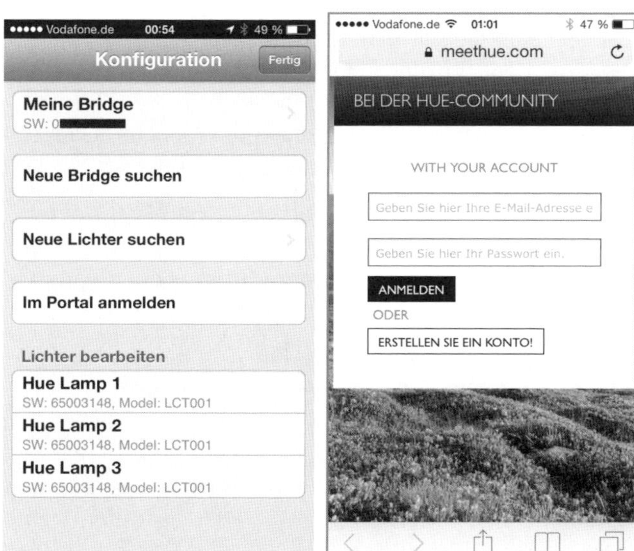

Bild 4.7: Apple und Birnen: Standardmäßig sind die im Startpaket mitgelieferten Lampen bereits vorkonfiguriert. Über die Community stehen hier noch weitere Schalt-/Leuchtprofile kostenlos zur Verfügung. Dafür müssen Sie sich jedoch registrieren und persönliche sowie technische Informationen zur Hue (Seriennummer, Verbindungskeys etc.) an Philips übertragen. Auf dieses Gimmick wurde im Rahmen dieses Buchs verzichtet.

❸ Nach dem Hinzufügen über die manuelle Link-Methode per Telnet oder Lampstealer sollten die neuen Lampen nun über die Bridge zur Verfügung stehen und den entsprechenden Anwendungen auf dem Computer bzw. in diesem Fall auf dem Smartphone dienen. Philips stellt für die Einrichtung und Steuerung eine kostenlose App in Apples App-Store zur Verfügung.

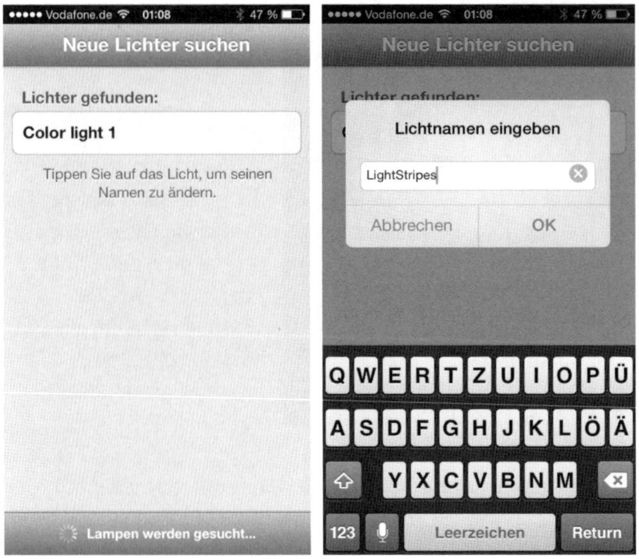

Bild 4.8: Für jede App auf jedem Apple-Gerät einmalig durchzuführen: Die Ersteinrichtung der Bridge bzw. das Einlesen der verfügbaren Lampen dauert einen kleinen Moment.

Grundsätzlich sind die Bewertungen im Internet mit Vorsicht zu betrachten. Die Gefahr ist einfach zu groß, auf geschmierte Bewertungen und Aussagen hereinzufallen. Oft werden auch Bewertungen abgegeben, die mit dem eigentlichen Produkt nichts zu tun haben, aber dennoch platziert werden, um dem Hersteller zu schaden. Glaubt man diesen Bewertungen, sollte die Philips-Hue-App nicht unbedingt auf dem Smartphone installiert werden, aber getreu dem alten Sprichwort: »Einem geschenkten Gaul schaut man nicht in das Maul« wandert die iOS-App dennoch aufs Smartphone.

Nach dem Start der App führt ein Assistent durch die verschiedenen Schritte der Ersteinrichtung, in der die Verbindung zur Hue-Basisstation eingerichtet wird. Danach lassen sich die mit der Hue gekoppelten Lampen steuern und in Sachen Farbgebung einfach per App einrichten.

Für verschiedene Anwendungszwecke sind der Philips-Hue-App bereits einige sogenannte Szenen beigepackt, die mit vorkonfigurierten Farbgebungen gerade bei mehreren Lampen sehr gut zur Geltung kommen. So lassen sich auch manuell eigene Farbprofile und Szenen anlegen und sichern. Für weitere Beleuchtungsmöglichkeiten wie Lichtorgel, Strobolicht und mehr benötigen Sie vom Smartphone aus andere Lösungen. Dafür stehen kostenpflichtige Spezialprogramme wie Disco und Lightbow im App-Store zur Verfügung.

Hue-Apps mit Spaß: Disco und Lightbow

Unverzichtbar für einen gelungenen Disco-Abend daheim war in den Achtzigern die Musiksendung »Disco« im ZDF. Nun ist Disco-Musik bekanntlich Geschmackssache. Doch bunte Lampen bzw. eine passende harmonische Farbgebung im Zusammenhang mit dem Mobiliar sind noch immer etwas Besonderes. Gepaart mit den gewünschten Klängen, bringen Sie nun mit dem Smartphone selbst buntes Licht in das Wohnzimmer. Mit der App Disco lassen Sie, sofern das eingebaute Mikrofon aktiv ist, die gewünschten Lampen im Takt leuchten.

Anders als die iOS-App Disco bringt die kostenpflichtige App Lightbow keine Multimedia-Funktionen mit, bietet aber eine große Auswahl an vordefinierten Szenen und übersichtlichere Steuerungsmöglichkeiten der Lampen im Vergleich zur Hue-App von Philips. Durch die intuitive Steuerung dank der gut gelösten Anordnung der Funktion sollte auch diese App auf dem iOS-Gerät nicht fehlen.

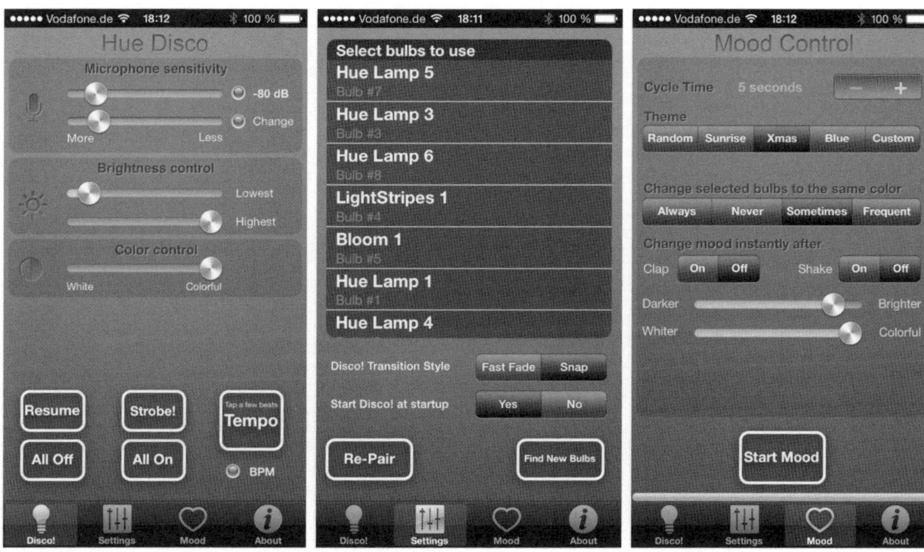

Bild 4.9: Partymodus mit Disco-Funktionen: Die iOS-App Disco überzeugt mit vielen Funktionen und Einstellungsmöglichkeiten.

Doch manchmal ist die Steuerung per App über das Smartphone etwas sperrig. Wer die Philips Hue für automatische Zwecke nutzen möchte, verwendet für den Zugriff am besten die offene JSON-Schnittstelle (*JavaScript Object Notation*).

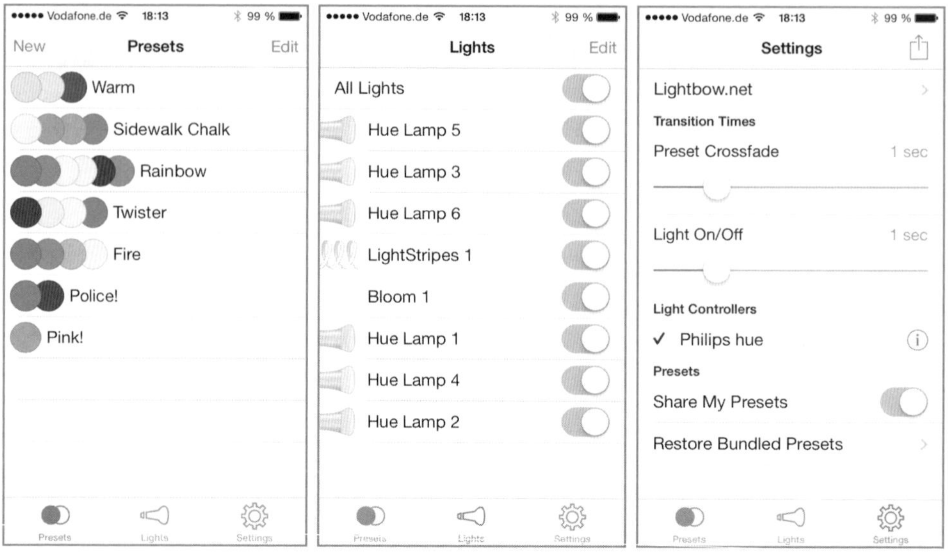

Bild 4.10: Romantik und mehr mit Lightbow: Die kostenpflichtige App überzeugt mit einer übersichtlichen Benutzeroberfläche.

4.1.4 Hue-Steuerung mit Python selbst gebaut

Sind die Lampen physikalisch installiert und logisch mit der Hue-Bridge gekoppelt, lassen sich die unterschiedlichen Lampentypen umfangreich konfigurieren. Zusätzliche Parameter wie Uhr- und Tageszeit sowie Wetter, Tür- und Fenstersensoren lassen sich dank Raspberry Pi über Python für die Steuerung der Hue-Lampen bequem nutzen. Voraussetzung dafür ist zunächst die Installation einer Python-API für die Hue-Lampen, die die Grundfunktionalität für den Zugriff auf die Basisstation mitbringt.

```
mkdir pyhue
cd pyhue/
wget wget https://pypi.python.org/packages/source/p/pyhue/pyhue-0.7.6.zip
unzip pyhue-0.7.6.zip
cd pyhue-0.7.6
sudo python setup.py install
```

Einfacher ist es, die Datei `pyhue.py` in das aktuelle Verzeichnis zu kopieren, in dem sich auch die Python-Quelldatei befinden wird. Für den Zugriff auf die Philips Hue-Bridge ist dann nur noch die IP-Adresse sowie der Key der Bridge nötig.

```
#!/usr/bin/python
import pyhue
b = pyhue.Bridge('192.168.123.87','2841e6ada12345678123456781234 5')
```

Haben Sie ein Python-Skript erstellt, ist beim ersten Start des Skripts unmittelbar der mittige runde Schalter auf der Bridge-Basisstation zu drücken, um einen neuen Key zu generieren.

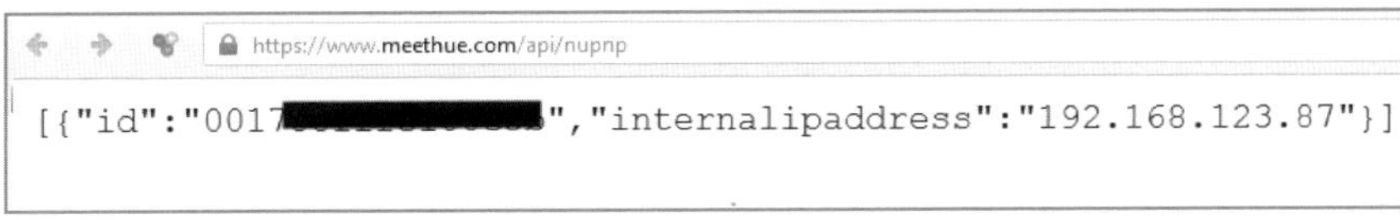

Bild 4.11: Nach dem Drücken des Schalters geben Sie im Browser die Adresse `https://www.meethue.com/api/nupnp` ein.

Anschließend wird die für die Verbindung notwendige Verbindungs-ID (der Verbindungskey) ausgegeben, die Sie im Python-Skript beim Verbindungsaufruf eintragen:

```
b = pyhue.Bridge('192.168.123.87','2841e6ada12345678123456781234 5')
```

Python-Aufrufe für die Lampensteuerung

Die Philips-API bietet verschiedene Funktionen und Möglichkeiten an, mit denen Sie die angeschlossenen Lampen in Gruppen zusammenfassen und steuern können. Dafür stehen die sogenannte »lights«-Ressource für die Lampen selbst, die »groups«-Ressource für das virtuelle Gruppieren von Lampen, eine »config«-Ressource, in der die Konfigurationsparameter abgelegt werden, sowie die »schedules«-Ressource, in der sämtliche wiederkehrenden automatischen Startparameter eingetragen sind, zur Verfügung. Über die Python-API `pyhue` ist der Zugriff auf die Hue selbst sowie auf die gekoppelte(n) Lampe(n) schnell erledigt:

```
import pyhue
b = pyhue.Bridge('X.X.X.X', 'test')
# erste Lampe
light = b.get_light("1")
light.hue = 0
light.bri = 255
```

Das nachstehende Skript erledigt zunächst die grundlegenden Dinge wie Initialisierung der Hue und Einlesen der Parameter, um anschließend alle angeschlossenen Lampen an- und nach einer Wartezeit (bei `delaysec`) von `20` Sekunden wieder auszuschalten.

```
#!/usr/bin/python
import pyhue
import time
import sys
IP_HUE='192.168.123.87'
delaysec=20
b = pyhue.Bridge(IP_HUE,'2841e6ada8f9d67319c89697009b83')

def alle_birnen_an():
# alles an
```

```
        for light in b.lights:
                light.on = True
                light.hue = 0

def alle_birnen_aus():
# alles an
        for light in b.lights:
                light.on = False

def main():
        alle_birnen_aus()
        print "Lampen wurden ausgeschaltet"
        print "Warte ", delaysec, "Sekunden..."
        time.sleep(delaysec)
        print "Lampen wurden eingeschaltet"
# Alternative zum Ein-/Ausschalten
        alle_birnen_an()
        switch_birnen('on')
        switch_birnen('off')

def switch_birnen(sw):
        id_hue_birne=0
        print "Es werden alle angeschlossenen Lampen eingeschaltet"
        for light in b.lights:
                id_hue_birne = id_hue_birne + 1
                if sw == 'on':
                        light.on = True
                        light.hue = 0
                        #b.set_light(anz_hue_birnen, 'on' , True)
                        print "Es wird Lampe <", id_hue_birne , ">
eingeschaltet"
                elif sw == 'off':
                        #b.set_light(anz_hue_birnen, 'on', False)
                        light.on = False
                        print "Es wird Lampe <", id_hue_birne, ">
ausgeschaltet"
                elif sw == '':
                        light.on = False
                        # b.set_light(anz_hue_birnen, 'on', False)
                        print "Es wird Lampe <", id_hue_birne, ">
ausgeschaltet"
        anzahl_hue_birne = id_hue_birne

if __name__ == '__main__':
        main()
sys.exit(0)
# -------------------------- EOF -------------------------------------
```

Beachten Sie, dass das Ausschalten der Lampen über den `True/False`-Schalter gesteuert wird. In der `for`-Schleife durchläuft die Funktion sämtliche an der Hue verfügbaren Lampen.

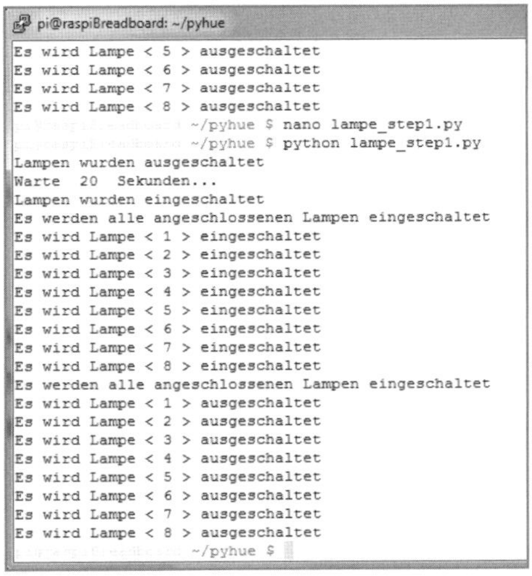

Bild 4.12: Ein- und Ausschalten aller Lampen: Der erste Test des selbst gebauten Python-Skripts ist erfolgreich.

Das Beispielskript zum Ein- und Ausschalten der Hue-Lampen finden Sie unter der Bezeichnung `lampe_step1.py`. Im nächsten Schritt lassen Sie sich die erweiterten Attribute und Eigenschaften der Lampen ausgeben.

Parameterzugriff auf die Hue-Lampen

Im nächsten Schritt dient das oben genannte Skript `lampe_step1.py` als Basis und wird um die Funktion `def birnen_info()` ergänzt. In dieser Funktion finden sich sämtliche API-Aufrufe (*http://developers.meethue.com/1_lightsapi.html*) der Lampenressource, die nach dem Aufruf aus der Hue / Lampenparameter ausgelesen und auf dem Bildschirm ausgeben werden.

```
def birnen_info():
        anzahl_hue_birnen=0
        id_hue_birne=0
        print "Es werden alle angeschlossenen Lampen gezeigt"
        for light in b.lights:
                print '+' * 80
                print "+  LAMPE Nr. <" , light.id ,"> "
                print '+' * 80
                print "+ light.state", light.state
                print "+ light.type", light.type
                print "+ light.name", light.name
                print "+ light.modelid", light.modelid
                print "+ light.swversion", light.swversion
                print "+ light.pointsymbol", light.pointsymbol
```

```
                print "+ -"
                if hasattr(light,'ct'):
                        print "+ id: ", light.id, " | Name :" ,
light.name, "| Eingeschaltet? : ", light.on, "| Helligkeit: ", light.bri,
"| Saettigung", light.sat, "| xy: ", light.xy, "| Farbtemperatur: ",
light.ct, "| Hue: ", light.hue, "| Colormode: ", light.colormode
                else:
                        print "+ id: ", light.id, " | Name :" ,
light.name, "| Eingeschaltet? : ", light.on, "| Helligkeit: ", light.bri,
"| Saettigung", light.sat, "| xy: ", light.xy, "| Farbtemperatur: Keine |
Hue: ", light.hue,  "| Colormode: ", light.colormode
                print '+' * 80
                print "~"
```

Die neue Funktion ist in der Datei `lampe_step2.py` gespeichert. Bei der Ausführung des Skripts werden sämtliche angeschlossenen Lampen geprüft, anschließend werden deren (aktive) Parameter ausgegeben.

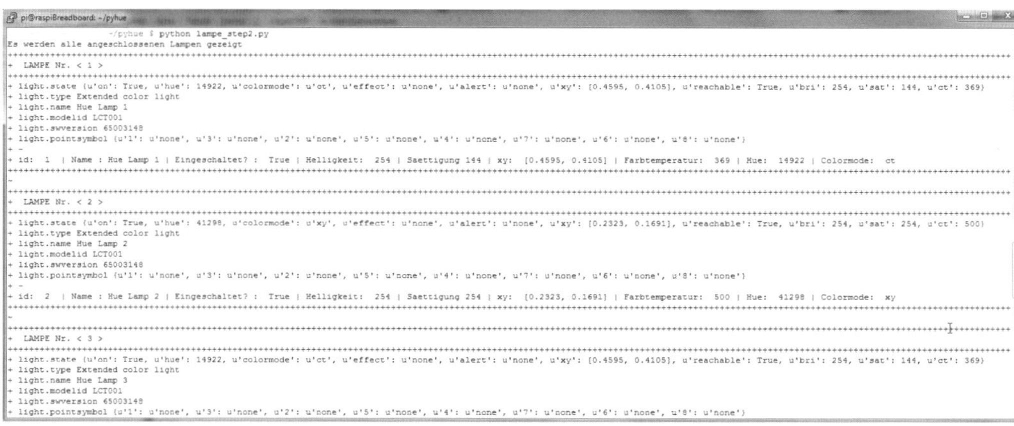

Bild 4.13: Mit dem erweiterten Skript `lampe_step2.py` lassen Sie sich mit der Funktion `def birnen_info()` zusätzlich die Parameter und Einstellungen der Lampen ausgeben.

Nun ist geklärt, wie der Zugriff auf die verfügbaren Parameter funktioniert. Im nächsten Schritt wählen Sie den umgekehrten Weg und setzen die gewünschten Werte für die jeweilige Lampe. Dies äußert sich, wie es bei einer Lampe auch sein soll, in der unterschiedlichen Leuchtkraft und Farbgebung der Birne.

Wohlfühlprogramm: Helligkeit, Sättigung und Farben ändern

Mit den Parametern Farbton (`hue`), Sättigung (`saturation`) und Helligkeit (`brightness`) wird bei den Hue-LED-Lampen die Farbgebung der Farben definiert, die sich aus dem bekannten Schema RGB (Rot, Grün und Blau) ergeben.

Philips nutzt für die Farbzuordnung der Lampen den sogenannten CIE-Farbraum, also die unten gezeigte hufeisenförmige Normfarbtafel, die nun mit zwei Parametern (x und y) arbeitet, da sich der dritte Parameter z aus der Grundbedingung `x + y + z = 1` durch die rechnerische Umstellung zu `z = 1 - x - y` ermitteln lässt.

Dreh- und Angelpunkt ist der sogenannte theoretische Weißpunkt, dem alle drei Farben anteilig gleich zu je einem Drittel zugeordnet sind. Hier erhalten die Variablen `x`, `y` und `z` jeweils den Wert `0,333`.

Durch die Grundbedingung, die mit `x + y + z = 1` definiert ist, lässt sich der `z`-Anteil rechnerisch (`z = 1 - x - y`) ermitteln. Damit ist der zulässige Zahlenbereich der beiden `x`- und `y`-Werte zwischen `0` und `1` festgelegt.

Hat `x` beispielsweise den Wert `1`, muss `y` (und `z`) den Wert `0` besitzen, damit die Gleichung stimmt.

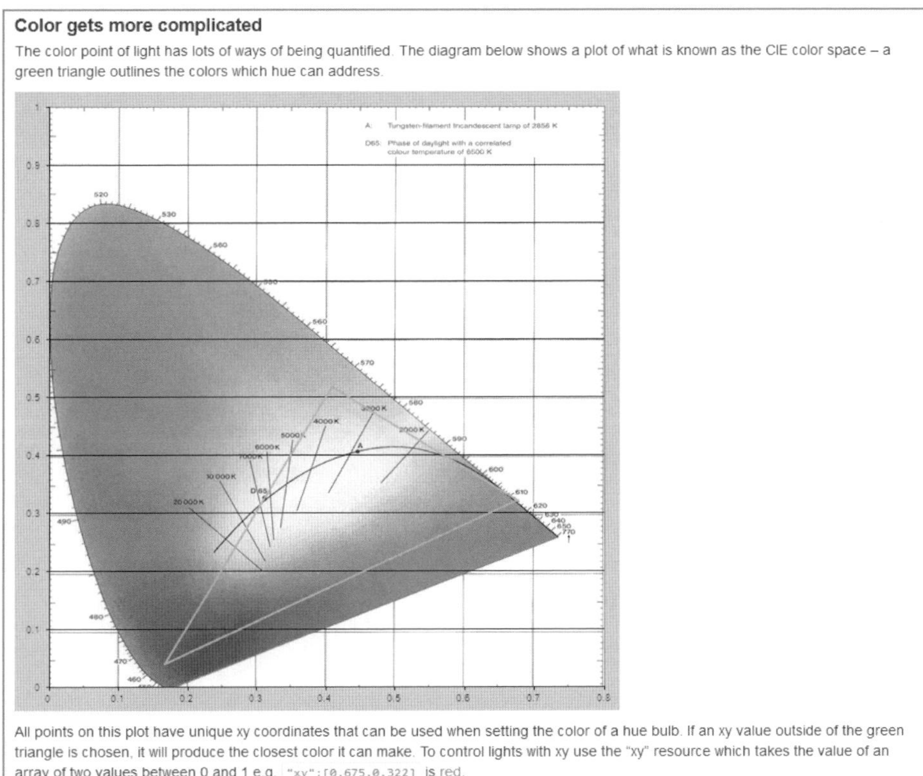

Bild 4.14: Auszug aus der Philips-API (*http://developers.meethue.com/1_lightsapi.html*): Die Farbzuordnung erfolgt nach dem CIE-Farbschema mit x-/y-Koordinaten.

Auf dem Computer kommt im Gegensatz zur Philips Hue das RGB-Farbschema zur Anwendung. Bei RGB werden R (Rot), G (Grün) und B (Blau) jeweils durch einen Wert von 0 bis 255 dargestellt, der zunächst in das Hexadezimalsystem umgewandelt und anschließend mit den verbleibenden Werten aneinandergereiht wird.

So wird beispielsweise der RBG-Wert (255,0,0) zu FF0000. Die weitere Darstellung einer Farbe kann auch im sogenannten HSV-Verfahren erfolgen, bei dem die Farbe je nach Farbton, Sättigung und Helligkeit bestimmt werden kann. Für die Umrechnung der Farben stehen fertige Algorithmen zur Verfügung - aber wer in Sachen Programmierung eine kleine Herausforderung sucht, kann sich hier verwirklichen.

Farben umrechnen

Grundsätzliche Informationen zur Umrechnung der Farben zwischen den Farbsystemen und Onlinerechner, die zumindest am Anfang eine gute Hilfe darstellen, finden Sie unter *www.brucelindbloom.com/index.html?ColorCalcHelp.html* und *www.rapidtables.com/convert/color/rgb-to-hsv.htm.*

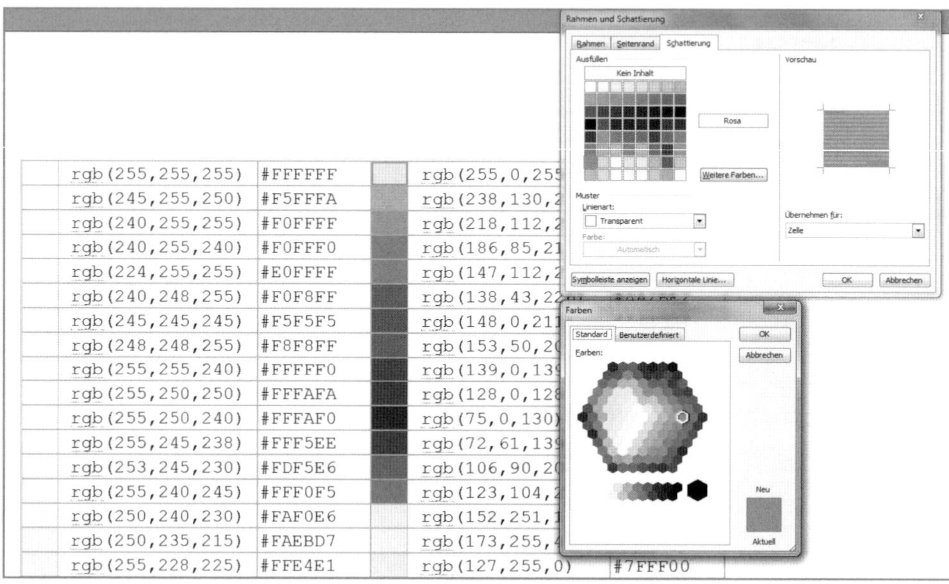

Bild 4.15: In nahezu jeder Anwendung auf dem Computer lässt sich die Farbauswahl entweder im RGB- oder im HSV-Format vornehmen. Eine große Auswahl an Farben erzeugen Sie über die RGB-Farbtabelle.

Um unter Python von dem RGB-Farbschema nun auf das CIE-`xy`-Farbschema der Hue zu wechseln, können Sie über die Python-Module `numpy` und `colorpy` etwas Aufwand treiben, um die `xy`-Werte möglichst genau zu ermitteln. Da die Farbgebung hier jedoch nur ungefähr stimmen muss, reichen Näherungswerte für die Umrechnung völlig aus.

In diesem Beispiel wurden die im Hue-Forum (*http://www.everyhue.com/vanilla/discussion/94/rgb-to-xy-or-hue-sat-values/p1*) genutzten festen Werte in Python-Code übertragen und in eine eigene Funktion gegossen.

```
def rgb2xy_short(r, g, b):
    X = 0.412453 * r + 0.357580 * g + 0.180423 * b
    Y = 0.212671 * r + 0.715160 * g + 0.072169 * b
    Z = 0.019334 * r + 0.119193 * g + 0.950227 * b
    x = X / (X+Y+Z)
    y = Y / (X+Y+Z)
    return x, y
```

Damit lässt sich nahezu jede gewünschte Farbe zumindest berechnen - ob sich die Farbe eins zu eins auf den Hue-Lampen darstellen lässt, steht natürlich wieder auf einem anderen Blatt. Doch zumindest die Farbgebung kommt in der Praxis schon etwas in die Nähe. Die Helligkeit ist natürlich bei der Hue auch variabel - der dazugehörige Wert bewegt sich im Bereich von `0` bis `255`. Beachten Sie hier, dass per Definition der Hue-API der Wert `0` für die Helligkeit nicht gleichbedeutend mit dem Ausschalten der Lampe ist. Dafür steht ein eigener API-Aufruf zur Verfügung.

```
def rgb2ciexy_hue(rInt, gInt, bInt):
    MAX_BRIGHT=255
    # Farbe konvertieren zwischen 0 und 1
    red = (float(rInt) / 255)
    green = (float(gInt) / 255)
    blue = (float(bInt) / 255)
    # Gamma-Korrektur der RGB
    if (red > 0.04045):
        red = math.pow(((red + 0.055) / 1.055), 2.4)
    else:
        red = red / 12.92
    if (green > 0.04045):
        green = math.pow(((green + 0.055) / 1.055), 2.4)
    else:
        green = green / 12.92
    if (blue > 0.04045):
        blue = math.pow(((blue + 0.055) / 1.055), 2.4)
    else:
        blue = blue / 12.92
    # Alternativ auch Wide RGB D65 moeglich!
    red = red * 100
    green = green * 100
    blue = blue * 100

    X = red * 0.4124 + green * 0.3576 + blue * 0.1805
    Y = red * 0.2126 + green * 0.7152 + blue * 0.0722
    Z = red * 0.0193 + green * 0.1192 + blue * 0.9505

#CIE-Werte xyY errechnen aus o.g. Naeherung
    sum = X + Y + Z
    if (sum > 0):
```

```
        chroma_x = X / (X + Y + Z) #x
        chroma_y = Y / (X + Y + Z) #y
    else:
        chroma_x = 0
        chroma_y = 0
    brightness = int(math.floor(Y / 100 * MAX_BRIGHT)) # Y bestimmt die
Helligkeit der konvertierten Farbe
    print "xyY:" + str(chroma_x) + " , " + str(chroma_y) + " , " +
str(brightness)
    isBulbOn = True # Bool für Status
    if brightness == 0:
        isBulbOn = False # Status setzen wenn Helligkeit auf 0
    output = {'xy':[chroma_x, chroma_y],'bri':brightness,'on':isBulbOn}
    return output
```

Das Einschalten einer einzelnen Lampe erfolgt mit diesem Kommando:

```
switch_birne(2, 'on')
```

Die dazugehörige Funktion hat einen einfachen Aufbau:

```
def switch_birne(id, sw):
        for light in b.lights:
            if int(light.id) == int(id):
                if sw == 'on':
                        light.on = True
                        light.hue = 0
                        print "Es wird Lampe <", id , "> eingeschaltet"
                elif sw == 'off':
                        light.on = False
                        print "Es wird Lampe <", id, "> ausgeschaltet"
                elif sw == '':
                        light.on == False
                        print "Es wird Lampe <", id , "> ausgeschaltet"
                elif sw <> '':
                        light.on = False
                       print "Es wird Lampe <", id, "> ausgeschaltet"
```

In diesem Beispiel wird Lampe 2 (`light id` = `2`) mit der Bezeichnung `Hue Lamp 2` über den Übergabeparameter `id` (hier `2`) angesprochen und durch den On/Off-Schalter der Funktion gesteuert. Um nun den einzelnen Lampen bestimmte Farben zuzuordnen, führen viele Wege nach Rom. Zumindest für den Einstieg ist es am einfachsten, hier die Werte für die gewünschten Farben vorab zu bestimmen und im Skript bzw. Programmcode fest in Variablen zu hinterlegen.

Variable	Bemerkung	Wertebereich
Hue (hue)	Die zulässigen Werte liegen hier zwischen 0 und 65535 (2^16 = 65535). So wird die Farbe Rot durch den Wert 0 und 65535 repräsentiert, 25500 ist Grün und 46920 Blau. Dividiert durch das Winkelmaß 182,0416666666667 erhalten Sie bei der Farbe Rot (65535) einen Vollkreis von 360 Grad.	0-65535
Brightness (bri)	Helligkeit.	0-255
Saturation (sat)	Farbsättigung der Lampe. Die Werte liegen hier zwischen 0 (keine Sättigung, weiß) und 255 (farbig).	0-255
xy	Die x- und y-Koordinate im CIE-Farbraum.	jeweils von 0-1

Als Funktion zum Setzen des Farbtons der Hue-LED-Lampen können Sie folgende Funktion verwenden, in der die wichtigsten Farben bereits vordefiniert sind:

```
def set_birne_farbe(id, light_color):
    # Aufruf set_birne_farbe(1,"blau")
    # Farben: off, weiss, rot, gruen, violett, pink, blau, gelb
    # Farbdefinitionen unter: http://chir.ag/projects/name-that-color/
    for light in b.lights:
        if int(light.id) == int(id):
            if light_color == "off":
                light.on = False
            else:
                if light.on == False:
                    light.on = True
            if light_color == "weiss":
                light.bri = 250
                light.hue = 14923
                light.sat = 144
                light.xy = [0.4596, 0.4105]
            if light_color == "gelb":
                light.bri = 250
                light.hue = 19887
                light.sat = 254
                light.xy = [0.4304, 0.5023]
                if light_color == "rot":
                light.bri = 250
                light.hue = 49746
```

```
            light.sat = 235 # 255 knallt zu arg ;)
            light.xy = [0.6400.03299
        if light_color == "violett":
            light.bri = 250
            light.hue = 46031
            light.sat = 228
            light.xy = [0.2336, 0.1127]
        if light_color == "pink":
            light.bri = 250
            light.hue = 47793
            light.sat = 211
            light.xy = [0.3628, 0.1808]
        if light_color == "blau":
            light.bri = 250
            light.hue = 47108
            light.sat = 254
            light.xy = [0.166, 0.04]
        if light_color == "gruen":
            light.bri = 250
            light.hue = 23543
            light.sat = 254
           light.xy = [0.3919, 0.484]
```

Sämtliche beschriebenen sowie weitere Python-Funktionen sind in der Datei `lampe_step3.py` zusammengefasst, die Sie für Ihre persönliche Zwecke einsetzen können. Sie stricken sich dann entsprechende Szenen oder Abläufe zusammen, die beim Auftreten eines Ereignisses automatisch gestartet werden können.

Damit Sie auch einzelne Lampen gezielt im Rahmen der Hausautomation steuern und mit anderen Komponenten (z. B. einer Türklingel) koppeln können, benötigen Sie das kostenlose FHEM-Tool auf dem Raspberry Pi.

4.2 FHEM mit Hue-Lampen nachrüsten

Für die einfache Integration der Hue-Bridge in die Hausautomation auf dem Raspberry Pi sorgt das Tool FHEM.

1. Sind sämtliche Lampen mit der kleinen weißen Steuerbox gekoppelt und die Hue-Bridge im Heimnetz mit einer eigenen IP-Adresse erreichbar, erfolgt die Einrichtung einfach über das Webkonfigurationsfenster von FHEM durch die Eingabe des Kommandos `define bridge HUEBridge` – oder `define wz_HUE HUEBridge 192.169.123.87`, falls Sie die IP-Adresse mit angeben möchten.

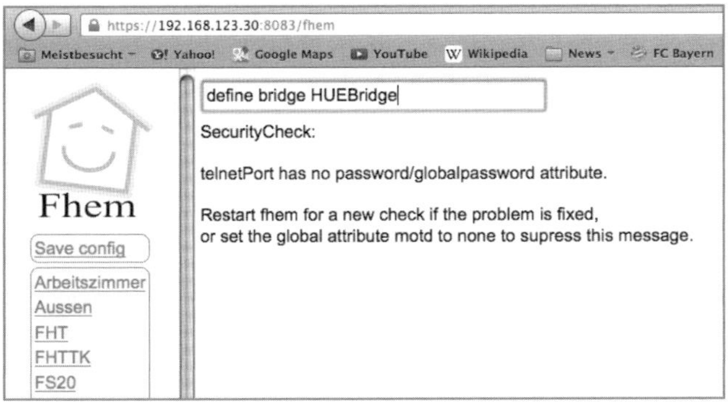

Bild 4.16: Wird der Befehl durch Betätigen der [Enter]-Taste an den FHEM-Server abgeschickt, drücken Sie auf den runden Knopf in der Mitte der Bridge, damit die Hue-Bridge einen Verbindungskey generiert und an den FHEM-Server übermittelt.

2. Nach der Eingabe des Kommandos wird nach dem Pairing per Klick auf die Schaltfläche *Save config* die aktuelle Konfiguration gespeichert. Sicherheitshalber prüfen Sie bei der Installation neuer Geräte die Logdatei auf etwaige Unstimmigkeiten.

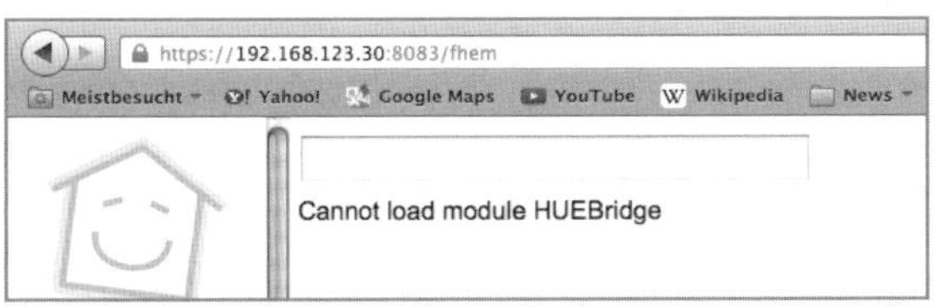

Bild 4.17: Hue-Installation läuft in einen Fehler: Die Anlage der Hue-Bridge scheitert zunächst.

Kann das Hue-Modul nicht geladen bzw. keine Verbindung aufgenommen werden, gilt dies erst recht – in der Regel liefert FHEM meist unmittelbar eine Rückmeldung dazu, wo es zwickt. In diesem Fall kann das Modul nicht geladen werden.

Bild 4.18: Vorarbeit notwendig: Erst wenn das notwendige JSON-Perl-Modul installiert ist, lassen sich die HUE-Module `30_HUEBridge.pm`, `31_HUEDevice.pm` in Betrieb nehmen.

3 Der Blick in die Logdatei sorgt weiter für Aufklärung, vor der eigentlichen Fehlermeldung `error detecting bridge` weist FHEM mit der Meldung `Can't locate JSON.pm in @INC` darauf hin, dass das notwendige JSON-Modul (*JavaScript Object Notation*) nicht installiert ist.

4.2.1 Perl CPAN auf dem Raspberry Pi installieren

Für die Kommunikation von und zur Hue-Bridge benötigt FHEM ein installiertes JSON-Paket.

1 Für die Nutzung der FHEM-eigenen Perl-Module bzw. der Hue-Module (`30_HUEBridge.pm`, `31_HUEDevice.pm` im Verzeichnis `/opt/fhem/FHEM`) ist die nachträgliche Installation auf dem Raspberry Pi nötig. Wer statt des Raspberry Pi eine FHEM-taugliche FRITZ!Box im Einsatz hat, muss ebenfalls das JSON-Paket nachinstallieren, das über die CPAN-Seite per Suche nach `JSON-2.53.tar.gz` erhältlich ist.

```
wget http://search.cpan.org/CPAN/authors/id/M/MA/MAKAMAKA/JSON-
2.53.tar.gz
tar xfz JSON-2.53.tar.gz
cd JSON-2.53
sudo cpan JSON
```

2 Jetzt bestätigen Sie per [Enter]-Taste die Verbindungsanforderung zu einem Mirror der Seite `cpan.org`, damit die Installation fortgeführt werden kann.

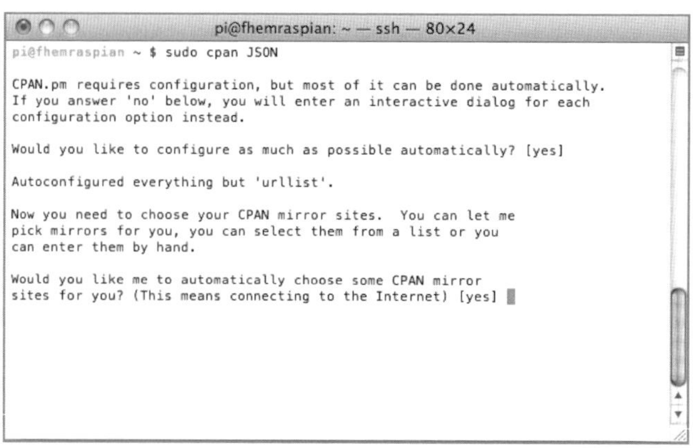

Bild 4.19: Nach Download und Auspacken der `JSON-2.53.tar.gz` installieren Sie das JSON-Paket mit dem Kommando `sudo cpan JSON`.

Nach dem Start der Installation dauert es einen kurzen Moment, bis das JSON-Paket auf dem Raspberry Pi nachgezogen und aktiviert ist.

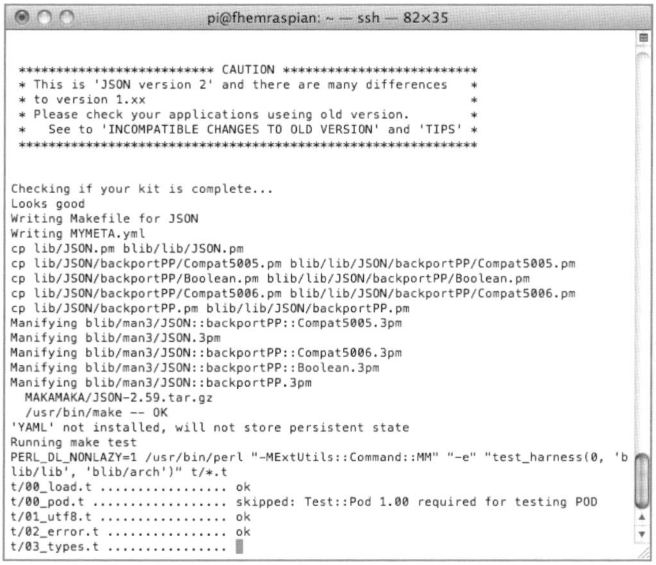

Bild 4.20: Ähnlich wie beim Kompilieren: Die Installation des `cpan`-Pakets informiert ausführlich über das Geschehen bei der Installation.

❸ Die Installation legt das notwendige Perl-Modul `JSON.pm` im Verzeichnis `/usr/local/share/perl/5.14.2/` ab. Auf der FRITZ!Box muss dagegen der Inhalt des JSON-Pakets vom `lib`-Verzeichnis nach `/fhem/lib/perl5/site_perl/5.12.2` kopiert werden.

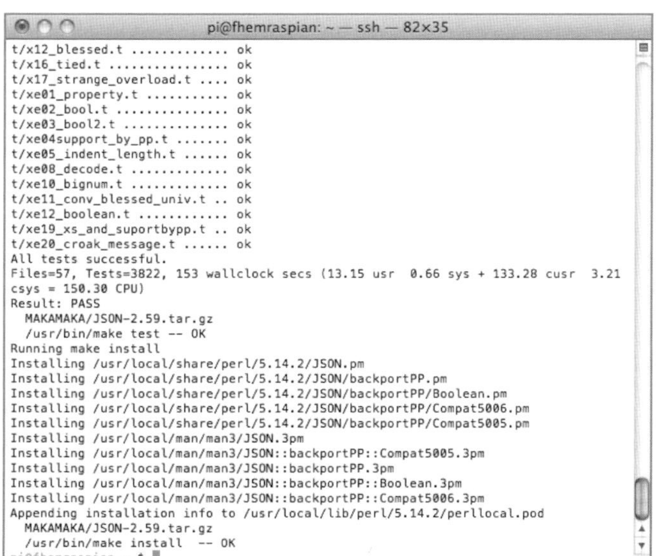

Bild 4.21: Erfolgreich kompiliert und installiert: Nun ist das JSON-Paket auf dem Raspberry Pi und kann für FHEM genutzt werden.

❹ Im nächsten Schritt wiederholen Sie die Eingabe im FHEM-Befehlsfenster, um die Hue-Bridge per `define` in der FHEM-Konfiguration anzulegen. Nach dem Drücken des Link-Knopfs wird nun auch der Verbindungsschlüssel von der Hue generiert und dann zum Raspberry Pi zu FHEM übertragen.

Bild 4.22: Die Hue-Bridge wird automatisch von FHEM mit den notwendigen Settings eingetragen.

Ist die Hue nun in FHEM eingerichtet, können die mit der Hue-Bridge gekoppelten Lampen in Betrieb genommen werden.

4.2.2 Hue-Lampen in FHEM einrichten

Um nun die mit der Hue-Bridge gekoppelten Lampen auch in FHEM anzeigen zu können, drücken Sie zunächst auf den »Link«-Button auf der Oberseite der Basisstation. FHEM selbst meldet, wie in der nachstehenden Abbildung zu sehen, dass die Kopplung noch nicht vollständig abgeschlossen ist, und fordert das Drücken des Schalters auf der Hue-Bridge ausdrücklich ein.

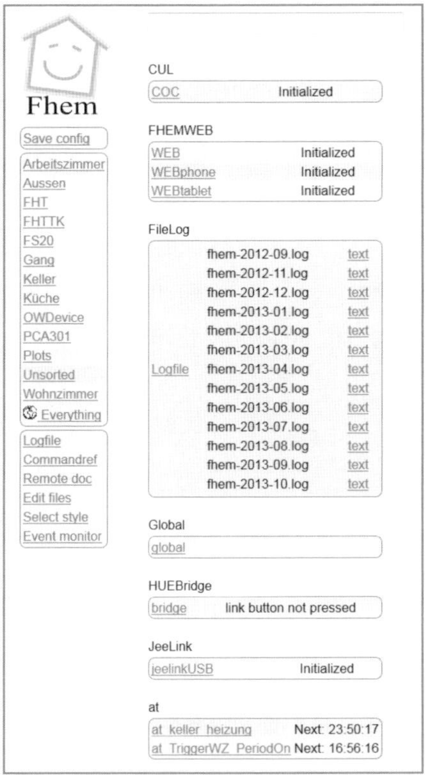

Bild 4.23: Erst wenn die Übertragung per Link-Button auf der Hue-Bridge angetriggert wurde, ändert sich der Status in der FHEM-Übersichtsseite.

Nach wenigen Augenblicken überträgt die Hue-Bridge die Informationen per JSON an den Raspberry Pi. FHEM sortiert diese zunächst standardmäßig numerisch aufsteigend ein und legt dafür einen eigenen Raum *HUEDevice* an, in dem sämtliche Hue-Geräte wie Bulbs, LivingColors Bloom, Friends of Hue LightStrips oder die neuen GU10-Lampen einsortiert werden.

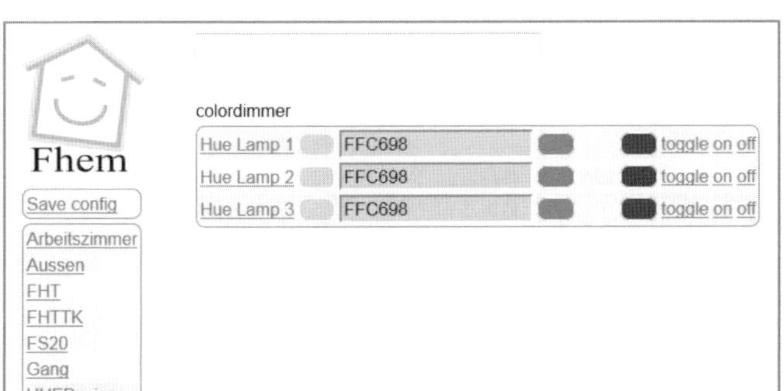

Bild 4.24: Erstinstallation zunächst abgeschlossen: Nun können Sie einfach per FHEM-Oberfläche den Zustand und die Farben der angeschlossenen Lampen ändern.

Weitere Lampen fügen Sie analog zu FHEM hinzu. Für jeden Lampentyp existiert eine eigene Modell-ID, die Sie bei der Einrichtung von FHEM bzw. bei der Erstdefinition der

Lampen in FHEM nutzen können. Es ist zu erwarten, dass hier noch zig weitere Lampentypen hinzukommen, da Philips neben besonders geformten GU10-Lampen nun auch Einbaustrahler und weitere Lampenmodelle und Designs angekündigt hat.

Hue-Modell/Lampe	Typ	Modell-ID
HUE Bulbs	Extended color light	LCT001
LivingColors G2	Color Light	LLC001
LivingWhites Bulb G2	Dimmable light	LWB001
LivingWhites Outlet G2	Dimmable plug-in unit	LWL001
LivingColors Iris	Color Light	LLC006
LivingColors Bloom	Color Light	LLC005
LivingColors Bloom	Color Light	LLC007

Um nun beispielsweise eine zusätzliche Lampe (hier die Wohnzimmerlampe LivingColors Bloom) in die FHEM-Konfiguration einzubauen, reichen nachstehende Zeilen in der `fhem.cfg` aus:

```
define HUEDevice4 HUEDevice 4
attr HUEDevice4 alias Hue Lamp 4
attr HUEDevice4 devStateIcon {(HUEDevice_devStateIcon($name),"toggle")}
attr HUEDevice4 model LLC007
attr HUEDevice4 room HUEDevice
attr HUEDevice4 subType colordimmer
attr HUEDevice4 webCmd rgb:rgb ff0000:rgb DEFF26:rgb 0000ff:toggle:on:off
```

Nach dem Speichern der `fhem.cfg` und dem Neustart von FHEM wird die Lampe nun im Raum *HUEDevice* angezeigt und kann wie auch die anderen Lampen bequem per Benutzeroberfläche oder automatisiert über die interne FHEM-Logik nach Wunsch geschaltet werden.

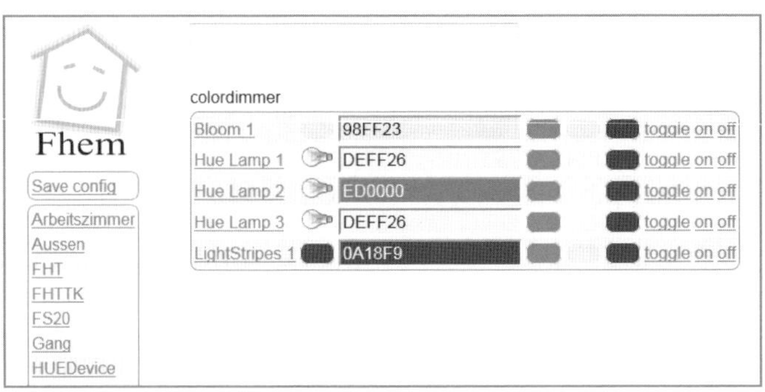

Bild 4.25: Jedes neues Hue-Device wird in der FHEM-Konfiguration automatisch einsortiert und mit den Standardparametern initialisiert.

Es spielt keine Rolle, ob Sie nun die normalen Bulb-Lampen, die Bloom-Modelle oder andere Lampen der Hue-Familie verwenden. Diese leuchten je nach Modell nicht nur weiß, sondern können praktisch jede Ausprägung des Farbspektrums darstellen.

Wer jetzt nicht nur eine schlichte Lampe im Wohnbereich, sondern eine stimmungsvolle Atmosphäre im Raum haben möchte, für den bietet die neue Generation der LED-Lampen einige Möglichkeiten. Nicht mal mehr ein Dimmer ist nötig, um die Helligkeit der Lampe zu steuern. Dazu kommt die Möglichkeit, die Lampen untereinander unabhängig von den Räumlichkeiten zu koppeln und bequem über Smartphone, Tablet oder Raspberry Pi zu steuern.

Auch in Sachen Energiesparen amortisiert sich die Anschaffung im Laufe der Zeit. Je nach Typ, Modell und Hersteller verbraucht eine LED-Lampe unter Volllast laut Herstellerangaben nicht mal 8 Watt, leuchtet aber wie eine 45- bis 60-Watt-Glühlampe. Wer hier erst mal im Kleinen anfangen möchte und eine Investition in das Philips-Hue-System zunächst scheut, kann in Sachen WLAN-Lampen und Hausautomation mit einem 60-Euro-Modell (1 Lampe, 1 Fernbedienung sowie Wi-Fi-Controller) starten und erste Erfahrungen sammeln.

4.3 Hue-Alternative: WLAN-Lampen aus China

Neben der Philips-Hue-Serie sind WLAN-LED-Lampen nur aus Fernost erhältlich, die wohl alle aus demselben Werk kommen, aber je nach Verkaufsort anders belabelt und zusammengestellt werden. Bemüht man die Suchmaschine, findet man dasselbe Lampenmodell unter den Bezeichnungen LimitlessLED, EasyBulb, AppLight, AppLamp, MiLight, LEDme, dekolight und iLight – lediglich noch unterschieden in farbige RGB- und einfarbige weiße LEDs.

Der häufig beiliegende WLAN-Controller kommt wie eine optionale Fernbedienung mit allen Lampentypen zurecht, und beide Steuereinheiten müssen zuvor mit den eingesetzten Lampen gepairt werden. Die LED-Lampen kommen im sogenannten E27-Sockel und sind mit 15 RGB-LEDs ausgestattet, die annähernd die Leuchtkraft einer herkömmlichen 45-Watt-Glühbirne erzeugen können. In Sachen Verbrauch sind sie mit 7,5 Watt bei einer Lebensdauer bis zu 50.000 Stunden angegeben.

Nachteil im Vergleich zum großen Hue-Original ist, dass die Lampen nicht einzeln gesteuert werden können. Für diese Funktion benötigen Sie noch einen weiteren Wi-Fi-Controller, der wiederum seine eigene IP-Adresse und Konfiguration im Heimnetz braucht. Um beispielsweise drei Lampen unabhängig voneinander schalten zu können, benötigen Sie drei Wi-Fi-Controller – rechnen Sie die Mehrkosten für die zusätzlichen Wi-Fi-Controller hinzu, sind Sie schnell wieder im Bereich des Startpakets der Philips Hue, das ab Werk mit drei LED-Lampen kommt.

Wer einzelne Lampen speziell für einen Zweck, beispielsweise mit Alarm- oder Weckfunktionen oder zum Koppeln an den Raspberry Pi, für die Hausautomation nutzen möchte, der wird sich über die breite Programmier- und Betriebssystemunterstützung der WLAN-Lampen freuen – die Inbetriebnahme der LED-Lampen und der Wi-Fi-Bridge ist in kurzer Zeit erledigt.

4.3.1 WLAN-Lampen und Wi-Fi-Bridge einrichten

Bevor Sie mit der Ersteinrichtung über den Computer bzw. den Raspberry Pi beginnen, sollten Sie das WLAN-Lampenpaket in Betrieb nehmen. Abhängig davon, mit welchen und wie vielen Komponenten zusammengeschaltet werden soll, dauert die Grundinstallation etwas. In Internetkaufhäusern und bei Einzelhändlern findet sich neben der WLAN-Bridge zum Koppeln der WLAN-Lampen auch eine Fernbedienung, die unabhängig von der WLAN-Bridge die verbundenen WLAN-Lampen schalten kann. Haben Sie mehrere WLAN-Lampen gekauft, werden Sie sich schnell wundern, dass sich mit einer Fernbedienung nur eine WLAN-Lampe bzw. eine Gruppe von WLAN-Lampen gleichzeitig schalten lässt.

Die Einzelauswahl einer Lampe ist nicht möglich. Wer beispielsweise zwei Lampen unabhängig voneinander per Fernbedienung (oder WLAN-Bridge) schalten möchte, benötigt für jede weitere Lampe eine zusätzliche Fernbedienung. Das ist erst mal ernüchternd, so lässt sich ein Lampenset mit drei LED-Birnen, einer Fernbedienung und einer Wi-Fi-Bridge beispielsweise so einrichten, dass zwei LED-Lampen gleichzeitig mit der Fernbedienung und die übrige LED-Lampe per Wi-Fi-Bridge über das WLAN gesteuert werden kann.

❶ Das Pairing der WLAN-Lampen mit der Fernbedienung ist innerhalb weniger Minuten erledigt: Ist die Fernbedienung mit Akkus bestückt und die LED-Birne in die E27-Lampenfassung eingedreht, schalten Sie zunächst den Wandschalter aus.

❷ Dann nehmen Sie die Fernbedienung zur Hand, schalten per Wandschalter die LED-Birne ein und drücken innerhalb von zwei bis drei Sekunden auf den definierten »Link«-Schalter der Fernbedienung. In diesem Beispiel war es die Taste »S+«, je nach Modell kann das jedoch auch eine andere sein.

❸ Die Ersteinrichtung des WLAN-Moduls, der sogenannten Wi-Fi-Bridge, ist zwar etwas umständlicher, aber kein Hexenwerk, und kann prinzipiell auch mit einem Smartphone oder Tablet geschehen. Das ist gerade dann zu empfehlen, wenn Sie in Ihrem Heimnetz einen anderen IP-Nummernkreis als 192.168.1.X verwenden, der im vorliegenden Wi-Fi-Paket als Standard-IP-Zuordnung definiert ist.

Ist das WLAN-Modul mit dem vorhandenen USB-Kabel mit einem 5-Volt-Netzgerät verbunden (ein Handyladekabel mit einem Mini-USB-Stecker tut es auch), nehmen Sie mit einem WLAN-fähigen Gerät wie Notebook, Smartphone oder Tablet Kontakt auf.

❹ Die Wi-Fi-Bridge hat eine eigene SSID, die je nach Hersteller auch wieder unterschiedlich sein kann – in diesem Beispiel lautet sie *wifi_socket*. Die WLAN-Verbindung ist schnell aufgebaut, ein Kennwort war für die Verbindung in diesem Fall nicht gesetzt – für die Anmeldung bei der Benutzeroberfläche ist der Benutzer *admin* mit dem Kennwort *000000* (manchmal auch *admin*) voreingestellt. Diese

Angaben finden sich auch auf dem Gehäuseaufkleber der WLAN-Bridge, falls diese mal über den kleinen Reset-Schalter auf die Werkeinstellungen zurückgesetzt werden muss.

5 Nach dem Log-in auf die Konfigurationsseite ist jetzt die Umkonfiguration der WLAN-Parameter sowie der IP-Adresse notwendig, damit auch andere WLAN-Geräte im Heimnetz auf die WLAN-Bridge zugreifen können.

Dafür wird zunächst der Betriebsmodus der WLAN-Bridge auf die Einstellung *Sta* umgestellt und die *SSID* angepasst. Tragen Sie dort die SSID ein, die Sie für Ihr heimisches WLAN verwenden, und wählen Sie anschließend unter *Encryption* die zur Verfügung gestellte Verschlüsselung (meist *WPA2-PSK*) Ihres WLAN-Routers aus. Im Feld *Encryption Key* ist das für die Verbindung notwendige Kennwort einzutragen.

Beachten Sie, dass weder im Feld *SSID* noch im Feld *Encryption Key* Sonderzeichen akzeptiert werden. Hier müssen Sie die entsprechenden Einträge im WLAN-Router und in anderen gekoppelten Geräten gegebenenfalls anpassen und neu einrichten.

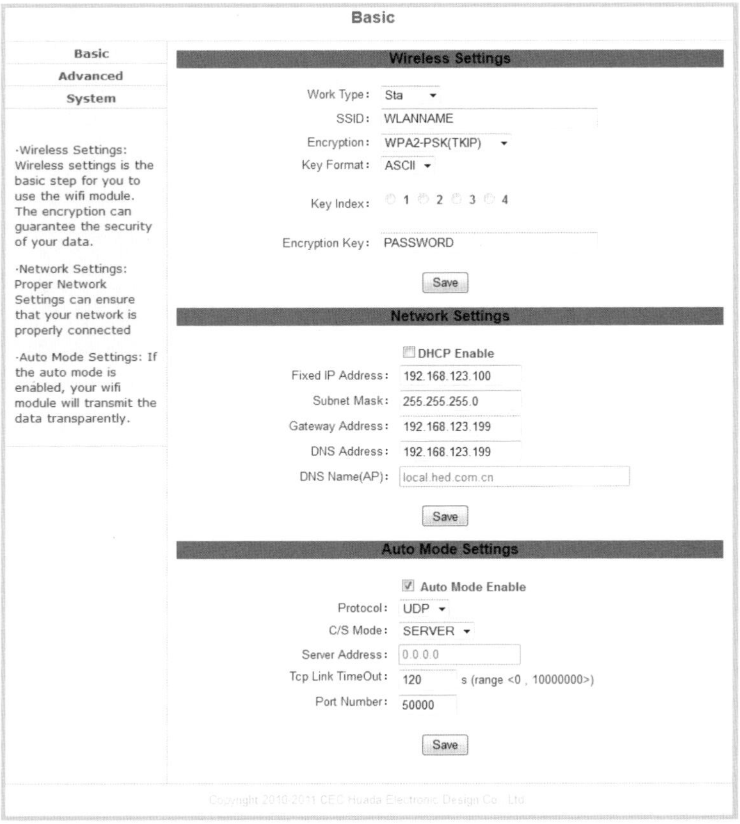

Bild 4.26: Erst nachdem das Feld *Key Format* auf *ASCII* umgestellt wurde, kann in der Box *Encryption Key* das zur Verbindung notwendige WLAN-Kennwort des heimischen WLAN-Routers eingetragen werden.

6 Im nächsten Schritt passen Sie die IP-Netzwerkeinstellungen an die heimische Netzwerkumgebung an. In diesem Beispiel wurde das Häkchen bei *DHCP Enable* entfernt und eine statische Adresse für das vorliegende Heimnetz (hier *Fixed IP Address: 192.168.1.100, Subnet Mask: 255.255.255.0, Gateway Address: 192.168.1.254*) in *Fixed IP Address: 192.168.123.100, Subnet Mask: 255.255.255.0, Gateway Address: 192.168.123.199* geändert.

Hier dient der WLAN-Router nicht nur als Gateway, sondern auch als DNS-Server, sodass Sie im Feld *DNS Address* die IP-Adresse des Gateways (hier *192.168.123.199*) eintragen.

Die Portnummer lautet bei den China-WLAN-Lampencontrollern meist standardmäßig *50000* – bei Modellen der Wi-Fi-Bridge ab November 2013 ist der Standardport *8899* eingetragen. Die Portnummer (*50000*) wurde unverändert gelassen, beachten Sie das bei den nachfolgenden Skripten und Programmen, die eine Angabe der Portnummern erforderlich macht.

7 Nach dem Klick auf die Schaltfläche *Save* (Speichern) starten Sie die WLAN-Bridge neu, damit die gemachten Änderungen aktiv werden. Haben Sie sich »verkonfiguriert« und ist die Wi-Fi-Bridge nicht mehr erreichbar, hilft eine Nadel oder Büroklammer, um den kleinen Reset-Schalter neben der USB-Buchse zu erreichen, damit Sie von vorn beginnen können.

4.3.2 Wi-Fi-Lampen mit dem iPhone steuern

Wie bei der Philips Hue steht auch bei der China-Kopie eine App im iOS-Apple-Store zur Verfügung, die kostenlos erhältlich ist. Je nach Hersteller und Modell finden sich unter Umständen noch weitere Apps für die Steuerung der WLAN-Lampen, die sich technisch dank des einheitlichen UDP-Protokolls zwar nicht unterscheiden, jedoch in Sachen Design und Steuerung abweichen können.

1 Die zur Verfügung stehende App Wifi Controller 2 für das vorliegende Lampenpaket ist auch schnell gefunden und installiert, in den Beschreibungen fällt jedoch zunächst gar nicht auf, dass die vorliegende App (noch) keine iOS7-Unterstützung mitbringt.

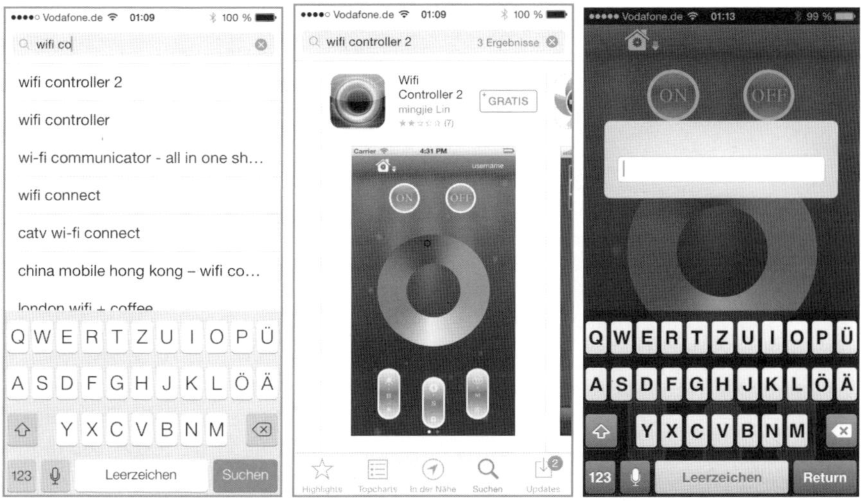

Bild 4.27: Fehlstart unter iOS7: Die App Wifi Controller 2 lässt sich zwar laden und installieren, aber die IP-Adresse der Wi-Fi-Bridge lässt sich nicht eintragen und speichern.

❷ Beim Einsatz der App unter der Vorgängerversion iOS6 lässt sich Wifi Controller 2 installieren und konfigurieren. Nach dem Start der App erscheint das Konfigurationsfenster, in dem Name/Raum der zu steuernden WLAN-Lampe(n), die IP-Adresse der oben konfigurierten Wi-Fi-Bridge in Ihrem Heimnetz sowie der verwendete Port anzugeben sind. Per Tipp auf die *Add*-Schaltfläche fügen Sie den Wifi Controller zur App hinzu.

Bild 4.28: Nach der Einrichtung des Wifi Controller muss die LED-Birne im nächsten Schritt mit dem Smartphone gekoppelt werden.

❸ Nach der Installation und Konfiguration des Wifi Controller erfolgt nun das Koppeln mit den gewünschten LED-Lampen analog zum Pairing mit der Fernbedienung. Schalten Sie das Licht über den Stromversorgungsschalter aus, schalten Sie es wieder ein und drücken Sie unmittelbar danach den Pairing-Knopf (hier S+) der App. Halten Sie diesen ca. zwei bis drei Sekunden lang gedrückt, bis die WLAN-Lampe mit einem Blinken das erfolgreiche Pairing bestätigt. Bei mehreren Lampen gehen Sie Schritt für Schritt mit jeder einzelnen analog vor.

4.3.3 Wi-Fi-Lampen mit Raspberry Pi steuern

Neben dem Smartphone lässt sich die kleine Wi-Fi-Box mit dem heimischen Computer und dementsprechend auch mit dem Raspberry Pi steuern. Dank des offenen UDP-Protokolls und der vorliegenden Programmierschnittstelle und API-Library (*www.limitlessled.com/dev/*) lässt sich der kleine Wi-Fi-Controller mit sämtlichen Programmier- und Skriptsprachen ansprechen und steuern. In Sachen Hausautomation bringt das weitere Optionen für die Nutzung mit. Zum Beispiel sind Anwendungsfälle wie eine optische Benachrichtigung bei einem Einbruch oder für Hörgeschädigte bei einem Klingelsignal praktische Anwendungen.

Für das Zusammenspiel der unterschiedlichen Bausteine und Sensoren benötigen Sie natürlich eine Zentrale, in der Sie diese Logiken und Dinge konfigurieren. In diesem Abschnitt wird auf die grundsätzliche Nutzung und Programmierung der Lampen eingegangen, damit Sie die Lampen nicht nur über FHEM, sondern auch manuell über die Kommandozeile oder über eine selbst gebaute Webseite steuern können.

WLAN-Lampen über die Shell steuern

Nehmen Sie die vorliegende API der WLAN-Lampen genauer unter die Lupe, fällt Ihnen schnell auf, dass die Steuerung der Lampe(n) per Übermittlung dreier Hexwerte an den festgelegten Port der IP-Adresse der Wi-Fi-Bridge erfolgt. So wird beispielsweise die Farbgebung der LED-Lampe über die Syntax `20[xx]55` gesteuert, wobei `xx` einen in das Hexadezimalsystem konvertierten Wert von 0 bis 255 darstellt. So sorgt beispielsweise die Zuordnung `\x20\xaa\x55` für die Farbe Rot. Möchten Sie nun über die Kommandozeile der an den Wi-Fi-Controller gekoppelten Lampe diese Farbe zuordnen, benötigen Sie neben der IP- und Portadresse eben genau diesen Hexwert, um dann den nachstehenden Befehl erfolgreich auszuführen:

```
echo -n -e "|x20|xaa|x55" >/dev/udp/192.168.123.100/50000
```

Ist die grundsätzliche Herangehensweise geklärt, können Sie die bekannten Farben und Kommandos aus der API in einem einfachen Shellskript zusammenfassen:

```
mkdir -p wlanled
cd wlanled
nano wifi-led.sh
```

In der Beispieldatei `wifi-led.sh` sind einige Farben sowie die wichtigsten Kommandos untergebracht. Möchten Sie nun die gekoppelten Lampen rot leuchten lassen, reicht statt des obigen komplizierten `echo`-Befehls dafür der Aufruf `wifi-led.sh rot` aus - ideal, um beispielsweise in einem anderen Skript als aufzurufende Funktion genutzt zu werden.

```
#!/bin/bash
#------------------------------------------------------------
# Shell-Steuerung fuer Wifi-Lampen
# Datei : wifi-led.sh
#------------------------------------------------------------
if [ -z "$1" ] ; then
    echo "[Fehler] Parameter erforderlich..."
    echo " Beispiel: $0 alles_an"
    exit 1
fi
parameter="$1"
#------------------------------------------------------------
# IP-Adresse und Port anpassen!
wlan_ip_address="192.168.123.100"
udp_port="50000"
#------------------------------------------------------------
alles_an="\x22\00\x55" # alle verbundenen Lampen an
alles_aus="\x21\00\x55" # alles aus
zone1_an="\x38\00\x55" # Gruppe 1 an
zone1_aus="\x3B\00\x55" # Gruppe 1 aus
zone2_an="\x3D\00\x55" # Gruppe 2 an
zone2_aus="\x33\00\x55" # Gruppe 2 aus
zone3_an="\x37\00\x55" # Gruppe 3 an
zone3_aus="\x3A\00\x55" # Gruppe 3 aus
zone4_an="\x32\00\x55" # Gruppe 4 an
zone4_aus="\x36\00\x55" # Gruppe 4 aus
tuerkis="\x20\x55\x55" # Farbe: Tuerkis
blau="\x20\x11\x55" # Farbe: Blau
gruen="\x20\x66\x55" # Farbe: Gruen
orange="\x20\x99\x55" # Farbe: Orange
rot="\x20\xaa\x55" # Farbe: Rot
pink="\x20\xcc\x55" # Farbe: Pink
rosa="\x20\xee\x55" # Farbe: Rosa
fw="\x27\x00\x55" #nächstes Programm
bw="\x28\x00\x55" #vorheriges Programm
fast="\x25\x00\x55" #schneller
slow="\x26\x00\x55" #langsamer
#------ Neue Lampen-Modelle API 3.0 ----------------------------------
rgb_led_all_off="\x41\x00\x55" # RGBW COLOR LED ALL OFF
rgb_led_all_on="\x42\x00\x55" # RGBW COLOR LED ALL ON
disco_speed_slow="\x43\x00\x55" # DISCO SPEED SLOWER
disco_speed_fast="\x44\x00\x55" # DISCO SPEED FASTER
group1_all_on="\x45\x00\x55" # GROUP 1 ALL ON (SYNC/PAIR RGB+W Bulb within
2 seconds of Wall Switch Power being turned ON)
group1_all_off="\x46\x00\x55" # GROUP 1 ALL OFF
group1_all_on="\x47\x00\x55" # GROUP 2 ALL ON (SYNC/PAIR RGB+W Bulb within
2 seconds of Wall Switch Power being turned ON)
```

```
group2_all_off="\x48\x00\x55" # GROUP 2 ALL OFF
group3_all_on="\x49\x00\x55" # GROUP 3 ALL ON (SYNC/PAIR RGB+W Bulb within
2 seconds of Wall Switch Power being turned ON)
group3_all_off="\x4A\x00\x55" # GROUP 3 ALL OFF
group4_all_on="\x4B\x00\x55" # GROUP 4 ALL ON (SYNC/PAIR RGB+W Bulb within
2 seconds of Wall Switch Power being turned ON)
group4_all_off="\x4C\x00\x55" # GROUP 4 ALL OFF
disco_mode="\x4D\x00\x55" # DISCO MODE
set_color_white_all="\x42\x00\x55" # SET COLOR TO WHITE (GROUP ALL) 100ms
followed by: 0xC2
set_color_white_group1="\x45\x00\x55" # SET COLOR TO WHITE (GROUP 1) 100ms
followed by: 0xC5
set_color_white_group2="\x47\x00\x55" # SET COLOR TO WHITE (GROUP 2) 100ms
followed by: 0xC7
set_color_white_group3="\x49\x00\x55" # SET COLOR TO WHITE (GROUP 3) 100ms
followed by: 0xC9
set_color_white_group4="\x4B\x00\x55" # SET COLOR TO WHITE (GROUP 4) 100ms
followed by: 0xCB
#-------------------------------------------------------------
eval parameter=\$$parameter
echo -n -e "$parameter" >/dev/udp/"$wlan_ip_address"/"$udp_port"
time_intervall=0.1; # 100ms
#-------------------------------------------------------------
if [[ "$parameter" = '\x42\x00\x55' ]]; then
    sleep $time_intervall;
    parameter2="\xC2\x00\x55";
    echo -n -e "$parameter2" >/dev/udp/"$wlan_ip_address"/"$udp_port"
elif [[ "$parameter" = '\x45\x00\x55' ]]; then
    sleep $time_intervall;
    parameter2="\xC5\x00\x55";
    echo -n -e "$parameter2" >/dev/udp/"$wlan_ip_address"/"$udp_port"
elif [[ "$parameter" = '\x47\x00\x55' ]]; then
    sleep $time_intervall;
    parameter2="\xC7\x00\x55";
    echo -n -e "$parameter2" >/dev/udp/"$wlan_ip_address"/"$udp_port"
elif [[ "$parameter" = '\x49\x00\x55' ]]; then
    sleep $time_intervall;
    parameter2="\xC9\x00\x55";
    echo -n -e "$parameter2" >/dev/udp/"$wlan_ip_address"/"$udp_port"
elif [[ "$parameter" = '\x4B\x00\x55' ]]; then
    sleep $time_intervall;
    parameter2="\xCB\x00\x55";
    echo -n -e "$parameter2" >/dev/udp/"$wlan_ip_address"/"$udp_port"
fi
#-------------------------------------------------------------
exit 0
```

Die vorhandenen Hexcodes in dem Beispiel und der API für die Schaltung der gekoppelten Lampen lassen sich natürlich auch mit anderen Programmier- und Skriptsprachen verwenden. Wer hier etwas mehr Logik und Intelligenz investiert, baut sich eine API selbst, um verschiedene Tätigkeiten und Abhängigkeiten in Sachen Hausautomation abzubilden.

Dank der gut dokumentierten UDP-Socket-Kommunikation und der Vielzahl der Programmierschnittstellen stehen die Chancen gut, dass Sie selbst eine maßgeschneiderte Wi-Fi-Lampenanwendung auf dem Raspberry Pi zusammenbauen können.

Python-Modul für Wi-Fi-Lampen nutzen

Warum in die Ferne schweifen, wenn die Lösung liegt so nah? Gerade in der Open-Source-Gemeinde finden Sie für alle Anwendungszwecke in nahezu jeder Programmiersprache eine passende Lösung in Form einer verfügbaren API oder einem Modul, das Sie für eigene Zwecke nutzen können, um somit im Handumdrehen eigene Programmierlösungen für die gewünschte Farbgebung zu Hause zu entwickeln.

In diesem Beispiel sollen die Lampen über den Raspberry mit Python gesteuert werden. Dafür kommt hier die API-Library von `python-wifi-leds` zum Einsatz, die in der aktuellsten Version bei github (*https://github.com/joaquincasares/python-wifi-leds*) zur Verfügung steht.

```
mkdir -p wlanled
cd wlanled
wget https://github.com/joaquincasares/python-wifi-leds/archive/master.zip
unzip master.zip
cd python-wifi-leds-master/
sudo python setup.py install
cd ..
nano wifiled.py
```

Nach der Installation können Sie die Python-Library einsetzen. Dafür legen Sie eine neue Datei – hier `wifiled.py` – an und binden die Library mit dem Kommando `import wifileds` ein. Anschließend stehen sämtliche Funktionen zur Verfügung. Nutzen Sie die beigefügte Beispieldatei `wifiled.py`, dann passen Sie in der Zeile

```
    parser.add_option('-a', '--address', default='192.168.123.100',
help='wifi block ip address')
```

die IP-Adresse für das WLAN-Modul an. In diesem Beispiel ersetzen Sie den Eintrag `192.168.123.100` mit der IP-Adresse, die der WLAN-Box für die Lampe(n) in Ihrem Heimnetz zur Verfügung steht. Der restliche Skriptcode ist übersichtlich und modular aufgebaut, sodass Sie aus der Beispieldatei nur noch die passenden Zeilen bzw. Befehle herauszukopieren und in Ihr Skript einzubauen brauchen.

```
#!/usr/bin/python
# -*- coding: utf-8 -*-
#-------------------------------------------------------------
```

```
# Python-Steuerung fuer Wifi-Lampen
# Datei : wifi-led.py
#-------------------------------------------------------------
import time
from optparse import OptionParser
import wifileds
#-------------------------------------------------------------
# ip adresse und port anpassen!
wlan_ip_address='192.168.123.100'
udp_port='50000'
#-------------------------------------------------------------
if __name__=="__main__":
    parser = OptionParser()
    parser.add_option('-a', '--address', default=wlan_ip_address,
help='Wifi-Controller IP-Adresse')
    parser.add_option('-p', '--port', type='int', default=udp_port,
help='Wifi-Controller IP-Adresse')
    (options, args) = parser.parse_args()
    print '=' * 80
    print 'Verbindung zur Wifi-Bridge wird aufgebaut...'
    led_connection = wifileds.limitlessled.connect(options.address,
options.port)

    print 'Alle farbigen Lampen werden eingeschaltet...'
    led_connection.rgb.all_on()

    print 'Hochdimmen...'
    led_connection.rgb.effect('fade_up')

    print 'Nochmals hochdimmen.....'
    time.sleep(1)
    led_connection.rgb.effect('fade_up')

    print 'Farbwechsel auf Lila...'
    led_connection.rgb.set_color('lilac')
    time.sleep(1)

    print 'Farbwechsel nach Gelb...'
    led_connection.rgb.set_color('yellow')
    time.sleep(1)

    print 'Herunterdimmen...'
    led_connection.rgb.effect('fade_down')

    print 'Und weiter herunterdimmen...'
    time.sleep(1)
    led_connection.rgb.effect('fade_down')

    print 'Wieder Helligkeit hochdrehen...'
    led_connection.rgb.effect('fade_up')

    print 'Strobe-Effekt farbig...'
```

```
    led_connection.rgb.effect('colorful_strobe')

    print 'Hoch- und runterdimmen in kurzen Abstaenden...'
    led_connection.rgb.effect('fade_up')
    led_connection.rgb.effect('fade_down')
    led_connection.rgb.effect('fade_up')
    led_connection.rgb.effect('fade_down')

    print 'Polizei-Licht.....'
    led_connection.rgb.effect('police_flashers')

    print 'Pulsamoduliertes Licht in Gelb.. ..'
    led_connection.rgb.effect('pulsating_swells',
effect_options={'duration': 15})

    print 'Effekt: Rainbow fade. Geschwindigkeit und Farben lassen sich
ebenfalls anpassen......'
    led_connection.rgb.effect('rainbow_fade', effect_options={'delta': 5})

    print 'Strobe Effect abhaengig vom vorherigen Farbschema...'
    led_connection.rgb.effect('strobe', effect_options={'duration': 5})

    print 'Alle Lampen nochmals aus- und einschalten...'
    led_connection.rgb.all_off()
    time.sleep(1)
    led_connection.rgb.all_on()
    print '=' * 80
    print 'Falls einfarbige/weisse Lampen angeschlossen...\n'

    print 'Alle einschalten...'
    led_connection.white.all_on()

    print 'Hoch- und runterdimmenen der Lampen...'
    led_connection.white.effect('fade_up')
    led_connection.white.effect('fade_down')
    led_connection.white.effect('fade_up')
    led_connection.white.effect('fade_down')
    time.sleep(1)

    print '... und alle Lampen ausschalten...'
    led_connection.white.all_off()
    time.sleep(1)

    print 'Gruppensteuerung...'
    for i in range(1, 5):
        led_connection.white.zone_on(i)
        time.sleep(1)
    time.sleep(1)

    print 'Schlafmodus einschalten....'
    led_connection.white.nightlight_all()
    time.sleep(2)
```

```
    print 'Maximale Helligkeit aktivieren...'
    led_connection.white.full_all()
    time.sleep(2)

    print 'Max cool Farbtemperatur...'
    led_connection.white.max_cool()
    time.sleep(2)

    print 'Max warm Farbtemperatur ;)...'
    led_connection.white.max_warm()
    time.sleep(2)

    print 'Strobe Effekt...'
    led_connection.white.effect('strobe')

    print 'Das war´s. Viel Spaß!'
```

Die unterschiedlichen Aufrufe zum Schalten der LED-Lampe(n) sind selbsterklärend. Starten Sie das beschriebene Testskript `wifi-led.py`, werden abhängig von den verwendeten Lampen verschiedene Effekte und Einstellungen ein- und ausgeschaltet, um das breite Anwendungsspektrum der API zu demonstrieren. Sämtliche Aufrufe in Sachen Farbgebung und Geschwindigkeit sind natürlich änderbar. Zunächst geht es darum, die Library zu verstehen und zu nutzen.

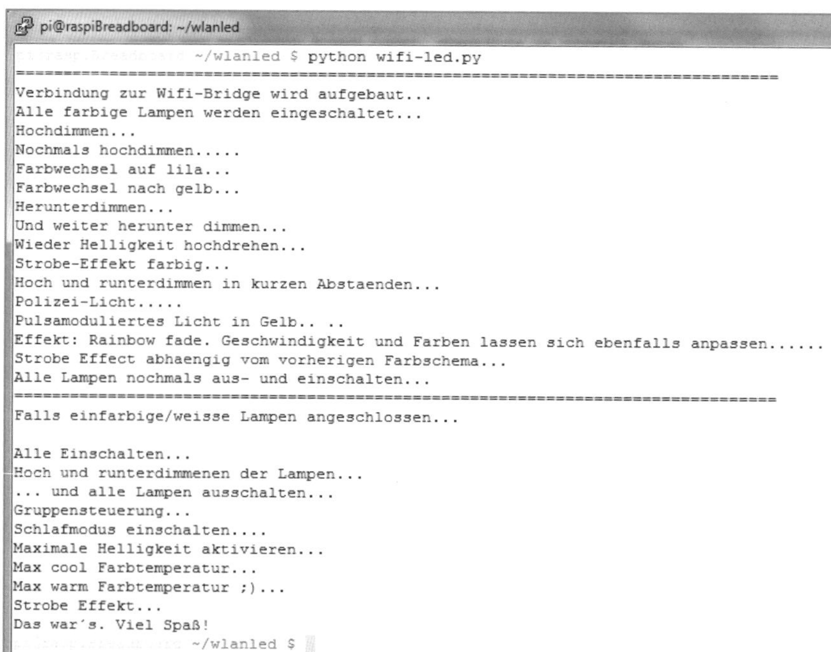

Bild 4.29: Umfangreiche Möglichkeiten: Abhängig von den angeschlossenen Lampen am Wi-Fi-Modul sorgt das Funktionstestskript für wechselnde Effekte.

Nun haben Sie einen Überblick darüber, was Sie mit den WLAN-Lampen in Kombination mit einer Skript-/Programmiersprache und dem Raspberry Pi in der Theorie alles anstellen können. Im nächsten Schritt folgt die Praxis: Setzen Sie die unterschiedlichen Lampen und Möglichkeiten für die Hausautomation ein. Dafür bauen Sie sich zunächst eine Schaltung für den Raspberry Pi, mit der Sie die angeschlossenen Lampen einfach per Schalter steuern können, ohne dass Sie ein Smartphone oder Ähnliches benötigen. Das Besondere dabei ist, dass Sie völlig flexibel sind und die Schalter mit den Funktionen belegen können, die Sie wünschen.

4.4 Lampensteuerung und Lichteffekte auf Knopfdruck

Mit einer kleinen Schaltung, in der wenige Schalter und LEDs zusammenwirken, im Zusammenspiel mit der GPIO-Pinsteckleiste bauen Sie in diesem Projekt nun eine eigene Steuerung für die WLAN-Lampen und erweitern diese mit Ihren Wunschfunktionen, wie beispielsweise einer Alarmfunktion, die im Allgemeinen die Lampen selbst mitbringen, die aber manchmal kompliziert oder gar nicht zu schalten ist. Mit den richtigen Ideen und Geduld kommen Sie beim Bau der Schaltereinheit ans Ziel. In diesem Projekt wird die GPIO-Leiste für die Steuerung der WLAN-Lampen sowie für die Darstellung der Funktionen von drei LEDs genutzt. Möchten Sie dieses Projekt später in die Praxis überführen, benötigen Sie ein montagefreundliches, aber kompaktes Gehäuse, in dem Sie nicht nur die Schaltung, sondern auch den Raspberry Pi unterbringen können.

In diesem Projekt nutzen Sie fünf GPIO-Schalter als Eingang, die für die Steuerung von Funktionen der WLAN-Lampen verwendet werden. Die Verbindung zu den WLAN-Lampen erfolgt über den gekoppelten Wi-Fi-Controller, der sich gemeinsam mit dem Raspberry Pi im gleichen (Heim-)Netzsegment befindet. So ist ein Schalter für das Ein- und Ausschalten der Beleuchtung aller gekoppelten Lampen vorgesehen, der zweite Schalter sorgt für die Farbauswahl von Violett bis Gelb, Blau, Grün und Rot bis hin zu Lavendel. Der dritte und der vierte Schalter sind für das Dimmen der Helligkeit (heller, dunkler) vorgesehen. Der fünfte Schalter wird in diesem Beispiel als Alarmschalter definiert, der bei Knopfdruck bei allen angeschlossenen Lampen ein Polizeiblaulichtsignal ausgibt.

4.4.1 Bauteileliste für das WLAN-Schalter-Projekt

In einem einfachen Lichtschalter steckt manchmal mehr Technik, als man auf den ersten Blick denkt, und wenn er spezielle Funktionen und Nutzen bringen soll, dann umso mehr. Neben dem Raspberry Pi sind noch kleine wichtige Dinge wie Widerstände und Schalter notwendig, die das Budget nur geringfügig belasten.

Doch hier steht ja nicht das Finanzielle im Vordergrund, sondern der Spaß an der Elektronik und dem Programmieren. Die nachfolgende Stückliste soll als erste Basis für das anvisierte Selbstbauprojekt dienen.

- Raspberry Pi
- Klein-Schalter
- 3 LEDs (3 passende Widerstände)
- Je 5 Widerstände 1 kΩ und 10 kΩ
- Werkzeuge: Schraubendreherset, Lötkolben (dünne Spitze, nicht mehr als 250 Watt) oder besser Lötstation, Elektronikseitenschneider, Abisolierzange
- Kleinteile: Klebeband, Jumperkabel, Kabel oder Flachbandkabel, Steckverbindung, Lötzinn/Entlötlitze
- Handwerkliches Geschick

Da sich die Schaltung als etwas anspruchsvoller als ein einfaches GPIO-LED-Projekt darstellt, sollte der Umgang mit einem Lötkolben einigermaßen gut klappen. Hier wird die einfachste Lösung mithilfe mehrerer Schalter und Widerstände vorgestellt, da in diesem Fall nur die notwendigsten Anschlusskabel zu verbinden bzw. Widerstände auf der Rasterplatine zu löten sind. Spätestens nach diesem Projekt haben Sie sich mit dem Lötkolben angefreundet!

GPIO-Eingänge schalten: Risiken und Nebenwirkungen

Grundsätzlich hört sich das alles leicht an: einfach den GPIO als Eingang definieren, einen Schalter am GPIO-Anschluss anklemmen, mit dem 3,3-Volt-Pin verbinden und schauen, was dann dabei herauskommt. Das Paradoxe dabei: Es kann tatsächlich funktionieren - jedoch nur dann zuverlässig, wenn der Schalter geschlossen ist. Ist der Schalter hingegen geöffnet, hat er genau genommen keinen definierten Zustand - gerade bei einer Programmierlösung, in der es überwiegend auf sauberes Design ankommt, ist dieser Umstand äußerst unschön.

Aus diesem Grund bietet sich das Einbinden eines sogenannten Pull-up-Widerstands an, mit dem die Schaltung je nach Zustand des Schalters einen passenden Rückgabewert generiert.

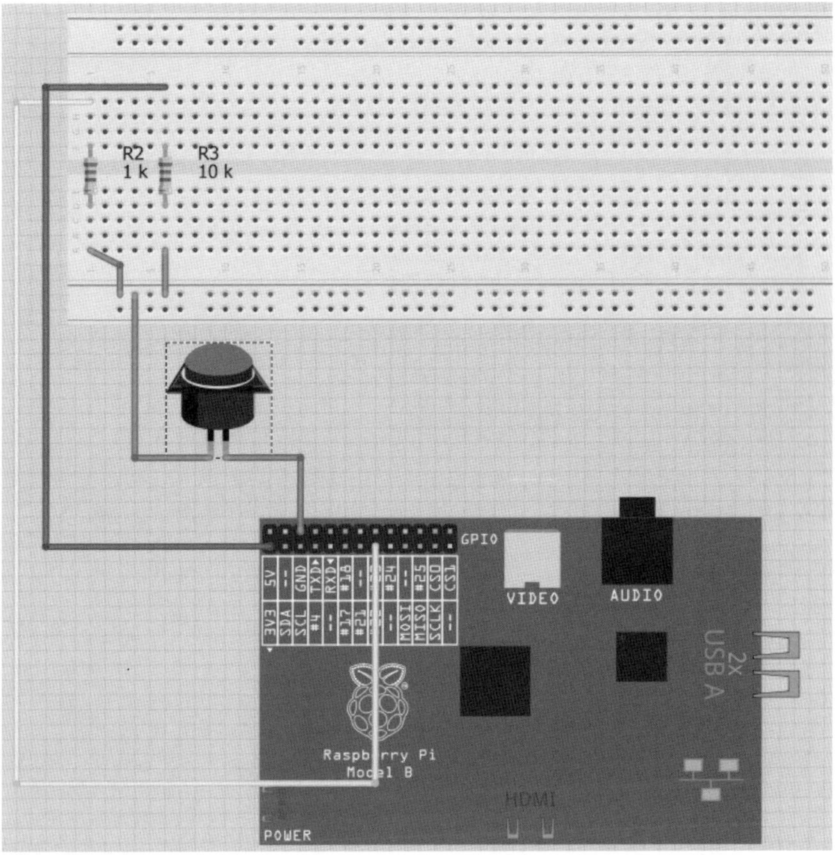

Bild 4.30: Schematische Darstellung: Der GPIO22-Eingang an Pin 15 liegt durch den Widerstand R3 mit 10 k immer auf Signal 1 (High) und wechselt auf 0 (Low), wenn der angeschlossene Taster gedrückt wird.

Der Schaltplan für einen einzelnen Schalter am Raspberry Pi stellt sich demnach wie folgt dar und ist für das spätere Hinzufügen weiterer Schalter und Widerstandspaare übersichtlicher.

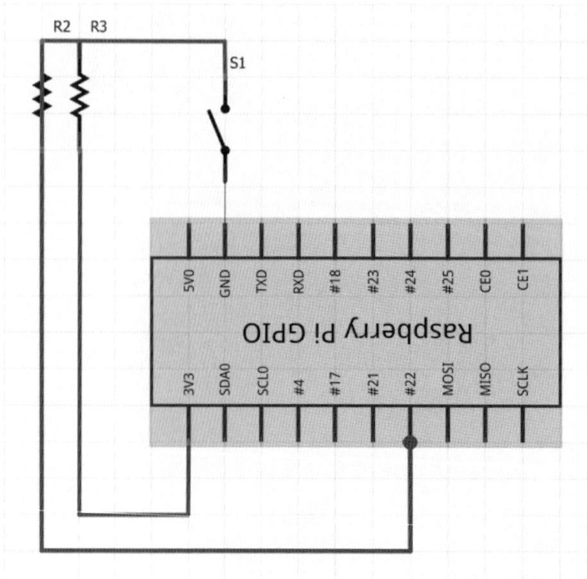

Bild 4.31: Neben Masse und 3,3-Volt-Leitung benötigt der Schalter (S1) einen eigenen `GPIO #22`, der als Eingang definiert ist.

Nach dem grundsätzlichen Aufbau der Pull-up-Schalter-Schaltung auf dem Steckboard nehmen Sie diese probeweise in Betrieb. Wer etwas mehr Aufwand treiben möchte, kann zusätzlich noch einen weiteren GPIO-Pin als Ausgang definieren und diesen mit einer LED/einem Widerstand bestücken und per Druckschalter ein-/ausschalten. Für die bestimmte Abfolge und Steuerung der Anschlüsse lagern Sie die Logik in ein Shellskript aus.

So haben Sie nicht nur die volle Kontrolle und Übersicht, sondern sparen sich auch Tipparbeit, gerade wenn Sie mit vielen GPIO-Anschlüssen auf dem Raspberry Pi experimentieren. Doch grundsätzlich zeigt der Umgang mit den Steuerbefehlen auf der Konsole auch, dass die Schaltung erfolgreich bestückt wurde und funktioniert. Zum Testen der einfachen Schaltung auf dem Steckboard können Sie nachfolgenden Skriptcode verwenden:

```
#!/bin/bash
GPIO_SW1=24 # pin 18
while true; do
        if [ $(gpio -g read $GPIO_SW1) -eq  0 ]; then
        # Schaltvorgang von $GPIO_SW1
        # -> ist Schalter geschlossen
        echo "GPIO_SW1" $GPIO_SW1"gedrueckt"
        gpio -g write $GPIO_SW1 0
        else
        echo "GPIO_SW1" $GPIO_SW1" nicht gedrueckt"
        fi
sleep 0.1
done
```

War das Einstiegsexperiment erfolgreich, gehen Sie Schritt für Schritt vor, um die weiteren Schalter in den Aufbau zu integrieren.

Schalterbau: vom Steckboard auf die Rasterplatine

Einmal durchgeführt, stellt sich der Aufbau der Schaltung als leicht verständlich dar. Eine Leitung von Masse/Raspberry Pi zum Schaltereingang, vom Schalterausgang jeweils zu den beiden Widerständen 1 kΩ und 10 kΩ, das andere Ende des 10-kΩ-Widerstands wird mit dem 3,3-Volt-Anschluss des Raspberry Pi, das Ende des 1-kΩ-Widerstands mit dem gewünschten GPIO-Eingang verbunden. Nach diesem Schema schließen Sie sämtliche Schalter am Raspberry Pi an, wobei für jeden einzelnen 1-kΩ-Widerstand ein Kabel zum entsprechenden GPIO-Port führt.

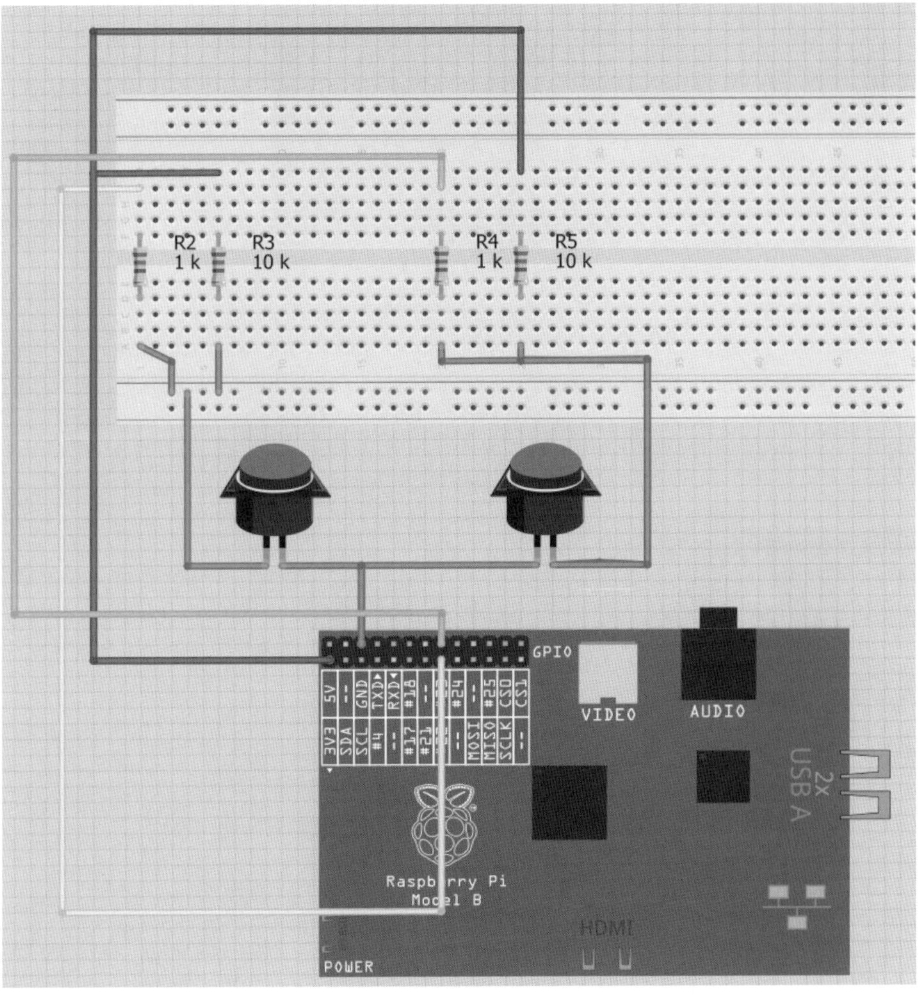

Bild 4.32: Nimm zwei: Schritt für Schritt bauen Sie die Schaltung auf. Für jeden Schalter ist ein GPIO-Eingang nötig.

Wie eingangs erwähnt, benötigen Sie in diesem Beispielprojekt für die fünf zu schaltenden »Dinge« jeweils fünf Widerstände mit 1 kΩ und mit 10 kΩ sowie fünf Druckschalter/Taster für die Steuerung. Zunächst versuchen Sie, auf der Lochrasterplatine eine gute Anordnung der Schaltung hinzubekommen, mit der Sie sich in der Handhabung wohlfühlen, die wenige Lötpunkte benötigt und somit weniger Stress verursacht.

Bild 4.33: Geschickt angeordnet: Das Design bzw. die Anordnung der Widerstände sollte im Idealfall so gestaltet sein, dass möglichst wenige Lötpunkte notwendig sind. Die »Lötbomben« auf der Rückseite der Rasterplatine gewinnen keinen Schönheitspreis, sind jedoch elektrisch sicher ausgeführt, sodass kein Kurzschluss oder Ähnliches entsteht.

Die fertige Schaltung sieht in diesem Beispiel auf der Rasterplatine etwas mitgenommen aus, erfüllt jedoch ihren Zweck. Zusätzlich wurden in der Rasterplatine noch drei größere Löcher eingebracht, in denen jeweils ein Kabelbinder zum Befestigen der Drähte bzw. zur Zugentlastung der Lötanschlüsse eingezogen wurde. Nach dem Fertigstellen der Schaltung stecken Sie Schritt für Schritt die einzelnen Steckbuchsen der Kabel in die Steckpfosten des GPIO-Anschlusses ein.

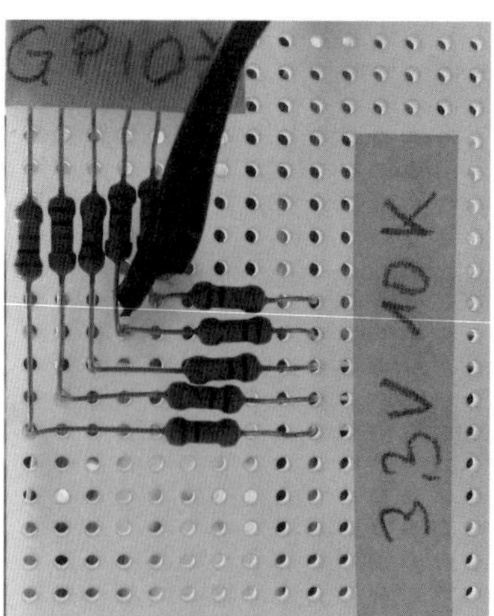

Bild 4.34: Mehr Übersicht: Hier sind zwei der fünf Kabel, die jeweils zu einem Schalter führen, auf der Platine gelötet.

Die Leitungen links oben im Bild sind die Kontakte für die Jumperkabel der GPIO-Eingänge, die nach unten mit jeweils einem 1-kΩ-Widerstand verbunden sind. Das andere Ende des 1-kΩ-Widerstands ist mit jeweils einer Schalterleitung und dem 10-kΩ-Widerstand verlötet. Alle Enden des 10-kΩ-Widerstands sind zusammengeführt und mit einem Jumperkabel, das zum 3,3-Volt-Pin führt, verbunden.

Nach dem Verlöten kürzen Sie auf der Rückseite der Platine die Beinchen der Widerstände und schneiden die überschüssigen Drähtchen sowie Lötkrater mit einem kleinen Elektronikseitenschneider ab, damit die Platine nicht nur optisch, sondern auch funktionell einen guten Eindruck macht.

Sind die Leitungen bzw. die Widerstände verlötet, kann nach dem ersten optischen Test die Platine mit einer kleinen Säge oder einem kräftigen Seitenschneider zurechtgeschnitten werden, damit sie später auch in das Schaltergehäuse passt.

4.4.2 Schaltung und GPIO-Pins verheiraten

Ist der Raspberry Pi abgeschaltet und von der Stromversorgung getrennt, kann es losgehen: Nach dem Löten der Schaltung nehmen Sie die entsprechenden Jumpersteckbrücken an der Rasterplatine zur Hand und stecken Schritt für Schritt die entsprechenden Jumperkabel in den jeweiligen Port auf dem Raspberry Pi.

Da von jedem Schalter eine Masseleitung vorliegt, wurden diese in einer gewöhnlichen Lüsterklemme verbunden und mit einem Jumperkabel an Pin 6 (Masse) des Raspberry Pi gelegt.

Das Jumperkabel für die Stromversorgung 3,3 Volt wurde auf der Platine befestigt und kann in Pin 1 des Raspberry Pi gesteckt werden. Die GPIO-Eingänge sind, wie in der nachstehenden Tabelle aufgeführt, folgendermaßen bestückt.

Pin	Board Rev. V1	Board Rev. V2	GPIO-Konfiguration Ein-/Ausgang	Anschluss
15	GPIO-22	GPIO-22	Ein	GPIO_SW1
16	GPIO-23	GPIO-23	Ein	GPIO_SW2
18	GPIO-24	GPIO-24	Ein	GPIO_SW3
22	GPIO-25	GPIO-25	Ein	GPIO_SW4
11	GPIO-17	GPIO-17	Ein	GPIO_SW5
12	GPIO-18	GPIO-18	Aus	GPIO_LED1
12	GPIO-15	GPIO-15	Aus	GPIO_LED2
12	GPIO-14	GPIO-14	Aus	GPIO_LED3
6	GND	GND	-	ALLE GPIOs
2	3,3 Volt	3,3 Volt	-	PULL UP

Abhängig davon, wie und wo Sie die Schaltung anbringen möchten, wählen Sie dafür ein passendes Gehäuse aus. Achten Sie darauf, auch den Raspberry Pi mit seinen Abmessungen sowie die Stromversorgung mit einzuplanen. Ein Netzwerk-/WLAN-Anschluss erleichtert hier spätere Wartungsarbeiten.

Es werde Licht: Schalter und Schaltung testen

Bevor Sie jedoch zum Großen schreiten, stellen Sie zunächst sicher, dass die Hardwarevoraussetzungen stimmen und die entsprechenden GPIO-Eingänge ordnungsgemäß bestückt bzw. beschaltet sind und dass das installierte Raspbian sowie die WiringPi-API sich auf dem aktuellen Stand befinden. Aktualisieren Sie das System mit den Kommandos

```
sudo -i
apt-get update
apt-get upgrade
```

bzw.

```
cd /wiringPi
git pull origin
```

um WiringPi zu aktualisieren. Erscheint die Rückmeldung `Already up-to-date.`, nutzen Sie zunächst das Kommando `gpio readall`, um den aktuellen Status der GPIO-Ein- und Ausgänge auf einen Blick zu sehen.

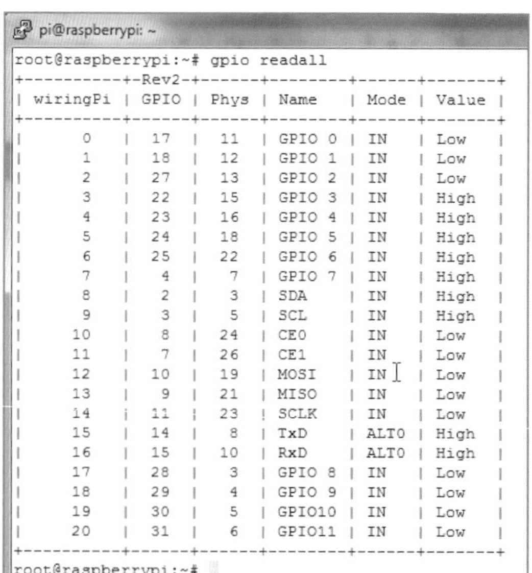

```
pi@raspberrypi: ~
root@raspberrypi:~# gpio readall
+----------+-Rev2-+------+--------+------+-------+
| wiringPi | GPIO | Phys | Name   | Mode | Value |
+----------+------+------+--------+------+-------+
|      0   |  17  |  11  | GPIO 0 | IN   | Low   |
|      1   |  18  |  12  | GPIO 1 | IN   | Low   |
|      2   |  27  |  13  | GPIO 2 | IN   | Low   |
|      3   |  22  |  15  | GPIO 3 | IN   | High  |
|      4   |  23  |  16  | GPIO 4 | IN   | High  |
|      5   |  24  |  18  | GPIO 5 | IN   | High  |
|      6   |  25  |  22  | GPIO 6 | IN   | High  |
|      7   |   4  |   7  | GPIO 7 | IN   | High  |
|      8   |   2  |   3  | SDA    | IN   | High  |
|      9   |   3  |   5  | SCL    | IN   | High  |
|     10   |   8  |  24  | CE0    | IN   | Low   |
|     11   |   7  |  26  | CE1    | IN   | Low   |
|     12   |  10  |  19  | MOSI   | IN   | Low   |
|     13   |   9  |  21  | MISO   | IN   | Low   |
|     14   |  11  |  23  | SCLK   | IN   | Low   |
|     15   |  14  |   8  | TxD    | ALT0 | High  |
|     16   |  15  |  10  | RxD    | ALT0 | High  |
|     17   |  28  |   3  | GPIO 8 | IN   | Low   |
|     18   |  29  |   4  | GPIO 9 | IN   | Low   |
|     19   |  30  |   5  | GPIO10 | IN   | Low   |
|     20   |  31  |   6  | GPIO11 | IN   | Low   |
+----------+------+------+--------+------+-------+
root@raspberrypi:~#
```

Bild 4.35: Sehr praktisch: Ist auf dem Raspberry Pi die WiringPi-API installiert, erhalten Sie mit dem Kommando `gpio readall` einen Überblick über den Status sämtlicher GPIO-Pins.

Im nächsten Schritt erweitern Sie obiges Testskript um die neuen GPIO-Pins, in diesem Fall wurde die einfache `if`-Abfrage aus Gründen der Übersichtlichkeit mit weiteren `elif`-Konstrukten genutzt.

```
#!/bin/bash
# WLAN-Lampe(n)-Schalten mit dem Raspberry Pi
# GPIO
GPIO_SW1=22 # pin 15 - wiring 3
GPIO_SW2=23 # pin 16 - wiring pi 4
GPIO_SW3=24 # pin 18 - wiring pi 5
GPIO_SW4=25 # pin 22 - wiring pi 6
GPIO_SW5=17 # pin 11 - wiring 0
# init
gpio -g mode $GPIO_SW1 in;
gpio -g mode $GPIO_SW2 in;
gpio -g mode $GPIO_SW3 in;
gpio -g mode $GPIO_SW4 in;
gpio -g mode $GPIO_SW5 in;
while true; do
# wird ein "Schliesser" als Schalter verwendet, dann Parameter 0
# bei einem "Oeffner als Parameter hier 1
        if [ $(gpio -g read $GPIO_SW1) -eq  0 ]; then
                echo "GPIO_SW1" $GPIO_SW1 "gedrueckt"
        elif [ $(gpio -g read $GPIO_SW2) -eq  0 ]; then
                echo "GPIO_SW2" $GPIO_SW2 "gedrueckt"
        elif [ $(gpio -g read $GPIO_SW3) -eq  0 ]; then
                echo "GPIO_SW3" $GPIO_SW3 "gedrueckt"
        elif [ $(gpio -g read $GPIO_SW4) -eq  0 ]; then
                echo "GPIO_SW4" $GPIO_SW4 "gedrueckt"
        elif [ $(gpio -g read $GPIO_SW5) -eq  0 ]; then
                echo "GPIO_SW5" $GPIO_SW5 "gedrueckt"
        fi
sleep 0.1
done
exit 0
#--------------------- EOF ------------------------------
```

Probieren Sie nun sämtliche Schalter aus und drücken Sie sie auch mehrmals, um das Verhalten des Prüfprogramms zu testen. Im Idealfall sollten nun die gewünschten Bildschirmmeldungen erscheinen, wie in der nachstehenden Abbildung zu sehen.

mc [root@raspiBreadboard]:/home/pi/JSON-2.53/lib/JSON

```
root@raspiBreadboard:/home/pi/wlanled# ./raspi-wlanlampe-step1.sh
GPIO_SW4 25 gedrueckt
GPIO_SW4 25 gedrueckt
GPIO_SW4 25 gedrueckt
GPIO_SW5 17 gedrueckt
GPIO_SW5 17 gedrueckt
GPIO_SW5 17 gedrueckt
GPIO_SW5 17 gedrueckt
GPIO_SW2 23 gedrueckt
GPIO_SW2 23 gedrueckt
GPIO_SW2 23 gedrueckt
GPIO_SW3 24 gedrueckt
GPIO_SW3 24 gedrueckt
GPIO_SW3 24 gedrueckt
GPIO_SW3 24 gedrueckt
```

Bild 4.36: Schaltung und Programm erfolgreich verheiratet: Jeder angeschlossene Schalter am Raspberry Pi sorgt für eine andere Bildschirmausgabe – der erste Schritt zur Selbstbauschaltung für die WLAN-Lampe(n) ist getan, Glückwunsch!

Wenn Sie sich mit der weiteren Ausgestaltung des Quellcodes bzw. der Lampensteuerung befassen, sollten Sie die Lötstation erst mal nicht wegräumen, im nächsten Schritt benötigt der Raspberry Pi bzw. der Schalter noch eine Ausgabe in Form von geschalteten LEDs. In Sachen Quellcode ist der obige erste Schritt samt kleinerer Ergänzungen und Definitionen für die spätere Inbetriebnahme des Selbstbauschalters in der Datei `raspi-wlanlampe-step1.sh` festgehalten.

Mit Bash und Python: Schalterfirmware bauen

Für jede gewünschte Schalterfunktionalität muss natürlich auch eine dahinterliegende entsprechende Logik existieren, die dafür sorgt, dass genau das Ereignis angesteuert wird, für das der Schalter definiert ist. Dafür ergänzen Sie die Datei `raspi-wlanlampe-step1.sh` und sichern diese mit einer neuen Dateibezeichnung (hier `raspi-wlanlampe-step2.sh`).

Darin wird zunächst die einfache `if`-Abfrage samt den `elif`-Konstrukten mit weiteren aussagekräftigen `echo`-Texten ergänzt, die beim Drücken der jeweiligen Schalter auf dem Bildschirm zu sehen sind und die Schalterfunktion beschreiben.

Wenn beispielsweise Schalter 1 betätigt wird, soll dieser die Funktion Ein-/Ausschalten der Lampe(n) übernehmen. Wird Schalter 1 gedrückt und sind die Lampen bereits eingeschaltet, sollen sie abgeschaltet werden. Leuchten die Lampen nicht, soll der Tastendruck, wie bei einem normalen Schalter auch, die Lampen einschalten. Dafür kommen folgende Python-Funktionen zum Einsatz:

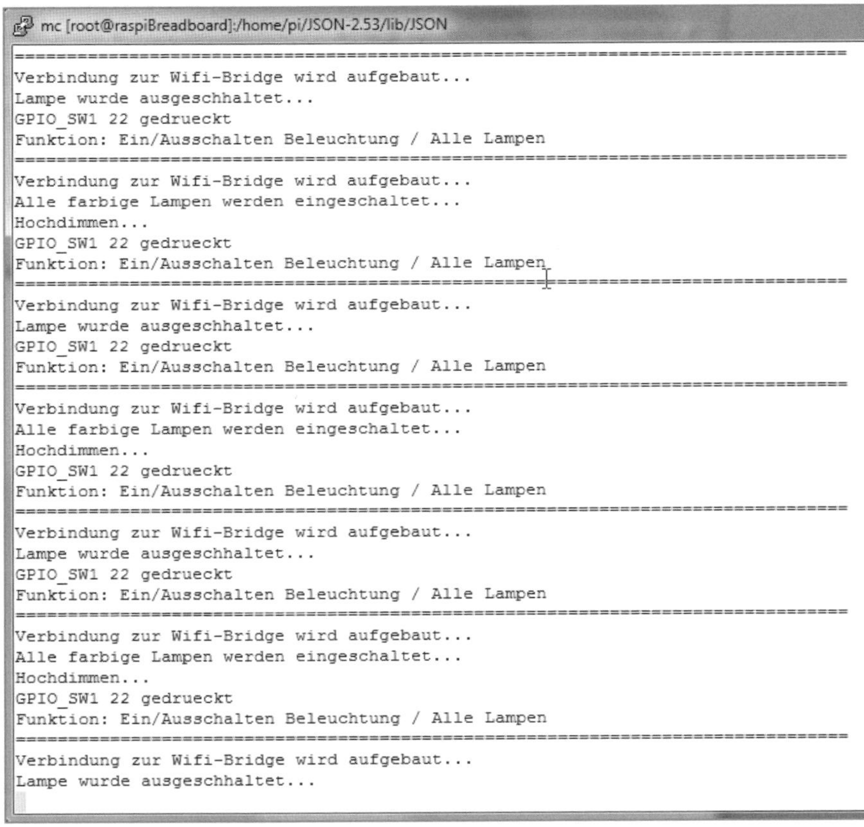

Bild 4.37: Schalter für Schalter: Für die Schalterbeschriftung nutzen Sie am besten einen aussagekräftigen Text, der beim Drücken des Schalters am Bildschirm ausgegeben wird.

Das Skript `switch1-an.py` wird beim Einschalten, das Skript `switch1-aus.py` beim Ausschalten aufgerufen. Das Skript für das Einschalten stellt sicher, dass die Lampen eingeschaltet und dass anschließend deren Helligkeit per Kommando `led_connection.rgb.effect('fade_up')` hochgesetzt wird, damit sie leuchten.

```
# switch1-an.py
if __name__=="__main__":
    parser = OptionParser()
    parser.add_option('-a', '--address', default=wlan_ip_address,
help='Wifi-Controller IP-Adresse')
    parser.add_option('-p', '--port', type='int', default=udp_port,
help='Wifi-Controller IP-Adresse')
    (options, args) = parser.parse_args()
    print '=' * 80
    print 'Verbindung zur Wifi-Bridge wird aufgebaut...'
    led_connection = wifileds.limitlessled.connect(options.address,
options.port)
```

```
    print 'Alle farbigen Lampen werden eingeschaltet...'
    led_connection.rgb.all_on()

    print 'Hochdimmen...'
    led_connection.rgb.effect('fade_up')
```

Umgekehrt werden im Ausschaltskript `switch1-aus.py` mit dem Kommando `led_connection.rgb.all_off()` sämtliche Lampen ausgeschaltet:

```
# switch1-aus.py
    print 'Verbindung zur Wifi-Bridge wird aufgebaut...'
    led_connection = wifileds.limitlessled.connect(options.address, 
options.port)
    led_connection.rgb.all_off()
    print 'Lampe wurde ausgeschaltet...'
```

In dem Skript lassen sich insgesamt 16 Farben mithilfe des Schalters `2` auswählen. Standardmäßig wird für die Farbgebung die Variable `color` auf den Wert `0` gesetzt. Das entspricht in diesem Fall der Farbe Violett.

Wert für die Variable color	Hexadizmalwert-Zuordnung für die Variable color	Farbe
0	0x00	violet
1	0x10	royal_blue
2	0x20	baby_blue
3	0x30	aqua
4	0x40	mint
5	0x50	seafoam_green
6	0x60	green
7	0x70	lime_green
8	0x80	yellow
9	0x90	yellow_orange
10	0xA0	orange
11	0xB0	red
12	0xC0	pink
13	0xD0	fuchsia
14	0xE0	lilac
15	0xF0	lavender

Im nächsten Schritt bauen Sie sämtliche Python-Funktionen in die Steuerung in der Datei `raspi-wlanlampe-step2.sh` ein. Etwas umfangreichere Funktionen bringt der Schalter `2` mit: Die Steuerung der Farben übernimmt die aufgerufene Python-Skriptdatei `switch2.py`. Diese wird per Aufruf vonseiten des Shellskripts mit der entsprechenden Zähler-ID aufgerufen.

Die Zähler-ID ist im Shellskript die Variable `$iSW2_COLOR`, die nichts anderes tut, als die Anzahl der Schaltvorgänge des Schalters `2` mitzuzählen. Ändert sich der Wert der Variablen, wird die Python-Funktion mit dem neuen `$iSW2_COLOR`-Wert aufgerufen, was die entsprechende Farbzuordnung von ID zu Farbe und anschließend das Setzen der Farbe per Python-Befehl an die Lampe erledigt:

```
python switch2.py -c 1 $iSW2_COLOR;
```

In diesem Beispiel ist die Anzahl der zulässigen Farben auf 16 festgelegt. Das Heraufzählen der Variablen `$iSW2_COLOR` beginnt mit dem Wert `0`, endet bei Wert `15` und fängt bei dem nächsten Tastendruck wieder bei Wert `0` an. Damit ist sichergestellt, dass der notwendige Übergabeparameter `$iSW2_COLOR` für das Python-Skript `switch2.py` immer korrekt befüllt bleibt.

```
# switch2.py
    print 'Alle farbige Lampen werden eingeschaltet...'
    led_connection.rgb.all_on()
    if int(args[0]) >= 0 and int(args[0]) <= 15:
        color = int(args[0])
        print 'Hochdimmen mit Farbe...', color
        led_connection.rgb.effect('fade_up')
        if (color==0):
            print 'Farbwechsel auf violett...'
            led_connection.rgb.set_color('violet')
        if (color==1):
            print 'Farbwechsel auf blau...'
            led_connection.rgb.set_color('royal_blue')
            time.sleep(1)
        if (color==2):
            print 'Farbwechsel nach baby blau...'
            led_connection.rgb.set_color('baby_blue')
            time.sleep(1)
        if (color==3):
            print 'Farbwechsel nach aqua blau...'
            led_connection.rgb.set_color('aqua')
            time.sleep(1)
        if (color==4):
            print 'Farbwechsel nach minze...'
            led_connection.rgb.set_color('mint')
            time.sleep(1)
        if (color==5):
            print 'Farbwechsel nach seafoam_gruen...'
            led_connection.rgb.set_color('seafoam_green')
            time.sleep(1)
        if (color==6):
```

```
            print 'Farbwechsel nach gruen...'
            led_connection.rgb.set_color('green')
            time.sleep(1)
        if (color==7):
            print 'Farbwechsel nach lime gruen...'
            led_connection.rgb.set_color('lime_green')
            time.sleep(1)
        if (color==8):
            print 'Farbwechsel nach gelb...'
            led_connection.rgb.set_color('yellow')
            time.sleep(1)
        if (color==9):
            print 'Farbwechsel nach gelb orange...'
            led_connection.rgb.set_color('yellow_orange')
            time.sleep(1)
        if (color==10):
            print 'Farbwechsel nach orange...'
            led_connection.rgb.set_color('orange')
            time.sleep(1)
        if (color==11):
            print 'Farbwechsel nach rot...'
            led_connection.rgb.set_color('red')
            time.sleep(1)
        if (color==12):
            print 'Farbwechsel nach pink...'
            led_connection.rgb.set_color('pink')
            time.sleep(1)
        if (color==13):
            print 'Farbwechsel nach fusia...'
            led_connection.rgb.set_color('fuchsia')
            time.sleep(1)
        if (color==14):
            print 'Farbwechsel nach lila...'
            led_connection.rgb.set_color('lilac')
            time.sleep(1)
        if (color==15):
            print 'Farbwechsel nach lavendel...'
            led_connection.rgb.set_color('lavender')
    else:
    # color = 0
        print 'Farbwechsel auf violett...'
        led_connection.rgb.set_color('violet')
```

Der Übergabeparameter wird über die Zeile `color = int(args[0])` ausgewertet und im `if`-Konstrukt für die Zuordnung der Farbe mittels der Funktion `led_connection.rgb.set_color('XXX')` verwendet. Diese sorgt anschließend für das Setzen des gewünschten Farbtons bei den entsprechenden LED-Lampen. Der dritte Schalter startet die Python-Funktion `switch3.py`, die das Hochsetzen der Helligkeit regelt – unabhängig davon, welcher Farbton gerade aktiv ist:

```
# switch3.py
    print 'Alle farbigen Lampen werden eingeschaltet...'
    led_connection.rgb.all_on()

    print 'Hochdimmen...'
    led_connection.rgb.effect('fade_up')
    print 'Nochmals hochdimmen.....'
    time.sleep(1)
    led_connection.rgb.effect('fade_up')
```

Umgekehrt sorgt das Drücken des vierten Schalters mittels der Python-Funktion `switch4.py` dafür, dass die Helligkeit verringert wird:

```
# switch4.py
    print 'Alle farbigen Lampen werden eingeschaltet...'
    led_connection.rgb.all_on()

    print 'Herunterdimmen...'
    led_connection.rgb.effect('fade_down')

    print 'Und weiter herunterdimmen...'
    time.sleep(1)
    led_connection.rgb.effect('fade_down')
```

Der fünfte und letzte Schalter des Beispiels ist nichts anderes als ein Alarmknopf: Wird dieser gedrückt, wird auf den angeschlossenen LED-Lampen das Polizeialarmsignal ausgegeben – hier dreimal hintereinander:

```
# switch5-an.py
    led_connection.rgb.effect('police_flashers')
    time.sleep(2)
    led_connection.rgb.effect('police_flashers')
    time.sleep(2)
    led_connection.rgb.effect('police_flashers')
```

Ein nochmaliges Drücken des Schalters sorgt für das Zurücksetzen der Lampen auf die gewünschte Helligkeit:

```
# switch5-aus.py
    print 'Alle farbige Lampen werden eingeschaltet...'
    led_connection.rgb.all_on()
    print 'Hochdimmen...'
    led_connection.rgb.effect('fade_up')
```

Das Shellskript dazu wurde nun bei den jeweiligen Switch-Funktionen um sämtliche Python-Funktionen ergänzt. Beachten Sie hier, dass die Anzahl der Schaltintervalle bei `Switch 2` auch gleichzeitig die Farbe der LED-Lampe bestimmt. Die besprochenen

Schritte sind nun exemplarisch für den Selbstbauschalter in der Datei `raspi-wlanlampe-step3.sh` festgehalten.

mc [root@raspiBreadboard]:/home/pi/JSON-2.53/lib/JSON

```
Farbwechsel nach lila...
GPIO_SW2 23 gedrueckt
Funktion: Farb-Auswahl (Bspw. violett=0, .. 15..)
================================================================================
Verbindung zur Wifi-Bridge wird aufgebaut...
Alle farbige Lampen werden eingeschaltet...
Hochdimmen mit Farbe... 15
Farbwechsel nach lavendel...
GPIO_SW2 23 gedrueckt
Funktion: Farb-Auswahl (Bspw. violett=0, .. 15..)
================================================================================
Verbindung zur Wifi-Bridge wird aufgebaut...
Alle farbige Lampen werden eingeschaltet...
Hochdimmen mit Farbe... 0
Farbwechsel auf violett...
GPIO_SW2 23 gedrueckt
Funktion: Farb-Auswahl (Bspw. violett=0, .. 15..)
================================================================================
Verbindung zur Wifi-Bridge wird aufgebaut...
Alle farbige Lampen werden eingeschaltet...
Hochdimmen mit Farbe... 1
Farbwechsel auf blau...
GPIO_SW2 23 gedrueckt
Funktion: Farb-Auswahl (Bspw. violett=0, .. 15..)
================================================================================
Verbindung zur Wifi-Bridge wird aufgebaut...
Alle farbige Lampen werden eingeschaltet...
Hochdimmen mit Farbe... 2
Farbwechsel nach baby blau...
GPIO_SW3 24 gedrueckt
Funktion: Heller (Dimmen der Helligkeit)
================================================================================
Verbindung zur Wifi-Bridge wird aufgebaut...
Alle farbige Lampen werden eingeschaltet...
Hochdimmen...
Nochmals hochdimmen.....
```

Bild 4.38: Schaltung mit Farbauswahl: Das Shellskript ist mit den Python-Funktionen, die für die eigentliche Lampensteuerung sorgen, gekoppelt.

Das Einbinden der Python-Funktionen stellt sich nun wie folgt dar, hier dient die Hilfsfunktion `inc_switch` dazu, die entsprechenden Variablen bei einem Tastendruck hochzuzählen. Damit die Funktion `inc_switch` auch wie gewünscht funktioniert, stellen Sie sicher, dass auf dem Raspberry Pi `bc` installiert ist. Installieren Sie ihn gegebenenfalls per `sudo apt-get install bc`-Kommando auf den Raspberry Pi nach.

```
while true; do
# wird ein "Schliesser" als Schalter verwendet, dann Parameter 0
# bei einem "Oeffner als Parameter hier 1
        if [ $(gpio -g read $GPIO_SW1) -eq  0 ]; then
                echo "GPIO_SW1" $GPIO_SW1 "gedrueckt";
```

```
                echo "Funktion: Ein-/Ausschalten Beleuchtung / Alle
Lampen";
                inc_switch SW1_ALLONOFF $iSW1_ALLONOFF;
                if [ "$iSW1_ALLONOFF" -eq 1 ]; then # erster Druck, jetzt
einschalten
                        python switch1-an.py;
                else #ausschalten
                        python switch1-aus.py;
                        iSW1_ALLONOFF=0;
                fi;
        elif [ $(gpio -g read $GPIO_SW2) -eq  0 ]; then
                echo "GPIO_SW2" $GPIO_SW2 "gedrueckt";
                echo "Funktion: Farbauswahl (bspw. Violett=0, .. 15..)";
                python switch2.py -c 1 $iSW2_COLOR;
                inc_switch SW2_COLOR  $iSW2_COLOR
                if [ "$iSW2_COLOR" -eq 16 ]; then iSW2_COLOR=0;fi;
        elif [ $(gpio -g read $GPIO_SW3) -eq  0 ]; then
                echo "GPIO_SW3" $GPIO_SW3 "gedrueckt";
                echo "Funktion: Heller (Dimmen der Helligkeit)";
                python switch3.py;
                inc_switch SW3_FADEUP  $iSW3_FADEUP
        elif [ $(gpio -g read $GPIO_SW4) -eq  0 ]; then
                echo "GPIO_SW4" $GPIO_SW4 "gedrueckt";
                echo "Funktion: Dunkler (Dimmen der Helligkeit)";
                python switch4.py;
                inc_switch SW4_FADEDOWN  $iSW4_FADEDOWN
        elif [ $(gpio -g read $GPIO_SW5) -eq  0 ]; then
                echo "GPIO_SW5" $GPIO_SW5 "gedrueckt";
                echo "Funktion: Alarmschalter";
                inc_switch SW5_ALARM  $iSW5_ALARM
                if [ "$iSW5_ALARM" -eq 1 ]; then # erster Druck, jetzt
alarm einschalten
                        python switch5-an.py;
                else # Alarm aus.
                        python switch5-aus.py;
                fi;
        fi;
sleep 0.1
done
```

Im nächsten Schritt bauen Sie die Anzeigelogik der drei LEDs in die Steuerung der Datei `raspi-wlanlampe-step3.sh` ein. Die Schaltungen der drei LEDs sind wie folgt auf dem Steckboard/der Platine mit dem Raspberry Pi verbunden:

Pin	Board Rev. V1	Board Rev. V2	GPIO-Konfiguration Ein-/Ausgang	Anschluss
12	GPIO-18	GPIO-18	Aus	GPIO_LED1
10	GPIO-15	GPIO-15	Aus	GPIO_LED2
8	GPIO-14	GPIO-14	Aus	GPIO_LED3

Zunächst stellen Sie sicher, dass die LEDs im Shellskript auch ordnungsgemäß definiert und als Ausgänge initialisiert werden. In diesem Beispiel werden dafür dem Skript folgende Zeilen hinzugefügt, um die benötigten GPIOs im Skript zuzuordnen:

```
GPIO_LED1=18 # Pin  12 - wiring pi 1
GPIO_LED2=15 # Pin 10 - wiring pi 16
GPIO_LED3=14 # Pin 8 - wiring pi  15
# init
gpio -g mode $GPIO_LED1 out;
gpio -g mode $GPIO_LED2 out;
gpio -g mode $GPIO_LED3 out;
```

Wie beim Einsatz von LEDs üblich, ist hier der passende Vorwiderstand sowie das korrekte Einsetzen der LED (Anode = längerer Draht, Kathode= kürzerer Draht) Voraussetzung. Das Ändern des Zustands der LED ist einfach gelöst:

Funktion: Einschalten von LED 1

```
gpio -g write $GPIO_LED1 1
```

Funktion: Ausschalten von LED 1

```
gpio -g write $GPIO_LED1 0
```

Die LEDs sind in dem Schalterbeispielprojekt wie folgt zugeordnet:

GPIO-Gerät	Funktion
Schalter 1	Ein-/Ausschalten Beleuchtung/Alle Lampen.
Schalter 2	Farbauswahl (bspw. Violett = 0, .. 15..).
Schalter 3	Heller (Dimmen der Helligkeit).
Schalter 4	Dunkler (Dimmen der Helligkeit).
Schalter 5	Alarmschalter.
LED 1	Leuchtet dauerhaft, wenn Schalter 1, also alle Lampen, eingeschaltet sind.
LED 2	Blinkt n-mal bei Auswahl der Lampe Nr. n.
LED 3	Leuchtet bei Alarm.

Da Schalter 1 die sogenannte »Toggle«-Funktion implementiert hat - falls bereits aus, schalte ein, schalte aus, falls an -, erfolgt das Einschalten der LED nur dann, wenn auch die Lampe auf »Status eingeschaltet« gesetzt ist.

Die Steuerung der Schaltung von LED 2 ist Geschmackssache: Gerade beim Einsatz vieler Farben (und somit Schaltvorgängen) muss die blinkende LED-Funktion auch geändert werden - etwa als Bestätigung nach einem gewissen Zeitraum. Die letzte LED 3 wird nur aktiv, wenn der Alarmknopf gedrückt wurde - und wird wieder ausgeschaltet, sobald der Alarm an Schalter 3 wieder deaktiviert worden ist.

Statusanzeige über LED-Ausgänge

Zu guter Letzt bauen Sie nun die beschriebenen LED-Zustände in Form von Bash-Skriptcode in die Schalterfirmware ein. In diesem Beispielprojekt ist das in der Datei `raspi-wlanlampe-step4.sh` hinterlegt. Aus Gründen der besseren Übersicht ist hier das `while`-Konstrukt dabei, in dem sich nun sämtliche Steuerungen für die Lampen und die LEDs befinden.

```
while true; do
ZAEHLER=0;
# wird ein "Schliesser" als Schalter verwendet, dann Parameter 0
# bei einem "Oeffner als Parameter hier 1
        if [ $(gpio -g read $GPIO_SW1) -eq  0 ]; then
                echo "GPIO_SW1" $GPIO_SW1 "gedrueckt";
                echo "Funktion: Ein-/Ausschalten Beleuchtung / Alle
Lampen";
                gpio -g write $GPIO_LED1 1;
                inc_switch SW1_ALLONOFF $iSW1_ALLONOFF;
                if [ "$iSW1_ALLONOFF" -eq 1 ]; then # erster Druck, jetzt
einschalten
                        python switch1-an.py;
                else #ausschalten
                        python switch1-aus.py;
                        gpio -g write $GPIO_LED1 0;
                        iSW1_ALLONOFF=0;
                fi;
        elif [ $(gpio -g read $GPIO_SW2) -eq  0 ]; then
                echo "GPIO_SW2" $GPIO_SW2 "gedrueckt";
                echo "Funktion: Farbauswahl (bspw. Violett=0, ..Bereich
[0-15])";
                python switch2.py -c 1 $iSW2_COLOR;
                inc_switch SW2_COLOR  $iSW2_COLOR
                if [ "$iSW2_COLOR" -eq 16 ]; then iSW2_COLOR=0;fi;
                while [ $ZAEHLER -le "$iSW2_COLOR" ]; do
                        gpio -g write $GPIO_LED2 1;
                        ZAEHLER=`echo $ZAEHLER+1 | bc`;
                        sleep 0.2;
                        gpio -g write $GPIO_LED2 0;
                done;
```

```
        elif [ $(gpio -g read $GPIO_SW3) -eq  0 ]; then
                echo "GPIO_SW3" $GPIO_SW3 "gedrueckt";
                echo "Funktion: Heller (Dimmen der Helligkeit)";
                python switch3.py;
                inc_switch SW3_FADEUP  $iSW3_FADEUP
        elif [ $(gpio -g read $GPIO_SW4) -eq  0 ]; then
                echo "GPIO_SW4" $GPIO_SW4 "gedrueckt";
                echo "Funktion: Dunkler (Dimmen der Helligkeit)";
                python switch4.py;
                inc_switch SW4_FADEDOWN  $iSW4_FADEDOWN
        elif [ $(gpio -g read $GPIO_SW5) -eq  0 ]; then
                echo "GPIO_SW5" $GPIO_SW5 "gedrueckt";
                echo "Funktion: Alarmschalter";
                inc_switch SW5_ALARM  $iSW5_ALARM
                if [ "$iSW5_ALARM" -eq 1 ]; then # erster Druck, jetzt
Alarm einschalten
                        python switch5-an.py;
                        gpio -g write $GPIO_LED3 1;
                else # Alarm aus.
                        python switch5-aus.py;
                        gpio -g write $GPIO_LED3 0;
                fi;
        fi;
        #
sleep 0.1
done
```

Im Praxiseinsatz stellt sich das auf der Konsole wie folgt dar, nebenbei sollten nun beim Tastendruck nicht nur die entsprechenden Lampen in der gewünschten Farbe leuchten, es sollte auch die Status-LED über den aktuellen Zustand informieren.

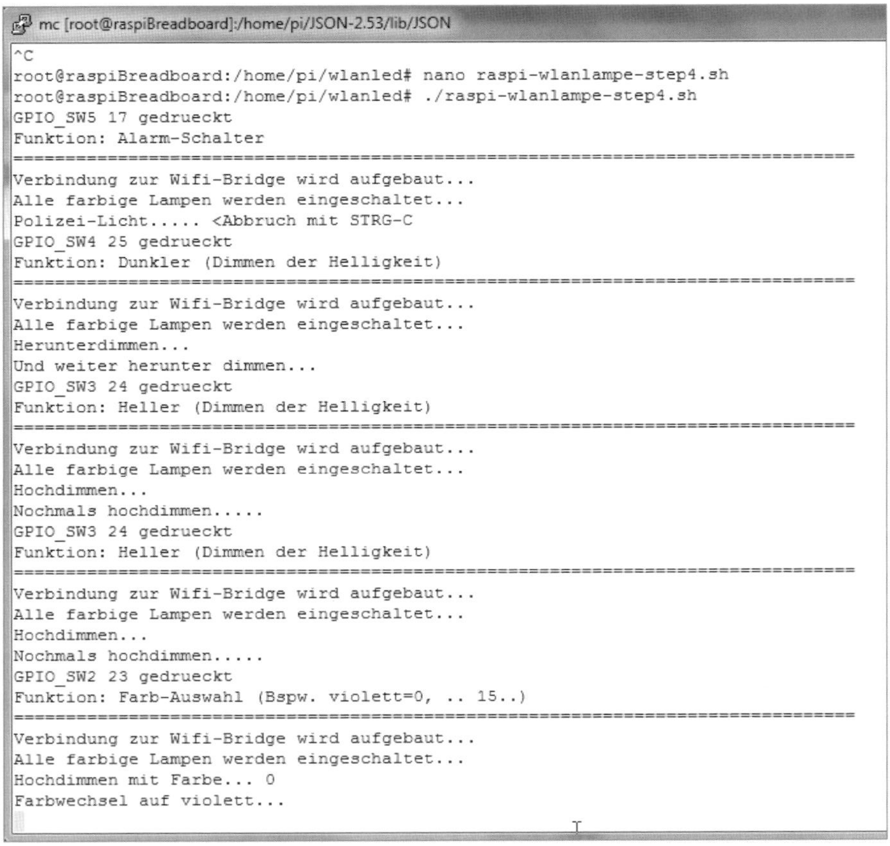

Bild 4.39: Die Datei `raspi-wlanlampe-step4.sh` kann im letzten Schritt nun zur Finalversion überführt werden, wenn der Funktionstest erfolgreich bestanden wurde.

Im letzten Schritt in diesem Projekt nehmen Sie den letzten Stand der Entwicklungsversion, prüfen ihn auf etwaige Fehler und testen ihn ausgiebig. Hat dieser Code dann die Qualitätssicherung überstanden, überführen Sie ihn für den produktiven Einsatz. Hier ist es für viele sinnvoll, den Code gegebenenfalls nochmals zu entrümpeln und beispielsweise nur noch die notwendigsten Kommentare und `echo`-Meldungen zu verwenden, die für den Ablauf und die Steuerung des Schalterskripts `raspi-wlanlampe.sh` notwendig sind.

4.4.3 Hürden und Stolperfallen bei der Inbetriebnahme

Grundsätzlich ist es nach der Fertigstellung bei der Inbetriebnahme sinnvoll, zunächst keinen Remote-SSH-Zugriff mehr zu verwenden, sondern die Schaltereinheit für die WLAN-Lampen ausschließlich mit den zur Verfügung stehenden Schaltern über die GPIO-Eingänge zu steuern. Aus diesem Grund muss der Raspberry Pi automatisch nach dem Einschalten die erstellte Schalterfirmware-Anwendung finden und starten können.

Die Lösung dafür ist relativ einfach: Tragen Sie das Skript in die lokale `/etc/rc.local`-Datei ein. Damit diese aber funktioniert, sind `root`-Rechte und ein Log-in - also eine Anmeldung am Raspberry Pi - notwendig. Das ist in der Praxis auch wieder nervig, deswegen richten Sie ausschließlich für den Lampeneinsatz ein Auto-Log-in sowie den Autostart des `raspi-wlanlampe.sh`-Skripts ein.

Automatisches Log-in: pi vom Start weg

Das vollautomatische Einloggen nach dem Start nehmen Sie über einen Eingriff in die Systemdatei `/etc/inittab` vor. Da diese nicht für den Standardbenutzer editierbar ist, sind dazu `root`-Rechte notwendig.

```
sudo -i
nano /etc/inittab
```

Suchen Sie nach der Zeile

```
1:2345:respawn:/sbin/getty -noclear 38400 tty1
```

und kommentieren Sie sie mit einem vorangestellten `#`-Symbol aus. Fügen Sie stattdessen die nachfolgende Zeile

```
1:2345:respawn:/bin/login -f pi tty1 </dev/tty1 >/dev/tty1 2>&1
```

hinzu, die für das automatische Log-in im ersten Terminal (`tty1`) für den Benutzer `pi` sorgt. Die Änderung wird nach einem Neustart des Raspberry Pi aktiv.

Im nächsten Schritt sorgen Sie dafür, dass nach dem automatischen Log-in das gewünschte Lampenskript automatisch gestartet wird.

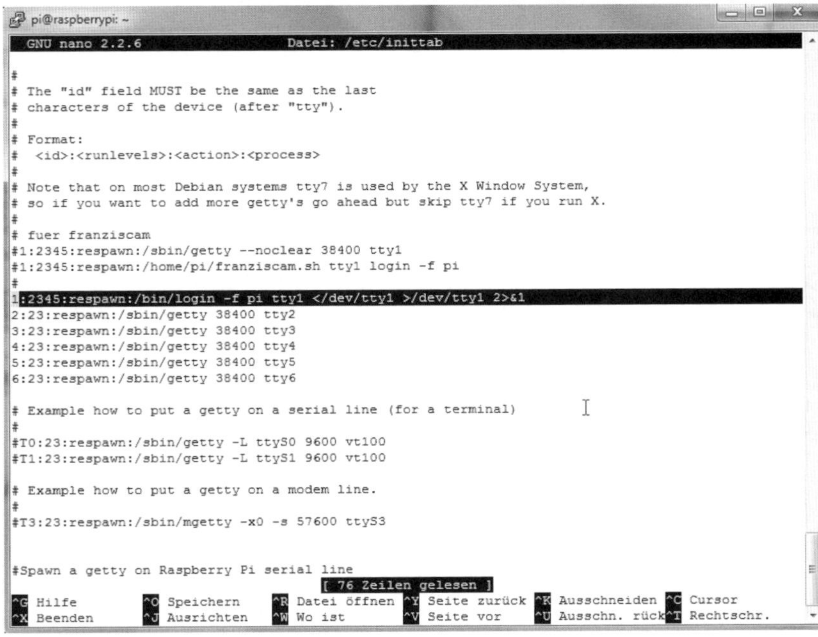

Bild 4.40: Zunächst kommentieren Sie den alten `tty1`-Eintrag aus und fügen anschließend die neue Auto-Log-in-Zeile ein.

Autostart nach dem Einschalten

Zunächst stellen Sie sicher, dass die aktuellste Version der Schalterfirmware `raspi-wlanlampe.sh` (samt den Python-Skripten) im `/home/pi/`-Verzeichnis vorhanden ist. Sicherheitshalber setzen Sie die Eigentümereigenschaften und die Ausführungsrechte der `raspi-wlanlampe.sh` sowie der Python-Dateien zurück:

```
cd ~
sudo chmod a+x raspi-wlanlampe.sh switch*.py
sudo chown pi:pi raspi-wlanlampe.sh switch*.py
nano .bashrc
```

Im nächsten Schritt bearbeiten Sie mit dem nano-Editor die Datei `.bashrc` und fügen am Ende der Datei folgende Zeile hinzu:

```
if [ -z "$DISPLAY" ] && [ $(tty) == /dev/tty1 ]; then
    ./raspi-wlanlampe.sh &;
fi
```

Nach dem Speichern der Datei wird das Skript umgehend mit `root`-Berechtigungen ausgeführt, eine angeschlossene Tastatur oder ein Remote-Zugriff zum Starten der WLAN-Schalterfirmware ist nicht (mehr) nötig.

Eben Uptons Lieblingsprojekt aus dem Bereich Hausautomation

Dave Bryan aus der Twin-Cities-Maker-Szene hat einen Pi-betriebenen Katzenfütterungsroboter gebaut, der dem verwöhnten Stubentiger sogar noch die Auswahl aus zwei verschiedenen Gebäcksorten mit unterschiedlichem Lebergeschmack anbietet.

Wie kam es zu dieser verrückten Idee? Hören wir uns an, was Dave dazu sagt.

»Ich unterrichte an der »The Hack Factory« Raspberry Pi. Nach Abschluss des ersten Kurses wurde es für mich Zeit, den Kopf wieder Pi-frei zu bekommen. Also entschloss ich mich für einen Wochenendtrip, raus aus der Stadt und rein ins Grüne, mit Freundin, aber ohne Katzen. Eigentlich alles ganz einfach, aber meine Freundin machte sich Sorgen um die Verpflegung ihrer beiden Stubentiger und bereitete schon mal eine sehr große Schüssel mit Trockenfutter vor. Schließlich sollten die beiden Kätzchen während unserer Abwesenheit nicht Hunger leiden.

Übrigens: Mooncake, die offizielle Raspberry-Pi-Katze, wird zweimal am Tag von einer schon betagten Fütterungsmaschine versorgt, die wir im Büro lange vor der Raspberry-Pi-Zeit angeschafft haben. Natürlich bekommt Mooncake auch von echten Menschen seine Streicheleinheiten und – ich hasse es – dieses schrecklich riechende Katzenfutter in dubioser Soße serviert. Aber zurück zum Ort des Geschehens.

Als ich meine Freundin beim Füllen der riesigen Futterschüssel beobachtete, zündete es, und die Idee zum Bau eines Katzenfütterungsroboters war geboren. Mooncake, Fütterungsmaschine, Wochenendtrip – all das schoss mir durch den Kopf und schnell war klar, was ich mit meinem Katzenfütterungsroboter besser machen werde.«

Ist das nicht eine verdammt gute Idee, Leute? Zunächst ist Daves Maschine WiFi-fähig, so dass auch von unterwegs Anweisungen gegeben werden können. Der richtige Kick kommt aber mit dem Einbau von Sound-Clips, einer Webcam und einer mobilen Web-UI.

Alles für eine zufriedene und gut genährte Raspberry Pi Katze.

Ernsthaft, Dave, wenn du es jetzt noch schaffst, das Ding mit einer Selbstreinigungsfunktion auszustatten, brauchst du für deine Katzen gar keinen Finger mehr krumm zu machen, außer zum Streicheln natürlich. Katzenbesitzer aus der ganzen Welt werden bei dir auf der Matte stehen und dir die Maschine aus den Händen reißen.

Twin Cities Maker at The Hack Factory
Hier die ganze Bauanleitung zu Dave Bryan´s Katzenfütterungsroboter:
www.tcmaker.org/blog/2013/03/raspberry-pi-powered-cat-feeder/.

Raspberrypi.org
Mehr Ideen und nette Geschichten rund um den Raspberry Pi findet Ihr bei *www.raspberrypi.org.*

Schauen wir uns jetzt in einem YouTube-Beitrag an, welche Ergänzungen Dave seinem Katzenfütterungsroboter noch spendiert hat – *www.youtube.com/watch?v=fjbVj5Gy_IM.*

5

Unterhaltungs- und Haushaltselektronik steuern

Unterhaltungs- sowie Haushaltsgeräte sind mit Computern aller Art samt Zubehör sowie Steckdosen, Lampen und Beleuchtungselementen das Anwendungsspektrum der Geräte, die sich auf einem halbwegs aktuellen Smartphone zusammenführen lassen. Setzen Sie keine eigene Logik in Form einer zentralen Steuerung der Geräte, die als Mastermind in der Hausautomation fungiert, ein, werden Intelligenz und Steuerung über die jeweiligen Anwendungen auf dem Smartphone erledigt. Das bedeutet aber oftmals auch, dass eine Steuerung ausschließlich mit diesem (und nur mit diesem!) Smartphone möglich ist. Haben Sie das Gerät beispielsweise im Büro vergessen, kann es schon heikel werden. Doch so weit lassen Sie es gar nicht kommen – dank der Kopplung diverser Apps mit der vorhandenen Elektronik und dem TV-Receiver oder gar den smarten Heizkörperthermostaten oder Wetterstationen, die es mittlerweile von zig unterschiedlichen Anbietern gibt. Dies gilt ebenfalls für die unzähligen am Markt erhältlichen Smart-TVs, die teilweise gar nicht so smart sind und sich nicht einmal über das eigene Smartphone bedienen lassen. Das persönliche Smart Home erhält seine speziellen Reiz erst dann, wenn Sie selbst Hand anlegen – und gerade der heimische Fernseher im Wohnzimmer kann zusammen mit dem Smartphone als Steuerzentrale fungieren.

Dennoch ist eine Steuerzentrale im Heimnetz eine praktische Sache: sei es zum Loggen und Dokumentieren von Vorgängen, zum Koppeln von Geräten und zum Steuern von Abläufen. Über die Steuerzentrale können Sie ähnliche Abhängigkeiten wie IFTTT (*If This Then That*) in Eigenregie erstellen - gerade mit einem Raspberry Pi. Egal ob Modell 1 oder 2 oder der Raspberry Pi 3 mit integriertem WLAN und Bluetooth - alle Geräte bieten eine hardwarenahe GPIO-Schnittstelle, auf der sich viele Wünsche und Projekte umsetzen lassen. Mit der Steuerung von Funksteckdosen mithilfe des Raspberry Pi, egal ob direkt über GPIO, via FHEM oder mit einer manipulierten URL, kann nahezu alles im Haushalt per Raspberry Pi ein- und ausgeschaltet werden, vorausgesetzt, der Raspberry Pi ist im Heimnetz und/oder im Internet erreichbar.

5.1 iOS und HomeKit - Siri macht Strom

Ist Ihnen das Drücken der Funkschalter zu spießig und sind dennoch beim Einsatz des Smartphones die vielen Apps nicht auf Anhieb greifbar, können Sie bei eingerichteter HomeKit-Unterstützung mit dem iOS-Gerät (ab iOS-Version 9) die Sprachassistentin Siri für den Schaltvorgang nutzen - bei einem iPhone 6S sparen Sie sich den doppelten Klick auf den Home-Knopf, um Siri zu aktivieren. Hier reicht die Sequenz »Hey Siri« aus, um die Spracherkennung einzuschalten. Anschließend nutzen Sie das gewünschte Kommando - beispielsweise »Wohnzimmer Licht ein«. Voraussetzung dafür ist ein iOS-Gerät mit einer Version mindestens iOS 9 sowie im Fall der Philips-Hue-Lampen eine HomeKit-kompatible Bridge, die für die Ansteuerung und Kontrolle der Lampen sorgt. Ohne HomeKit-Technik lässt sich Siri ebenfalls für die Steuerung der Haushaltselektronik und -elektrik verwenden - Voraussetzung dafür ist jedoch, dass das Gerät selbst einen eingebauten Webserver mitbringt, mit dem es im Heimnetz über eine IP-Adresse erreichbar ist.

5.1.1 Was bin ich? - Siri gibt Antwort

Mit der Einführung des iPhone 4S im Oktober 2011 erfolgte im Smartphone-Markt die Einführung der Sprachsteuerung, die ihren Namen verdient. Die auf den Namen Siri getaufte, von Apple ehemals eingekaufte Lösung leistet um Längen mehr als alle anderen bisher bekannten Sprachsteuerungslösungen für Mobiltelefone und Smartphones. Siri versteht nicht nur Wörter und ganze Sätze, sondern erkennt dank eingebauter Logik auch die Zusammenhänge gesprochener Worte und kombiniert sie.

Erteilen Sie Siri beispielsweise das Sprachkommando: »Rufe meine Mutter an!«, antwortet sie: »Wie heißt deine Mutter?« Antwortet man mit dem Namen des entsprechenden Kontakts im iPhone, fragt Siri nach, ob dieser Name mit »Mutter« verknüpft werden soll. Anschließend weiß Siri zukünftig, wer mit Mutter gemeint ist. Die Kopplung der Verwandtschaftsgrade ist eine vergleichsweise leichte Übung, sie funktioniert auch mit Vater, Onkel, Tanten etc. Wie Sie lokale Verbraucher daheim - Licht, Steckdosen etc. - anhand eines Anrufs schalten und sogar per Sprachsteuerung über das Smartphone steuern können, wird zunächst anhand der skalierbaren Profisteckdosenlösung TC IP 1 aus dem Hause Rutenbeck demonstriert.

Bild 5.1: Siri versteht ganze Sätze und braucht keinen Telegrammstil.

5.1.2 Steckdosen mit Siri schalten

Der Adressbuch-Trick - Sie speichern die zu schaltenden Geräte mit einem Namen als entsprechenden Kontakt im Adressbuch des iPhone und können ihn anschließend für Siri nutzen - ist sehr praktisch. Voraussetzung dafür ist, dass das Gerät selbst über eine HTTP-Adresse erreichbar ist und darüber hinaus die nötigen Funktionen zur Verfügung stellen kann. Überaus einfach und komfortabel ist das mit den Steckdosen aus dem Hause Rutenbeck: Bauen Sie sich den Ein- und Ausschaltlink so zusammen, dass er über das Smartphone genutzt werden kann. Doch bevor es endlich so weit ist, erhalten Sie dazu an dieser Stelle einen Sicherheitshinweis:

> **Sicherheitshinweis**
> Hängt der LAN/WLAN-Router ständig im Internet und ist der eigene lokale Anschluss somit ständig per dynamischen DNS erreichbar, sollten Sie die verfügbaren Dienste so weit wie möglich einschränken. Dazu konfigurieren Sie die Firewall-/Porteinstellungen Ihres LAN/WLAN-Routers. Egal, wie sicher dieser auch konfiguriert ist, theoretisch und somit auch praktisch ist es auch dann möglich, dass unbefugte Dritte von außen eine vom Internet steuerbare Steckdose bzw. Schaltung erreichen können. Demzufolge sollten Sie mit solchen Steckdosen ausschließlich Verbraucher verbinden, die bei missbräuchlichem Schalten auch keinen Schaden anrichten können.

Der Sicherheitshinweis zählt natürlich nicht nur für den Zugriff über einen Webbrowser, sondern auch für die Sprachsteuerung. Denn theoretisch ist es natürlich denkbar, dass Sie Ihr Smartphone verlieren und der Finder sämtliche Kontakte in Ihrem Telefonbuch anruft. Sind jeweils ein Ein- und ein Ausschaltbefehl als Adressbuchkontakt hinterlegt, könnte der Smartphone-Dieb beispielsweise das Licht per Telefonanruf ein- und ausschalten. Oder Sie verlieren in der Nähe Ihrer Wohnung das Smartphone, und das heimische WLAN liegt noch in Reichweite - jedoch ist anzunehmen, dass ein Dieb eher das Weite suchen wird und nicht im heimischen WLAN stöbert. Mehr Sicherheit haben Sie, wenn Sie den Zugriff auf das Smartphone per PIN-Code oder Fingerscanner/Touch-ID absichern. Hat Siri mit der Zeit fleißig dazugelernt, führen sogar komplizierte Sprachbefehle, wie etwa der zum Eintrag eines Kalendertermins mit diversen Kontakten aus dem Adressbuch samt telefonischer Benachrichtigung, zum Erfolg. Diesen Kniff machen Sie sich in Sachen Steuerung von Heimkomponenten zunutze, nur dass Siri eben keine Telefonnummer wählt, sondern einfach zu einer HTTP-Adresse in Ihrem Heimnetz Kontakt aufnimmt.

5.1.3 iPhone: Kontakt für Gerät erstellen und konfigurieren

Um eine Steckdose per Adressbuchkontakt zu schalten, benötigen Sie zu den beiden Adressbuchkontakten auch zwei Kommandos für den Ein- bzw. Ausschaltbefehl, die Sie jeweils zuordnen können. In diesem Fall ist der Wohnzimmerfluter mit der Rutenbeck-Funksteckdose TC IP 1 WLAN per Hintertür über die IP-Adresse

```
http://192.168.123.203/leds.cgi?led=1&value=Einschalten
```

erreichbar. Die Beispiel-IP-Adresse `192.168.123.203` ersetzen Sie durch die individuelle IP-Adresse in Ihrem Heimnetz. Haben Sie beispielsweise die Rutenbeck-Steckdosenlösung im Einsatz, nutzen Sie die entsprechende URL, die Sie für den Zugriff in der Webserverkonfiguration festgelegt haben. Erstellen Sie einen neuen Kontakt - in diesem Beispiel mit der Bezeichnung `Wohnzimmerlicht Ein` bzw. `Wohnzimmerlicht Aus`. Für den Kontakt `Wohnzimmerlicht Ein` wird obige URL verwendet, für den Kontakt `Wohnzimmerlicht Aus` nutzen wir dies im Heimnetz:

```
http://192.168.123.204/leds.cgi?led=1&value=Ausschalten
```

Der Vorname ist also `Wohnzimmerlicht`, der Nachname `Ein` bzw. beim zweiten Kontakt `Aus`. Selbstverständlich brauchen Sie den URL-Kontakt nicht über die Bildschirmtastatur einzutippen. Schicken Sie ihn sich einfach selbst per Mail zu, markieren Sie ihn auf dem iPhone, kopieren Sie ihn in die Zwischenablage und fügen Sie ihn per Touch im Kontaktfeld `Homepage` ein.

Wie beschrieben, gehen Sie analog beim Ausschaltadressbuchkontakt vor. Testen Sie auch diesen Kontakt. Mit einem etwas längeren Druck auf die Hometaste des iPhones wird Siri aktiv. Sprechen Sie nun `Wohnzimmerlicht Aus` - in diesem Fall muss der Kontakt der hinterlegten Ausschalt-URL geöffnet werden. Nach Bestätigung per Touch auf den Link schaltet sich das Wohnzimmerlicht wieder aus. Um diese Schalt-lösung auch über das Internet verfügbar zu machen, brauchen Sie nur die ent-sprechenden URLs für den Ein- und Ausschaltvorgang durch jene Adressen samt Port zu ersetzen, über die das Gerät erreichbar ist.

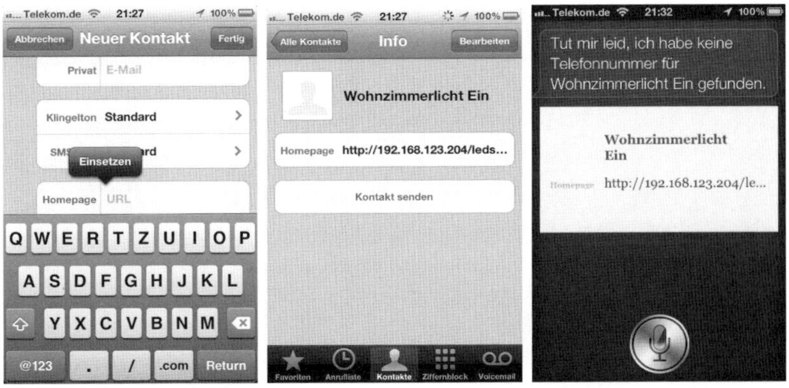

Bild 5.2: Nach dem Anlegen des Kontakts testen Sie Siri. Sagen Sie bei aktiver Spracherkennung in diesem Beispiel `Wohnzimmerlicht Ein`, wird der Kontakt geöffnet. Einen Touch weiter wird die entsprechende URL geöffnet, und das Licht geht an.

5.1.4 HomeKit - Strippenzieher im Hintergrund

Wem die Eigenbaulösung mit dem Adressbuch-Kontakt-Umweg zu kompliziert ist, der kann seit Veröffentlichung von iOS 8.1 kompatible Geräte, ähnlich wie die vorgestellte Schaltlösung der Adressbuchkontakt-Lampen, direkt mit Siri nutzen. Voraussetzung dafür ist die aktuelle HomeKit-Unterstützung, die eigene und kompatible Hardware voraussetzt.

Bild 5.3: Derzeit ist die Liste der Heimelektronik, die mit Apple HomeKit kompatibel und daher mit dem Aufdruck *Works with Apple HomeKit* gekennzeichnet ist, noch recht übersichtlich.

Zudem benötigen Sie ein oder mehrere mit HomeKit kompatible elektrische Geräte, wie beispielsweise das Hue-Beleuchtungssystem, das Elgato-Sensormodul, Thermostat oder Smart Plug. Jedes HomeKit-fähige Device verfügt über eine eindeutige ID, den HomeKit-Einrichtungscode. Meistens ist die ID auf dem Gerät bzw. auf dem Geräteaufkleber aufgebracht sowie auf der Verpackung und/oder in der Einrichtungsanleitung zu finden.

Obwohl Sie das Gerät ja umgehend in Betrieb nehmen, kann es nicht schaden, den HomeKit-Code zu fotografieren und an einem sicheren Platz aufzubewahren - er wird immer gebraucht, um das Gerät einer HomeKit-Installation hinzuzufügen.

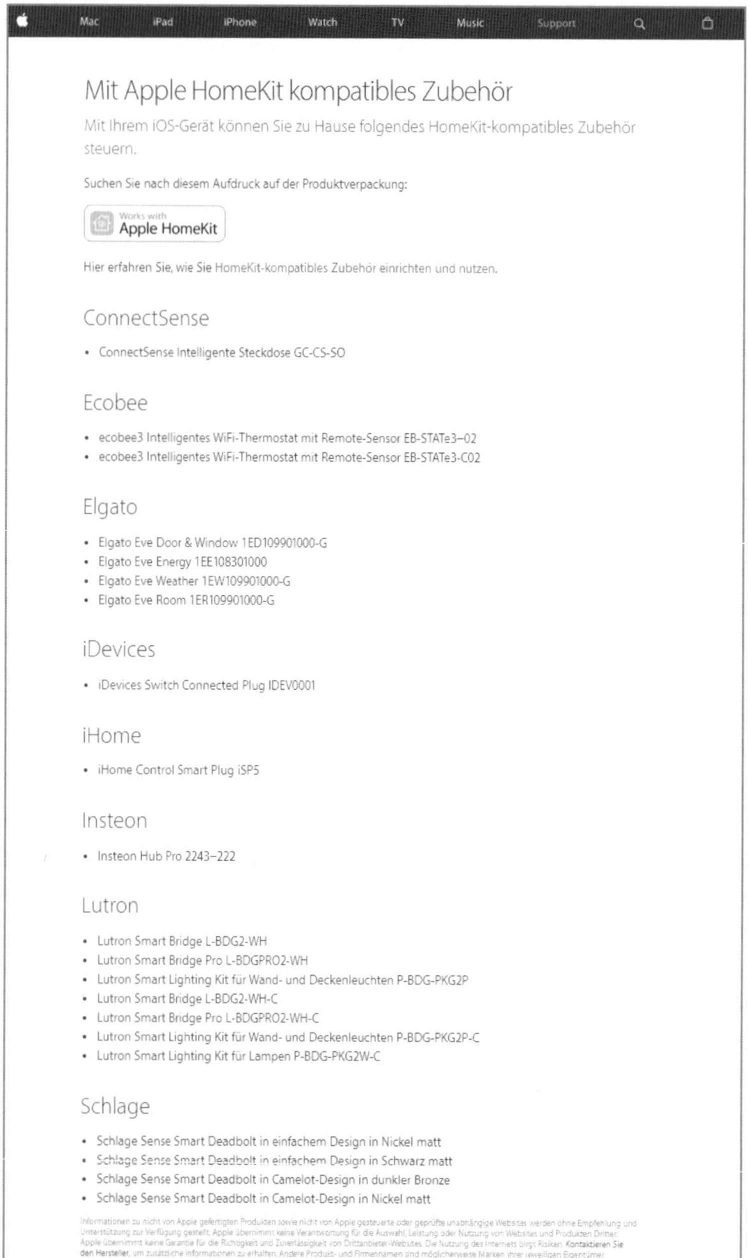

Mac iPad iPhone Watch TV Music Support

Mit Apple HomeKit kompatibles Zubehör

Mit Ihrem iOS-Gerät können Sie zu Hause folgendes HomeKit-kompatibles Zubehör steuern.

Suchen Sie nach diesem Aufdruck auf der Produktverpackung:

Works with Apple HomeKit

Hier erfahren Sie, wie Sie HomeKit-kompatibles Zubehör einrichten und nutzen.

ConnectSense

- ConnectSense Intelligente Steckdose GC-CS-SO

Ecobee

- ecobee3 Intelligentes WiFi-Thermostat mit Remote-Sensor EB-STATe3–02
- ecobee3 Intelligentes WiFi-Thermostat mit Remote-Sensor EB-STATe3-C02

Elgato

- Elgato Eve Door & Window 1ED109901000-G
- Elgato Eve Energy 1EE108301000
- Elgato Eve Weather 1EW109901000-G
- Elgato Eve Room 1ER109901000-G

iDevices

- iDevices Switch Connected Plug IDEV0001

iHome

- iHome Control Smart Plug iSP5

Insteon

- Insteon Hub Pro 2243–222

Lutron

- Lutron Smart Bridge L-BDG2-WH
- Lutron Smart Bridge Pro L-BDGPRO2-WH
- Lutron Smart Lighting Kit für Wand- und Deckenleuchten P-BDG-PKG2P
- Lutron Smart Bridge L-BDG2-WH-C
- Lutron Smart Bridge Pro L-BDGPRO2-WH-C
- Lutron Smart Lighting Kit für Wand- und Deckenleuchten P-BDG-PKG2P-C
- Lutron Smart Lighting Kit für Lampen P-BDG-PKG2W-C

Schlage

- Schlage Sense Smart Deadbolt in einfachem Design in Nickel matt
- Schlage Sense Smart Deadbolt in einfachem Design in Schwarz matt
- Schlage Sense Smart Deadbolt in Camelot-Design in dunkler Bronze
- Schlage Sense Smart Deadbolt in Camelot-Design in Nickel matt

Informationen zu nicht von Apple gefertigten Produkten sowie nicht von Apple gesteuerte oder geprüfte unabhängige Websites werden ohne Empfehlung und Unterstützung zur Verfügung gestellt. Apple übernimmt keine Verantwortung für die Auswahl, Leistung oder Nutzung von Websites und Produkten Dritter. Apple übernimmt keine Garantie für die Richtigkeit und Zuverlässigkeit von Drittanbieter-Websites. Die Nutzung des Internets birgt Risiken. **Kontaktieren Sie den Hersteller**, um zusätzliche Informationen zu erhalten. Andere Produkt- und Firmennamen sind möglicherweise Marken ihrer jeweiligen Eigentümer.

Bild 5.4: *https://support.apple.com/de-de/HT204903*: Nicht ganz aktuell – so hat Philips beispielsweise das bewährte Hue-System einer Überarbeitung unterzogen, statt der runden Basisstation ist die HomeKit-kompatible Hue 2-Steuereinheit seit Oktober 2015 quadratisch.

Siri in Hue-App aktivieren

Haben Sie bereits eine »alte« Hue-Basisstation in Betrieb? Hier hat Philips nicht nur einen finanziellen Anreiz in Form einer Gutschrift geschaffen, in der aktuellen Version der offiziellen Hue-App befindet sich auch ein Assistent, mit dem Sie die Einstellungen der alten Basisstation in das neue Modell exportieren können. Alternativ können Sie die Lampen wie gewohnt anlernen - steigen Sie neu in das Thema Smart Home und Beleuchtung mit Philips Hue ein, brauchen Sie sich mit dem Thema Übertragen alter Einstellungen gar nicht zu beschäftigen. Wie auch immer - im nachfolgenden Abschnitt wird davon ausgegangen, dass die HomeKit-kompatible Hue-Basisstation ordnungsgemäß installiert, im Heimnetz erreichbar und mit einer oder mehreren Lampen gekoppelt ist. Für den HomeKit-Betrieb - und somit den Einsatz der Sprachassistentin Siri - muss das iOS-Gerät zudem mit einer iOS-Betriebssystemversion iOS 8.1 oder aktueller ausgestattet sein. In diesem Projekt kommt ein iPhone 6 Plus mit iOS 9.02 zum Einsatz - die Hue-App kommt mit Version 1.10.1.

Bis sich iOS und HomeKit erfolgreich mit der Hue-Anfrage für den Siri-Einsatz auseinandersetzen, kann es etwas dauern. Der Grund ist meist, dass die in der Regel aktivierte iCloud-Konfiguration Ärger macht. In diesem Fall war es notwendig, das iPhone von der iCloud zu entkoppeln und erneut mit der Hue-App zu starten.

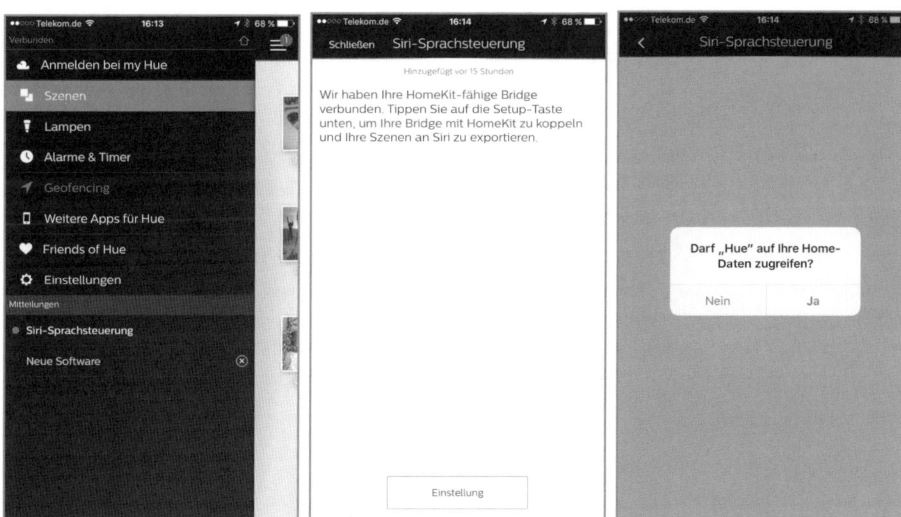

Bild 5.5: Nach dem Start der App erreichen Sie über *Einstellungen* und *Siri-Sprachsteuerung* den Einrichtungsdialog für die HomeKit-Kopplung.

iCloud für die Hue-Integration in HomeKit anpassen

In diesem konkreten Fall weist die Hue-App selbst auf die Lösung hin - sie vermisst den aktivierten Schlüsselbund in den iCloud-Einstellungen. Wer bisher die iCloud nicht im Einsatz hatte, kommt also im HomeKit-Einsatz nicht mehr daran vorbei - dies gilt auch für den Schlüsselbund, in dem neben den sensiblen Zugangsdaten zu Webseiten nun auch Authentifizierungsparameter für HomeKit untergebracht werden.

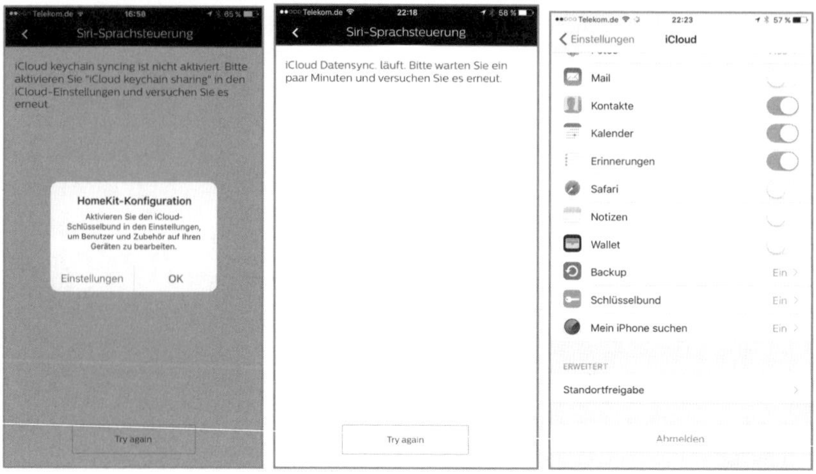

Bild 5.6: Etwas tricky ist die Einrichtung von HomeKit – Voraussetzung ist der eingerichtete und aktivierte Schlüsselbund innerhalb der iCloud-Einstellungen.

Gehen Sie zunächst auf *Abmelden*, wählen Sie dann *Vom iPhone löschen* aus und geben Sie anschließend zur Authentifizierung das iCloud-Kennwort ein, um die Konfiguration auf dem iPhone zu säubern. Ist die iCloud nun bereit für die Hue-App bzw. HomeKit, wechseln Sie von den allgemeinen Einstellungen wieder in die App zurück.

Schalten mit Siri – ein und aus, hell und dunkel

Anschließend starten Sie die Hue-App und beginnen erneut mit der Einrichtung der Siri-Sprachsteuerung. Ist die Philips-Bridge mit den Lampen »gepairt«, sind die Bezeichnungen auch später so in der HomeKit-Datenbank eingetragen und werden eins zu eins von Siri verwendet. In der Hue-App können Sie nun die gewünschten Szenen erstellen und konfigurieren, indem Sie den jeweiligen Szenen die gewünschten Lampen zuordnen.

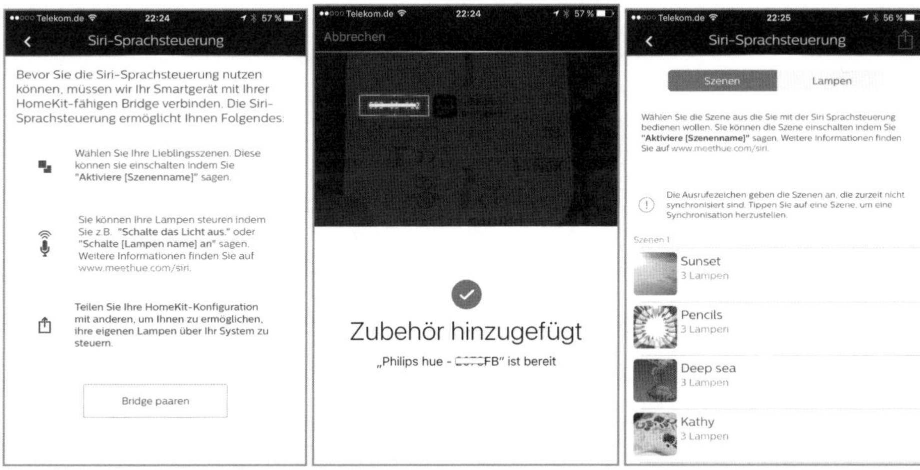

Bild 5.7: Die bereits mitgelieferten Szenen der Hue-App sind für den Start völlig ausreichend und können nachträglich auf Wunsch angepasst werden.

Die Lampenbezeichnungen können innerhalb der App auf Wunsch angepasst werden - es ist empfehlenswert, sprechende Bezeichnungen zu verwenden, falls mehrere Lampen ähnlicher Bauart zum Einsatz kommen. Dies erleichtert das Finden und Zuordnen der Lampen bei späteren Konfigurationsarbeiten und beim Erstellen der Szenen und Aktionen enorm.

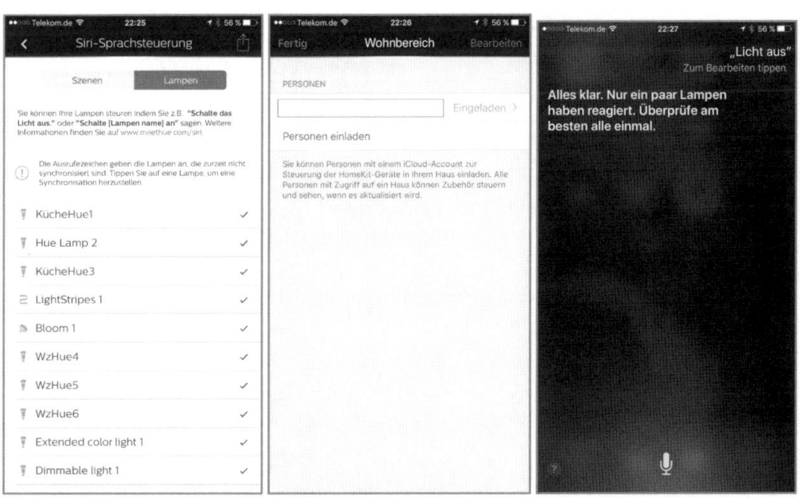

Bild 5.8: Siri zum Schalten: Sämtliche Lampen sind nun per Siri schaltbar, eine genaue Zuordnung der Lampen in Räume, Stockwerke etc. ist nicht möglich. Ein möglicher Ausweg wäre eine Zuordnung der Lampen in Szenen, die dem Aufstellungsort bzw. den Räumen entspricht.

Ein klares Manko der Hue-App sind die etwas stiefmütterlich ausgestatteten Konfigurationsmöglichkeiten von HomeKit: Geht es nach Philips, befinden sich alle Lampen in einem Raum und lassen sich mithilfe der Szenen unterscheiden - praktikabler und bequemer als der Name einer Philips-Szene zum Steuern sind aber Anweisungen wie »Schalte das Licht im Wohnzimmer aus«. Da HomeKit in gewissen Bereichen in der Apple-Welt eine offene Datenbank ist, können Sie diese Einträge auch mit anderen Apps manipulieren.

HomeKit mit Elgato Eve konfigurieren

Apple zeichnet sich zwar für HomeKit verantwortlich - doch ein Werkzeug oder Einstellungsdialog für die Konfiguration des Smart Home sucht man auf dem Smartphone vergebens. Dafür benötigen Sie eine oder mehrere Apps der Gerätehersteller - umso besser, dass sich diese Lösungen derzeit nicht nur auf die Produkte aus dem eigenen Werk beschränken. Vom Start weg war auch Elgato ganz weit vorn mit dabei, das Thema HomeKit in seiner Eve-Produktpalette zu verankern - derzeit sind Tür-/Fenstersensoren, Steckdosen sowie Klimasensoren für den Innen- und Außenbereich erhältlich. Dazu passend ist im Apple App Store die App *Elgato Eve* kostenlos erhältlich. Ist sie auf dem iOS-Device installiert, starten Sie mit dem maßgeschneiderten Einrichten der HomeKit-Umgebung für Ihr Eigenheim.

Wer beispielsweise mehrere Hue-Lampen in seinem Haushalt einsetzt, kann einzelne Lampen endlich den entsprechenden Räumen zuordnen. Auch die Bezeichnung *Zuhause* für das Eigenheim ist anpassbar. Im ersten Schritt legen Sie also die gewünschten Räume an. Wählen Sie zunächst die hübschen Icons aus - die Beschriftung lässt sich hinterher bequem ändern. Beachten Sie, dass später in der Raumüber-sicht nur Räume angezeigt werden, denen Lampen oder andere Geräte wie beispielsweise Sensoren und Temperaturfühler etc. zugeordnet sind.

Haben Sie Ihre Räume angelegt, können Sie die angeschlossenen Geräte - hier Lampen - den entsprechenden Räumen zuweisen. Zusätzlich können auch sogenannte Aktionen definiert werden: Kommen Sie beispielsweise nach einem langen Arbeitstag nach Hause, reicht beispielsweise die Siri-Anweisung »Ich bin zu Hause«, um das Wohnzimmer mit den gekoppelten Lampen zu erhellen - ist ein HomeKit-kompatibles Heizungsthermostat gekoppelt, wird automatisch die Wunschtemperatur eingestellt.

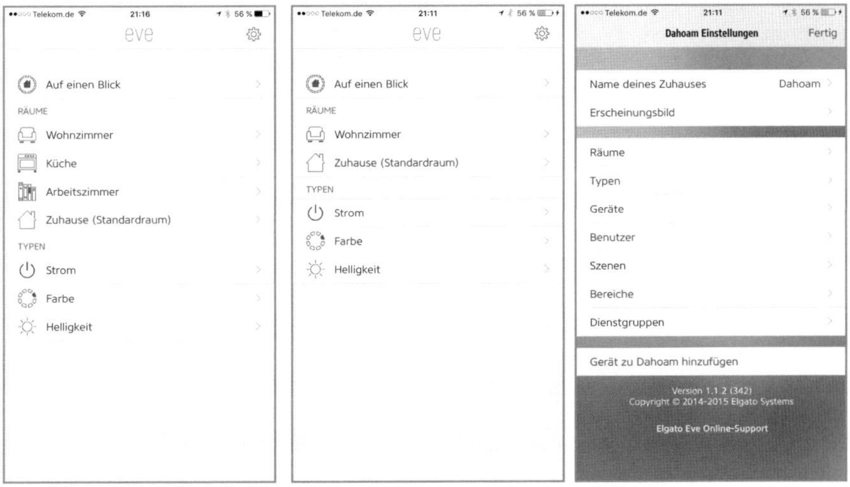

Bild 5.9: Die App *Elgato Eve* ist im HomeKit-Einsatz sehr hilfreich, auch wenn Sie keine Elgato-Geräte verwenden, da Sie damit im Gegensatz zur Hue-App und anderen die HomeKit-Konfiguration auf Wunsch ändern und anzeigen können.

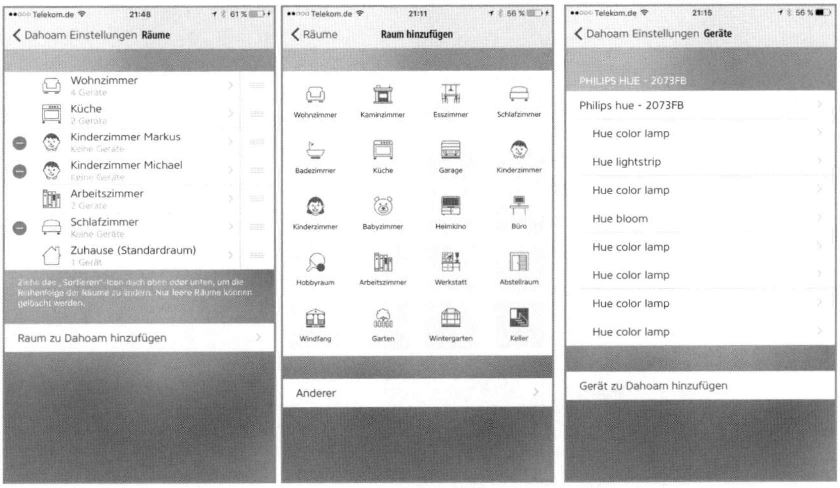

Bild 5.10: Welche bzw. wie viele Geräte einem Raum zugeordnet sind, ist im Übersichtsdialog sichtbar, neue Räume fügen Sie einfach per Dialog hinzu, um schließlich die gewünschten Lampen zuzuweisen.

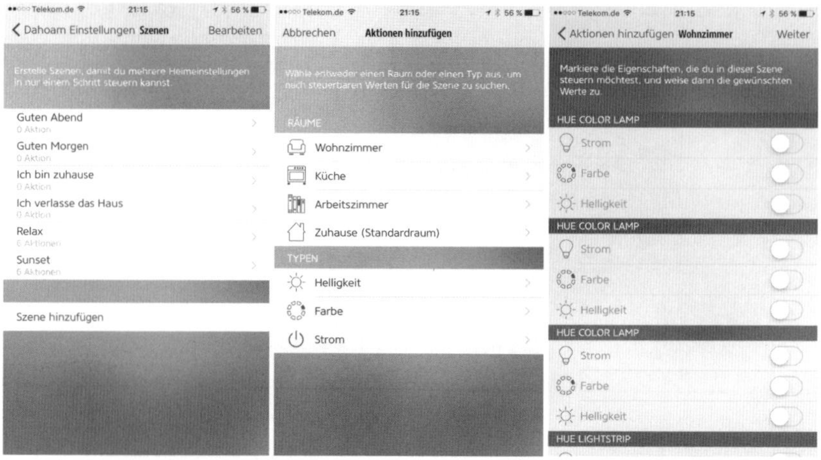

Bild 5.11: Einmalig notwendige Kleinarbeiten: Hier lassen sich zu den gewünschten Szenen die jeweiligen Räume, Geräte und Aktionen - beispielsweise bei den Lampen Farbe und Helligkeit - punktgenau festlegen.

Nach Abschluss der Konfiguration und Festlegung der jeweiligen Szenen sorgt die App für die Eintragung der Konfiguration in die HomeKit-Datenbank, sodass diese Einstellungen nun umgehend für sämtliche Apps und natürlich Siri zur Verfügung stehen. Hört Siri wie beim iPhone 6S mit (»Hey Siri«), reicht danach die detaillierte Anweisung aus - beispielsweise »Ich verlasse das Haus« oder »Wohnzimmer, Licht an«.

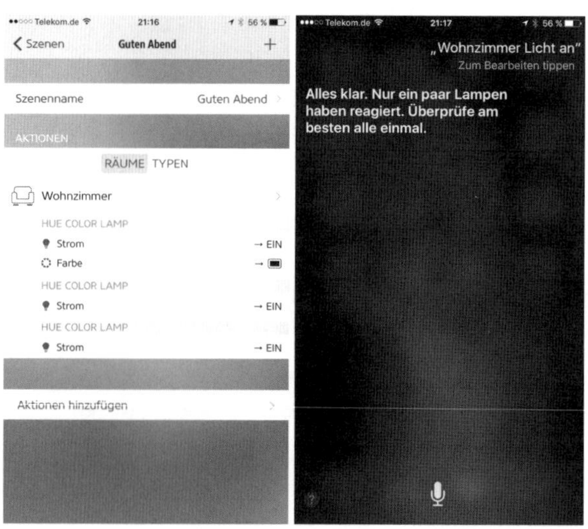

Bild 5.12: HomeKit-Konfiguration erfolgreich: Nach dem Drücken der Hometaste sprechen Sie den gewünschten Schaltbefehl oder die Bezeichnung der definierten Szene in das Mikrofon - HomeKit kümmert sich dann automatisch um den Schaltvorgang für die Hue-App.

Sind die Geräte in einem Bereich - beispielsweise mit der Bezeichnung *Zuhause* - zusammengefasst, bleibt die Steuerung der Geräte nicht nur auf das Smartphone beschränkt, mit dem die Einrichtung erfolgte, Sie können auch Familienmitglieder oder andere Personen dazu einladen, sich die Steuerung Ihrer Geräte - auch remote - mit

Ihnen zu teilen. Der Remote-Zugriff auf die Geräte zu Hause lässt sich direkt am Smartphone über *Einstellungen/HomeKit/Zuhause* per Schiebeschalter auf *Entfernten Zugriff erlauben* einrichten. Um die Steuerung der Heimelektronik für andere Personen freizugeben, wählen Sie in diesem Dialog *Personen einladen* – diese benötigen dann einen eigenen iCloud-Zugang.

Derjenige, der die Einladungen versendet, ist automatisch auch der Administrator der HomeKit-Konfiguration – die eingeladenen Personen werden in HomeKit als *gemeinsame Benutzer* geführt. Bequem und spaßig ist die Steuerung mit Siri – doch nicht immer hat man das Smartphone zur Hand. Abgesehen von Datensicherheit und Big-Brother-Ängsten wäre auf Sicht diese Lösung möglicherweise für das Apple-TV im Wohnzimmer ideal, das ständig auf die entsprechenden Kommandos lauscht. Die Nachteile der HomeKit-Lösung bestehen darin, dass sich die Steuerung derzeit vorwiegend auf das iPhone sowie das iPad mit iOS 8.1 und neuer beschränkt und dass eine Anwesenheit vor Ort notwendig ist – vom Apple-TV mal abgesehen. So lassen sich beispielsweise die Elgato-Geräte über den Bluetooth-Stack steuern, die Philips-Hue-Lösung kommuniziert über WLAN mit dem Smartphone und dieses wiederum über Zwave mit den gekoppelten Geräten. Das Drücken der Hometaste entspricht dem Drücken eines Tasters bzw. Schalters, um beispielsweise das Licht einzuschalten – die Sprachsteuerung ist also derzeit noch eher ein nettes Gimmick. Wer also bereits von unterwegs über das Internet etwaige Schaltvorgänge tätigen will oder den einen oder anderen Status vorhandener Geräte erfahren möchte, nutzt die neue Apple-TV-Box mit Siri-Unterstützung oder muss nach wie vor auf eigene Lösungen zurückgreifen – eine Eier legende Wollmilchsau ist HomeKit im Moment noch nicht.

5.2 Steckdosen über UDP mit Python steuern

Stöbert man etwas auf den Rutenbeck-Webseiten und in der Dokumentation, dann weckt der unscheinbare Hinweis auf eine UDP-Dokumentation die Neugier. Nach dem Herunterladen und Stöbern in dem PDF-Dokument wird klar, dass in dem TC-IP-1-WLAN-Modell von Rutenbeck noch weitere verborgene Talente schlummern, die geradezu prädestiniert für den Einsatz in Sachen Heimautomation sind. Für das Übertragen der UDP-Pakete wurde hier das Werkzeug `sendip` genutzt, grundsätzlich lassen sich auf dem Raspberry Pi auch `netcat` und `socat` für die UDP-Übertragungen verwenden.

Beachten Sie beim Einsatz von `sendip` bzw. dem Steuern der Steckdose über UDP: Dies funktioniert natürlich nur mit Steckdosen, die auch einen UDP-Port zur Verfügung stellen. Darüber hinaus muss UDP explizit in den Netzwerkeinstellungen der Steckdose aktiviert und die entsprechende Portnummer festgelegt werden.

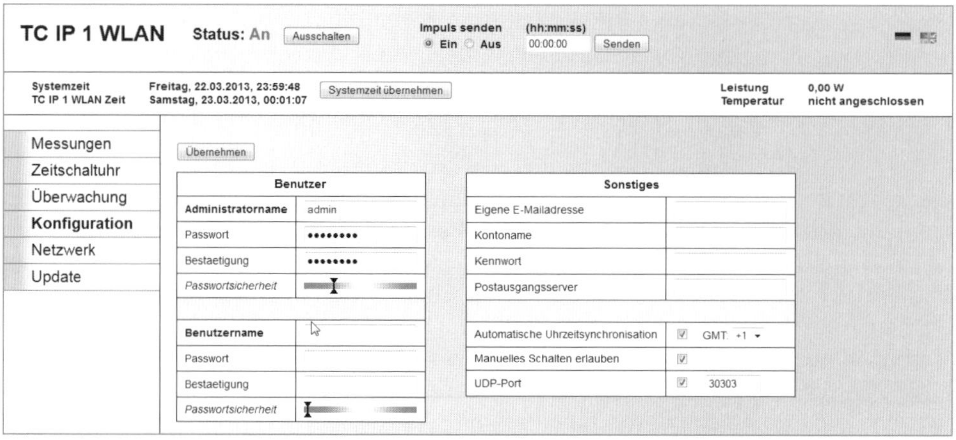

Bild 5.13: Damit die Steuerung über UDP überhaupt möglich ist, muss hier im Konfigurationsdialog das Häkchen bei *UDP-Port* gesetzt werden.

Das praktische Tool `sendip` gehört nicht zum Standardumfang des Debian-Pakets auf dem Raspberry Pi und muss, falls noch nicht vorhanden, per `apt-get` nachinstalliert werden.

```
sudo apt-get install sendip
```

Nach der Installation versuchen Sie zunächst die Syntax von `sendip` zu verstehen. Sie müssen nicht nur die Ziel-, sondern auch die Quell-IP-Adresse sowie die verwendeten UDP-Ports angeben. Weiter benötigen Sie auch Informationen über den UDP-Befehlssatz der Rutenbeck-Steckdose. Im Falle des TC IP 1 WLAN Energy Manager wird dieser im UDP-Datenblatt wie folgt dargestellt (Auszug):

Adressat	Index	Zusatz	Aktion	Beschreibung
OUT	1		0	Ausgang 1 ausschalten
OUT	1		1	Ausgang 1 einschalten
OUT	1		2	Ausgang 1 umschalten
OUT	1		?	Zustand Ausgang 1 abfragen
OUT	1	IMP	00:00:01 0/1/2	Ausgang 1 impulsschalten
T			?	Aktuelle Temperatur abfragen
U			?	Aktuelle Spannung abfragen
I			?	Aktuellen Stromverbrauch abfragen

Adressat	Index	Zusatz	Aktion	Beschreibung
cos			?	Aktuelle Phasenverschiebung abfragen
P			?	Aktuelle Wirkleistung abfragen
S			?	Aktuelle Scheinleistung abfragen
Q			?	Aktuelle Blindleistung abfragen
E			?	Aktuelle Energie abfragen

Um also die Steckdose einzuschalten, muss die Zeichenkette `"OUT1 1"` an den definierten UDP-Port (hier: `30303`) der Steckdose übermittelt werden. Zum Ausschalten dient die Zeichenkette `"OUT1 0"`, für die Abfrage der aktuellen Spannung nutzen Sie `"U ?"`. Bevor Sie nun anfangen, ein passendes Skript zu entwickeln, experimentieren Sie etwas mit den Einstellungen und Parametern des `sendip`-Aufrufs.

```
/usr/bin/sendip -p ipv4 -is 192.168.123.30 -p udp -us 30303 -ud 30303 -d
"OUT1 1" -v 192.168.123.204
```

So oder so ähnlich sollte nun der `sendip`-Befehl aufgebaut sein, um vom Raspberry Pi mit der IP-Adresse `192.168.123.30` die gewünschte Zeichenkette an die IP-Adresse der Steckdose `192.168.123.204` mit dem Port `30303` zu versenden.

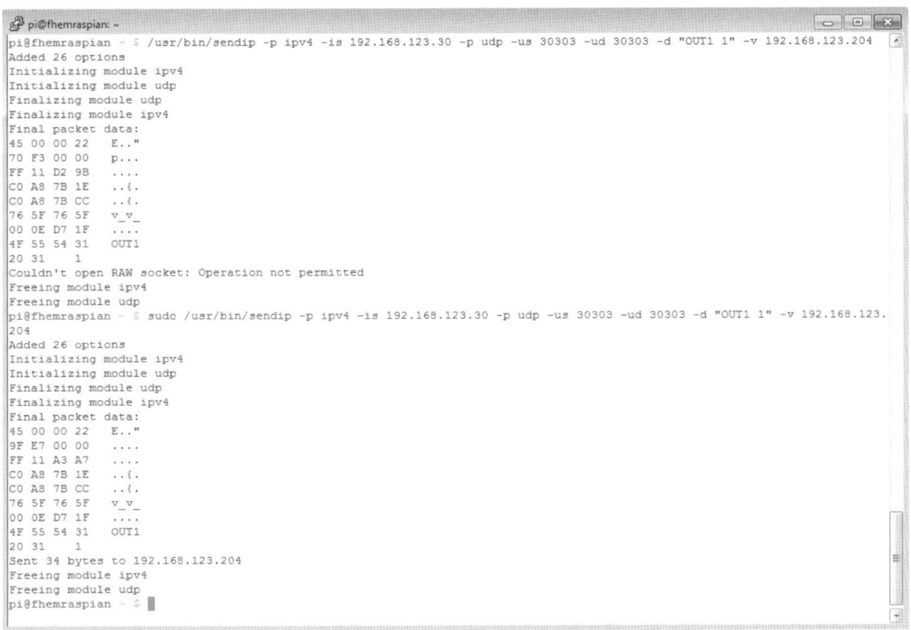

```
pi@fhemraspian: ~
pi@fhemraspian ~ $ /usr/bin/sendip -p ipv4 -is 192.168.123.30 -p udp -us 30303 -ud 30303 -d "OUT1 1" -v 192.168.123.204
Added 26 options
Initializing module ipv4
Initializing module udp
Finalizing module udp
Finalizing module ipv4
Final packet data:
45 00 00 22   E.."
70 F3 00 00   p...
FF 11 D2 9B   ....
C0 A8 7B 1E   ..{.
C0 A8 7B CC   ..{.
76 5F 76 5F   v_v_
00 0E D7 1F   ....
4F 55 54 31   OUT1
20 31          1
Couldn't open RAW socket: Operation not permitted
Freeing module ipv4
Freeing module udp
pi@fhemraspian ~ $ sudo /usr/bin/sendip -p ipv4 -is 192.168.123.30 -p udp -us 30303 -ud 30303 -d "OUT1 1" -v 192.168.123.
204
Added 26 options
Initializing module ipv4
Initializing module udp
Finalizing module udp
Finalizing module ipv4
Final packet data:
45 00 00 22   E.."
9F E7 00 00   ....
FF 11 A3 A7   ....
C0 A8 7B 1E   ..{.
C0 A8 7B CC   ..{.
76 5F 76 5F   v_v_
00 0E D7 1F   ....
4F 55 54 31   OUT1
20 31          1
Sent 34 bytes to 192.168.123.204
Freeing module ipv4
Freeing module udp
pi@fhemraspian ~ $
```

Bild 5.14: Bevor Sie anfangen, ein Skript zu entwickeln, testen Sie den relevanten Befehl zunächst im Terminal auf Herz und Nieren.

Dummerweise tritt umgehend ein Fehler auf. Er kann jedoch schnell behoben werden: Die Meldung `Couldn't open RAW socket: Operation not permitted` deutet auf ein Rechteproblem hin. Mit dem vorangestellten `sudo`-Kommando sollte sich der Befehl erfolgreich absetzen lassen:

```
sudo /usr/bin/sendip -p ipv4 -is 192.168.123.30 -p udp -us 30303 -ud 30303
-d "OUT1 1" -v 192.168.123.204
```

Das Ergebnis des Befehls sollte nun das Einschalten der Rutenbeck-Steckdose zur Folge haben. Da aus Übersichtlichkeitsgründen in einem Skript der Einsatz von `sudo` verpönt ist, sollten Sie sich eher mit dem Befehl

```
sudo chmod u+s /usr/bin/sendip
```

behelfen, um das sogenannte SUID-Bit bei der Datei `sendip` zu setzen. In diesem Fall können Programme, die dem Systemadministrator root gehören, auch von anderen Benutzern des Systems unter seiner Kennung ohne Nachfrage ausgeführt werden. Wollen Sie das später wieder rückgängig machen, dann ändern Sie das Kommando in:

```
sudo chmod u-s /usr/bin/sendip
```

Damit entziehen Sie der Datei wieder das SUID-Bit und nehmen somit den Nicht-root-Benutzern das Ausführen-Recht wieder weg. Denken Sie aber daran, die Rutenbeck-Steckdose über ein Skript im User-Kontext zu steuern, dann lassen Sie die Ausführen-Rechte gesetzt.

```
#!/bin/bash
# -------------------------------------------------------
# Smart-Home mit Raspberry Pi-Projekte
# E.F.Engelhardt, Franzis Verlag, 2016
# -------------------------------------------------------
# Skript: udprute.sh
#  UDP Kommandos an die Rutenbeck-Steckdose
#
SENDIP="/usr/bin/sendip"
UTPIP4PI="192.168.123.30"
UTPIP4RUTE1="192.168.123.204"
UTPPORT="30303"
#---------------------------------------------------------
SENDIPARGSPI=" -p ipv4 -is "
SENDIPARGSUDP=" -p udp -us ${UTPPORT} -ud ${UTPPORT} -d "
# fuer debugging
# SENDIPARGSRUTE1=" -v "
SENDIPARGSRUTE1=" "
#---------------------------------------------------------
# Steckdose einschalten
UTPCMDON="OUT1 1"
# Steckdose ausschalten
UTPCMDOFF="OUT1 0"
#---------------------------------------------------------
```

```
UTPCMD=${UTPCMDON}
#-------------------------------------------------------
SENDIPCMD="${SENDIP}${SENDIPARGSPI}${UTPIP4PI}${SENDIPARGSUDP}\"${UTPCMD}\
"${SENDIPARGSRUTE1}${UTPIP4RUTE1}"
# Ereignis in Variable
raw=$(${SENDIP}${SENDIPARGSPI}${UTPIP4PI}${SENDIPARGSUDP}"${UTPCMD}"${SEND
IPARGSRUTE1}${UTPIP4RUTE1})
echo ------------------------------------------
echo -> Aufgerufener Befehl\= $SENDIPCMD
echo ------------------------------------------
# oder Ergebnis in Datei
# echo $SENDIPCMD > /tmp/utp-rutenbeck-dose
echo $raw
echo ------------------------------------------
# -----------------------------------------------------
```

Falls gewünscht, können Sie durch das Setzen eines `Verbose`-Attributs (Variable: `SENDIPARGSRUTE1`) eine erweiterte Ausgabe aktivieren, was gerade beim Debugging des Skripts sehr hilfreich sein kann. Grundsätzlich baut das Skript einen langen Kommandozeilenbefehl in der Form

```
sendip -p ipv4 -is 192.168.123.30 -p udp -us 30303 -ud 30303 -d "OUT1 1" -
v 192.168.123.204
```

zusammen und führt ihn aus. Für den Einsatz in FHEM empfiehlt es sich, den Aufruf des Skripts weiter zu parametrisieren, um die verschiedenen Möglichkeiten wie Einschalten, Ausschalten, Temperaturmessung und dergleichen abzudecken.

```
#!/bin/bash
# ---------------------------------------------------------------------
# Smart-Home mit Raspberry Pi-Projekte
# E.F.Engelhardt, Franzis Verlag, 2016
# ---------------------------------------------------------------------
# Skript: udpswitch.sh
#  UDP Kommandos fuer die Rutenbeck-Steckdosen TC IP 1CMD
#
BASENAME="$(basename $0)"
CMD=$1 # OUT, TEMP, SPANN, STROM, POWER
TYP=$2 # INDEX
ARG=$3 # ACTION
# ---------------------------------------------------------------------
SENDIP="/usr/bin/sendip"
UTPIP4PI="192.168.123.30"
UTPIP4RUTE1="192.168.123.203"
UTPPORT="30303"
# ---------------------------------------------------------------------
SENDIPARGSPI=" -p ipv4 -is "
SENDIPARGSUDP=" -p udp -us ${UTPPORT} -ud ${UTPPORT} -d "
# fuer debugging
# SENDIPARGSRUTE1=" -v "
```

```
SENDIPARGSRUTE1=" "
# ----------------------------------------------------------------------------
# bei OUT 3 Parameter notw.
# bei T, U, I, E keiner
# ----------------------------------------------------------------------------
echo $CMD
if [[ ${CMD}=="out" ]];then
CMD="OUT"
fi
echo $TYP
# TC IP4 unterstuetzt kein UDP -> TYP=1
echo $ARG
# ----------------------------------------------------------------------------
case $CMD in
   OUT)
    if [[ ${TYP}=="" ]];then
     TYP="1"
    elif [[ ${ARG}=="" ]];then
     ARG="0"
    fi
    UTPCMD="OUT${TYP} ${ARG}"
    echo BEFEHL:$UTPCMD
    ;;
  TEMP)
    UTPCMD="T ?"
    ;;
  SPANN)
    UTPCMD="U ?"
    ;;
  STROM)
    UTPCMD="I ?"
    ;;
  POWER)
    UTPCMD="E ?"
    ;;
  *)
    UTPCMD="OUT1 0"
        ;;
esac
# ----------------------------------------------------------------------------
# Steckdose einschalten
# UTPCMDON="OUT1 1"
# Steckdose ausschalten
# UTPCMDOFF="OUT1 0"
# ----------------------------------------------------------------------------
# UTPCMD=${UTPCMDOFF}
# ----------------------------------------------------------------------------
SENDIPCMD="${SENDIP}${SENDIPARGSPI}${UTPIP4PI}${SENDIPARGSUDP}\"${UTPCMD}\
"${SENDIPARGSRUTE1}${UTPIP4RUTE1}"
raw=$(${SENDIP}${SENDIPARGSPI}${UTPIP4PI}${SENDIPARGSUDP}"${UTPCMD}"${SEND
```

```
IPARGSRUTE1}${UTPIP4RUTE1})
echo ------------------------------------------
echo "-> Aufgerufener Befehl\= $SENDIPCMD"
echo ------------------------------------------
# oder Ergebnis in Datei
# echo $SENDIPCMD > /tmp/utp-rutenbeck-dose
echo $raw
echo ------------------------------------------
# ------------------------------------------------------------------
```

Das Schalten der Steckdosen sollte nun mit jeweils kleinen Anpassungen im Skript kein Problem mehr darstellen. Die Übermittlung der Messwerte wie Strom, Spannung, Leistung oder Temperatur wird zwar angefordert, landet jedoch mit `sendip` leider nicht auf der Standardausgabe. Dazu öffnen Sie einfach ein zweites Terminalfenster zum Raspberry Pi und starten einen `netcat`-Server, der einfach auf dem entsprechendem UDP-Port `30303` der Steckdose lauscht:

```
netcat -u -l -p 30303
```

Setzen Sie zum Test im zweiten Konsolenfenster nun folgenden Befehl ab, um mithilfe des Parameters »*E ?*« den Messwert für den Energieverbrauch darstellen zu lassen:

```
sendip -p ipv4 -is 192.168.123.30 -p udp -us 30303 -ud 30303 -d "E ?" -v
192.168.123.204
```

Zeit, ein wenig zu experimentieren: Testen Sie die Spannung (U), den Strom (I) oder, falls Sie einen Temperaturfühler angeschlossen haben, die Temperatur (T).

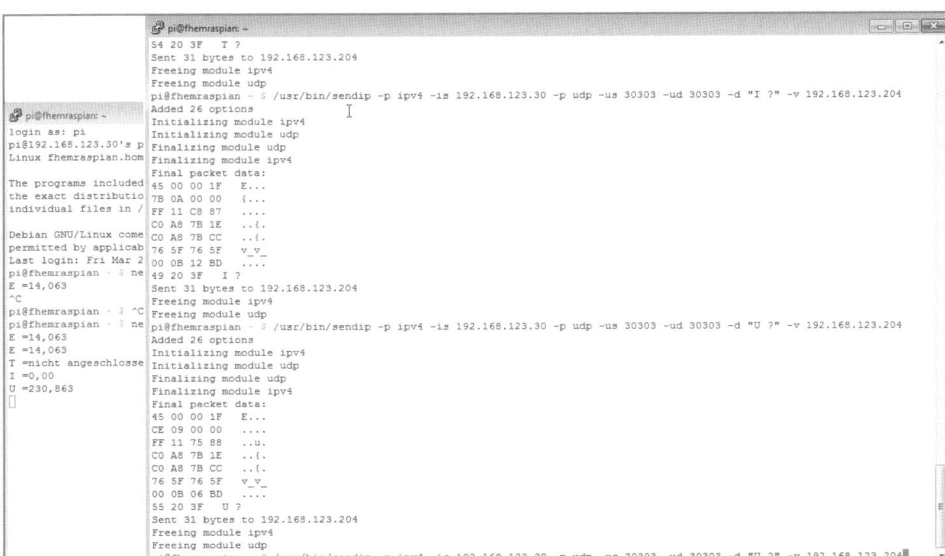

Bild 5.15: *sendip* und *netcat* im Paralleleinsatz: Im einen Terminalfenster starten Sie das `sendip`-Kommando, im zweiten ist umgehend das jeweilige Ergebnis zu sehen.

Wer das zu umständlich findet und sich mit einem einzigen Terminalfenster begnügen möchte, der muss hier etwas experimentieren. Mit dem Kommando

```
echo "U ?"| nc -q 2 -u 192.168.123.204 30303 | tee rutiudp.txt
```

schicken Sie den Aufruf `"U ?"` mittels `netcat` an die Steckdose an der IP-Adresse `192.168.123.204` mit dem UDP-Port `30303`. Die Option `-q 2` sorgt dafür, dass die Verbindung zwei Sekunden, nachdem das Ende einer Datei (EOF) entdeckt wurde, abgebrochen wird. Die Option `-u` weist `netcat` darauf hin, dass das UDP-Protokoll zu nutzen ist. Ohne die `-q`-Option verharrt der `netcat`-Befehl, was gerade in einem Skript weniger ideal ist. Das Ergebnis des Befehls wird in die Datei `rutiudp.txt` geschrieben. Lassen Sie das letzte Pipe und den `tee`-Befehl weg, erfolgt die Ausgabe auf der Konsole.

Befehl	Beschreibung
echo "OUT1 1" | nc -q 2 -u 192.168.123.204 30303	Schaltet den Ausgang ein
echo "I ?" | nc -q 2 -u 192.168.123.204 30303	Fragt den aktuellen Stromverbrauch ab
echo "TIMER1 12:00:00 1"| nc -q 2 -u 192.168.123.204 30303	Zeitschaltuhr Kanal 1: Ausgang täglich um 12 Uhr einschalten
echo "TIMER2 12:00:00 0" | nc -q 2 -u 192.168.123.204 30303	Zeitschaltuhr Kanal 2: Ausgang täglich um 12 Uhr ausschalten
echo "OUT1 IMP 00:00:10 1" | nc -q 2 -u 192.168.123.204 30303	Ausgang 1 für 10 Sekunden einschalten
echo "TEMPCON MAX 10" | nc -q 2 -u 192.168.123.204 30303	Den maximalen Wert für die Temperatur auf 10 °C einstellen
echo "TEMPCON MAXAKTION 1" | nc -q 2 -u 192.168.123.204 30303	Wenn der maximale Schwellwert überschritten wird, wird der Ausgang eingeschaltet

Nicht nur auf der Konsole, sondern auch mit jeder x-beliebigen Skriptsprache auf dem Raspberry Pi lassen sich UDP-Befehle in Ihrem Heimnetz versenden.

5.2.1 UDP-Steuerung mit Python

Wie auf der Konsole lässt sich UDP auch mit einer Skriptsprache bequem übertragen. In dem nachfolgenden Beispiel übertragen Sie den Schaltvorgang über UDP in Python:

```
# --------------------------------------------------------------------------
# Smart-Home mit Raspberry Pi-Projekte
# E.F.Engelhardt, Franzis Verlag, 2016
# --------------------------------------------------------------------------
# Skript: udprute.py
#  UDP Kommandos ueber Python an Rutenbeck-Steckdosen TC IP 1
```

```
#  absetzen
#
import socket
UDP_IP = "192.168.123.204"
UDP_PORT = 30303
COMMAND = "OUT1 1"
print "UDP Ziel-IP:", UDP_IP
print "UDP Ziel-Port:", UDP_PORT
print "BEFEHL:", COMMAND
rutesocket = socket.socket(socket.AF_INET, socket.SOCK_DGRAM)
rutesocket.sendto(COMMAND, (UDP_IP, UDP_PORT))
# ------------------------------------------------------------------
```

Wie gewohnt können Sie die Zustandsänderungen der IP-Steckdose auch bequem über FHEM einsammeln und per `notify` an der gewünschten Stelle veröffentlichen oder per E-Mail verschicken.

5.2.2 Energiemessung und mehr: TC IP 1 WLAN und FHEM

Gerüstet mit den obigen Information rund um UDP lässt sich nun ein passendes Skript zusammenbauen, das Sie später auch gegebenenfalls für den FHEM-Einsatz nutzen können. Hier sind im Beispielskript `udprute2.sh` bereits Aufrufparameter für UDP wie E (Energie), U (Spannung), I (Strom) und T (Temperatur) hinterlegt.

Bild 5.16: Sämtliche Werte, die über die Konfigurationsseite der Rutenbeck TC IP 1 WLAN geführt werden, lassen sich grundsätzlich auch über die Konsole anzeigen – jedoch ist unter Linux etwas Nachhilfe nötig.

Möchten Sie beispielsweise den Energieverbrauch abfragen, prüfen Sie zunächst, ob im Skript die Variable `UTPIP4RUTE1` für die IP-Adresse sowie der UDP-Port in der Variablen `UDPPORT` (hier: `30303`) für Ihre Umgebung korrekt befüllt sind.

Anschließend erfolgt der Aufruf per Befehl:

```
udprute2.sh E
```

Nun schreibt *netcat* das Ergebnis in eine temporäre Datei, was im zweiten Schritt per `less/cut`-Kommando über das Hilfsmittel `echo $test2` am Bildschirm ausgegeben werden kann.

```
#!/bin/bash
# -----------------------------------------------------------------------
# Smart-Home mit Raspberry Pi-Projekte
# E.F.Engelhardt, Franzis Verlag, 2016
# -----------------------------------------------------------------------
# Skript: udprute2.sh
#  Holt den Wert ueber UDP von Rutenbeck-Steckdose
#
BASENAME="$(basename $0)"
ARG=$1
UTPIP4RUTE1="192.168.123.204"
UDPPORT="30303"
# -----------------------------------------------------------------------
case $ARG in
  E)
    CMD="E ?"
    ;;
  U)
    CMD="U ?"
    ;;
  T)
    CMD="T ?"
    ;;
  I)
    CMD="I ?"
    ;;
  *)
    CMD="E ?"
    ;;
esac
if test -d /var/tmp/rute.txt; then rm /var/tmp/rute.txt; fi
test=`echo $CMD | nc -q 2 -u $UTPIP4RUTE1 $UDPPORT`
echo $test > /var/tmp/rute.txt
test2=`less /var/tmp/rute.txt | cut -d "=" -f2`
echo $test2
rm /var/tmp/rute.txt
# ----------------------------------------------------------------------
```

Um nun die Rutenbeck-Steckdose als Gerät in FHEM einzubinden und ihren Status zu überwachen und zu schalten, erstellen Sie in der `fhem.cfg` einfach ein sogenanntes Dummy-Device in der Form:

```
# ----------------------------------------------------------------------
define RuteIP1_Schalter_1 dummy
    attr RuteIP1_Schalter_1 eventMap on:on off:off
    attr RuteIP1_Schalter_1 room Arbeitszimmer
define RuteIP1S1On notify RuteIP1_Schalter_1:on {
GetHttpFile("192.168.123.204:80", "/leds.cgi?led=1&value=Einschalten") }
define RuteIP1S1Off notify RuteIP1_Schalter_1:off {
GetHttpFile("192.168.123.204:80", "/leds.cgi?led=1&value=Ausschalten")$
# ----------------------------------------------------------------------
```

Selbstverständlich passen Sie die IP-Adresse sowie gegebenenfalls den Port der TCP/IP-Steckdose (hier: `192.168.123.204:80`) an. Danach lässt sich die Rutenbeck-IP-Steckdose bequem per FHEM fernsteuern. Das gewöhnliche Webfrontend von Rutenbeck können Sie parallel weiter nutzen. Die Integration in FHEM hat jedoch den Vorteil, dass Sie die Steckdose in Ihren Hausautomationsablauf einbinden und vom Zustand anderer Geräte, Sensoren und Aktoren abhängig machen können.

Losgelöst von FHEM hat der direkte Zugriff über die HTTP-Adresse auf die Steuerung der Steckdose den Charme, dass Sie die TCP/IP-Steckdose nun auch über externe Werkzeuge, Programme und Apps, beispielsweise über Mobilfunkgeräte, bedienen können. So nutzen Sie hier die simple Homepage-Funktion und koppeln die Adresse im Falle eines Apple iPhone mit der Sprachsteuerung Siri, um die Steckdose zu steuern.

5.3 Weinkühlschrank mit dem Raspberry Pi

Grundsätzlich können Sie einen Wein problemlos Monate bis wenige Jahre lagern, ohne dass der Geschmack leidet. Wer allerdings nach und nach einen kleinen Weinvorrat für die nächsten Jahre aufbauen möchte, der sollte in Sachen Lagerung aufpassen: Der Wein sollte vorzugsweise liegend an einem kühlen und dunklen Platz in der Wohnung oder im Keller gelagert werden. Es dürfen keine zu großen Temperaturschwankungen auftreten, aber auch Fremdgerüche am Lagerort sollten vermieden werden. Lagerorte wie Heizungskeller, Waschkeller und dergleichen sind tabu.

Schenkt man der Fachliteratur Glauben, liegt die optimale Temperatur für die Lagerung von Wein bei ca. 13 bis 14 °C, aber auch eine konstante Lufttemperatur von 18 °C im Keller ohne große Schwankungen in Sachen Temperatur und Luftfeuchtigkeit gelten noch als akzeptabel.

Bild 5.17: Kleine Platine mit großem Nutzen: Mit dem Feuchte- und Temperatursensor lässt sich nicht nur eine Wetterstation realisieren, sondern auch ein gewöhnlicher Kühlschrank zu einem überwachbaren Weinkühlschrank umrüsten.

Neben der Temperatur ist die Luftfeuchte bei der Lagerung von Wein entscheidend: Ist die Luftfeuchtigkeit zu gering, trocknen die Korken aus und werden spröde. Sie sollten jedoch für eine längere Lagerung elastisch bleiben und die Flasche sicher verschließen. Zudem sollten die Flaschen liegend gelagert werden, damit der Wein den Korken feucht hält.

Soll der Wein in einem normalen Kühlschrank gelagert werden, überzeugen Sie sich davon, dass dieser eine konstante Temperatur halten kann. Für die nötige Luftfeuchtigkeit sorgt im Kühlschrank ein Behälter mit destilliertem Wasser. Die relative Luftfeuchtigkeit ist das prozentuale Verhältnis zwischen dem momentanen Dampfdruck und dem Sättigungsdampfdruck des Wassers. Mit dem vom Sensor angegebenen Wert der relativen Feuchtigkeit erkennen Sie somit unmittelbar, in welchem Grad die Luft mit Wasserdampf gesättigt ist.

Ein Wert von 50 gibt beispielsweise eine relative Luftfeuchtigkeit von 50 % an, was bedeutet, dass die Luft nur die Hälfte der Wasserdampfmenge enthält, die bei der entsprechenden Temperatur maximal enthalten sein könnte. Je höher die Luftfeuchtigkeit, desto mehr Wasserdampf ist vorhanden, was sich dann als Nebel und Kondenswasser an den Oberflächen niederschlägt. In diesem Fall herrscht in geschlossenen Räumen bereits Schimmelalarm, dies ist somit auch nicht für die Lagerung Ihrer edlen Tropfen geeignet.

Wem die 1-Wire-Technik für seine Zwecke überdimensioniert erscheint, der kann in Sachen Temperaturmessung mit dem SHT21 auch die I^2C-Fertiglösung auf dem Raspberry Pi einsetzen. Mit der SHT21-Platine messen Sie mit dem Raspberry Pi nicht nur Temperaturwerte, sondern geben auch die aktuelle Luftfeuchtigkeit aus.

Im Webshop der Firma Emsystech finden Sie unter *http://shop.emsystech.de/de/Sensoren-und-Zubehoer* für 29 Euro zzgl. Versandkosten eine Sensorerweiterung, mit der Sie, kombiniert mit dem Raspberry Pi, in Sachen Feuchte- und Temperaturmessung mit wenig Aufwand zum Ziel kommen. Diese Lösung eignet sich vorwiegend für die »stille« Messung und Überwachung von Räumen und Kellern, beispielsweise einem Weinkeller oder auch einem Weinkühlschrank. Aber auch Gewächshäuser oder Terrarien, die bestimmte Temperatur- und Feuchtigkeitswerte benötigen, sind lohnende Einsatzgebiete für den Raspberry Pi und einen digitalen Feuchte- und Temperatursensor wie den SHT21.

5.3.1 I²C-Protokoll – neue Spielregeln

Generell kommt das I²C-Protokoll nicht nur, wie in diesem Beispiel, für pHAT-Aufsteckmodule wie Soundkarten etc. zum Einsatz, sondern wird auch für LED-Displays, Sensoren, Motor-Shields und vieles mehr verwendet. Im Jahr 2015 hat sich bei Linux im Allgemeinen und bei Raspbian im Speziellen einiges getan: Das derzeitige Raspbian nennt sich Jessie, und bringt in der aktuellen Version die standardmäßig aktivierte Device-Tree-Architektur mit, die bei vorhandenen Schaltungen und Programmen dafür sorgt, dass diese erst einmal nicht mehr funktionieren.

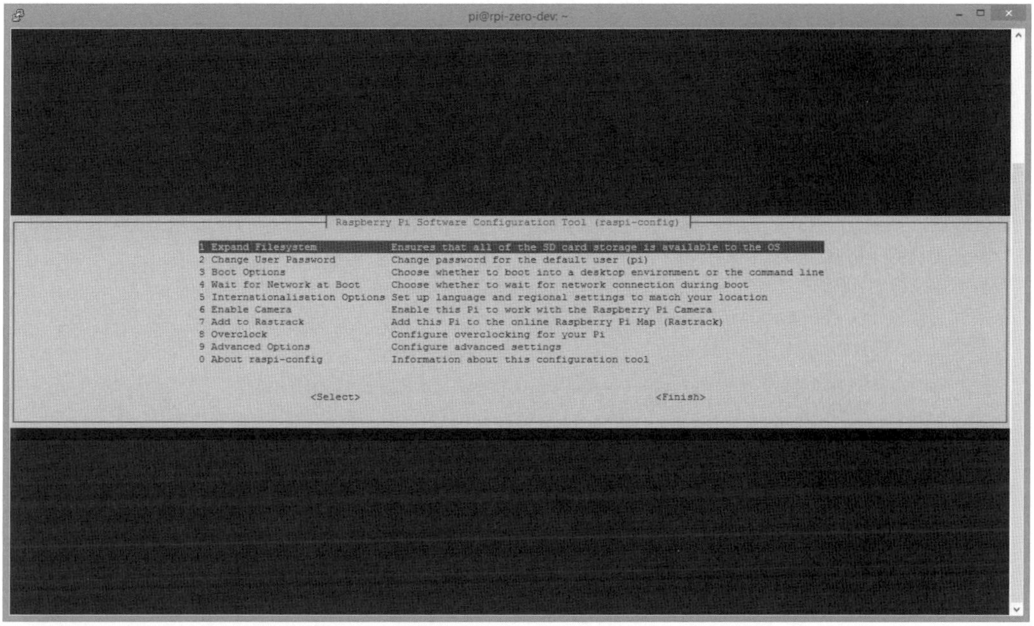

Bild 5.18: Wer sich nicht mit Konfigurationsdateien beschäftigen möchte, kann die grundlegenden Schnittstellen mit administrativen `root`-Rechten auch mit dem Werkzeug `raspi-config` erledigen.

Ist das Werkzeug `raspi-config` gestartet, navigieren Sie über den Eintrag *Advanced Options* zu den erweiterten Einstellungen. Dort schalten Sie das I²C-Interface ein und beantworten beide Nachfragen – *Would you like the ARM I2C interface to be enabled?* und *Would you like the I2C kernel module to be loaded by default?* – mit dem Eintrag *Ja/Yes*. Damit werden im Hintergrund `/etc/modprobe.d/raspi-blacklist.conf` und `/etc/modules` automatisch entsprechend angepasst.

Schnittstellenanpassung ohne raspi-config

Aufgrund des flexiblen Zweidrahtdesigns SDA(*Serial Data*) und SCL (*Serial Clock*) sind nur zwei Pins auf der GPIO-Leiste des Raspberry Pi nötig – die Unterscheidung der angeschlossenen Geräte erfolgt über ihre Geräteadresse auf dem I²C-Bus. Damit das funktioniert, muss zunächst das I²C-Kernelmodul auf dem Raspberry Pi in Betrieb genommen werden. Dies erledigen Sie dadurch, dass Sie im ersten Schritt ebenjenes Kernelmodul aus der `raspi-blacklist.conf`-Datei entfernen und im zweiten Schritt das gewünschte Kernelmodul in die `/etc/modules` eintragen, damit es bei jedem Start des Raspberry Pi geladen wird.

```
sudo nano /etc/modprobe.d/raspi-blacklist.conf
```

Steht in der `raspi-blacklist.conf`-Datei also ein Eintrag, der die I²C-Schnittstelle blockiert, kommentieren Sie diesen Eintrag per `#`-Zeichen aus, indem Sie es am Anfang der Zeile platzieren. Somit wird aus der Zeile:

```
blacklist i2c-bcm2708
```

nun

```
# blacklist i2c-bcm2708
```

Bei einem frisch installierten Raspberry Pi ist oftmals die Datei `/etc/modprobe.d/raspi-blacklist.conf` entweder komplett leer oder im Fall eines aktuellen Kernels größer Version 3.18.3 gar nicht vorhanden - sie wird nicht mehr gebraucht. Das muss Sie jetzt nicht beunruhigen, fahren Sie einfach mit der Bearbeitung der Datei `/etc/modules` fort.

```
sudo nano /etc/modules
```

Falls noch nicht vorhanden, fügen Sie dieser Datei beide Zeilen hinzu

```
i2c-dev
i2c-bcm2708
```

und speichern die Datei. Grundsätzlich wäre die Änderung für den Raspberry Pi ausreichend, um die Module in Betrieb zu nehmen. Je nach installierter Linux-Version ist zudem der Device-Tree-Eintrag in der Systemdatei `/boot/config.txt` nötig:

```
sudo nano /boot/config.txt
```

Fügen Sie die nachstehende Zeile am Ende der Datei hinzu:

```
dtparam=i2c_arm=on
```

Speichern Sie die Systemdatei und laden Sie anschließend die I²C-Tools sowie das Python-Smbus-Paket auf den Raspberry Pi, um die Schnittstelle auch über Python bequem einsetzen zu können:

```
apt-get install i2c-tools libi2c-dev python-smbus
```

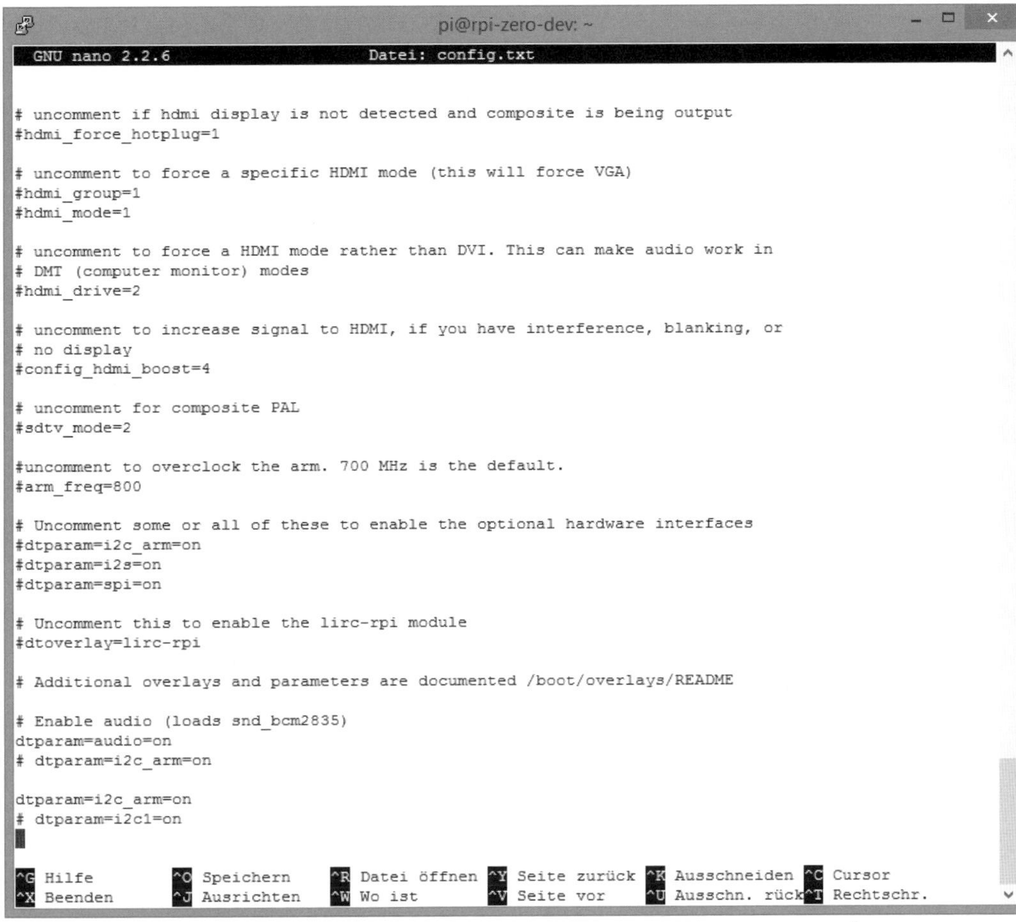

Bild 5.19: Ist das Raspbian auf dem aktuellsten Stand, ist die Portangabe für den I^2C-Bus in der Overlay-Datei nicht mehr notwendig und kann auskommentiert werden.

Um die Kernelmodule zu laden, können Sie entweder den Raspberry Pi neu starten, oder Sie fügen sie über das `modprobe`-Kommando hinzu:

```
modprobe i2c-bcm2708
modprobe i2c_dev
```

Ob das Laden der beiden Module erfolgreich war oder nicht, lässt sich mit dem `lsmod`-Befehl überprüfen. Werden bei der Rückmeldung des Befehls beide Module ausgegeben, war das Laden erfolgreich, falls nicht, starten Sie den Raspberry Pi mit dem `reboot`-Kommando neu.

I^2C-Schnittstelle testen

Die Inbetriebnahme einer Schnittstelle ergibt selbstverständlich nur dann Sinn, wenn dort ein oder mehrere Geräte angeschlossen sind. Für den I^2C-Bus des Raspberry Pi stehen bei der 40-poligen GPIO-Pinleiste Pin 3 (I2C SDA), Pin 5 (I2C SCL) und Pin 6 (GND, Masse) zur Verfügung[1].

Nach dem Neustart des Raspberry Pi prüfen Sie, ob die Module nun ordnungsgemäß geladen werden. Dafür verwenden Sie das `lsmod`-Kommando erneut:

```
sudo su
lsmod
```

```
root@rpi-zero-dev:/home/pi# modprobe i2c-bcm2708
root@rpi-zero-dev:/home/pi# modprobe i2c_dev
root@rpi-zero-dev:/home/pi# lsmod
Module                  Size  Used by
i2c_bcm2708             6252  0
cfg80211              499834  0
rfkill                 22491  1 cfg80211
asix                   21522  0
libphy                 35471  1 asix
bcm2835_gpiomem         3703  0
uio_pdrv_genirq         3690  0
uio                    10002  1 uio_pdrv_genirq
snd_bcm2835            22317  3
snd_pcm                92581  1 snd_bcm2835
snd_timer              23454  1 snd_pcm
snd                    68161  9 snd_bcm2835,snd_timer,snd_pcm
i2c_dev                 6730  0
fuse                   91981  3
ipv6                  360374  30
root@rpi-zero-dev:/home/pi#
```

Bild 5.20: Über das `lsmod`-Kommando lassen sich die geladenen Kernelmodule anzeigen.

In der Bildschirmausgabe sollten die beiden Module `i2c-dev / i2c-bcm2708` erscheinen, was gleichzeitig der Startschuss für das `i2cdetect`-Kommando ist. Moderne Revisionen wie der Raspberry Pi Zero verwenden hier die I²C-Busnummer 1, während die alten (A-)Platinen noch die Nummer 0 haben.

```
i2cdetect -y 1
```

Damit lassen Sie sich sämtliche Geräte bzw. deren Adressen an Port 1 des I²C-Bus ausgeben (beim alten Raspberry Pi Port 0: `i2cdetect -y 0`). Die Ausgabe der Geräteadressen erfolgt direkt auf dem Bildschirm:

```
pi@rpi-zero-dev:~ $ sudo i2cdetect -y 1
     0  1  2  3  4  5  6  7  8  9  a  b  c  d  e  f
00:          -- -- -- -- -- -- -- -- -- -- -- -- --
10: -- -- -- -- -- -- -- -- -- -- -- -- -- -- -- --
20: -- -- -- -- -- -- -- -- -- -- -- -- -- -- -- --
30: -- -- -- -- -- -- -- -- -- -- -- -- -- -- -- --
40: -- -- -- -- -- -- -- -- -- -- -- -- -- -- -- --
50: -- -- -- -- -- -- -- -- -- -- -- -- -- -- -- --
60: 60 -- -- -- -- -- -- -- -- -- -- -- -- -- -- --
70: -- -- -- -- -- -- -- --
pi@rpi-zero-dev:~ $
```

Bild 5.21: In dieser Tabelle wirft das `i2cdetect`-Kommando genau ein Gerät mit der Adresse `0x60` aus.

[1] Hinweis: Auf den zusätzlichen GPIO-Anschluss P5 bei den Raspberry-Pi-B-/2B-Platinen, bei dem der I²C-Bus Nummer 0 an den Pins 3 (I2C SDA) und 4 (I2C SCL) herausgeführt ist, wird an dieser Stelle nicht eingegangen denn die aktuellen Module haben den Anschluss P5 in der GPIO-Leiste auf der Vorderseite direkt integriert.

Seit Kernel 3.18.3 verwendet Raspbian standardmäßig das Overlay-Modell und kann somit durch einen Gerätebaum (Device Tree) effektiv ergänzt werden, ohne dass dabei der Kernel selbst angepasst werden muss.

Device-Tree-Optionen in der config.txt

Der Device Tree ist standardmäßig aktiviert und kann entweder über das Werkzeug `raspi-config` oder über die `/boot/config.txt` abgeschaltet werden. Dafür tragen Sie dort die Zeile

```
device_tree=
```

ein. In diesem Fall lassen sich anschließend mit dem »neuen« Raspbian die Kernelmodule wie bisher über das Eintragen oder Auskommentieren in der Datei `/etc/modprobe.d/raspi-blacklist.conf` steuern.

Empfehlenswerter ist es, sich beim Einsatz eines neuen Raspberry Pi und beim Bau eines neuen Projekts näher mit den Device-Tree-Optionen zu beschäftigen. Diese werden über die Systemdatei `/boot/config.txt` gesteuert.

```
sudo su
nano /boot/config.txt
```

Für verschiedene Geräte bzw. Schnittstellen sind dort im Zusammenhang mit der aktivierten `dt`-Option die Einträge aus der nachstehenden Tabelle möglich.

Treiber/Geräteschnittstelle	Nötiger Eintrag in /boot/config.txt	Bemerkung
I^2C	dtparam=i2c_arm=on	Die weitere Zuordnung wie ehemals: dtparam=i2c1=on bzw. dtparam=i2c0=on ist nicht mehr nötig.
SPI	dtparam=spi=on	
I^2S	dtparam=i2s=on	Soundschnittstelle
lirc-rpi	dtoverlay=lirc-rpi	Fernbedienung
	dtoverlay=lirc-rpi,gpio_in_pin=16,gpio_in_pull=high	Fernbedienung mit Modulparameter (GPIO-Pin 16)
w1-gpio	dtoverlay=w1-gpio-pullup,gpiopin=gpio_pin_x	1-Wire/OneWire, z. B. Thermometer an GPIO x

Treiber/Geräte-schnittstelle	Nötiger Eintrag in /boot/config.txt	Bemerkung
	pullup,gpiopin=gpio_pin_x,pullup=gpio_pin_y	1-Wire/OneWire, z. B. Thermometer – hier mit externem Pull-up-Widerstand an GPIO y
pHAT – HiFi Berry oder DAC	dtoverlay=hifiberry-dac dtoverlay=hifiberry-dacplus dtoverlay=hifiberry-digi dtoverlay=iqaudio-dac dtoverlay=iqaudio-dacplus	abhängig vom jeweiligen Gerät (Gerätemodell)

Beachten Sie, dass die in der Datei `/boot/config.txt` vorgenommenen Änderungen erst mit dem Neustart des Systems in Kraft treten.

5.3.2 Nötige Vorbereitungen treffen

Der SHT21 selbst ist ein digitaler Feuchte- und Temperatursensor und überzeugt durch sein kompaktes Auftreten. Spezifiziert ist der Messbereich in Sachen Luftfeuchtigkeit von 0 bis 100 % relativer Feuchte, bei der Temperatur haben Sie den Bereich von -40 bis +125 °C (-40 bis +257 °F) zur Verfügung. Installiert wird das Modul durch das Aufstecken der Pfostenbuchsen auf den GPIO-Anschluss des Raspberry Pi. Hierfür werden die Pins 2 (+5 Volt), 3 (I2C SDA), 5 (I2C SCL) und 6 (GND, Masse) verwendet.

Beachten Sie, dass die farbige Markierung des Flachbandkabels in Richtung Pin 1 zeigt – also von innen nach außen. Nach dem Aufstecken des Moduls starten Sie den Raspberry Pi und nehmen die Treiber- und Softwareinstallation vor.

In diesem Fall ist der device tree über das Werkzeug `raspi-config` abgeschaltet. Alternativ tragen Sie in der Systemdatei `/boot/config.txt` die nachstehende Zeile ein, speichern die Datei und starten den Raspberry Pi neu.

```
device_tree=
```

Um nun die I^2C-Treiber zu installieren, kommen Sie nun mit den folgenden Befehlen kommen Sie ans Ziel:

```
sudo su
modprobe i2c-bcm2708
modprobe i2c-dev
```

Anschließend prüfen Sie mit `lsmod` und dem `dmesg | grep i2c`-Kommando, ob das System den `i2c-bcm2708`-Controller initialisiert und eingebunden hat.

```
~ $ sudo -i
root@raspiBreakout:~# modprobe i2c-bcm2708
root@raspiBreakout:~# modprobe i2c-dev
root@raspiBreakout:~# dmesg | grep i2c
[    9.798505] i2c /dev entries driver
[90337.383251] bcm2708_i2c bcm2708_i2c.0: BSC0 Controller at 0x20205000 (irq 79) (baudrate 100k)
[90337.383975] bcm2708_i2c bcm2708_i2c.1: BSC1 Controller at 0x20804000 (irq 79) (baudrate 100k)
root@raspiBreakout:~# ls /dev/i2c*
```

Bild 5.22: I²C-Bus aktivieren: Nach dem Einbinden der Module überzeugen Sie sich per `dmesg`-Kommando, dass die `i2c`-Treiber ordnungsgemäß initialisiert wurden.

Soll der Temperatursensor auch nach einem etwaigen Neustart des installierten Betriebssystems wieder zur Verfügung stehen, ist der automatische Start der Treibermodule empfehlenswert. Dafür tragen Sie die benötigten Module in die entsprechende Konfigurationsdatei, die Datei `/etc/modules`, ein. Für deren Bearbeitung benötigen Sie eine `root`- bzw. `sudo`-Berechtigung.

```
pi@raspiBreakout: ~
  GNU nano 2.2.6              File: /etc/modules                        Modified

# /etc/modules: kernel modules to load at boot time.
#
# This file contains the names of kernel modules that should be loaded
# at boot time, one per line. Lines beginning with "#" are ignored.
# Parameters can be specified after the module name.
snd-bcm2835
# lirc_dev
# lirc_rpi gpio_in_pin=23 gpio_out_pin=22
i2c-bcm2708
i2c-dev

^G Get Help    ^O WriteOut    ^R Read File   ^Y Prev Page   ^K Cut Text    ^C Cur Pos
^X Exit        ^J Justify     ^W Where Is    ^V Next Page   ^U UnCut Text  ^T To Spell
```

Bild 5.23: Damit die benötigten Module beim Start des Raspberry Pi geladen werden, tragen Sie sie einfach in die `modules`-Datei ein.

Über den nano-Editor öffnen Sie die Datei, die sich im `/etc`-Verzeichnis befindet:

```
sudo nano /etc/modules
```

Durch das Hinzufügen der beiden nachstehenden Zeilen werden die Treiber natürlich noch nicht geladen, da die `/etc/modules`-Datei nur bei einem Neustart ausgelesen und abgearbeitet wird.

```
i2c-bcm2708
i2c-dev
```

Für das manuelle Hinzufügen ohne Neustart nutzen Sie, wie oben beschrieben, das `modprobe`-Kommando. Wie auch immer, nach dem Laden bzw. dem Initialisieren der Module sollten die beiden `i2c`-Anschlüsse im `/dev/`-Verzeichnis erscheinen:

```
ls /dev/i2c*
```

Hier sollte das `/dev/i2c-0 und /dev/i2c-1`-Verzeichnis erscheinen, wer in Sachen Zugriffsrechte auf Nummer sicher gehen möchte, gibt dem aktuellen Benutzer (hier pi) die Erlaubnis, die Anschlüsse zu nutzen. Das erledigen Sie mit dem chmod-Kommando:

```
chmod o+rw /dev/i2c*
```

Falls noch nicht geschehen, ist zusätzlich in der Datei /etc/modprobe.d/raspi-blacklist.conf die Zeile, die das Modul i2c-bcm2708 »blacklistet«, auszukommentieren.

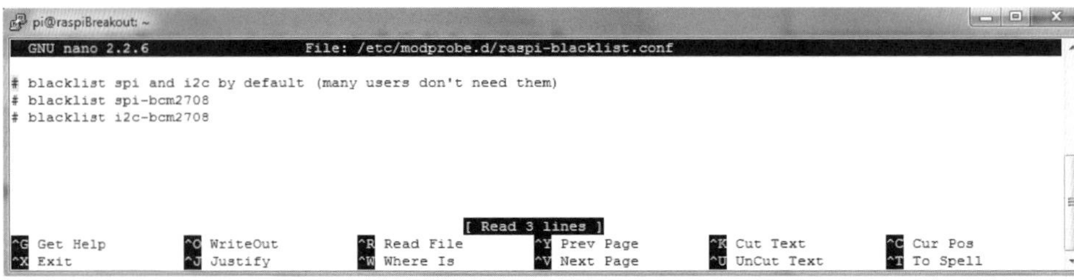

Bild 5.24: In der Regel sind die spi- und i2c-Module über die raspi-blacklist.conf deaktiviert. Damit sie bei einem Neustart geladen werden können, müssen die Einträge in der »Sperrdatei« auskommentiert werden.

In diesem Fall setzen Sie in der Datei vor den jeweiligen Einträgen einfach ein Rautensymbol:

```
sudo nano /etc/modprobe.d/raspi-blacklist.conf
```

Im nächsten Schritt installieren Sie die Werkzeuge für den Zugriff auf den I²C-Bus des Raspberry Pi.

5.3.3 I²C-Bus: Schnittstelle wecken und checken

Die Installation der i2c-tools ist auf der Kommandozeile in wenigen Minuten erledigt: Dafür reicht der Befehl

```
sudo apt-get install i2c-tools
```

aus. Anschließend lassen Sie sich mit dem Kommando

```
i2cdetect -l
```

die verfügbaren Anschlüsse anzeigen.

```
i2c-0   i2c          bcm2708_i2c.0                        I2C adapter
i2c-1   i2c          bcm2708_i2c.1                        I2C adapter
```

Am I²C-Bus angeschlossene Geräte lassen sich mit dem Kommando

```
i2cdetect -y 1
```

abfragen. Im Fall des Feuchte- und Temperatursensors Raspi-SHT21 zeigt die Bildschirmausgabe, dass er an Adresse `40` angeschlossen ist.

Achtung: Bei der älteren Revision A funktioniert der oben genannte `i2cdetect`-Aufruf nicht, da in diesem Fall nicht der I²C-Bus 1, sondern der I²C-Bus 0 aktiviert ist. Sie nutzen hier also das Kommando:

```
i2cdetect -y 0
```

Sie erhalten folgende Ausgabe:

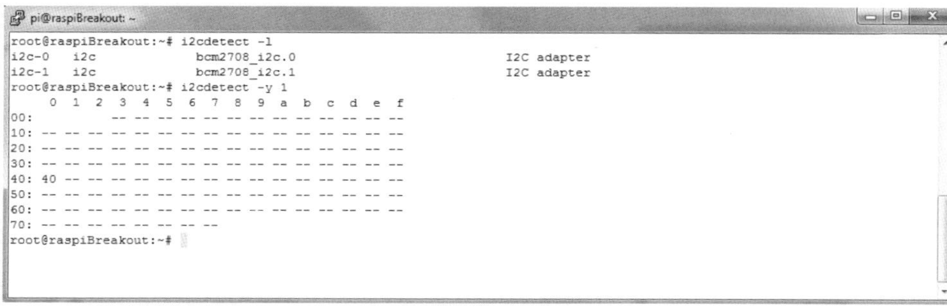

Bild 5.25: An der Adresse 40 ist der Feuchte- und Temperaturfühler erkannt worden, nun ist der I²C-Bus (hier Revision B) wie gewünscht ordnungsgemäß in Betrieb.

Nach der Installation der `i2c-tools` fügen Sie den Benutzer `pi` der Gruppe `i2c` hinzu und starten den Raspberry Pi neu:

```
sudo adduser pi i2c
sudo reboot
```

Nach dem Neustart prüfen Sie mit dem Kommando `i2cdetect -l`, ob das Modul `i2c-dev` erfolgreich geladen werden konnte, und nehmen anschließend den Feuchte- und Temperatursensor softwaremäßig in Betrieb.

5.3.4 Feuchte- und Temperaturmessung für optimale Lagerung

Im nächsten Schritt holen Sie sich beim Entwickler des Raspi-SHT21 den frei verfügbaren Democode, den Sie über *www.emsystech.de/raspi-sht21/* laden können. Hier finden Sie verschiedene Beispiele und Codeschnipsel sowie Binärdateien, um mit dem Raspberry Pi in Sachen Feuchte- und Temperaturmessung umgehend loslegen zu können.

In diesem Buch kam die Datei `Raspi-SHT21-V3_0_0.zip` zum Einsatz und arbeitet seither mit einem selbst gestrickten Quick-and-dirty-Skript. Zunächst legen Sie aus Gründen der besseren Übersicht im `/home`-Verzeichnis dafür ein passendes Unterverzeichnis – hier `emsys` – an und laden die Datei `Raspi-SHT21-V3_0_0.zip` per `wget` auf den Raspberry Pi:

```
mkdir emsys
cd emsys
wget http://www.emsystech.de/wp-content/uploads/2012/09/Raspi-SHT21-
V3_0_0.zip
unzip Raspi-SHT21-V3_0_0.zip
```

Entpacken Sie die geladene Datei per `unzip`, wechseln Sie dann in das `source`-Verzeichnis und erstellen Sie die spätere ausführbare Binärdatei über den Aufruf von `make`:

```
cd Raspi-SHT21-V3_0_0/source/
sudo make clean & sudo make
```

Nach dem erfolgreichen Kompilieren führen Sie nun die ersten Tests durch. Hier reicht das Starten der Binärdatei.

Das Starten der Binärdatei erfolgt durch diesen Befehl:

```
./sht21
```

Lässt sich die Datei nicht ausführen, setzen Sie die Ausführen-Berechtigungen mit dem Kommando `chmod +x sht21` neu.

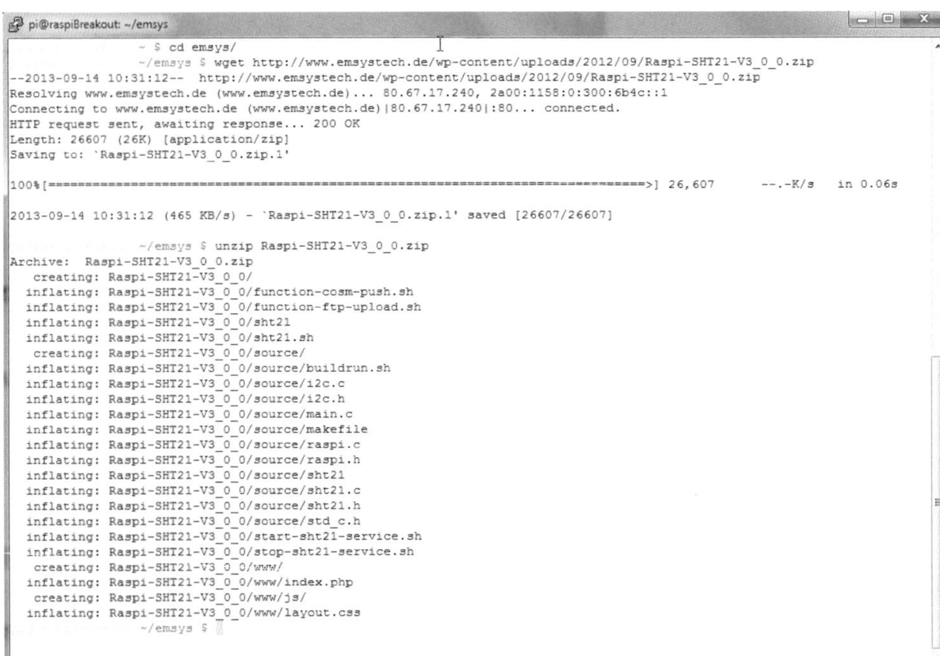

Bild 5.26: Nach dem Herunterladen der Archivdatei im ZIP-Format entpacken Sie den Inhalt per `unzip`-Kommando in das aktuelle Verzeichnis.

Wer möchte, kann sich die Messwerte auch in eine `csv`-Datei schreiben lassen, etwa um diese später mit Calc (OpenOffice) oder Excel (Microsoft Office) weiterzuverarbeiten. Um die Messwerte in einer Selbstbauskript-Lösung samt automatischer Benachrichtigung zu verwenden, sind nun noch Nacharbeiten und etwas Feinschliff notwendig.

5.3.5 Temperatur- und Feuchtigkeitsalarm per SMS

Bevorzugen Sie für die Lagerung von Wein grundsätzlich einen Raum mit einer konstanten Raumtemperatur von < 18 °C. Der Einsatz von Weinkühlschränken oder Klimaanlagen zieht höhere Energiekosten nach sich. Mit dem Raspberry Pi und einer passenden Erweiterung überwachen Sie also die für die Weinlagerung einheitliche Temperatur, wer etwas langfristiger denkt, überwacht dazu auch die Luftfeuchtigkeit, um ideale Bedingungen für die Lagerung der verschiedenen Weine zu schaffen.

Aber auch in der Bauphysik ist die Messung bzw. Überwachung von Räumlichkeiten sinnvoll, gerade wenn die baulichen Voraussetzungen schon bei einem üblichen Raumklima von 20 °C und 50 % relativer Feuchte (beispielsweise im Badezimmer) zur Kondenswasserbildung führen. Hier können Sie rechtzeitig gegensteuern und beispielsweise für eine Lüftung der Räume sorgen. Mit dem genannten Sensor und der abgeschlossenen Installation auf dem Raspberry Pi lassen Sie sich zunächst die Messwerte des Sensors einzeln ausgeben:

```
sudo -i
cd /home/pi/emsys/Raspi-SHT21-V3_0_0/source/
./sht21 S
```

Damit haben Sie die Möglichkeit, die Messwerte in einem Shellskript zu lesen und weiterzuverarbeiten und hier je nach Ausgangssituation sowie baulichen Gegebenheiten die entsprechenden Maximal- bzw. Alarmwerte für Temperatur und Feuchtigkeit festzulegen. Das nachfolgende Shellskript sollte aussagekräftig genug sein und bietet je nach Anwendungszweck breit gefächerte Ausbaumöglichkeiten.

```
# -----------------------------------------------------------------------
# Hausautomation mit Raspberry Pi
# E.F.Engelhardt, Franzis Verlag, 2016
# -----------------------------------------------------------------------
# Skript: temp-wein.sh
# Verzeichnis: /home/pi/emsys/Raspi-SHT21-V3_0_0/source
#!/bin/bash
tmpdata="/home/pi/emsys/Raspi-SHT21-V3_0_0/source/tmp.txt"
TimeString=$(date +"%d.%m.%Y %H:%M:%S")
echo "Zeit: $TimeString"
if test -d $tmpdata; then rm $tmpdata; fi
./sht21 S > $tmpdata
temperatur=$( less $tmpdata | cut -d"   " -f1)
feuchte=$( less $tmpdata | cut -d"      " -f2)
echo "Temperatur : " $temperatur "Grad Celsius"
echo "Feuchte : " $feuchte "Prozent"
if test $feuchte -ge 55;then
```

```
echo "Achtung Schimmelgefahr - groesser 55 %"
# sendemail oder gnokii-aufruf bzw. skript-name hierher
else
echo "keine Schimmelgefahr"
fi
max="18"
if test ${temperatur/.*} -ge $max;then
echo "Achtung Temperatur Weinlager - groesser " $max " Grad Celsius"
# sendemail oder gnokii-aufruf bzw. skript-name hierher
else
echo "Temperatur OK"
fi
```

Beachten Sie, dass der `-d`-Parameter des `cut`-Kommandos gewöhnlich mit einem einzelnen Zeichen arbeitet. In diesem Beispiel handelt es sich nicht um Leerzeichen, sondern um ein einzelnes Tabulatorzeichen, das auf der Kommandozeile mit der Tastenkombination [Strg]+[V] und sofortigem Drücken der [Tab]-Taste erzeugt werden kann. Für den Einsatz in einem Skript nutzen Sie besser den vi-Editor, der vor allem bei der Eingabe von Sonderzeichen weniger fehleranfällig ist. Um nun beispielsweise eine automatisierte Benachrichtigung per SMS- oder E-Mail anzustoßen, fügen Sie an den entsprechenden Stellen den dazu passenden Befehl oder Skriptaufruf ein.

```
sendemail -v -f MAIL.ADRESSE.DE@gmx.de -s smtp.gmx.net:25 -xu
MAIL.ADRESSE.DE@gmx.de -xp geheimesPasswort -t
MAIL.EMPFÄNGERADRESSE.DE@gmx.de -o tls=no -u "Betreff: [Alarm:] Weinkeller"
-m "Achtung Temperatur Weinlager ueberschritten"
```

Beachten Sie, dass der Befehl in einer einzigen Zeile ohne Zeilenumbruch in die Konsole zu schreiben ist. Für den Test ist so ein langer Kommandozeilenbefehl mal ganz nett, in der Praxis und für den angestrebten Zweck - eine automatisierte Verarbeitung in Verbindung mit der Feuchte- und Temperaturüberwachung - sollte die Funktion jedoch besser in ein Skript ausgelagert werden, damit die Häufigkeit des Mailversands auch besser parametrisiert werden kann.

5.4 Garage und Türen mit dem Smartphone öffnen

Grundsätzlich lässt sich mit dem Raspberry Pi nahezu jeder Schalter und jede Schaltsteckdose per Funk, Relaisplatine oder einfach per Steckdose (Strom/Nichtstrom) über TCP/IP bzw. eine HTTP-Adresse oder auf der Konsole über ein Programm bzw. ein Perl-/Shell-/Python-Skript steuern. Ist ein direkter Zugriff auf die Steuerung bzw. die Platine - wie in diesem Beispiel der Hörmann-Garagentorantrieb - nicht möglich bzw. nicht erwünscht, dann lässt sich der kabelgebundene Schalter insofern erweitern, als er sich auch über ein mit dem Raspberry Pi verbundenes Relais schalten lässt. Auch elektrische Türöffner lassen sich prinzipiell mit dieser Methode anzapfen. Haben Sie keinen direkten Zugriff auf die Verkabelung, ist jedoch der Aufwand etwas hoch.

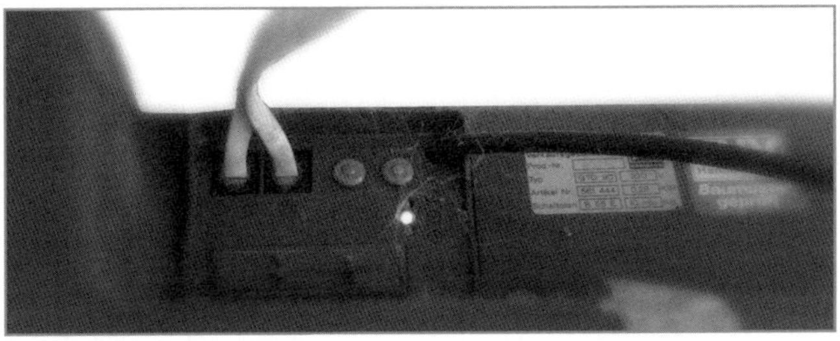

Bild 5.27: Die Öffner-Automatik von herkömmlichen elektrischen Garagentorantrieben besitzt im Falle Hörmann RJ11/RJ45-Buchsen, die für den GPIO-Zugriff angezapft werden können.

Ist das verbundene Relais über seinen zweiten Stromkreis mit einem GPIO-Ausgang sowie der Masse (GND) mit dem Raspberry Pi gekoppelt, dann lässt es sich perfekt als Steuerzentrale für das Schalten des Garagentorantriebs nutzen. Spendieren Sie beispielsweise dem Raspberry Pi ein Bluetooth-USB-Modul, dann lässt sich mit kleineren Tricks der GPIO-Ausgang darüber steuern. Dank der eindeutigen Bluetooth-Mac-Adresse sowie des eingeschränkten Aktionsradius der Bluetooth-Technik lässt sich mit dem Raspberry Pi eine relativ sichere Zugangslösung im Eigenbau realisieren.

5.4.1 Handy, Tablet & Co.: Bluetooth als Aktor

Egal, ob Sie eine Tastatur oder eine Maus am Raspberry Pi betreiben möchten, irgendwann werden Sie die schnurlose Übertragung zu schätzen wissen. Spätestens dann, wenn der Raspberry Pi im Wohnzimmer an den Fernseher angeschlossen ist und Sie ihn vom Sofa aus nutzen möchten. Doch wer seinen Raspberry Pi für Heimautomationszwecke einsetzt, der benötigt in den seltensten Fällen eine angeschlossene Tastatur oder Maus. Wenn überhaupt, wird das System via SSH per Fernwartung gesteuert.

```
[39446.713003] usbcore: registered new interface driver cdc_acm
[39446.713033] cdc_acm: USB Abstract Control Model driver for USB modems and ISDN adapters
[42355.054308] usb 1-1.3: USB disconnect, device number 5
[385252.940527] usb 1-1.3: new full-speed USB device number 6 using dwc_otg
[385253.040949] usb 1-1.3: device descriptor read/all, error -32
[385253.120559] usb 1-1.3: new full-speed USB device number 7 using dwc_otg
[385253.222370] usb 1-1.3: New USB device found, idVendor=0a12, idProduct=0001
[385253.222398] usb 1-1.3: New USB device strings: Mfr=0, Product=0, SerialNumber=0
[385253.345002] Bluetooth: Core ver 2.16
[385253.348026] NET: Registered protocol family 31
[385253.348056] Bluetooth: HCI device and connection manager initialized
[385253.348077] Bluetooth: HCI socket layer initialized
[385253.348105] Bluetooth: L2CAP socket layer initialized
[385253.348166] Bluetooth: SCO socket layer initialized
[385253.358061] Bluetooth: Generic Bluetooth USB driver ver 0.6
[385253.363549] usbcore: registered new interface driver btusb
pi@fhemraspian ~ $ lsusb
Bus 001 Device 001: ID 1d6b:0002 Linux Foundation 2.0 root hub
Bus 001 Device 002: ID 0424:9512 Standard Microsystems Corp.
Bus 001 Device 003: ID 0424:ec00 Standard Microsystems Corp.
Bus 001 Device 004: ID 1415:2000 Nam Tai E&E Products Ltd. or OmniVision Technologies, Inc.
Bus 001 Device 007: ID 0a12:0001 Cambridge Silicon Radio, Ltd Bluetooth Dongle (HCI mode)
pi@fhemraspian ~ $
```

Bild 5.28: Wurde der kleine Mini-USB-Bluetooth-Dongle am USB-Anschluss eingesteckt, prüfen Sie mit dem Kommando `lsusb`, ob er vom Raspberry Pi ordnungsgemäß erkannt wurde.

Ein installierter Mini-Bluetooth-Adapter einer Tastatur oder Maus kann noch mehr als nur Tastatur- und Maussignale verarbeiten. Mit den passenden Tools und Skripts ausgestattet, kann der Raspberry Pi beispielsweise als Türöffner fungieren, vorausgesetzt, er ist mit einem bekannten Gerät gekoppelt. So sind hier automatische Schaltvorgänge, wie beispielsweise das Schalten der Garagen-/Eingangsbereichlampe, denkbar, falls etwa ein bekanntes Smartphone vom Raspberry Pi erkannt wird.

Im HomeMatic-Produktsortiment findet sich auch ein elektronischer Schließzylinder, der es wegen der Lieferzeit nicht zum Autor und somit nicht in das Buch geschafft hat - hier stehen Ihnen jedoch nahezu alle Möglichkeiten offen: Sämtliche Dinge, die sich über den Raspberry Pi über GPIO oder auch über FHEM schalten lassen, können per Bluetooth-Authentifizierung automatisch gesteuert werden. Ist der USB-Bluetooth-Adapter gesteckt, installieren Sie zunächst die notwendigen Werkzeuge und Treiber für den Bluetooth-Betrieb auf dem Raspberry Pi nach:

```
sudo apt-get install bluetooth bluez-utils blueman
```

Anschließend können Sie bei Bedarf mit dem Befehl prüfen, ob der Bluetooth-Daemon auch läuft.

```
/etc/init.d/bluetooth status
```

Wie gewohnt, installieren Sie mit `apt-get` die benötigten Programme und automatisch die abhängigen Pakete, was in diesem Fall rund 16 MB Speicherplatz auf der SD-Karte benötigt. Nun kommt es zum ersten Test: Nehmen Sie Ihr Smartphone oder ein anderes Bluetooth-Gerät und aktivieren Sie dort die Bluetooth-Funktion bzw. schalten Sie die Bluetooth-Sichtbarkeit ein. Dies ist bei jedem Gerät etwas unterschiedlich gelöst. In der Regel wird die Sichtbarkeit mit dem Einschalten der Bluetooth-Funktion aktiviert. Nun nutzen Sie das Kommando

```
hcitool scan
```

um die nähere Umgebung auf verfügbare und offene Bluetooth-Geräte hin zu prüfen.

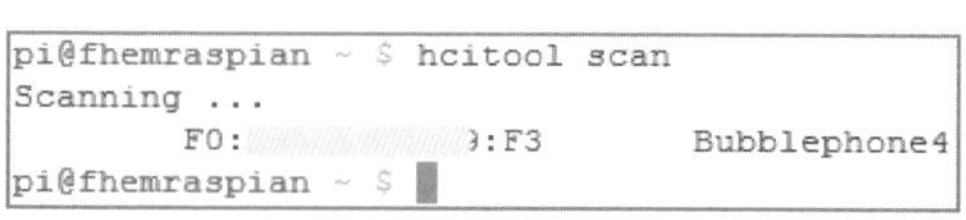

Bild 5.29: Ist die Sichtbarkeit aktiviert, meldet sich das Bluetooth-Gerät umgehend mit seiner eindeutigen Bluetooth-ID sowie dem Gerätenamen zurück.

Wer etwas genauer auf die Bluetooth-Technik schauen möchte, der kann auch das `l2ping`-Kommando nutzen, um die Erreichbarkeit des Geräts zu prüfen. Hier verwenden Sie die per `hcitool scan` gefundene eindeutige Bluetooth-ID:

```
sudo l2ping -c l <BLUETOOTH-MAC-ID>

Ping: F0:[redacted]:F3 from 00:[redacted]:12:EB (data size 44) ...
44 bytes from F0:[redacted]:F3 id 0 time 10.92ms
1 sent, 1 received, 0% loss
```

Anschließend ist ein Ping-ähnlicher Befehl in der Konsole samt Rückmeldung zu sehen - oder auch nicht, falls das Gerät die Sichtbarkeit automatisch deaktiviert hat. Tatsächlich ist es so, dass sich hier die Geräte unterschiedlich verhalten, manche haben eine längere Sichtbarkeitsdauer. In der Regel ist diese aus Akku-Laufzeitgründen jedoch etwas reduziert.

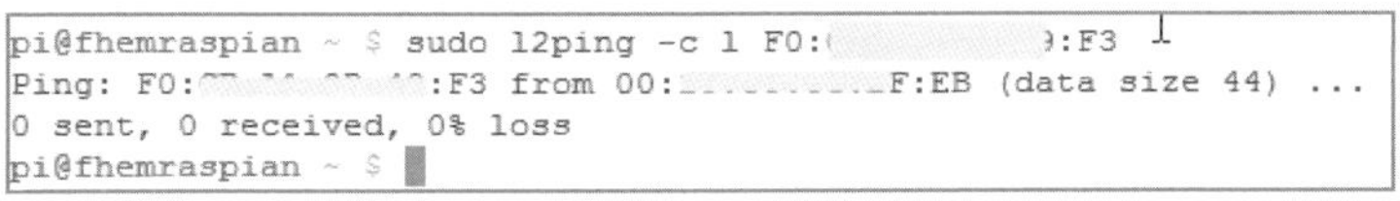

```
pi@fhemraspian ~ $ sudo l2ping -c 1 F0:[illegible]:F3
Ping: F0:[illegible]:F3 from 00:[illegible]F:EB (data size 44) ...
0 sent, 0 received, 0% loss
pi@fhemraspian ~ $
```

Bild 5.30: Ähnlich wie der normale `ping`-Befehl arbeitet das Bluetooth-Gegenstück `l2ping`. Beachten Sie, dass es sich im Parameter nicht um die Zahl 1, sondern um ein kleingeschriebenes »l« handelt.

Das muss nun aus Sicherheitsgründen wahrlich kein Nachteil sein, denn falls Sie mit dem Smartphone und dem Raspberry Pi Schaltvorgänge vornehmen wollen, benötigen Sie sowieso nur wenige Augenblicke, um sich zu authentifizieren. Doch dazu später mehr. Zunächst fällt beim `l2ping`-Kommando auf, dass `sudo`-Berechtigungen nötig sind, die im Betrieb aus Sicherheitsgründen nicht gern gesehen werden. Daher passen Sie zunächst die `sudoers`-Datei entsprechend an.

5.4.2 To be or not to be Admin: root-Werkzeuge für Benutzer

Um auf dem Raspberry Pi Programme ohne die manchmal lästige `sudo`-Berechtigung als Normalanwender nutzen zu können, können Sie eine Zulassungsliste von Programmen führen, bei denen von den üblichen Restriktionen abgewichen wird. Dafür bearbeiten Sie die Datei `/etc/sudoers`, die sich allerdings nicht wie gewohnt über `nano /etc/sudoers`, sondern aus Sicherheitsgründen erst mit folgendem Kommando öffnen und bearbeiten lässt.

```
pkexec visudo
```

Nach dem Aufruf des Kommandos ist die Eingabe des Kennworts des angemeldeten Benutzers notwendig.

```
pi@fhemraspian: ~
  GNU nano 2.2.6                        Datei: /etc/sudoers.tmp

#
# This file MUST be edited with the 'visudo' command as root.
#
# Please consider adding local content in /etc/sudoers.d/ instead of
# directly modifying this file.
#
# See the man page for details on how to write a sudoers file.
#
Defaults        env_reset
Defaults        mail_badpass
Defaults        secure_path="/usr/local/sbin:/usr/local/bin:/usr/sbin:/usr/bin:/sbin:/bin"

# Host alias specification

# User alias specification
# Cmnd alias specification
# pi    ALL=NOPASSWD: /usr/bin/l2ping *
pi ALL=NOPASSWD: /usr/bin/l2ping -c 1 4C\:AA\:BB\:CC\:DD\:3D; echo return\: $? *
fhem ALL=NOPASSWD: /usr/bin/l2ping *

# User privilege specification
root    ALL=(ALL:ALL) ALL

# Allow members of group sudo to execute any command
%sudo   ALL=(ALL:ALL) ALL

# See sudoers(5) for more information on "#include" directives:

#includedir /etc/sudoers.d
pi ALL=(ALL) NOPASSWD: ALL
```

Bild 5.31: Fügen Sie, wie in der Abbildung, die Benutzer hinzu, die Programme mit User-Rechten starten dürfen, und geben Sie das entsprechende Programm mit dem kompletten Pfad an. Ein größeres Sicherheitsnetz ist die Festlegung der MAC-Adresse. Es darf nur eine Rückmeldung auf das `l2ping`-Kommando erfolgen, wenn sie auch in der `sudoers`-Datei – entsprechend maskiert – geführt wird.

Die Bearbeitung erfolgt in diesem Beispiel wie gewohnt mit `nano`, was vom `pkexec visudo`-Kommando automatisch gestartet wird. Nach der Bearbeitung und dem Speichern der Datei per Tastenkombination [Strg]+[X] erfolgt hier nochmals eine Sicherheitsabfrage, die Sie mit der Taste [Q] beenden. In diesem Fall werden die Änderungen von der `visudo.tmp` in die `visudo`-Datei übernommen.

```
pi@fhemraspian ~ $ pkexec visudo
==== AUTHENTICATING FOR org.freedesktop.policykit.exec ===
Authentication is needed to run `/usr/sbin/visudo' as the super user
Authenticating as: ,,, (pi)
Password:
==== AUTHENTICATION COMPLETE ===
visudo: /etc/sudoers.tmp unchanged
What now? s
Options are:
  (e)dit sudoers file again
  e(x)it without saving changes to sudoers file
  (Q)uit and save changes to sudoers file (DANGER!)

What now? Q
pi@fhemraspian ~ $
```

Bild 5.32: Zusätzliche Sicherheit vor versehentlichen Änderungen: Wer sich hier nicht sicher ist, der bricht das Überschreiben der `sudoers`-Datei mit der [X]-Taste ab.

Mit dem `NOPASSWD`-Attribut versehen, kann das Kommando

```
sudo l2ping -c 1 <BLUETOOTH-MAC-ID>
```

nun auch ohne vorangestelltes `sudo` gestartet werden:

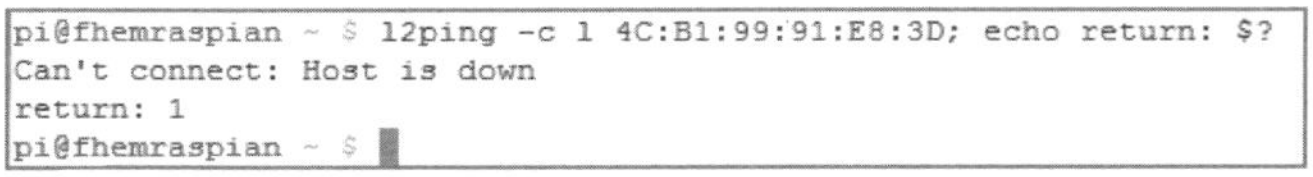

Bild 5.33: `sudoers`-Anpassung erfolgreich: Nun lässt sich `l2ping` auch mit Benutzerrechten starten.

Nutzen Sie das Kommando

```
l2ping -c l <BLUETOOTH-MAC-ID>; echo return: $?
```

und setzen Sie die Bluetooth-ID Ihres Geräts hier ein, dann liefert der Shell-Aufruf den Wert `0` zurück, falls das Gerät mit dem Raspberry Pi verbunden ist. Ist das nicht der Fall, weil das Gerät beispielsweise nicht bekannt ist oder ausgeschaltet wurde, dann liefert der `l2ping`-Befehl den Fehlercode `1` zurück. Es kommt vor, dass der `l2ping` trotzdem nicht mit Benutzerrechten funktioniert und einen `socket`-Fehler wirft.

```
Can't create socket: Operation not permitted
return: 1
```

In diesem Fall sollte entweder mit `chmod u+s` die root-UID bei der Datei `/usr/bin/l2ping` gesetzt werden, oder Sie fügen hier mit dem Kommando

```
sudo setcap cap_net_admin,cap_net_raw+eip /usr/bin/l2ping
```

die `CAP_NET_RAW`-Fähigkeit hinzu. Anschließend prüfen Sie mit dem Kommando

```
getcap /usr/bin/l2ping
```

die erweiterten Attribute.

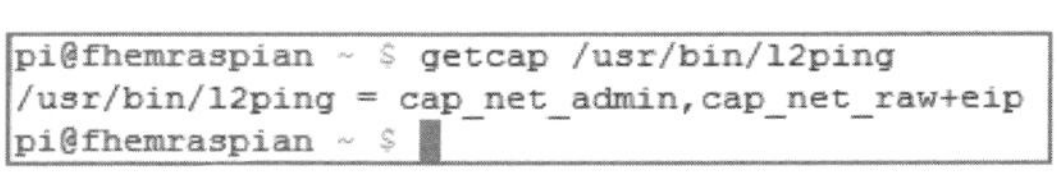

Bild 5.34: Änderung erfolgreich: Nun lässt sich auch der `l2ping`-Befehl problemlos auf der Kommandozeile und in Skripten mit Benutzerrechten ausführen und nutzen.

Ist der `setcap`-Befehl nicht verfügbar, dann installieren Sie ihn über das `libcap2-bin`-Paket nach:

```
sudo apt-get install libcap2-bin
```

Elegant wird das Ganze erst, wenn Sie für die `l2ping`-Nutzung eigens eine Gruppe erstellen und die berechtigten Benutzer hinzufügen:

```
groupadd l2ping
usermod -a -G l2ping pi
usermod -a -G l2ping fhem
newgrp l2ping
```

In diesem Beispiel sind die beiden Benutzer `pi` und `fhem` Mitglieder der Gruppe `l2ping`.

5.4.3 Shell-Skript für Bluetooth-Erkennung erstellen

Passen Sie zunächst die Bluetooth-Mac-IDs im Skript mit der eindeutigen Kennung an. Sind Sie sich nicht sicher, dann lesen Sie diese aus dem `hcitool scan`-Kommando aus. Grundsätzlich ist es so, dass der Bluetooth-Daemon etwas unzuverlässig läuft. Deswegen wird nach dem Aufruf des Skripts Bluetooth vorsichtshalber per `killall` beendet und umgehend erneut gestartet. Anschließend prüft das Skript, ob sich in der Nähe ein sichtbares Bluetooth-Gerät befindet und ob es in der Liste der zulässigen Geräte ist.

```
#!/bin/bash
# -----------------------------------------------------------------------
# Smart-Home mit Raspberry Pi-Projekte
# E.F.Engelhardt, Franzis Verlag, 2016
# -----------------------------------------------------------------------
# Funktion checkblue.sh
#
# Verzeichnis /bluebulb
# hier die bluetooth-MAC-Adresse fuer die Erkennung eintragen
# Format: 00:11:22:33:44:55
# kann nach einschalten von bluetooth beim geraet
# initial mit dem befehl: hcitool scan herausgefunden werden
#
bd_android1_ef="00:44:55:66:77:88"
bd_iphone2_ef="00:33:44:55:66:77"
bd_iphone3_ef="00:22:33:44:55:66"
bd_iphone4_ef="00:11:22:33:44:55"
# -----------------------------------------------------------------------
# vorsichtshalber bluetooth beenden und neu starten
echo bluetooth wird beendet...
sudo killall -9 bluetoothd
echo bitte warten, bluetooth wird neu gestartet
sleep 10
sudo /etc/init.d/bluetooth start
# check ob bluetooth laeuft
if (ps ax | grep  /usr/sbin/bluetoothd | grep grep -v | cut -d " " -f1-
2)&>/dev/null ;then
# -----------------------------------------------------------------------
# check ob bluetooth-device in whitelist
if bd=$(hcitool scan | grep -o [bd_android1_ef,$bd_iphone2_ef,$
bd_iphone3_ef,$bd_iphone4_ef]) ; then
echo erlaubtes device da: $?;
schaltelampetreppenhaus.sh;
schaltehoermanntor.sh;
# weitere aktionen, bspw. foto, antriggern tuermechanismus, mail, licht
```

```
einschalten etc.
else
echo kein erlaubtes device gefunden $?;
# log - nachricht, mail ueber "einbruchs"versuch
echo "bluetooth-device: kein erlaubtes device gefunden $?";
fi
# ------------------------------------------------------------------------
else
echo bluetooth nicht aktiv;
fi
# -------------------------- eof checkblue.sh ---------------------------
```

In dem `if/then/else/fi`-Konstrukt können Sie weitere Aktionen und weiteren Skriptcode einfügen, der beispielsweise ausgeführt werden soll, falls der Raspberry Pi ein gültiges Bluetooth-Gerät in der näheren Umgebung findet. So lässt sich ein weiteres Skript oder Programm antriggern oder ein GPIO-Ausgang mit einem Relais schalten, der für die elektrische Schließanlage der Haustür oder des Garagentorantriebs zuständig ist.

5.5 Computer und NAS-Festplatten steuern

Nahezu jedes Haushaltsgerät bringt einen eingebauten Netzwerkanschluss in Form einer CAT-Buchse oder einer WLAN-Funkschnittstelle mit. Die meisten Geräte, wie Computer, Drucker, Netzwerkspeicher oder TV-/Settop-Boxen, bieten Möglichkeiten, sich aus der Ferne - also remote - bedienen und administrieren zu lassen. Besitzt das Gerät einen Unterbau aus der Unix-Familie, dann fällt der Zugriff besonders leicht.

In der Regel bringen solche Geräte einen SSH-Zugang mit, den Sie vom Raspberry Pi aus nutzen können, um sie beispielsweise zu einem definierten Zeitpunkt oder bei einem bestimmten Ereignis herunterzufahren und anschließend auszuschalten. Gerade Netzwerkspeicher oder Settop-Boxen auf Linux-Basis sind in der Regel immer im Stand-by-Betrieb und geradezu prädestiniert, automatisiert vom Raspberry Pi gesteuert zu werden.

5.5.1 Sicheres Login ohne Passwort: SSH-Keys im Einsatz

Um nun vom Raspberry Pi ohne lästige Passwortabfrage beim SSH-Verbindungsaufbau auf das heimische NAS zugreifen zu können, müssen Sie grundsätzlich den Raspberry Pi mit dem öffentlichen Schlüssel des NAS bekannt machen. Dafür generieren Sie auf dem heimischen NAS, das hier eine OpenSSH-Implementierung besitzen muss, mit folgendem Kommando ein Schlüsselpaar:

```
ssh-keygen -t rsa -b 2048
```

Bei der Generierung kann nun optional ein Passwort (`Key passphrase`) eingegeben werden, was jedoch bei der Nutzung des Skripts nicht notwendig ist.

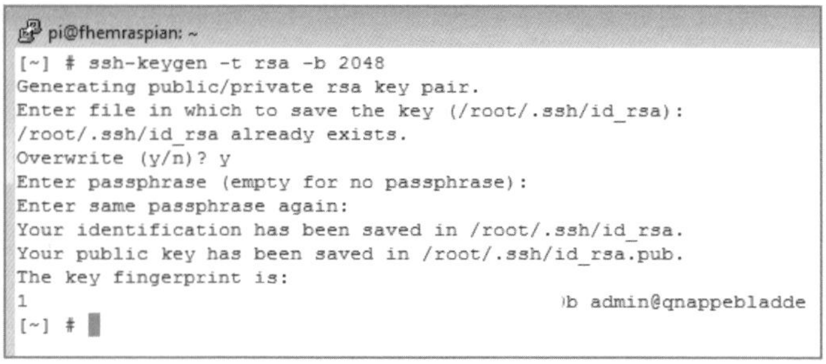

Bild 5.35: Zunächst wird das Schlüsselpaar erstellt. Anschließend muss der Public Key auf den zugreifenden Client (hier: Raspberry Pi) übertragen werden.

Die `*.pub`-Dateien können nun auf den Zielrechner kopiert und dort an `~/.ssh/authorized_keys` angehängt werden. In diesem Beispiel übertragen Sie den Public Key des NAS auf den Raspberry Pi mit dem `cat`-Kommando:

```
cat ~/.ssh/id_rsa.pub | ssh pi@192.168.123.30 "mkdir -p .ssh;cat >>
.ssh/authorized_keys"
```

Für die Ausführung dieses Befehls fragt der Raspberry Pi (IP-Adresse: `192.168.123.30`) nach dem administrativen Kennwort und trägt anschließend den öffentlichen Schlüssel des NAS sinngemäß in die Liste der erlaubten SSH-Verbindungen auf dem Raspberry Pi ein. Manchmal ist auch der umgekehrte Weg praktisch: Um vom NAS auf den Raspberry Pi zuzugreifen, erstellen Sie auf dem Raspberry Pi mit dem folgenden Kommando das Schlüsselpaar

```
ssh-keygen -t rsa -b 2048
```

und übertragen den Public Key mit dem Befehl

```
cat ~/.ssh/id_rsa.pub | ssh admin@192.168.123.123 "mkdir -p .ssh;cat >>
.ssh/authorized_keys"
```

auf das NAS, das in diesem Beispiel die IP-Adresse `192.168.123.123` besitzt. Anschließend benötigen Sie beim umgekehrten Weg bei der Eingabe des `ssh`-Verbindungsbefehls kein Kennwort mehr, die Authentifizierung erfolgt über den lokal gespeicherten, öffentlichen Schlüssel.

5.5.2 NAS-Server: Netzwerkfestplatten konfigurieren

Als zentraler Datenspeicher und Lieferant für Multimediadaten muss ein NAS jederzeit im lokalen Netzwerk verfügbar sein. Doch aus Energiespargründen kann es auch sinnvoll sein, das System nur dann einzuschalten, wenn es wirklich gebraucht wird, statt es 24 Stunden an sieben Tagen in der Woche zum größten Teil nutzlos in Betrieb zu halten.

Je nach Anwendungszweck kann es daher von Nutzen sein, wenn der Raspberry Pi das NAS automatisiert zu einer festen Uhrzeit per Timer herunterfährt und man es bei Bedarf einfach per Mausklick wieder startet. Egal, welches Modell Sie von einem x-beliebigen Hersteller (QNAP, Buffalo, Synology, Eigenbau etc.) für das heimische

NAS-System einsetzen, für den automatisierten Einsatz muss es verschiedene Eigenschaften mitbringen.

Zunächst müssen Sie sicherstellen, dass Sie einfach per HTTP-Aufruf, SSH, Telnet etc. auf die Konfiguration bzw. auf die Steuerung der System- oder Powermanagement-Eigenschaften zugreifen können. In der Regel bieten »bessere« NAS-Systeme von Haus aus einen SSH-Zugriff an, mit dem sich das NAS-System in die Heimautomation einbinden lässt. Idealerweise fahren Sie das NAS-System wie gewöhnlich herunter und schalten es bei Bedarf mit WOL (Wake on LAN) wieder ein. Doch gerade betagte Geräte oder einfache Einplatten-Backup-Lösungen, wie beispielsweise USB-Festplatten mit LAN-Anschluss, bieten weder eine WOL-Funktion noch eine standardmäßig geöffnete Schnittstelle für Systemarbeiten.

Liegt dem NAS-System ein Unix-System zugrunde, dann sind es die üblichen Kommandos wie `poweroff`, `halt`, `shutdown` und dergleichen, mit denen sich das ordnungsgemäße Herunterfahren des Systems erledigen lässt. Ordnungsgemäß auch deswegen, weil ein stupides Ausschalten des Netzschalters beispielsweise über eine Funksteckdose beim Wiedereinschalten in der Regel eine Überprüfung und/oder Reparatur des Dateisystems zur Folge hat, um die Datenkonsistenz zu gewährleisten.

Energie- bzw. Stromsparen hat also nur dann richtig Sinn, wenn gewährleistet ist, dass das geplante Abschalten des NAS-Systems keine Festplattenfehler oder gar einen Festplattenausfall zur Folge hat. Bietet das NAS-System eine WOL-Funktion an, dann schalten Sie diese ein. Lässt sich auch ein Shell-Zugang via SSH über die Konfigurationsseite des NAS aktivieren, dann sollten Sie diese Möglichkeit nutzen, um den automatisierten Zugriff per Skript abzuwickeln.

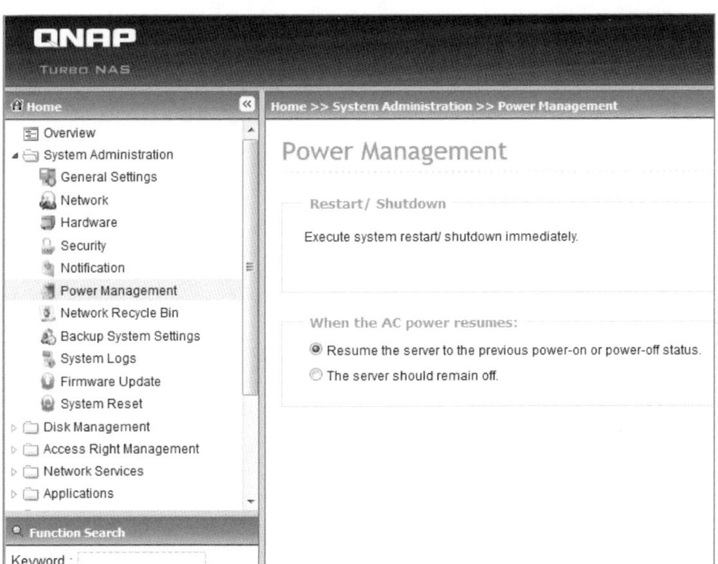

Bild 5.36: Dieses ältere QNAP-Modell bietet keine WOL-Möglichkeiten. Lediglich das Einschalt-Verhalten bei Stromausfall lässt sich konfigurieren.

5.5.3 Raspberry Pi per Windows-Desktopverknüpfung schalten

Egal, ob Sie neben Ihrem Raspberry Pi in Ihrem Heimnetz noch weitere Raspberry Pi, einen Windows-, Mac-OS- oder Linux-Computer einsetzen: Kommt das Gerät mit einer zeitgemäßen Netzwerkschnittstelle, ist in der Regel auch eine WOL-Funktion verbaut. Wer einen Computer mit Unix-Unterbau beispielsweise von Windows aus ansteuern möchte, der nutzt Werkzeuge wie PuTTY, soll es schnell gehen.

Wenn Sie zum Beispiel per Klick einen Raspberry Pi herunterfahren möchten, dann nutzen Sie das PuTTY-Tool `plink.exe`, das Sie auf der Downloadseite von PuTTY (*www.chiark.greenend.org.uk/~sgtatham/putty/download.html*) finden. Dieses legen Sie in das gleiche Verzeichnis, in dem das Programm *putty.exe* abgelegt ist. Im nachstehenden Beispiel liegen sowohl die Datei `putty.exe` als auch die Datei `plink.exe` im Verzeichnis `C:\` der Windows-Festplatte.

Anschließend erstellen Sie mit einem Editor eine Batch-Datei mit folgendem Inhalt:

```
echo off
c:\plink.exe -ssh -pw openelec root@192.168.123.47 poweroff
exit
```

Speichern Sie die Datei anschließend mit einer aussagekräftigen Bezeichnung sowie mit der Dateiendung `cmd` ab. Die Datei kann ebenfalls im selben Verzeichnis wie die PuTTY-Tools abgelegt werden – hier ist anschließend eine Desktopverknüpfung auf die `cmd`-Batchdatei notwendig. Alternativ legen Sie die `cmd`-Datei direkt auf dem Windows-Desktop ab.

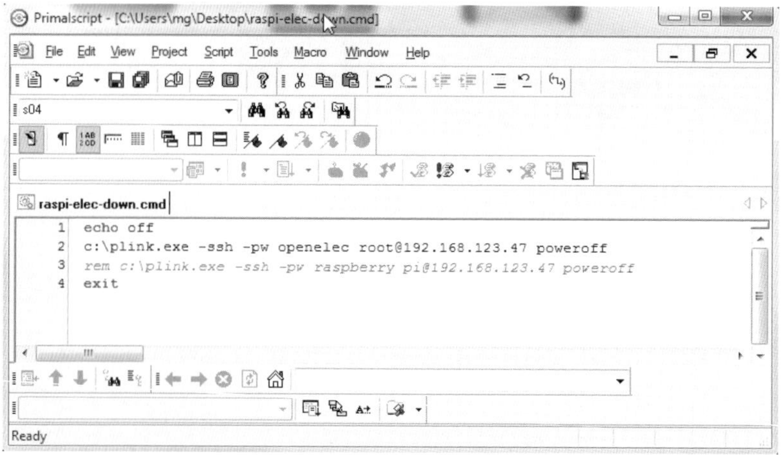

Bild 5.37: Hinweis: In diesem Beispiel werden der Benutzer root und das Passwort `openelec` genutzt – bei einer Standard-Raspberry-Pi-Installation lautet der Benutzer `pi` und das Passwort `raspberry`.

Nun ersparen Sie sich das Einloggen und das manuelle Herunterfahren des Raspberry Pi. Von einem Linux-Computer aus geht das noch etwas einfacher: Melden Sie sich einfach über SSH am entsprechenden Computer an, zum Beispiel mit dem Kommando

```
ssh root@192.168.123.123
```

Setzen Sie dort ein Kommando wie

```
poweroff
```

ab, um den entfernten Computer herunterzufahren. Die beschriebene Lösung ist für einen einzelnen Computer zu gebrauchen, für den Einsatz in der Heimautomation sind das Abschalten über Ereignisse wie auch eine Zeitsteuerung deutlich eleganter. Hier benötigen Sie für jedes Gerät zunächst den passenden Ausschaltbefehl, der je nach eingesetztem Unix-Derivat und SSH-Version manchmal auf Anhieb funktioniert und manchmal nicht, sodass Sie das Ausschaltskript bzw. den Ausschaltbefehl explizit nachbessern müssen.

5.5.4 Manchmal knifflig: SSH-Parameter finden

Für das automatische Login über SSH und anschließende Übertragen des `poweroff/shutdown`-Befehls gibt es verschiedene Möglichkeiten. Möchten Sie beispielsweise mehrere Befehle nach dem erfolgreichen Login ausführen, dann ist es besser, sie gebündelt in einem eigenen Skript unterzubringen und dieses komplett entfernt auszuführen. In diesem Beispiel liegt das Skript **`local_script.sh`** im Verzeichnis `/var/tmp/` und hat folgenden Inhalt:

```
#!/bin/bash
poweroff
exit
```

Die Variable `$NAS_IP` ist hier die IP-Adresse bzw. der Hostname für den Computer, die Variable `$NAS_SSHUSER` ist der Benutzer-Account, mit dem Sie sich an dem entfernten Computer über SSH anmelden. Um nun das Skript auf dem entfernten System auszuführen, gibt es je nach Unix-Derivat, SSH-Serverprodukt und/oder NAS-System unterschiedliche Herangehensweisen, die jeweils dasselbe bewirken. Probieren Sie nachstehende Möglichkeiten, die sich zwar auf den ersten Blick unterscheiden, aber prinzipiell dieselbe Funktion haben, aus:

```
cat local_script.sh | ssh $NAS_SSHUSER@$NAS_IP "bash -s"
ssh root@$NAS_IP 'echo "rootpassword" | sudo -Sv && bash -s' <
local_script.sh
ssh $NAS_SSHUSER@$NAS_IP "poweroff"
ssh $NAS_SSHUSER@$NAS_IP 'bash -s' < local_script.sh
```

Haben Sie das passende und demnach funktionierende SSH-Login für das Unix-System herausgefunden und erfolgreich getestet, dann fügen Sie in dem (remote) auszuführenden Skript (hier: `local_script.sh`) die Befehle ein, die für das Herunterfahren des entfernten Systems notwendig sind.

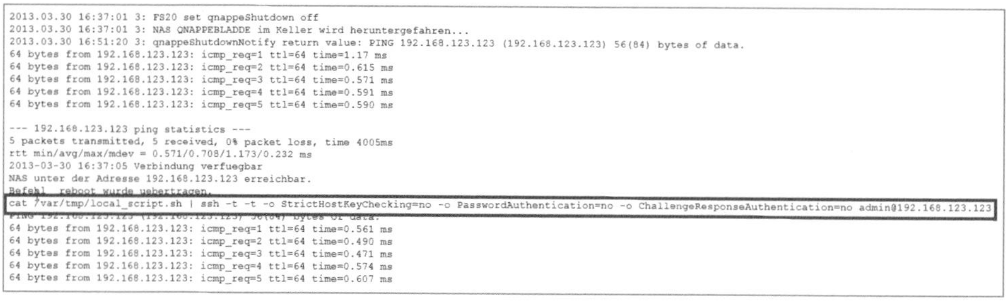

```
2013.03.30 16:37:01 3: FS20 set qnappeShutdown off
2013.03.30 16:37:01 3: NAS QNAPPEBLADDE im Keller wird heruntergefahren...
2013.03.30 16:51:20 3: qnappeShutdownNotify return value: PING 192.168.123.123 (192.168.123.123) 56(84) bytes of data.
64 bytes from 192.168.123.123: icmp_req=1 ttl=64 time=1.17 ms
64 bytes from 192.168.123.123: icmp_req=2 ttl=64 time=0.615 ms
64 bytes from 192.168.123.123: icmp_req=3 ttl=64 time=0.571 ms
64 bytes from 192.168.123.123: icmp_req=4 ttl=64 time=0.591 ms
64 bytes from 192.168.123.123: icmp_req=5 ttl=64 time=0.590 ms

--- 192.168.123.123 ping statistics ---
5 packets transmitted, 5 received, 0% packet loss, time 4005ms
rtt min/avg/max/mdev = 0.571/0.708/1.173/0.232 ms
2013-03-30 16:37:05 Verbindung verfuegbar
NAS unter der Adresse 192.168.123.123 erreichbar.
Befehl reboot wurde uebertragen.
cat /var/tmp/local_script.sh | ssh -t -t -o StrictHostKeyChecking=no -o PasswordAuthentication=no -o ChallengeResponseAuthentication=no admin@192.168.123.123
PING 192.168.123.123 (192.168.123.123) 56(84) bytes of data.
64 bytes from 192.168.123.123: icmp_req=1 ttl=64 time=0.561 ms
64 bytes from 192.168.123.123: icmp_req=2 ttl=64 time=0.490 ms
64 bytes from 192.168.123.123: icmp_req=3 ttl=64 time=0.471 ms
64 bytes from 192.168.123.123: icmp_req=4 ttl=64 time=0.574 ms
64 bytes from 192.168.123.123: icmp_req=5 ttl=64 time=0.607 ms
```

Bild 5.38: Umweg notwendig: Mangels WOL-Funktion des Beispielrechners wird hier statt des Befehls **poweroff** das Kommando **reboot** übertragen, damit der Server später – nachdem er mittels Funksteckdose wieder mit Strom versorgt ist – erneut starten kann.

Bei der Verbindung mit dem vorliegenden NAS-Server war für eine erfolgreiche SSH-Verbindung folgender SSH-Befehl nötig:

```
ssh -t -t -o StrictHostKeyChecking=no -o PasswordAuthentication=no -o
ChallengeResponseAuthentication=no admin@192.168.123.123
```

Da hier die Authentifzierung über das Public-Key-Verfahren erfolgt, wird die Kennwortauthentfizierung abgeschaltet. Bietet der Server hingegen keinen SSH-Zugang für das Herunterfahren, den Neustart oder den WOL-Mode an, soll aber unbedingt über eine Webseite gesteuert werden, dann können Sie versuchen, dieselbe Funktion über cURL auf dem Raspberry Pi abzubilden. Hat beispielsweise das Gerät die HTTP-Adresse als Ausschaltlink in der Adresszeile des Webbrowsers stehen:

```
http://192.168.123.234/shutdown.cgi?shut=4&value=Ausschalten
```

dann ist cURL das Mittel der Wahl. Mit cURL rufen Sie einfach auf der Kommandozeile die entsprechende Ausschaltwebseite auf – die Steuerung von cURL erfolgt über Kommandozeilenparameter, die Sie beim Aufruf mit angeben. Worauf es hier ankommt, ist bereits im Kapitel über die Rutenbeck-Schalter beschrieben worden.

5.5.5 Windows-Computer per Shell-Kommando schalten

Debian auf dem Raspberry Pi, Mac OS und sämtliche Linux-Derivate bieten neben dem Telnet- und dem sichereren SSH-Zugang genügend Möglichkeiten, per Skript oder per Hausautomatisierungszentrale wie FHEM gesteuert und geschaltet zu werden. Bei einem Windows-Computer ist dies grundsätzlich auch möglich, hier muss der Computer bzw. die Netzwerkkarte des Computers jedoch Wake on LAN (WOL) unterstützen und gegebenenfalls dafür im BIOS konfiguriert werden.

Anschließend ist das Aufwecken des Computers mit einem Befehl wie `ether-wake`, `wol` und anderen über Linux auch nur dann zuverlässig möglich, wenn der Windows-

Computer sauber per Herunterfahren-Kommando ausgeschaltet wurde. Wake on LAN ist nutzlos, wenn der Computer über den Netzteil-Hauptschalter ausgeschaltet wurde. Um einerseits den Standby-Strom zu sparen, andererseits aber die WOL-Funktion nutzen zu können, kann der Umweg über eine Funk- oder IP-Steckdose das Mittel der Wahl sein. Doch zunächst testen Sie den Zugriff vom Raspberry Pi über das Samba-Protokoll auf den Windows-Computer. Mit dem Kommando

```
net rpc shutdown -f -t 120 -r -I 192.168.123.12 -U adminname%adminpasswort
```

triggern Sie beispielsweise das Herunterfahren des Computers nach 120 Sekunden Wartezeit an. Voraussetzung dafür ist jedoch ein installiertes Samba-Paket (`sudo apt-get install samba-common`), das an Ihre Netzwerkumgebung angepasst ist. Unter Windows Vista, Windows 7 und Windows 8 ist das nicht gar so einfach, folgende Fehlermeldung kann dabei auftauchen:

```
cli_pipe_validate_current_pdu: RPC fault code DCERPC_FAULT_ACCESS_DENIED
received from host
Shutdown of remote machine failed!
rpc command function failed! (NT code 0x00000005)
```

In diesem Fall hilft das Abschalten der UAC (User Account Control) oder besser ein kleiner Registry-Eingriff. Fügen Sie im Ast:

```
HKEY_LOCAL_MACHINE\SOFTWARE\Microsoft\Windows\CurrentVersion\Policies\
System
```

einen neuen Schlüssel (`DWORD 32-Bit`) mit der Bezeichnung `LocalAccountTokenFilterPolicy` ein und setzen Sie den Wert auf `1`. Nach dem Neustart des Windows-Computers ist die Änderung dann aktiv.

Mit diesem Eintrag ist es nun auch möglich, die `C$`-Freigabe im Heimnetz zu nutzen sowie andere administrative Tools *remote* auszuführen. Um die Änderung wieder rückgängig zu machen, setzen Sie einfach den Wert von `LocalAccountTokenFilterPolicy` auf den Wert `0` oder löschen den Schlüssel `LocalAccountTokenFilterPolicy`.

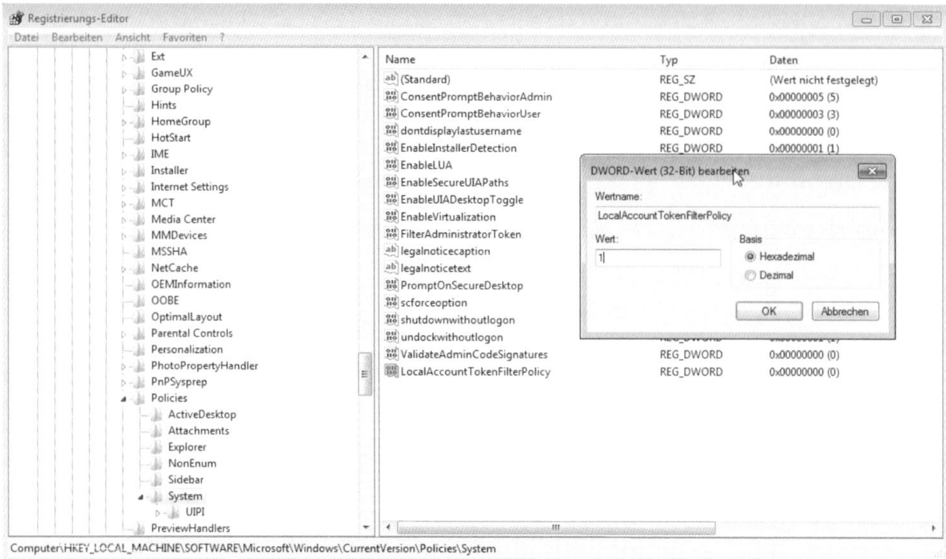

Bild 5.39: Für das entfernte Herunterfahren vom Raspberry Pi aus benötigt Windows 7 noch einen zusätzlichen Registry-Eintrag.

5.5.6 Shutdown-Skript erstellen

In diesem Schritt legen Sie im Verzeichnis `/usr/local/bin/` eine Skriptdatei für das Herunterfahren des NAS-Servers, Linux- oder Mac OS-Computers an. Grundvoraussetzung ist, dass Sie sich über SSH mit einem administrativen Benutzer ohne Kennworteingabe anmelden können, das heißt, die nötige Authentifizierung wird automatisch über das Public-Key-Verfahren abgewickelt. Da es zig verschiedene NAS-Systeme in unterschiedlichen Konfigurationen gibt, müssen Sie das Skript selbst zusammenbauen.

Die vorgestellten Skriptfragmente müssen demnach auch an Ihre Umgebung angepasst werden und sind, soweit es geht, mit Variablen befüllt. Grundsätzlich ist es immer eine gute Idee, die benötigten Befehle und Werte in Variablen zu setzen, was sich vor allem aus Gründen der Übersichtlichkeit bewährt hat. Ändert sich beispielsweise einmal eine IP-Adresse, dann passen Sie sie an zentraler Stelle an und brauchen nicht das gesamte Skript nach dem alten Wert zu durchforsten und anzupassen.

```
# ------------------------------------------------------------------
ARG=$1  # ein oder ausschalten
TYP=$2  # entweder steckdose per udp, http oder fhem auschalten
SENDIP="/usr/bin/sendip"
CURL='/usr/bin/curl'
NAS_IP="192.168.123.123"
NAS_SSHUSER="admin"
NAS_SSHPW="12345678"
```

```
NAS_SHUTCMD="reboot"
UTP_IP4RUTE1="192.168.123.205"
UTP_PORT="30303"
UTP_IP4PI="192.168.123.30"
UTP_CMDOFF="OUT1 0"
# ---------------------------------------------------------------------
```

Je nachdem, was für das Zustandekommen einer SSH-Verbindung und zum Herunterfahren benötigt wird, kann dies zunächst in eigenen Variablen untergebracht werden. Grundsätzlich sollte zunächst geprüft werden, ob das Zielsystem überhaupt per `ping` im heimischen Netz erreichbar ist oder nicht. Falls nicht, könnte bereits hier der Ausschaltvorgang der Funksteckdose erfolgen, ansonsten muss das Zielsystem erst heruntergefahren werden. Dies geschieht in diesem Beispiel per Übermittlung einer Befehlsfolge (`reboot` und `exit`) über SSH an den Beispiel-NAS-Server.

Aus Flexibilitätsgründen wird zunächst geprüft, ob ein lokales entsprechendes Skript (hier: `/var/tmp/local_script.sh`) im Verzeichnis existiert oder nicht. Falls ja, wird es zunächst gelöscht, per `touch`-Kommando neu erstellt und mit den beiden Kommandos `$NAS_SHUTCMD` und `exit` befüllt. Im nächsten Schritt wird die Datei `local_script.sh` dann mittels `cat` über SSH auf dem entfernten Zielserver mit dem User `$NAS_SSHUSER` auf der Adresse `$NAS_IP` ausgeführt.

```
# ----------------------------------------------------------------------
ping -c 5 $NAS_IP #192.168.123.123
if [[ $? != 0 ]]; then
  date '+%Y-%m-%d %H:%M:%S Verbindung nicht verfuegbar'
  # steckdose ausschalten
  UTP_CMD=${UTP_CMDOFF}
else
  date '+%Y-%m-%d %H:%M:%S Verbindung verfuegbar'
  # ssh zu nas und lokales skript auf qnappe ausfuehren
  # je nach NAS /REMOTE-Server unterschiedliche Wege
  # cat local_script.sh | ssh $NAS_SSHUSER@$NAS_IP "bash -s"
  # ssh root@$NAS_IP 'echo "rootpassword" | sudo -Sv && bash -s' < local_
script.sh
  # ssh $NAS_SSHUSER@$NAS_IP " $NAS_SHUTCMD"
  # ssh $NAS_SSHUSER@$NAS_IP 'bash -s' < local_script.sh
  # remote-aufruf zusammenbasteln:
  tscript="/var/tmp/local_script.sh"
  if test -d $tscript; then rm $tscript; fi
  touch  $tscript
  echo $NAS_SHUTCMD >>  $tscript
  echo 'exit' >> $tscript
  cat $tscript | ssh -t -t -o StrictHostKeyChecking=no -o
PasswordAuthentication=no -o ChallengeResponseAuthentication=no
$NAS_SSHUSER"@"$NAS_IP > /var/tmp/sshq.txt
  rm  $tscript
  echo "NAS unter der Adresse "$NAS_IP" erreichbar."
```

```
  echo "Befehl " $NAS_SHUTCMD "wurde uebertragen."
  echo "cat "$tscript" | ssh -t -t -o StrictHostKeyChecking=no -o
PasswordAuthentication=no -o ChallengeResponseAuthentication=no
"$NAS_SSHUSER"@"$NAS_IP
  # wenn ip nicht mehr erreichbar, dann steckdose abschalten
  go=0
  while [ $go -ne 1 ]; do
   ping -c 5 $NAS_IP
   if [ $? -eq  0 ]; then
     echo "ping erfolgreich";
     go=0;
   else
     echo "fehler ping"
     go=1;
   fi
  done
# ---------------------------------------------------------------------
```

Der `exit`-Befehl im Skript `local_script.sh` sorgt für den Abmeldevorgang auf dem entfernten System, was je nach örtlichen Gegebenheiten unterschiedlich lang dauern kann. Anschließend wird mit der `while`-Schleife geprüft, ob die IP-Adresse des Zielsystems noch verfügbar ist. Ist der NAS-Server nicht mehr erreichbar, wird die `go`-Variable auf den Wert `1` gesetzt, und das Skript kann mit einem Ausschaltbefehl der Funksteckdose beendet werden.

5.5.7 Shell-Skript und FHEM verbinden

Um den NAS-Server oder die Computer im Heimnetz mit der FHEM-Installation auf dem Raspberry Pi zu koppeln, benötigen Sie neben einer schaltbaren Steckdose (Funksteckdose, IP-Steckdose) noch ein Dummy-Device, um den Status zu überwachen und darüber die Steuerung des Shutdown-Skripts abzuwickeln. In diesem Beispiel hängt der NAS-Server an einer Funksteckdose (hier: `NASSteckdose`), die zunächst per `notify` überwacht wird.

Wird diese eingeschaltet, wird der angeschlossene NAS-Server auch eingeschaltet und der Status des Dummy-Device `qnappeOnline` auf `on` gesetzt. Über dieses Dummy-Device wird mithilfe eines Notify (`qnappeOnlineNotify`) über das Kommando `set qnappeOnline off` im Notify `qnappeShutdownNotify` der Ausschaltvorgang der Funksteckdose (hier: `NASSteckdose`) gesteuert.

```
define NASSteckdose FS20 c84b 01
  attr NASSteckdose room Keller

define qnappeOnline FS20 ABCD 99
  attr qnappeOnline dummy 1
  attr qnappeOnline room Keller

define qnappeShutdown FS20 CDEF 99
```

```
  attr qnappeShutdown dummy 1
  attr qnappeShutdown room Keller
define NASSteckdoseNotify notify NASSteckdose {\
    if ( Value("NASSteckdose") eq "on"){\
    fhem("set qnappeOnline on");;\
    }\
}
define qnappeOnlineNotify notify qnappeOnline {\
    if ( Value("qnappeOnline") eq "off" ){\
    Log 3, "NAS-Status %, QNAP und Linkstation NAS wurde
heruntergefahren";;\
    Log 3, "NAS-Status %, Schalte Steckdose aus.";;\
    fhem("set NASSteckdose off");;\
    }\
}
define qnappeShutdownNotify notify (qnappeShutdown:off) { \
        Log 3, "NAS QNAPPEBLADDE im Keller wird heruntergefahren...";; \
        `/usr/local/bin/qnappeshut.sh`;;\
       fhem("set qnappeOnline off");;\
}
```

Das eigentliche Herunterfahren des NAS-Servers erfolgt über das Notify `qnappeShutdownNotify`, das nur aktiviert wird, wenn `qnappeShutdown` auf den Wert `off` gesetzt wurde. In diesem Fall erfolgt ein Log-Eintrag, das Ausführen des `/usr/local/bin/qnappeshut.sh`-Skripts und das Setzen des Werts `off` bei `qnappeOnline`. Das Notify `qnappeOnlineNotify` springt umgehend an und leitet den Ausschaltvorgang der Funksteckdose (hier: `NASSteckdose`) ein.

Beim Einschaltvorgang braucht nur `NASSteckdose` auf `on` gesetzt zu werden, das damit verbundene `NASSteckdoseNotify` sorgt anschließend dafür, dass der NAS-Server über `qnappeOnline` ebenfalls wieder eingeschaltet wird. Hier können Sie beispielsweise auch einen Wake-on-LAN-Aufruf in der Form eines `/usr/local/bin/mac-wakeup.sh`-Skripts hinterlegen.

5.6 Scanner & Drucker ganz ausschalten

Gerade bei Druckermodellen älterer Bauart ist der Stromverbrauch nicht zu unterschätzen: Im Stand-by-Betrieb mit einem Messwert von 15 Watt entspricht dies geschätzten Kosten von rund 13,67 Euro im Jahr. Um dieses Geld zu sparen, sind in der Regel ein paar Schritte notwendig – vom Computer bis zum Aufstellort des Druckers.

Wer beispielsweise so einen Stromfresser als Netzwerkdrucker im (Dauer-)Einsatz hat, der kann es sich bequem machen: Mit einer per FHEM steuerbaren Steckdose schalten Sie den heimischen Netzwerkdrucker nur dann ein, wenn er gebraucht wird.

So sparen Sie nicht nur Stromkosten, sondern brauchen nicht einmal aufzustehen, um den Drucker einzuschalten, falls er an einem anderen Ort als der Computer steht.

Durch die einmalige Investition in eine passende Schaltlösung haben Sie zugleich einen Anreiz, weitere Stromfresser in Ihrem Haushalt aufzuspüren. Widmen Sie sich aber in Sachen Heimautomation zunächst dem Thema »Drucker ein- und ausschalten«.

Das bedeutet: Der Raspberry Pi merkt, dass Sie einen Druckauftrag losgeschickt haben, hält den Druckauftrag zurück und schaltet gleichzeitig die Steckdose ein. Ist der Drucker erreichbar, wird der Druckauftrag abgearbeitet und anschließend der Drucker bzw. die Steckdose wieder vom Strom getrennt.

5.6.1 Drucker vorbereiten: CUPS installieren

Grundvoraussetzung für die vollautomatische Lösung über einen CUPS-Netzwerkdrucker ist, dass CUPS auf dem Raspberry Pi installiert ist - in diesem Beispiel läuft auf derselben Maschine auch FHEM - und dass CUPS bereits erfolgreich mit einem oder mehreren Netzwerkdruckern gekoppelt ist. Diese Netzwerkdrucker sind für sich allein per IP-Adresse im Heimnetz erreichbar.

Die nachstehend vorgestellte Lösung ist zwar etwas aufwendiger als eine einfache `notify`-Definition in der FHEM-Konfiguration wie beispielsweise

```
define at_22_HPLJ2100 at +*00:00:22 "lpstat -p | grep -qsP "(printing|
druckt)" && /usr/bin/fhem.pl 7072 "set HPLJ2100 on-for-timer 320""
```

Sie ist aber auch deutlich flexibler. Hier ruft der Job `at_22_HPLJ2100` alle 22 Sekunden den Befehl `lpstat -p | grep -qsP "(printing|druckt)` auf, um zu prüfen, ob ein Druckauftrag in der Druckerwarteschlage steckt. Ist dies der Fall, wird über FHEM-Telnet der Drucker mit dem Kommando `set HPLJ2100 on-for-timer 320` für fünf Minuten (= 320 Sekunden) eingeschaltet.

Dieses Vorgehen funktioniert grundsätzlich, hat jedoch den Nachteil, dass alle 22 Sekunden der `lpstat p`-Befehl ausgeführt werden muss. Dies ist nicht nur etwas unelegant, sondern möglicherweise auch für gelegentliche Ausdrucke etwas überdimensioniert, zumal der Raspberry Pi nicht gerade üppig mit Ressourcen ausgestattet ist.

Eleganter ist es, den Drucker nur dann einzuschalten, wenn er auch gebraucht wird, und das vorherige notwendige Einschalten der Stromversorgung über das Drucken-Event zu steuern. Dafür erstellen Sie eine Pseudo-Verbindungsdatei, um darüber die Steuerung der Steckdose abzuwickeln sowie den Druckvorgang über die gewohnte Druckerverbindung anzutriggern.

5.6.2 CUPS-Backend anpassen

Unter der Voraussetzung der ordnungsgemäßen und funktionierenden CUPS-Konfiguration passen Sie zunächst mit dem Kommando

```
sudo nano /etc/cups/printers.conf
```

den zugeordneten Drucker im Attribut `DeviceURI` an. Die grundsätzliche Idee ist, dass Sie einfach den Aufruf zum Druckeranschluss (hier: `socket`) mittels einer eigenen Skriptdatei umleiten, die zunächst die Steckdose samt definiertem Abschalt-Timer einschaltet und nach dem Starten und der Online-Statusmeldung des Druckers den Druckauftrag per `exec`-Aufruf wieder an den eigentlichen Druckeranschluss übergibt.

```
pi@fhemraspian: ~
  GNU nano 2.2.6                          Datei: /etc/cups/printers.conf

# Printer configuration file for CUPS v1.5.3
# Written by cupsd
# DO NOT EDIT THIS FILE WHEN CUPSD IS RUNNING
<Printer HP_LaserJet_2100_Series>
UUID urn:uuid:1ace6ddf-ba08-3c7c-4989-c4118d9f22ca
Info HP LaserJet 2100 Series
Location Keller
MakeModel HP LaserJet 2100 Series hpijs pcl3, 3.12.6
#DeviceURI socket://192.168.123.20
DeviceURI HPLJ2100://192.168.123.20
State Idle
StateTime 1363127601
Type 8425500
Accepting Yes
Shared Yes
JobSheets none none
QuotaPeriod 0
PageLimit 0
KLimit 0
OpPolicy default
ErrorPolicy stop-printer
Attribute marker-colors none
Attribute marker-levels -1
Attribute marker-names Tonerpatrone
Attribute marker-types toner
Attribute marker-change-time 1363127601
</Printer>
<DefaultPrinter PDF>
UUID urn:uuid:6c36f977-3870-3c42-6a28-f7bb81cf3846
Info PDF
MakeModel Generic CUPS-PDF Printer
DeviceURI cups-pdf:/
State Idle
```

Bild 5.40: Wer auf Nummer sicher gehen möchte, der arbeitet mit IP-Adressen, falls der installierte Netzwerkdrucker im Heimnetz nicht per DNS erreichbar sein sollte.

Aus dem Eintrag

```
DeviceURI socket://192.168.123.20
```

wird nun mit der neuen Gerätedatei das Pseudo-Gerät *HPLJ2100*

```
DeviceURI HPLJ2100://192.168.123.20
```

festgelegt. Je nach CUPS-Konfiguration und eingesetztem Drucker kann der Anschluss auch ein anderer sein: Grundsätzlich sind Einträge wie `cups-pdf`, `hp`, `https`, `ipps`, `serial`, `usb`, `bluetooth`, `http`, `ipp`, `lpd`, `parallel`, `smb` oder wie in diesem Beispiel `socket` möglich.

Merken Sie sich diesen »alten« Eintrag, den Sie später für die Anpassung des `exec`-Befehls (Skript: `exec -a socket /usr/lib/cups/backend/socket "$@"`) benötigen. Im nächsten Schritt füllen Sie die Pseudo-Gerätedatei mit Leben und bringen dort die Steuerung der Steckdose unter.

5.6.3 Skript zum Schalten der Steckdose

Um sämtliche verfügbaren Backends von CUPS anzuzeigen, genügt das Kommando:

```
ls /usr/lib/cups/backend/
```

Jetzt legen Sie eine zusätzliche Dummy-Gerätedatei für Ihren Drucker an der zu schaltenden Steckdose an. Im obigen Beispiel wurde der `socket`-Eintrag durch `HPLJ2100` ersetzt - demnach muss die neue Dummy-Datei dieselbe Bezeichnung besitzen.

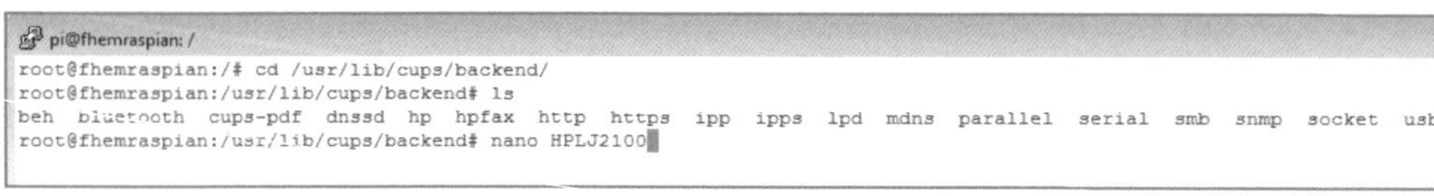

Bild 5.41: Im Verzeichnis `/usr/lib/cups/backend/` sind sämtliche Gerätedateien für den Drucker bzw. die CUPS-Konfiguration abgelegt.

Bevor Sie die Gerätedatei anlegen, prüfen Sie, ob das `netcat`-Paket auf dem Raspberry Pi installiert ist. Dafür geben Sie in der Konsole einfach den Befehl

```
nc
```

ein. Erscheint hier eine Fehlermeldung wie `-bash: nc: Kommando nicht gefunden.`, dann installieren Sie `netcat` mit `sudo apt-get install` nach. Wenn Sie wissen möchten, in welchem absoluten Pfad sich `nc` befindet, nutzen Sie den `find`-Befehl:

```
find / -name nc -print
```

Beachten Sie, dass auch die Groß- und Kleinschreibung wie gewohnt unter Linux-Systemen eine große Rolle spielt. In diesem Beispiel erzeugen Sie nun mit dem Kommando

```
sudo -i
cd /usr/lib/cups/backend/
nano HPLJ2100
```

eine neue Dummy-Gerätedatei mit dem Namen `HPLJ2100`. In diesem Fall steht in der Datei `/usr/lib/cups/backend/HPLJ2100` nun Folgendes, um die Steckdose zu schalten:

```
#!/bin/bash
# ---------------------------------------------------------------------
# E.F.Engelhardt, Franzis Verlag, 2016
# ---------------------------------------------------------------------
```

```
# Skript: HPLJ2100
# Verzeichnis /Steckdosen
#  Hier erfolgt der Einschaltbefehl fuer die FS20-Steckdose
#  Ist der Drucker per IP-Adresse erreichbar, dann kann der
#  Druckvorgang per lpd / socket / usb.. angestossen werden
#
PATH=/usr/sbin:/sbin:$PATH
counter=1
retu=1
while [ "$counter" -le 3 -a "$retu" -ne 0 ]
do
        echo "set HPLJ2100 on-for-timer 320" | \
                /bin/nc 127.0.0.1 7072 > /dev/null 2>&1
        counter=`expr "$counter" + 1`
        # IP-Adresse-Netzwerkdrucker an Steckdose
        ping -t 10 -o 192.168.123.20 > /dev/null 2>&1
        retu=$?
done
# exec -a usb /usr/lib/cups/backend/usb "$@"
# exec -a lpd /usr/lib/cups/backend/lpd "$@"
exec -a socket /usr/lib/cups/backend/socket "$@"
# ----------------------------------------------------------------------
```

Dieses Beispielskript steht Ihnen unter der Bezeichnung `HPLJ2100` zur freien Verfügung. Beachten Sie, dass Sie hier neben der Pfadangabe für `nc` sowohl die IP-Adresse beim `ping`-Befehl als auch die Bezeichnung beim `set`-Befehl im Skript anpassen müssen. Essenziell ist die Anpassung des Anschlusses beim `exec`-Befehl. Ersetzen Sie in diesem Beispiel den Eintrag `socket` durch den alten Anschluss aus der `/etc/cups/printers.conf`-Datei. Abschließend machen Sie das Skript zum Schalten der Steckdose mit folgendem Befehl ausführbar:

```
chmod +x HPLJ2100
```

Bild 5.42: So ähnlich sollte sich die Statusseite von CUPS bei der Anzeige der Druckereinstellungen präsentieren: Beachten Sie hier das Pseudo-Backend bei der Verbindung.

Nun sind die Vorbereitungen erledigt, sodass Sie in FHEM die gewünschte Logik bauen können. Die Überwachung bzw. das Antriggern der Steuerung der Steckdose erledigen Sie mit dem eingebauten `notify`-Befehl von FHEM.

5.6.4 FHEM-Konfiguration der FS20-Druckersteckdose

Im nächsten Schritt passen Sie die Konfigurationsdatei von FHEM an. Dort tragen Sie neben der eigentlichen Gerätekonfiguration für die verwendete Steckdose wie gewohnt die Parameter für die Log-Datei sowie eine `notify`-Definition ein. Dank der `notify`-Funktion von FHEM steuern Sie nicht nur das Einschalten, sondern auch das Ausschalten der Steckdose.

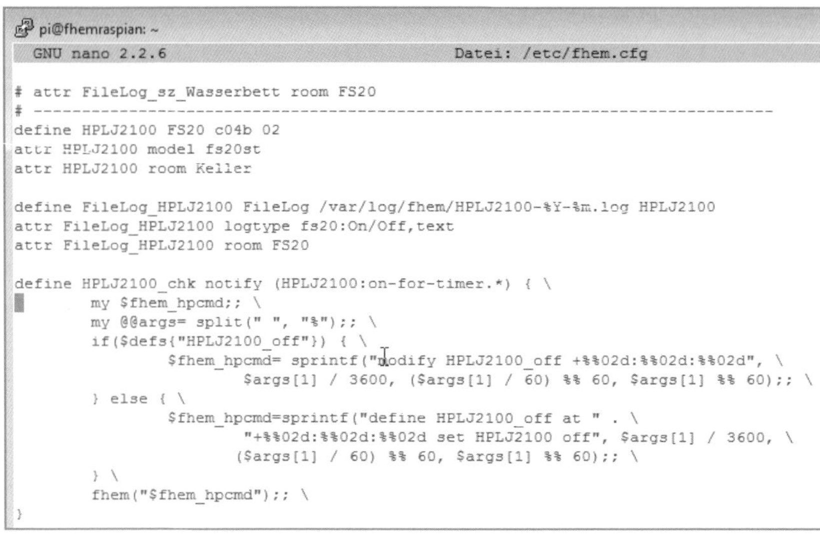

Bild 5.43: Die Gerätedefinition der Steckdose (hier: FS20-Typ), die dazugehörige Log-Datei sowie die `notitfy`-Definition nutzen für das Gerät (hier: HPLJ2100) ein und dieselbe Schreibweise.

Grundsätzlich muss in FHEM zunächst über `define` die zu schaltende Steckdose definiert werden. Das erfolgt in diesem Beispiel über die Zeile:

```
define HPLJ2100 FS20 c04b 02
```

Die weiteren Attribute wie `model` und `room` sind optional und dienen grundsätzlich der Optik. Die Ergänzung für FHEM finden Sie unter der Bezeichnung `fhem_fs20steckdosen_def.txt`.

```
#-------------------------GERAET DEFINIEREN --------------------------------
define HPLJ2100 FS20 c04b 02
attr HPLJ2100 model fs20st
attr HPLJ2100 room Keller
```

```
#------------------------FILELOG DEFINIEREN -----------------------------
define FileLog_HPLJ2100 Filelog /var/log/fhem/HPLJ2100-%Y-%m.log HPLJ2100
attr FileLog_HPLJ2100 logtype fs20:On/Off,text
attr FileLog_HPLJ2100 room FS20
#------------------------NOTIFY DEFINIEREN ------------------------------
define HPLJ2100_check notify (HPLJ2100:on-for-timer.*) { \
        Log 3, "HP Laserdrucker im Keller wurde eingeschaltet";; \
         my $fhem_hpcmd;; \
        my @@args= split(" ", "%");; \
        if($defs{"HPLJ2100_off"}) { \
                $fhem_hpcmd= sprintf("modify HPLJ2100_off
+%%02d:%%02d:%%02d", \
                        $args[1] / 3600, ($args[1] / 60) %% 60, $args[1]
%% 60);; \
        } else { \
                $fhem_hpcmd= sprintf("define HPLJ2100_off at " . \
                        "+%%02d:%%02d:%%02d set HPLJ2100 off", $args[1] /
3600, \
                        ($args[1] / 60) %% 60, $args[1] %% 60);; \
        } \
        fhem("$fhem_hpcmd");; \
}
# -----------------------------------------------------------------------
```

Passen Sie im Falle einer FS20-Steckdose den FS20-Hauscode (im Skript: `c04b 02`) sowie die Verbindungsbezeichnung (hier: `HPLJ2100`) an. Die Attribute wie `room` (Keller) etc. sind optional. Die Variable `fhem_hpcmd` wird mit einem `modify`- bzw. einem `define`-Kommando befüllt. Hier werden die entsprechenden Attribute für das Setzen des Zeitstempels über den übergebenen Sekundenwert des `notify`-Aufrufs berechnet.

Zunächst wird über `+%%02d:%%02d:%%02d` das Zeitformat definiert (`%02d` erzeugt eine ganzzahlige Nummer) und über den Übergabeparameter anschließend die Ausschaltzeit berechnet und gesetzt. Nach Austritt aus dem `if/else`-Konstrukt wird nun die Variable im `fhem`-Befehl befüllt und ausgeführt. Das war's. Nun speichern Sie die Konfigurationsdatei und stoppen FHEM mit dem Kommando:

```
sudo /etc/init.d/fhem stop
```

Anschließend starten Sie FHEM mit dem Kommando:

```
sudo /etc/init.d/fhem start
```

um beim Neustart die geänderte Konfigurationsdatei einzulesen und die installierte Funksteckdose für die Druckersteuerung zu initialisieren. Anschließend sollte die neue Druckersteckdose in FHEM-Frontend angezeigt werden. Um die geänderte Drucker-Engine in Betrieb zu nehmen, muss auch CUPS auf dem Raspberry Pi neu gestartet werden:

```
sudo /etc/init.d/cups restart
```

Anschließend können Sie die Funktion mit folgendem Kommando testen:

```
set HPLJ2100 on-for-timer 320
```

Damit wird der Drucker eingeschaltet und nach Ablauf der fünf Minuten (320 Sekunden) wieder abgeschaltet. Denselben Effekt hat der Befehl bei der Eingabe im Befehlsfeld der FHEM-Konfigurationsseite.

```
trigger HPLJ2100 on-for-timer 320
```

Bild 5.44: Nach der Definition in `/etc/fhem.cfg` steht nach dem Neustart von FHEM das neue Device zur Verfügung.

Prüfen Sie einfach per `ping`-Kommando, ob der Drucker über seine IP-Adresse erreichbar ist oder nicht. Während unter Linux das `ping`-Kommando nach dem Start ohne Unterbrechungen Stausmeldungen zurückliefert und per Tastenkombination [Strg]+[C] abgebrochen werden muss, benötigt das `ping`-Kommando unter Windows einen passenden Parameter, da es sonst nach vier `ping`-Meldungen selbstständig abbricht:

```
ping -t <IP-Adresse-des-Netzwerkdruckers>
```

Achtung, Verwechslungsgefahr: Hier ist die IP-Adresse des Netzwerkdruckers und **nicht** die IP-Adresse des Raspberry Pi – auf dem CUPS läuft – gemeint. In diesem Beispiel ist der CUPS-Server unter der IP-Adresse `192.168.123.30`, der Drucker selbst jedoch unter der der IP-Adresse `192.168.123.20` erreichbar. Mit dem Kommando

```
ping -t 192.168.123.20
```

starten Sie nun einen Dauer-Ping und prüfen die Funktionalität der Steckdosenlösung.

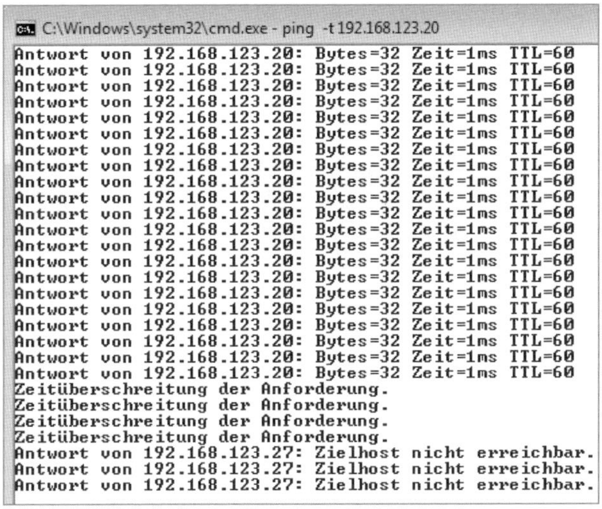

Bild 5.45: Beim Testen der Druckerlösung hilft ein Dauer-Ping auf die IP-Adresse des Netzwerkdruckers, um die Erreichbarkeit zu prüfen.

Schicken Sie nun am Computer einen Druckauftrag ab, dann schaltet FHEM nach wenigen Augenblicken die entsprechende Steckdose ein. Anschließend sollte sich die `ping`-Statusmeldung von `Zielhost nicht erreichbar` zu `Antwort von <IP-Adresse-des-Netzwerkdruckers>: Bytes=32 Zeit=1ms TTL=60` ändern.

Nun ist die gewünschte Funktionalität vorhanden: Nach dem Ausdruck wird der Drucker noch fünf Minuten eingeschaltet gelassen, um sicherzugehen, dass auch sämtliche Seiten des Dokuments gedruckt werden können. Reicht der Zeitraum nicht aus, dann setzen Sie die Abschaltzeit von 320 Sekunden in der Dummy-Datei (hier: `/usr/lib/cups/backend/HPLJ2100`) auf einen höheren Wert.

5.7 Funken und steuern – Smartphone als Fernbedienung

Der Markt der TV-Boxen ist schon immer sehr unübersichtlich. Zählen Sie die Kostenlos-Boxen der TV-Anbieter wie Kabel Deutschland/Vodafone, Sky, Kabel BW und viele andere hinzu, wird das Geflecht noch undurchschaubarer. Viele TV-Boxen haben eine eigene RJ45-Netzwerkbuchse und/oder einen WLAN-Anschluss, mit dem sich die TV-Box nicht nur traditionell – also zum Umschalten und Regeln der Lautstärke – steuern lässt, sondern mit dem sämtliche Funktionen über eine eigene Schnittstelle zur Verfügung gestellt werden. Die Box wird dann von einer eigenen App angezapft und gesteuert – entweder direkt oder webbasiert über den zentralen Server des TV-Anbieters bzw. TV-Serviceanbieters. Hochwertigere TV-Boxen wie die VU+ bieten eine Webschnittstelle über HTTP an bzw. lassen sich mit einer nachrüsten, sodass sich die TV-Box über das Smartphone oder das Tablet im Heimnetz bedienen lässt. Dazu gehört eine übersichtliche Darstellung der EPG-Daten des TV-Programms – wer beispielsweise in seiner TV-Box noch eine Festplatte verbaut hat, kann diese Übersicht gleich als Basis für die Programmierung der Aufnahmen – ähnlich wie bei einem Videorekorder früher – verwenden.

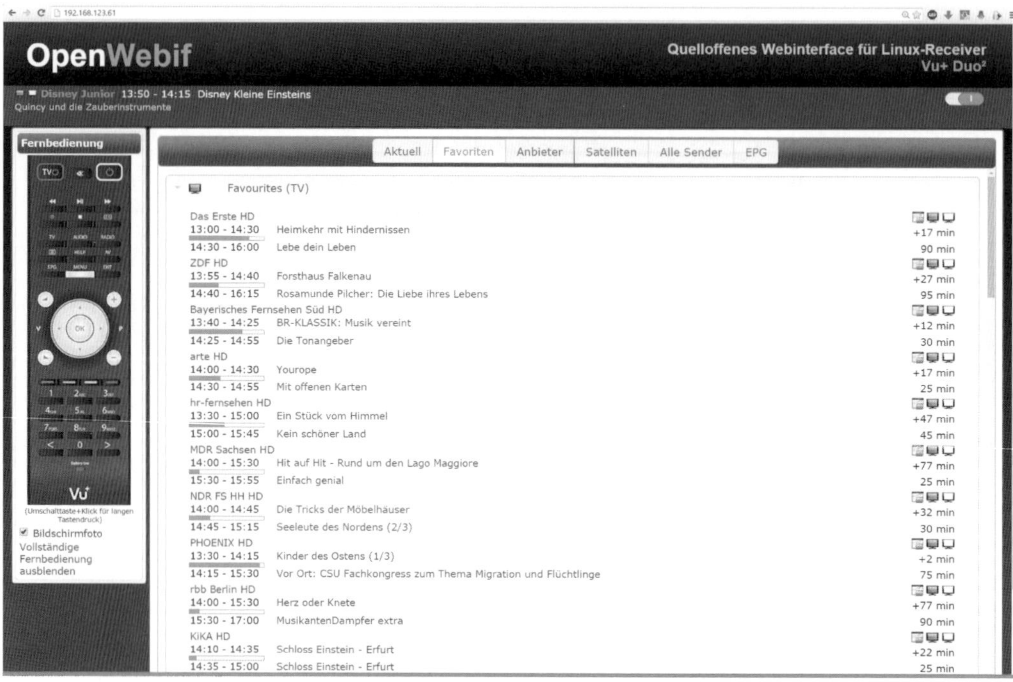

Bild 5.46: Das quelloffene Webinterface für Linux-Receiver: Volle Flexibilität erreichen Sie mit OpenWebif, das sich auf vielen Linux-basierten TV-Receivern befindet bzw. bequem nachrüsten lässt.

Jedoch sind der mangelnde Komfort sowie die Steuerung bei vielen Geräten oftmals ein Ärgernis. Für jedes neue Gerät liegt eine neue Fernbedienung im Wohnzimmer herum, und jede Fernbedienung hat ein anderes Erscheinungsbild, eine andere Anordnung wichtiger und häufig benötigter Tasten und dementsprechend eine Bedienung, die sich je nach Geschmack entweder als komfortabel oder als katastrophal bezeichnen lässt. Versteckt der Sohnemann gern mal die TV-Fernbedienung oder finden Sie in dem Dickicht der unzähligen verschiedenen Fernbedienungen im Wohnzimmer nicht die passende für den TV-Receiver, sollten Sie Ihr Smartphone – unabhängig ob iOS oder Android – nutzen, um die TV-Box zu steuern. Hier finden Sie für nahezu jedes Modell im Dickicht der TV-Receiver eine Lösung – entweder nutzen Sie eine eigens verfügbare App des TV-Box-Herstellers oder ein Fremdprodukt oder Sie bauen diese mithilfe einer lernfähigen Fernbedienung bzw. einer Allroundlösung, etwa aus der Logitech-Harmony-Serie, einfach nach.

5.7.1 VU+ DUO^2 – die TV-Box für Tüftler

Wechseln Sie eines Tages den TV-Serviceanbieter – kündigen Sie beispielsweise den TV-Vertrag (Entertain in allen Variationen) mit der Telekom –, sind TV-Aufnahmen auf dem IPTV-Receiver von heute auf morgen Geschichte, sie lassen sich nicht mehr abspielen. Das passiert auch dann, wenn Sie einen Kabel-TV-Vertrag samt Leih-TV-Rekorder im Einsatz haben. Die Hardware ist nach Vertragskündigung ebenfalls reif für den Schrottplatz: Der TV-Receiver ist in der Regel Bestandteil des TV-Servicevertrags. Wer ein Leihgerät mit monatlicher Miete sein Eigen nennt, kann es nach Vertragsende einfach zurückschicken, bei einem Kaufgerät haben Sie einen Briefbeschwerer, da sich die Kanäle nicht mehr abrufen lassen. Die vorhandenen Aufnahmen auf der TV-Box lassen sich ebenfalls nicht mehr abspielen – DRM sei Dank. Da in Sachen Hardware jeder TV-Anbieter sein eigenes Süppchen kocht, sind die anfangs gesponserten, günstigen Geräte von jetzt auf gleich nutz- und wertlos. Die TV-Boxen von VU+ sind auf den ersten Blick Receiver wie alle anderen auch, doch bei genauerem Hinsehen steckt mehr in dem schwarzen TV-Kasten: Obwohl das leichte Gehäuse nicht wirklich viele Bauteile enthält, leistet diese Box Erstaunliches: Das liegt vor allem daran, dass die Software und auch die Alternativsoftware auf die verbauten Hardwarekomponenten zugeschnitten sind und kein langsames Betriebssystem Ressourcen verschwendet. Im Gegenteil: Mit den Modellen von VU+ (*www.vuplus.de*) können Sie mehr machen als nur fernsehen, etwa Filme auf der angeschlossenen Festplatte aufnehmen, das TV-Programm übersichtlich darstellen lassen und vieles mehr.

Wenn Sie Ihren Alleskönner für den SAT- und Kabelempfang noch verbessern möchten, ist auch das mithilfe einer angepassten Firmware für den TV-Receiver möglich. Damit rüsten Sie Funktionen wie eine bequeme Steuerung der Box über die Webschnittstelle nach, passen die Benutzeroberfläche auf Wunsch an, sortieren die Kanallisten und Bouquets bequem am Computer, starten die Aufnahme der TV-Sendungen bequem per Knopfdruck, haben eine übersichtliche TV-EPG-Zeitschrift auf dem Bildschirm, nutzen den Bedienungskomfort beim Abspielen, halten das TV-Programm kurz an, um beispielsweise ein frisches Getränk aus der Küche zu holen, und vieles mehr. Den Geschwindigkeitsvorteil der neuen Software bemerken Sie schon beim Anschalten und in der Praxis vor allem beim Umschalten – also beim Zapping durch die Kanäle.

Bild 5.47: Linux-kompatible TV-Boxen für jeden Anwendungszweck – egal ob mit oder ohne Festplatte, SAT/Kabel/DVB-T oder Streaming-Möglichkeiten. VU+ hat verschiedene Modelle im Sortiment, die das TV-Erlebnis in Sachen Smartphone-Bedienung auf ein neues Niveau heben.

Zudem lassen sich viele Funktionen, Menüs und Tasteneinstellungen anpassen. Durch den integrierten Speicher hält die VU+ je nach Programmanbieter die meisten Programminfos für mehrere Tage im Voraus zum Abruf bereit – einfach genial, wenn Sie wissen möchten, was in den nächsten Tagen im TV zu sehen ist. So sparen Sie nicht nur Zeit, sondern auch das Geld für die monatliche TV-Zeitschrift. In Verbindung mit einem Computer holen Sie noch mehr aus der TV-Box heraus: Sie können aus einem freigegebenen Verzeichnis des Computers Videodateien anschauen oder dort sogar Filme abspeichern, die gerade angeschaut werden. So lässt sich das gestreamte Videomaterial anschließend in Nu auf eine DVD brennen oder auf das Smartphone übertragen, damit Sie es auch unterwegs genießen können.

Mehr Funktionen und Komfort: VU+ DUO flashen

Die Grundvoraussetzung für ein besseres Betriebssystem auf der TV-Box ist ein angepasstes Image - und das wird von der VU+-Community (*www.vuplus-support.org*) für jedes Modell bereitgestellt und auf dem aktuellen Stand gehalten. Gerade für jene, die bisher noch nichts mit dem Thema TV-Box und Firmware zu tun hatten, empfiehlt es sich, die vorhandene VU+-TV-Box per USB-Schnittstelle zu aktualisieren. Das VU+ Team Image ist das Schweizer Taschenmesser für Ihre VU+-TV-Box. Egal ob Sie sie mit einem neuen Betriebssystem ausstatten wollen, eine Sicherheitskopie des Betriebssystems bzw. der Einstellungen und Kanäle machen möchten etc. - für sämtliche Zwecke macht die angepasste Firmware die TV-Box komfortabler. Diese Firmware steht für alle unterschiedlichen TV-Boxen zur Verfügung - nach Anmeldung auf der VU+-Communityseite wechseln Sie in den Bereich, der Ihrer TV-Box zu Hause entspricht.

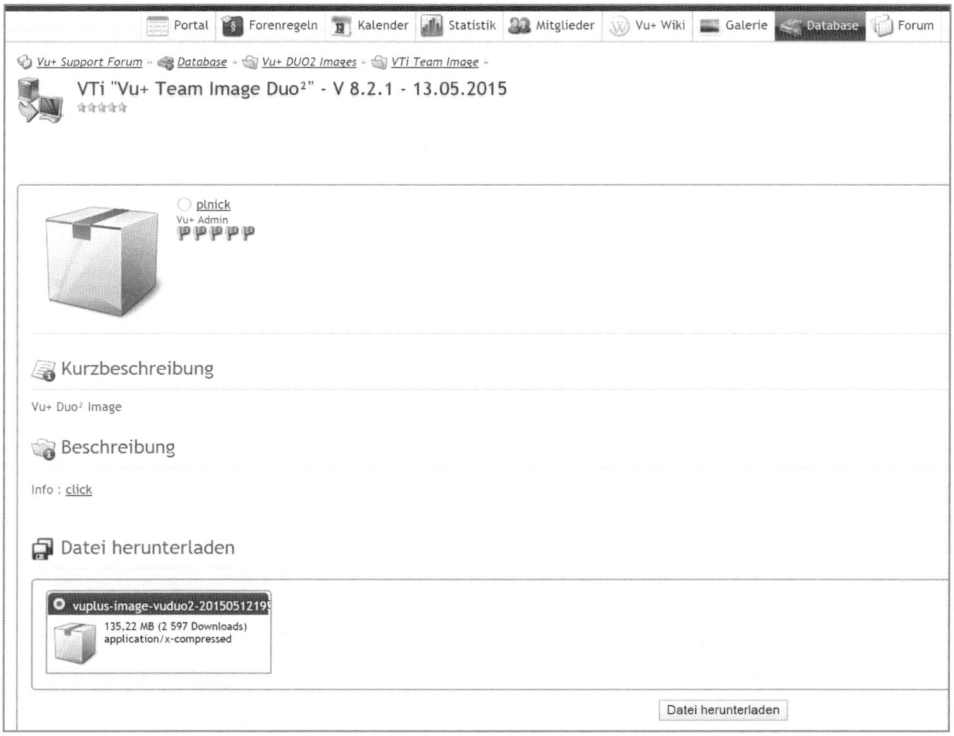

Bild 5.48: Für jedes Modell gibt es nicht nur unterschiedliche Gruppen in dem Forum, sondern auch unterschiedliche Team-Image-Versionen, die genau auf die TV-Box zugeschnitten sind.

Die Vorgehensweise beim Einspielen über die USB-Schnittstelle ist - unabhängig vom Modell der TV-Box - in etwa immer dieselbe:

- Alternative Firmware für die TV-Box besorgen.
- Die Download-Datei entpacken und auf einen FAT32-formatierten USB-Stick übertragen.

- Den USB-Stick in die USB-Buchse der TV-Box stecken und die TV-Box neu starten; je nach Box gegebenenfalls das Booten per Reset-Knopf antriggern.
- Auf die Rückmeldung warten, die Ihnen sagt, dass die Firmware erfolgreich übertragen wurde.

Um auf der VU+-TV-Box eine alternative Firmware zu installieren, muss sie an die Spannungsversorgung und das TV angeschlossen sein. Ein Kabel- oder SAT-Signal oder ein Ethernet-Netzwerkzugang ist nicht zwingend nötig, kann aber angeschlossen sein.

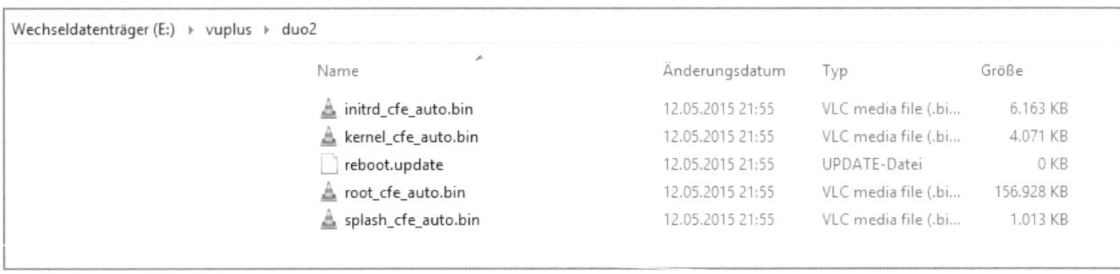

Bild 5.49: Achten Sie beim Download der alternativen Firmware auf die USB-Version. Anschließend entpacken Sie die den Inhalt – im Speziellen den Ordner `vuplus` mit seinen Unterverzeichnissen samt den `initrd`-, `kernel`- und `root`-Dateien – auf einen mit dem Dateisystem FAT32 formatierten USB-Stick.

Entfernen Sie den präparierten USB-Stick wie gewohnt vom Computer und stecken Sie ihn an den USB-Anschluss der TV-Box. Je nach TV-Box ist der USB-Anschluss etwas versteckt – bei einer VU+ DUO^2 befindet sich der USB-Port auf der Vorderseite. Schalten Sie die TV-Box mit dem Netzschalter ein, liest der Bootloader den USB-Stick aus und überträgt das Image auf die TV-Box. Nach wenigen Minuten sollte auf dem Display der TV-Box die Meldung *Finished – Remove USB and reboot* erscheinen – entfernen Sie den USB-Stick und starten Sie die TV-Box per Netzschalter neu. Damit ist die Firmware der TV-Box aktualisiert. Wem die alternative Firmware nicht zusagt, der kann dies auf dem beschriebenen Weg rückgängig machen. Verwenden Sie hier die Originalfirmware des Herstellers, die Sie unter der Adresse *http://code.vuplus.com/* für Ihr VU+-Gerät kostenfrei beziehen können. Nach dem Neustart mit der neuen Firmware sichern Sicherheitsbewusste zunächst die Kommandozeile ab, damit der standardmäßig offene `root`-Zugang für Unberechtigte geschlossen ist. Bringen Sie über den LAN/WLAN-Router die von der TV-Box verwendete IP-Adresse in Erfahrung und melden Sie sich mit einem Telnet- oder SSH-Client dort an.

Bild 5.50: Ein Standardpasswort ist nach dem Aufspielen des frischen Images nicht gesetzt. Deshalb empfiehlt es sich, aus Sicherheitsgründen per SSH eine Verbindung zur VU+-TV-Box aufzunehmen und mit `passwd` ein neues und vor allem sicheres Passwort für den `root`-Benutzer zu setzen.

Nach dem Neustart der TV-Box startet die alternative Firmware auch die neue Benutzeroberfläche, die Sie wie gewohnt über die Fernbedienung steuern können. Doch bevor es so weit ist, durchlaufen Sie mithilfe des Setup-Assistenten die Einstellungen, die für jede Umgebung etwas anderes ausfallen können. Nach Konfiguration des Tuner-Setups bzw. des Sendersuchlaufs nehmen Sie die frische Oberfläche endgültig in Betrieb – viel Spaß bei den ersten Schritten mit einem selbst installierten Firmware-Image auf der TV-Box.

Schalten, Walten, Streamen – TV-Box per Computer und App

Die Nutzung etwaiger Streaming- und Fernbedienungs-Apps für die TV-Boxen ist ein weites Feld und hängt natürlich von den persönlichen Vorlieben des Benutzers ab. Für den Zugriff auf Enigma2-basierten TV-Boxen wie jene aus dem Hause VU+ lassen sich zig kostenfreie und kostenpflichtige Apps in den jeweiligen App-Stores finden. Sie haben die Möglichkeit, per Suche nach Schlagwörtern wie »enigma2«, »vu plus« oder ähnlichen verschiedene Apps auf dem Smartphone für Ihre TV-Box auszuprobieren.

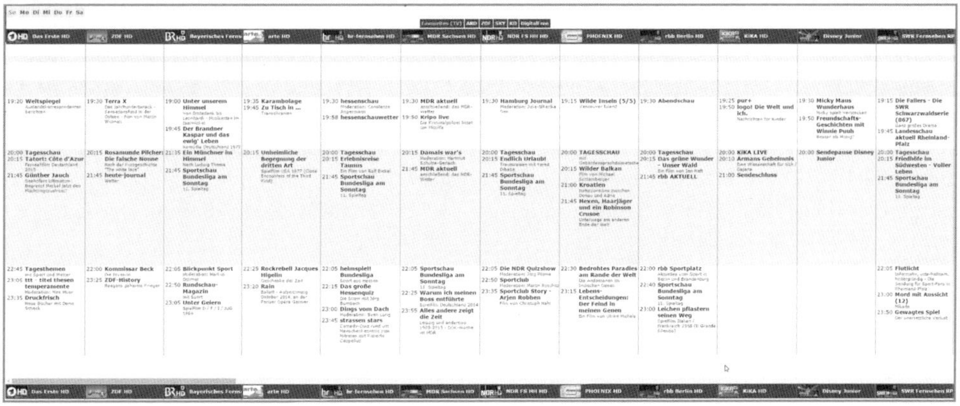

Bild 5.51: Zugriff auf die EPG-Daten und eine übersichtliche Darstellung: Das OpenWebif lässt sich im Heimnetz mit jedem Computer über den Webbrowser öffnen.

Im Rahmen dieses Projekts kamen die in der nachstehenden Tabelle genannten Apps zum Einsatz – je nach Zweck leisten alle perfekt ihren Dienst.

Zweck	App iOS[2]	App Android
Fernbedienung	e2RemotePro (kostenpflichtig, 6,99 Euro)	VU+ Remote Control (kostenlos)
Streaming	VideoLANClient (kostenlos) e2RemotePro (kostenpflichtig, 6,99 Euro)	VU+ PlayerHD (kostenlos) VideoLANClient (kostenlos)

Für eine praktische Anzeige auf dem Tablet oder dem Smartphone sorgt die EPG-Übersicht, die gleichzeitig auch für die Navigation und zum Umschalten des gewünschten TV-Kanals genutzt werden kann.

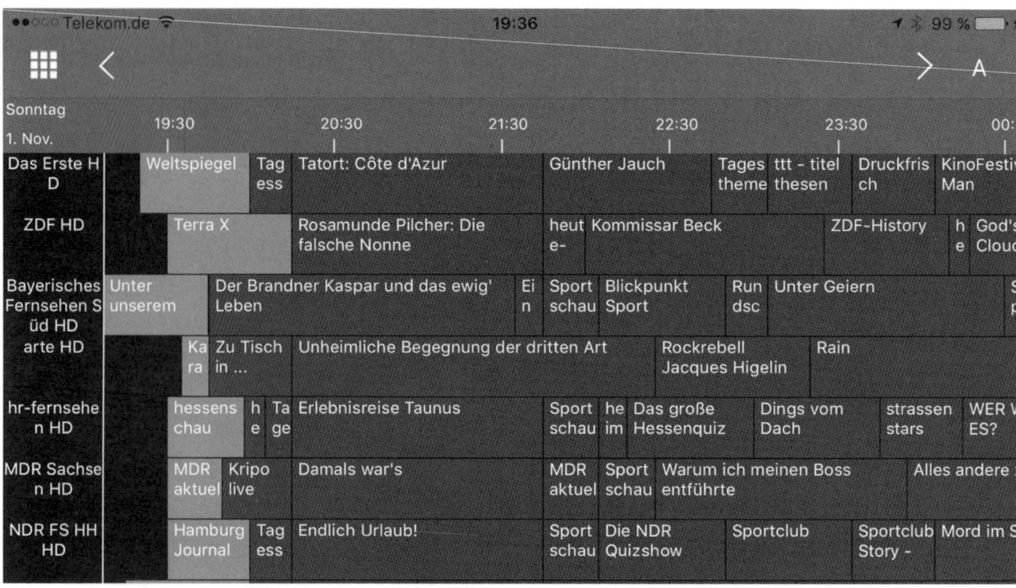

Bild 5.52: EPG-TV-Programm analog zur Webausgabe: Mit der kostenpflichtigen *e2RemotePro*-App stehen Ihnen auf Ihrem iOS-Gerät sämtliche Funktionen der VU+-TV-Box zur Verfügung.

Die kostenpflichtige App *e2RemotePro* lässt sich nicht nur im Heimnetz, sondern auch unterwegs über das Mobilfunknetz verwenden. Wer wo auch immer sein persönliches TV-Programm auf dem Smartphone empfangen möchte, kann die modifizierte VU+-TV-Box als Streaming-Server nutzen und auf dem Mini-Bildschirm des Smartphones die Wiedergabe des Live-TV starten.

[2] Die angegebenen Preise wurden im Juni 2016 ermittelt.

Starten Sie das Streaming für die Wiedergabe auf dem Smartphone oder Tablet, beginnt im Heimnetz die Übertragung des aktuell gewählten TV-Programms unmittelbar.

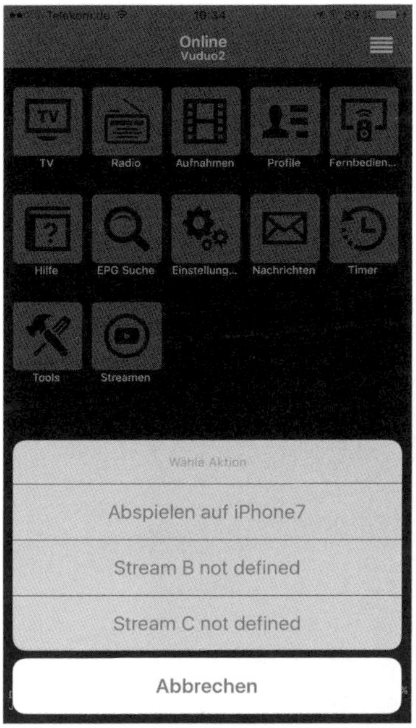

Bild 5.53: Bei der Streamwiedergabe des gewünschten Inhalts lässt sich nicht nur das iOS-Gerät, sondern auch ein alternatives Streaming-Programm verwenden, das zuvor über die *Einstellungen* in der App *e2RemotePro* festgelegt werden kann.

Bild 5.54: Bei der Streamwiedergabe des heimischen TV-Programms ist eine passende WLAN-Geschwindigkeit im Heimnetz das A und O, um eine ruckelfreie Wiedergabe hinzubekommen.

Somit wird das TV-Programm in Vollbildgröße auf Smartphone oder Tablet gestreamt - das ist beispielsweise dann praktisch, wenn Ihr Kind partout nicht auf seine tägliche Serie oder TV-Sendung verzichten möchte, im Wohnzimmer jedoch wegen eines Nachbarschaftsbesuchs der vorhandene TV-Schirm ausgeschaltet bleiben soll.

TV-Box in der Hausautomation

Neben der klassischen Bedienung und Nutzung der TV-Box über das Smartphone lässt sich die TV-Box auch im engeren Sinne im Rahmen der Heimvernetzung und Heimautomation verwenden. So bietet die Enigma2-kompatible VU+-TV-Box das Nachrüsten eines FRITZ!Box-Plug-ins an, mit dem sich beispielsweise ankommende Anrufe per Hinweisschaltfläche im laufenden TV einblenden lassen.

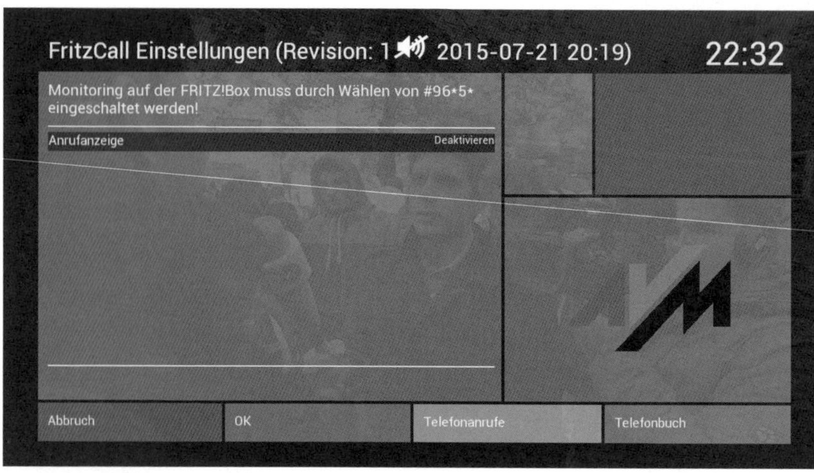

Bild 5.55: Wichtiger Hinweis bei der Installation über die TV-Box: Bevor das FRITZ!Box-Plug-in wirken kann, muss das Monitoring auf der angeschlossenen FRITZ!Box mithilfe eines an der FRITZ!Box genutzten Telefons mit der Tastenfolge `#96*5*` eingeschaltet werden.

Sollen das Zuhause weiter vernetzt und die vorhandenen Geräte miteinander gekoppelt werden, stehen weitere Anwendungsmöglichkeiten bereit: So lassen sich normale Haushaltsgeräte wie Spül- und Waschmaschine, Klingel- und Türstationen dazu überreden, ebenfalls eine Meldung loszuwerden. Je nach Umfang und Anspruch an die Benachrichtigung ist jedoch Aufwand nötig - in der Regel benötigen Sie so etwas wie eine Kommandozentrale, die die Steuerung der Nachrichten und die Überwachung der anliegenden Aufgaben übernimmt. Im Heimanwenderbereich kommt dabei meist die kostenfreie FHEM-Lösung zum Einsatz, die für Einsteiger mit etwas technischem Einarbeitungsaufwand verbunden ist. Am Ende des Tages haben Sie eine standardisierte, aber gleichzeitig individuell gestaltbare Kommandozentrale für Ihre Hausautomation.

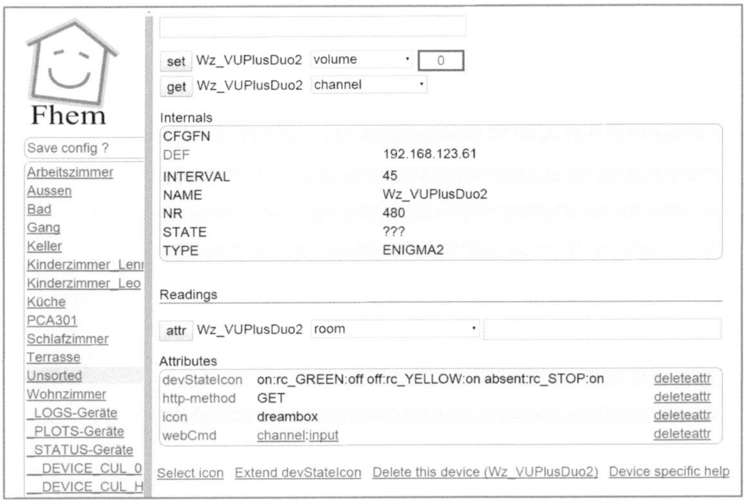

Bild 5.56: Enigma2-kompatible Geräte wie jene von VU+ lassen sich mit einem Kommando bequem in der heimischen FHEM-Installation einrichten.

Um beispielsweise eine VU+-TV-Box mit FHEM zu koppeln, benötigen Sie die IP-Adresse der TV-Box und einen aussagekräftigen Namen, damit Sie sie innerhalb der FHEM-Installation wiederfinden. Mit dem Befehl

```
define Wz_VUPlusDuo2 ENIGMA2 192.168.123.61
```

fügen Sie die TV-Box mit der Bezeichnung `Wz_VUPlusDuo2` und der individuellen IP-Adresse – hier `192.168.123.61` – der heimischen FHEM-Steuerzentrale hinzu.

Bild 5.57: Ist die TV-Box in die FHEM-Installation eingebunden, lässt sich über FHEM sogar das TV-Programm schalten.

Damit sind die Voraussetzungen geschaffen, dass Sie sich über bestimmte oder gewünschte Ereignisse, etwa *Haustür wird geöffnet*, *Temperatur im Bad ist geringer als 15 Grad Celsius* oder Ähnliches, per Message-Box auf dem TV-Bildschirm automatisch informieren lassen können. Dies erledigen Sie innerhalb von FHEM mit einem `notify`-Kommando auf die in FHEM angelegte TV-Box (hier `Wz_VUPlusDuo2`), gepaart mit Enigma2-Kommandos wie `showText` oder `msg`.

5.7.2 FRITZ!Box-Festnetz mit Kabel-/SAT-TV-Box koppeln

Der Bildschirm im Wohnzimmer ist nicht nur für die TV-/DVD-/Blu-Ray-Wiedergabe, sondern auch als Anzeigegerät für die nach Wunsch konfigurierte TV-Box die erste Wahl. Sitzen Sie beispielsweise bequem auf dem Sofa, informiert die TV-Box nicht nur über das Ende des Waschgangs der Waschmaschine oder des Trockners, über das Öffnen der Haustür oder des Garagentors etc., sondern bietet auch mit einem passenden Plug-in das Zusammenspiel mit der FRITZ!Box, die in vielen Haushalten die Kommunikationszentrale für Internet und Telefon darstellt, an. Grundvoraussetzung für die beschriebene Vorgehensweise ist, dass der Festnetzanschluss über die vorhandene FRITZ!Box konfiguriert und an der FRITZ!Box mindestens ein Telefon (analog/DECT/ISDN) angeschlossen und im Einsatz ist. Des Weiteren muss sich natürlich die TV-Box mit ihrem Netzwerkanschluss im Adressbereich der FRITZ!Box befinden, damit die Meldung der Anrufe sowie der Datenaustausch von Telefonbuch und Anrufliste auch sauber funktionieren. Für die Linux-Box – hier die VU+ DUO² mit installiertem VTI-Image – steht für diesen Zweck das FritzCall-Plug-in zur Verfügung. Nach Installation und Einrichtung zeigt es Anrufe, die auf der FRITZ!Box ankommen bzw. geführt werden, auf dem TV-Bildschirm an.

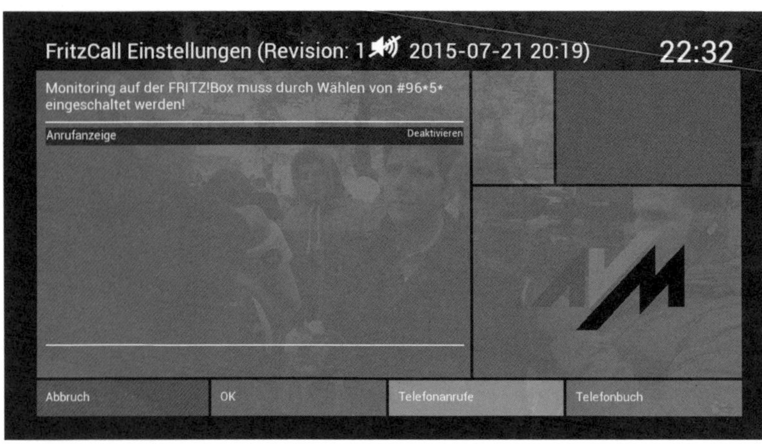

Bild 5.58: Ist das FritzCall-Plug-in installiert, schalten Sie zunächst das Monitoring auf der FRITZ!Box über ein angeschlossenes Telefon ein.

Voraussetzung für den Betrieb der TV-Box mit der FRITZ!Box ist das aktivierte Monitoring der Telefonschnittstelle, das aus Datenschutzgründen standardmäßig deaktiviert ist. Der TCP/IP-Port `1012` lässt sich über ein Telefon, das an die FRITZ!Box angeschlossen ist, per Eingabe der Ziffernfolge `#96*5*` öffnen. Soll das Monitoring wieder abgeschaltet werden, verwenden Sie die Ziffernfolge `#96*4*`. Beachten Sie, dass dieser Monitor nach etwaigen Firmware-Updates erneut eingeschaltet werden muss, falls der Internetprovider oder Sie ein Update auf der FRITZ!Box einspielen.

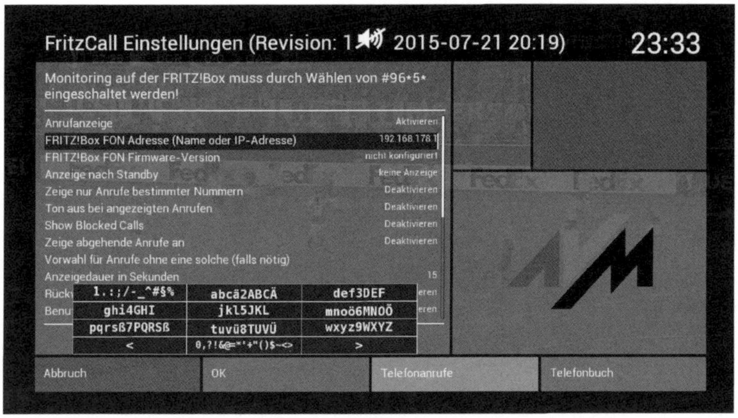

Bild 5.59: Wird das Menü *Anrufanzeige* in der TV-Box aktiviert, lassen sich die notwendigen Einstellungen für die TV-Box-FRITZ!Box-Kopplung vornehmen.

Die Freischaltung bzw. die Konfiguration über die Telefonwahltasten funktioniert meist nur über angeschlossene Telefone am analogen Eingang der FRITZ!Box – wer mit angeschlossener ISDN-Telefonanlage zum Ziel kommen möchte, stößt hier auf Widerstände. Alternativ steht zum Übermitteln der nötigen Ziffernfolge auch der Umweg über das interne Telefonbuch und die Wählhilfe zur Verfügung, um die Freischaltung des Ports durchzuführen. Wer an der FRITZ!Box kein Telefon angeschlossen oder kein kompatibles Gerät zur Verfügung hat, legt zunächst im internen Telefonbuch der FRITZ!Box einen neuen Eintrag mit der Rufnummer `#96*5*` an. Anschließend sollte ein Pop-up mit der Meldung *Wollen Sie die Verbindung herstellen?* erscheinen, die sich per Klick auf die *OK*-Schaltfläche schließen lässt. Damit ist der Monitoring-Port geöffnet, und da die FRITZ!Box-Konfigurationsseiten schon mal offen sind, legen Sie über *System/FRITZ!Box-Benutzer* auch einen eigenen Benutzer für die TV-Box auf der FRITZ!Box an. In diesem Beispiel erhält das Konto die schlichte Bezeichnung `fritzcall`. Setzen Sie hier noch ein persönliches Kennwort, um den Zugriff abzusichern.

Bild 5.60: Ist der Telefonbucheintrag angelegt, klicken Sie im Telefonbuch auf die Rufnummer – die FRITZ!Box baut über die interne Wählhilfe umgehend die Verbindung auf.

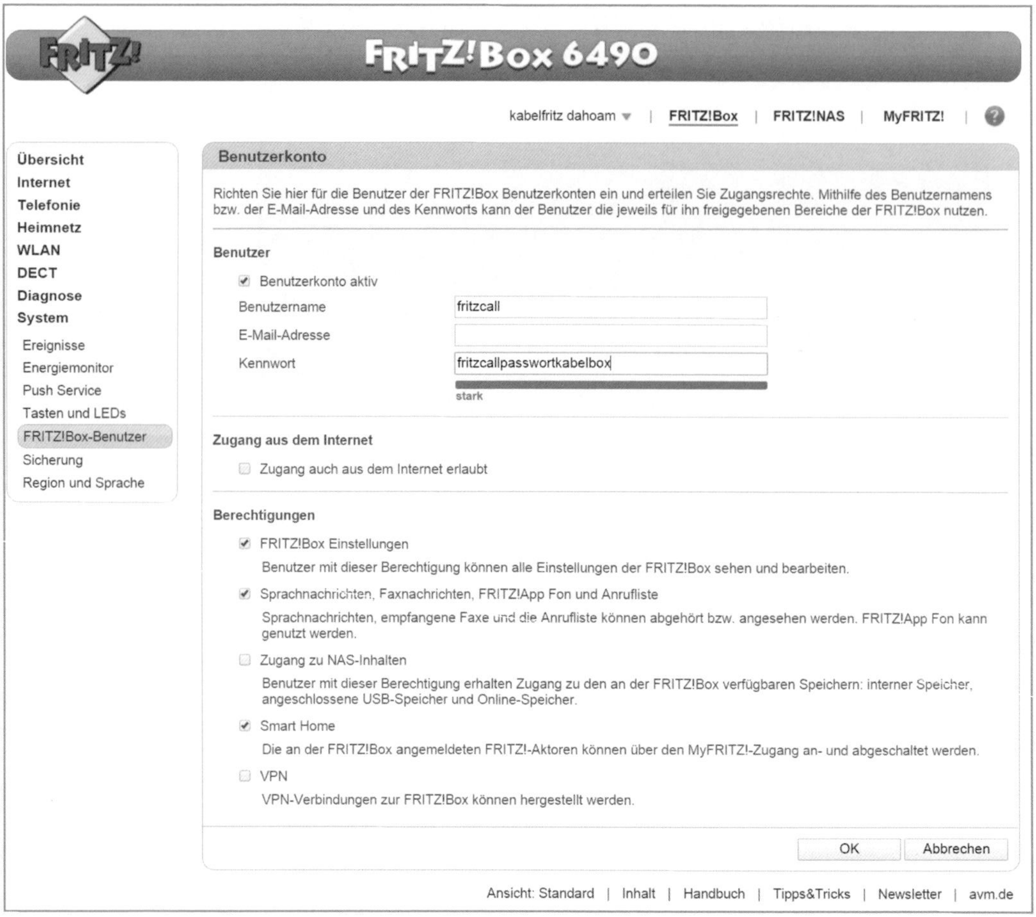

Bild 5.61: Egal ob DSL-, LTE- oder Kabel-Box: Über das Menü *System/FRITZ!Box-Benutzer* legen Sie einen eigenen Benutzer für den Zugriff vonseiten der TV-Box auf die Telefonschnittstelle an.

Ist das Monitoring eingeschaltet und der Benutzer angelegt, wechseln Sie wieder zur TV-Box zu den Einstellungen des FritzCall-Plug-ins. Im ersten Schritt schalten Sie mit der Fernbedienung die Anrufanzeige ein. Da diese der wesentliche Bestandteil des Funktionsumfangs ist, muss sie naturgemäß auf *Aktivieren* gestellt sein. Im nächsten Schritt tragen Sie die im Feld *FRITZ!Box Fon Adresse* Name oder IP-Adresse der FRITZ!Box ein. Kommt nur eine einzige FRITZ!Box im Heimnetz zum Einsatz, kann sie in der Regel auch mit dem `fritz.box`-Namen aufgelöst werden. Wichtig ist, dass sich TV-Box sowie FRITZ!Box über eine Netzwerkverbindung im selben Netz befinden.

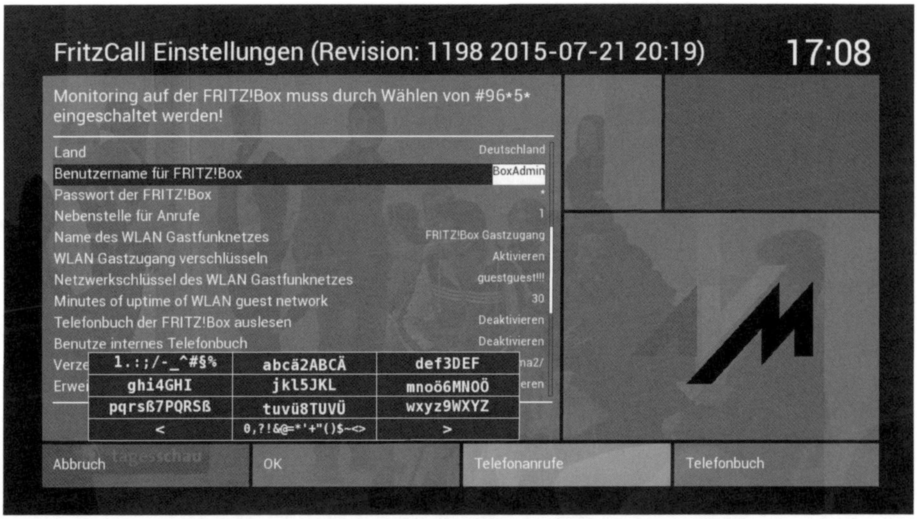

Bild 5.62: Wer möchte, kann über die Fernbedienung der TV-Box auch das in der FRITZ!Box konfigurierte WLAN für Gäste unter der Bezeichnung *FRITZ!Box Gastzugang* ein- und ausschalten. Dafür muss es in der FritzCall-Plug-in-Konfiguration hinterlegt sein.

Je nach Baujahr und Modell kann die Firmwareversion der FRITZ!Box unterschiedlich sein – haben Sie sich auf der FRITZ!Box-Konfigurationsseite angemeldet, wird die installierte Version dort angezeigt. Wählen Sie also die passende Firmware bzw. den Bereich aus. Treffen Sie hier keine Auswahl, zeigt das Plug-in nur Anrufe an, weitere Funktionen wie Adressbuch etc. werden nicht unterstützt. Über die Option *Anzeige Nach Standby* stellen Sie ein, wie Anrufe auf der TV-Box nach Rückkehr aus dem Stand-by dargestellt werden. Die anderen Optionen wie *Zeige nur Anrufe bestimmter Nummern* oder *anzuzeigende MSNs* sind selbsterklärend und für das weitere Gelingen des Projekts nebensächlich.

Unbekannte Anrufe werden bei aktivierter Rufnummernübermittlung bei entsprechender Einstellung per Rückwärtssuche aufgelöst und ebenfalls auf dem TV-Bildschirm angezeigt. Diese praktische automatische Rückwärtssuche ist derzeit für die Länder Deutschland, Schweiz, Österreich, Italien, Niederlande, Schweden und Frankreich möglich. Im Feld *Benutzername für FRITZ!Box* tragen Sie den bereits eingerichteten obigen Benutzernamen, mit dem sich das Plug-in auf der FRITZ!Box anmeldet, ein. Das dazugehörige Kennwort wird im Feld *Passwort der FRITZ!Box* eingetragen und dann für das eventuelle Auslesen des FRITZ!Box-Telefonbuchs sowie für die Anzeige der aktuellen Anrufe verwendet.

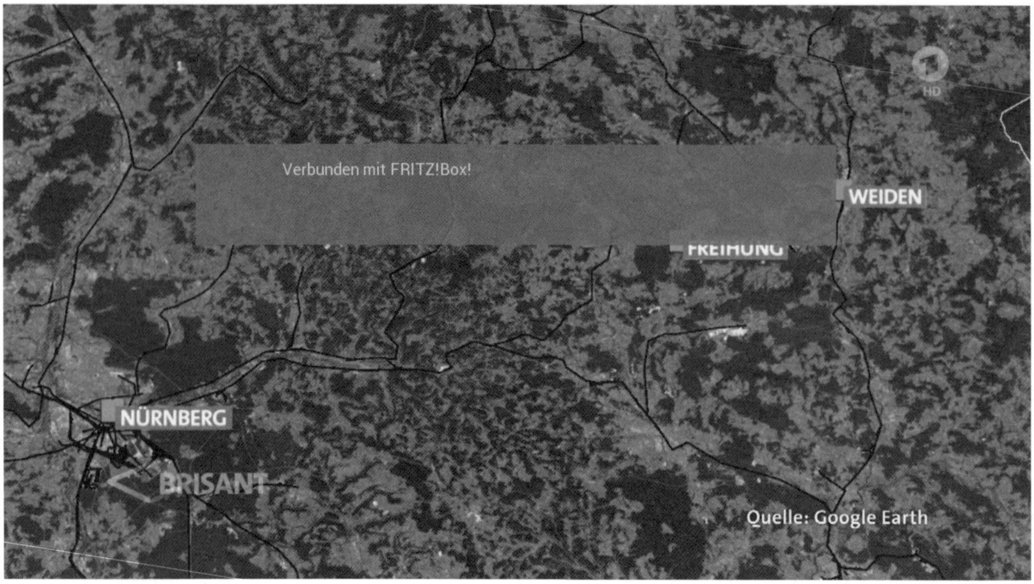

Bild 5.63: Nach dem Sichern werden die Einstellungen umgehend angewandt. Das FritzCall-Plug-in informiert per Hinweisfenster auf dem TV-Bildschirm, ob die Verbindung geklappt hat oder nicht.

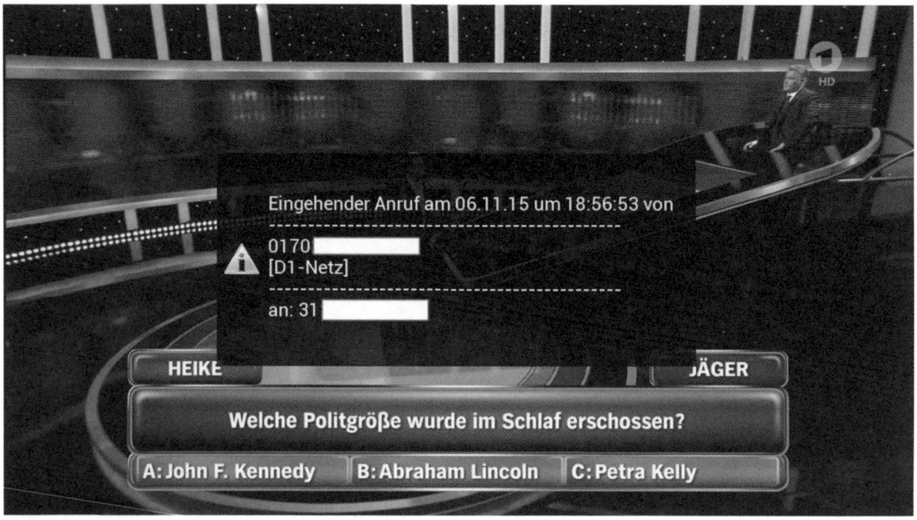

Bild 5.64: Ordnungsgemäß eingerichtet: Ist das FritzCall-Plug-in mit der FRITZ!Box gekoppelt, werden ein- und ausgehende Anrufe auf dem TV-Bildschirm angezeigt.

Die restlichen Optionen des FritzCall-Plug-ins sind mehr oder weniger optional und laden zum Experimentieren ein. Beispielsweise lassen sich Anrufer automatisch in das interne Telefonbuch der TV-Box einfügen, das Telefonbuch kann automatisch synchronisiert werden und vieles mehr.

5.7.3 Eine für alle: Logitech Harmony im Wohnzimmer

Eine Schnulze im Zweiten, der Tatort im Ersten oder doch Fußball auf Sky? Wer die Fernbedienung auf dem Sofa in der Hand hat, der hat die Macht. Doch mit jedem weiteren fernbedienbaren Gerät muss die Macht geteilt werden, nicht jedes Gerät lässt sich mit einem anderen koppeln, und mit der Zeit sammeln sich diverse Modelle auf, unter und neben dem Wohnzimmertisch – im Schnitt sollen es in jedem Haushalt fünf Fernbedienungen sein. Wer diese Fernbedienungsflut im Wohnzimmer beherrschen möchte, für den kommt die All-in-one-Lösung von Logitech gerade recht: Der Hersteller Logitech bietet seit Jahren die Fernbedienungen der Harmony-Serie an, die nicht auf einen Gerätehersteller oder -typ fixiert sind und sogar noch einen Schritt weitergehen: Mit einer Steuerzentrale im Wohnzimmer, die sämtliche Infrarotprotokolle sämtlicher Gerätehersteller und -modelle abdecken soll, versucht Logitech, das Audio-/Video- und TV-Equipment zu steuern und dem Anwender ein einheitliches Device zur Verfügung zu stellen. Hier sind auch Softkeys möglich, also Tasten mit mehrfacher Funktion, die das TV- und somit im weiteren Sinne auch das Smart-Home-Erlebnis deutlich steigern. Ist die Unterhaltungselektronik mit der Kommandozentrale des Smart Home gekoppelt, lassen sich bestimmte Dinge wie Fußball- und Sportübertragungen, romantische Abende, Kindersendungen etc. mit den jeweils passenden Lampen und Stimmungsbeleuchtungen im Wohnzimmer automatisch anpassen – doch das ist nur ein kleiner Ausschnitt der Möglichkeiten, die mit der Kopplung der Unterhaltungselektronik mit Haushalt, Telefon und Internet möglich sind. Bis es so weit ist, muss die Logitech-Umgebung erst mal installiert, konfiguriert und mit dem vorhandenen Equipment verheiratet werden – und hier lauern einige Hürden und Stolperfallen.

Installation und Einrichtung

Für die Ersteinrichtung der Logitech-Fernbedienung werden ausschließlich Computer mit den Betriebssystemen Windows und Mac OS unterstützt. Benutzer von Desktop-Linux-Derivaten am PC oder am Raspberry Pi, wie Debian, Raspbian & Co., schauen zunächst in die Röhre. Je nach Modell und Typ laden und installieren Sie die entsprechende Software von der Logitech-Webseite (*www.logitech.com*), die im Bereich *Kundendienst und Downloads/Software und Apps/Harmony Software* zu finden ist. Für Windows 7 müssen Sie die nachfolgende Installationsprozedur durchlaufen – hier wird im Wesentlichen ein nötiges Plug-in (Silverlight) installiert, das für die Browsersteuerung benötigt wird. Aktuellere Windows-Versionen haben dieses Plug-in bereits dabei, in diesem Fall müssen Sie dennoch ein Benutzerkonto samt Passwort festlegen. Für Windows 10 steht eine kleine App für den Computer zur Verfügung, und hier reichen im Gegensatz zu den Vorgängerversionen der Download und der Start der `MyHarmony-App.exe` aus.

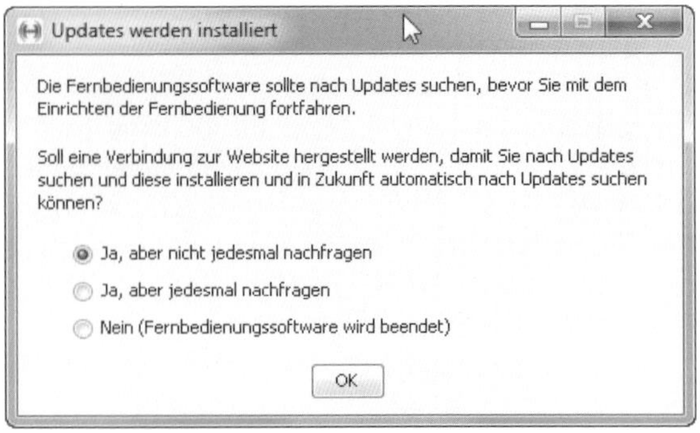

Bild 5.65: Automatische Zwangs-Updates: Fast schon Standard sind die Benachrichtigungen bei verfügbaren Aktualisierungen der installierten Software.

Für den Zugriff vom Computer aus werden zunächst die notwendigen Treiber installiert, bevor der installierte Webbrowser mit der Harmony-Erweiterung und dem Silverlight-Plug-in von Microsoft ergänzt werden muss, damit das Harmony-Einrichtungsprogramm überhaupt funktioniert und gestartet werden kann.

Bild 5.66: Die eigentliche »Software« stellt den Zugang über den Webbrowser zur Verfügung und installiert dafür notwendige Browser- bzw. Betriebssystem-Plug-ins, damit der Webzugriff funktioniert.

Nach der Installation lässt sich die installierte Harmony-Erweiterung für die Einrichtung der Logitech-Modelle Harmony Ultimate, Harmony Touch, Harmony Smart

Control und Harmony 600/650/700 verwenden. In diesem Beispiel kam das Oberklassemodell Harmony Ultimate zum Einsatz.

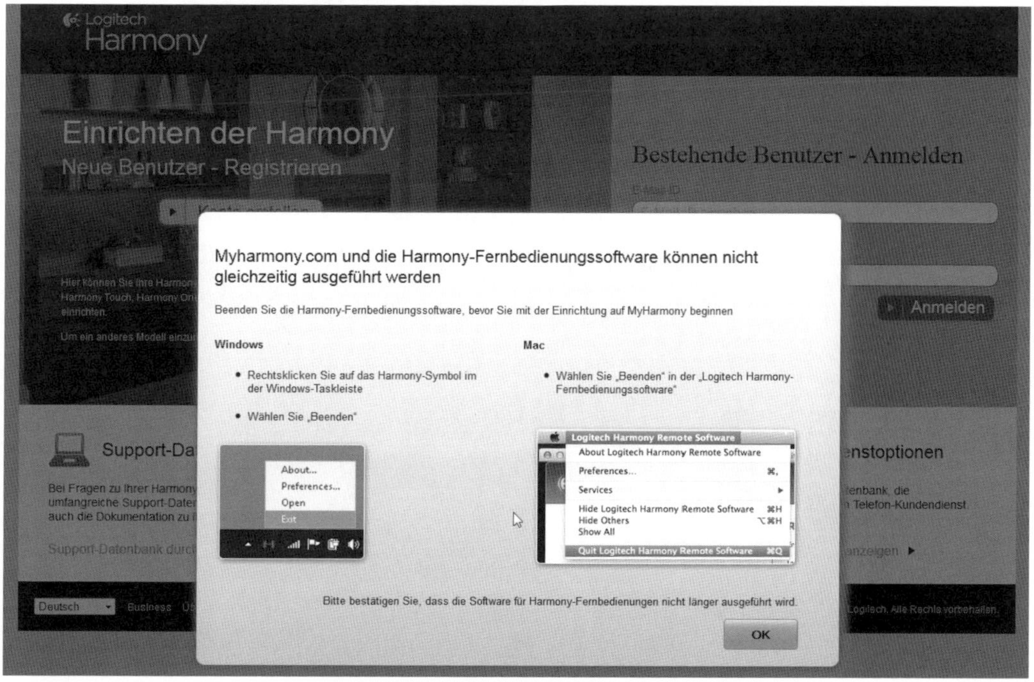

Bild 5.67: Alt oder neu: Wer bereits eine ältere Logitech-Fernbedienung besitzt, deren Einrichtungssoftware sich noch auf dem Computer befindet, muss sich entscheiden.

Damit die Fernbedienung überhaupt in Betrieb genommen und eingerichtet werden kann, ist die Eingabe einer Log-in-ID samt Kennwort notwendig. Diese dient zukünftig als Authentifizierung, falls Sie später beispielsweise die Kanalkonfiguration der Fernbedienung ändern möchten. Deshalb empfiehlt es sich, die entsprechende Benutzername-Kennwort-Kombination im Kopf zu behalten.

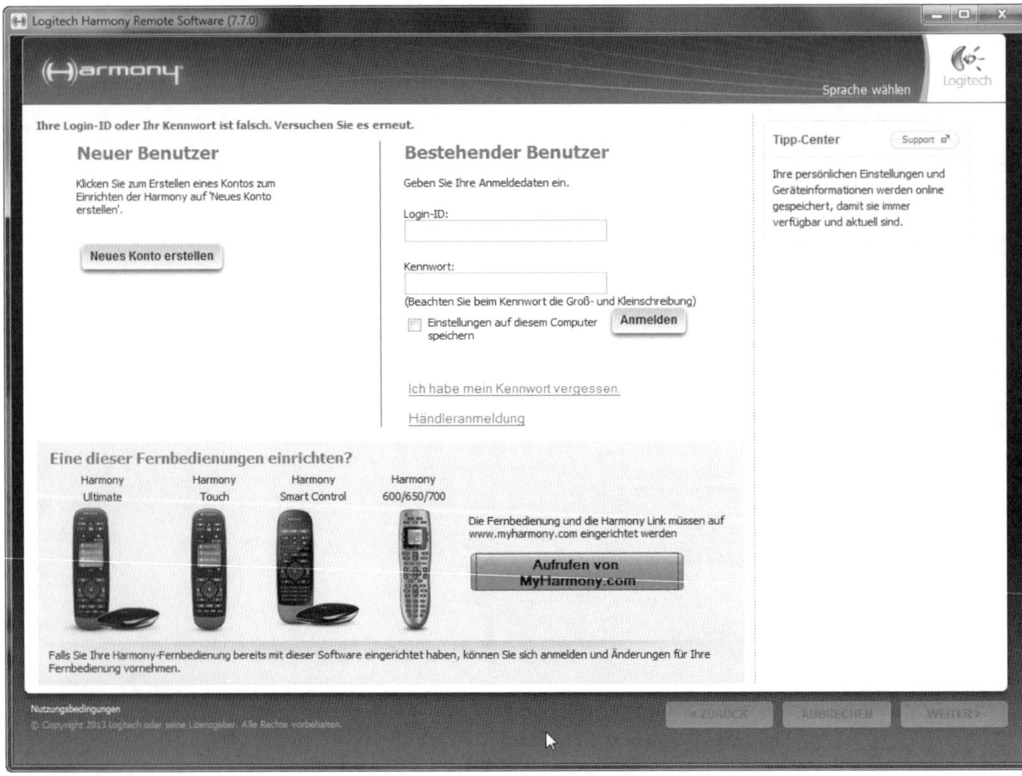

Bild 5.68: Nervig und lästig: Zum Sammeln von persönlichen Informationen erwartet Logitech die Registrierung und Bestätigung anhand eines Benutzernamens samt Kennwort.

Legen Sie also ein Benutzerkonto an. Wählen Sie zusätzlich noch eine Sicherheitsabfrage aus, die in Kraft tritt, falls Sie das passende Kennwort zum Benutzerkonto später einmal vergessen haben sollten.

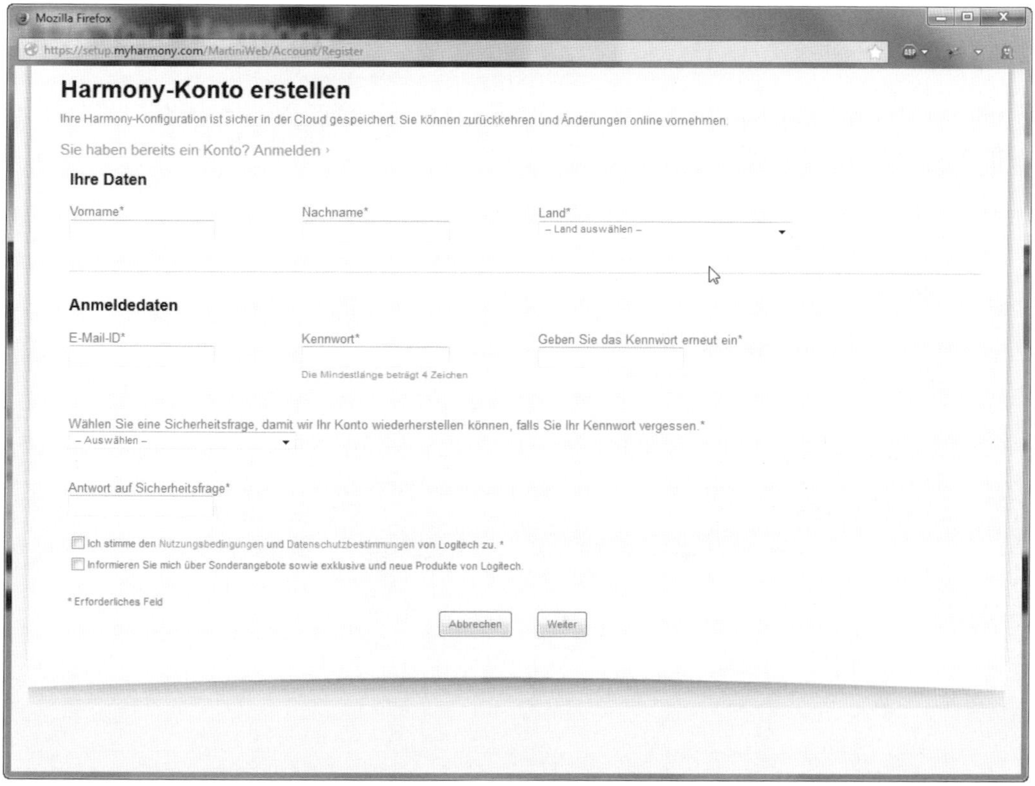

Bild 5.69: Ohne nicht möglich: Erst nach Zwangsregistrierung und Erstellung des Harmony-Kontos bei Logitech lässt sich die Fernbedienung in Betrieb nehmen.

Nach der Accountanlage und der Registrierung des Benutzerkontos bei Logitech steht unter Windows die Installation der Harmony-Erweiterung und des Microsoft-Silverlight-Plug-ins auf dem Programm. Klicken Sie zunächst auf die Schaltfläche *Microsoft Silverlight herunterladen* und installieren Sie die Erweiterung. Ab Windows 8.1 ist Silverlight Bestandteil des Betriebssystems.

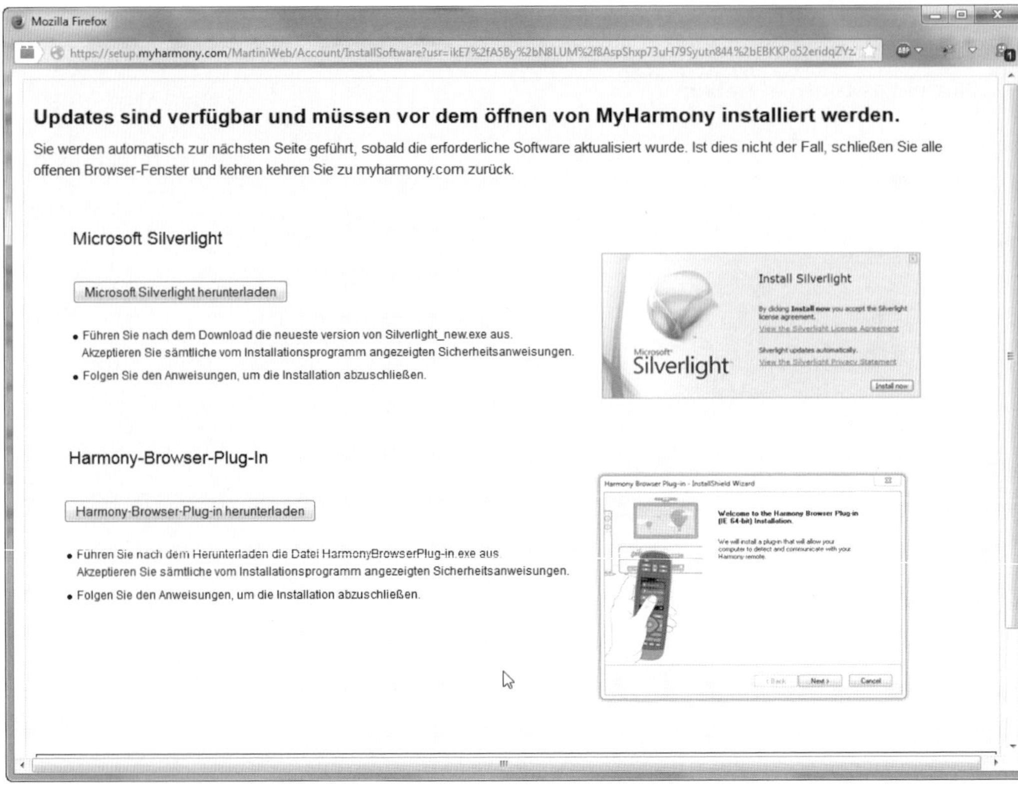

Bild 5.70: *Harmony-Browser-Plug-in* und *Silverlight*: Beide Erweiterungen sind für den Betrieb und die Installation der Fernbedienung über den Webbrowser zwingend notwendig.

Nach der Installation installieren Sie per Klick auf *Harmony-Browser-Plug-in herunterladen* die passende Harmony-Erweiterung, sofern die Silverlight-Installation problemlos durchgeführt werden konnte. Ist Silverlight bereits installiert, meckert – wie in diesem Beispiel – der Harmony-Installationsassistent so lange, bis die aktuellere Version deinstalliert wurde.

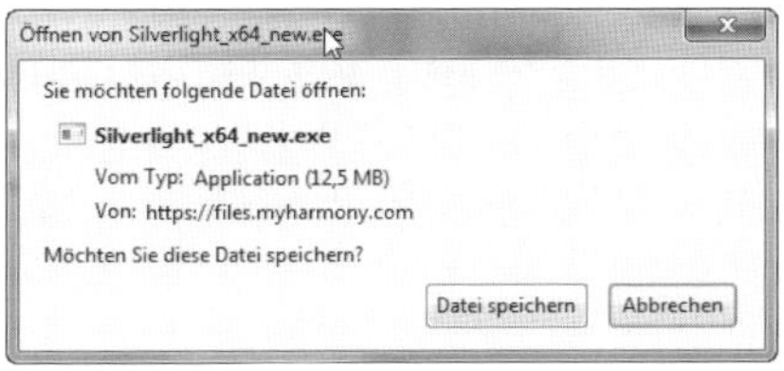

Bild 5.71: Das Installationsprogramm der Harmony-Fernbedienung möchte eine bestimmte Silverlight-Version installieren und bricht wie in diesem Beispiel in die Installation ab, falls bereits eine aktuellere Version auf dem Computer vorhanden ist.

Nach dem Malheur mit Silverlight wird zunächst versucht, das Harmony-Browser-Plug-in zu installieren in der Hoffnung, dass das Harmony-Einrichtungsprogramm später die aktuellere Silverlight-Version akzeptiert.

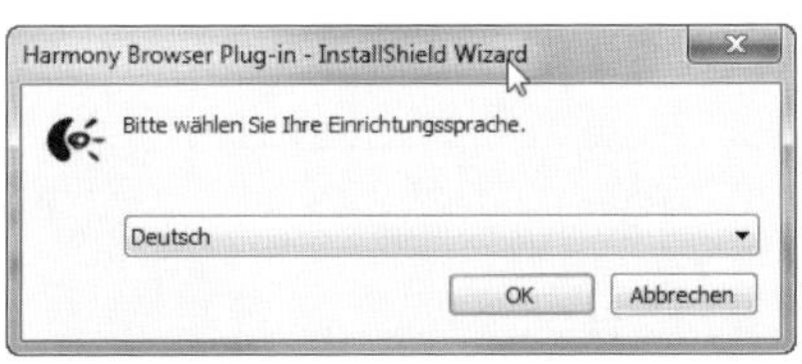

Bild 5.72: Nach Klick auf das *Harmony-Browser-Plug-in*-Symbol wählen Sie die Sprache für die Einrichtung des Plug-ins aus.

Im nächsten Schritt erscheint ein gewöhnlicher Installationsassistent, den Sie per Klick auf die *Weiter*-Schaltfläche bis zum Ende »durchklicken« und die Installation abschließen.

Bild 5.73: Nach dem Start der Installation des Harmony-Browser-Plug-ins durchlaufen Sie die wenigen Schritte bis zum Abschluss der Installation.

Die Installation des Harmony-Browser-Plug-ins war in diesem Fall zwar erfolgreich, die eigentliche Software für die Harmony-Fernbedienung macht jedoch weiter Zicken und verweist darauf, dass Silverlight nicht auf dem Computer installiert ist. Wer nun meint, dass die Deinstallation von Silverlight unter Windows kein Problem darstelle, wird in diesem Fall eines Besseren belehrt. Hier empfiehlt Microsoft zunächst das Löschen eines bestimmten Schlüssels in der Windows-Registry.

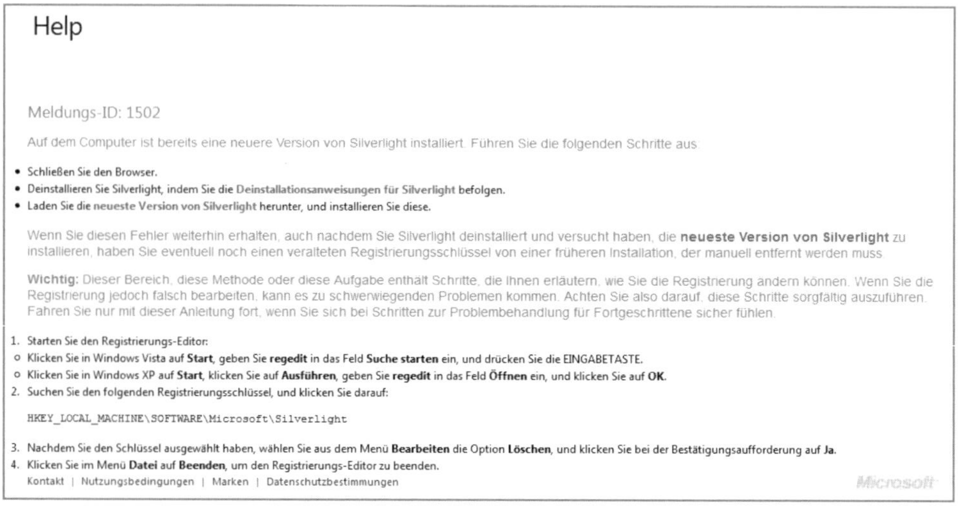

Bild 5.74: Umständlich beschrieben und gelöst: Die Deinstallation von Silverlight ist in diesem Fall kein Wald-und-Wiesen-Eingriff mehr.

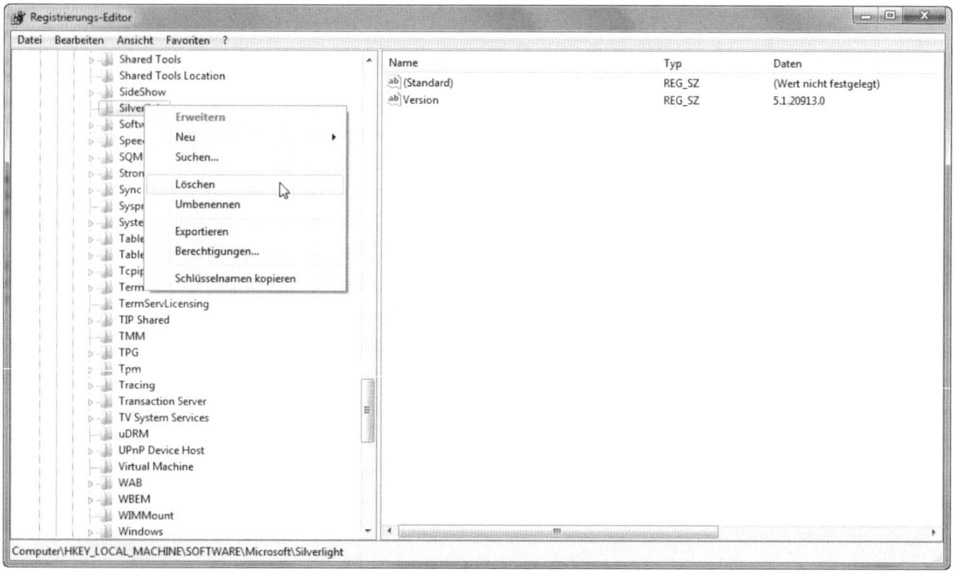

Bild 5.75: Das Entfernen des Schlüssels `HKLM\Software\Microsoft\Silverlight` wird zunächst als Lösungsweg für die spätere erfolgreiche Silverlight-Neuinstallation empfohlen.

Für bequemere Naturen stellt Microsoft für die Deinstallation mit anschließender Aktualisierung ein passendes Fix it zur Verfügung, das Sie über *http://support.microsoft.com/kb/2608523/de* beziehen können. Per Klick auf die Schaltfläche *Fix it* werden die dafür notwendigen Schritte automatisch durchgeführt.

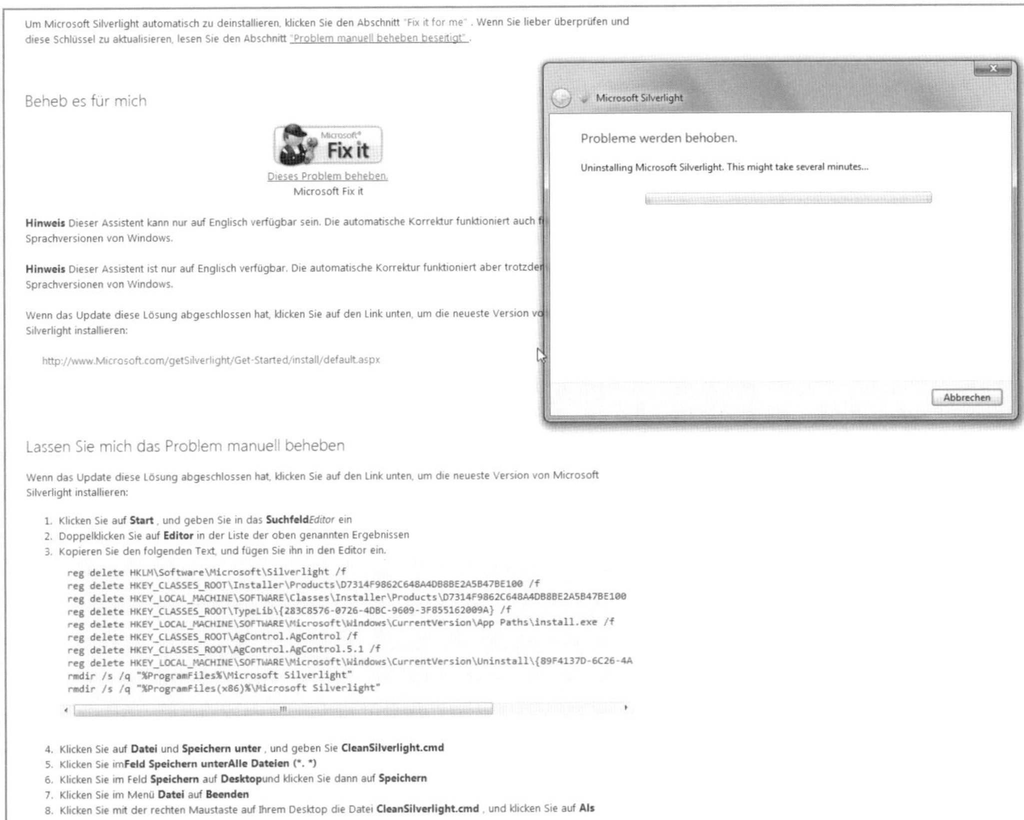

Bild 5.76: Die automatische Reparatur sorgt für eine saubere Deinstallation der vorhandenen Silverlight-Installation.

Wurde Silverlight erfolgreich deinstalliert, lässt sich im nächsten Schritt die Installation der Harmony-Fernbedienungssoftware fortführen, um dort die Silverlight-Installation nun ohne lästige Fehlermeldung zu starten.

Bild 5.77:
Erst nach der Deinstallation der vorhandenen Silverlight-Version lässt sich Silverlight vom Harmony-Installationsprogramm installieren und in Betrieb nehmen.

Im nächsten Schritt nehmen Sie Verbindung mit dem Harmony-Hub auf, stellen die vorhandenen fernbedienbaren Geräte ein und koppeln die Fernbedienung mit einem Smartphone, um die Fernbedienungsfunktionalität auch bequem auf dem Touchdisplay zu haben.

Harmony-Hub in Betrieb nehmen

Die vorhandenen Smartphone-Apps für iOS und Android stellen natürlich eine Ergänzung dar, die Fernbedienungen lassen sich aber auch ganz ohne App nutzen. Damit können Sie nicht nur Infrarotgeräte, sondern auch Bluetooth-Gerätschaften wie beispielsweise Playstation 3 oder Playstation 4 steuern. Der Harmony-Hub setzt die Befehle der Smartphone-App um und reicht die Aktionscodes über die Infrarot- und die Bluetooth-Schnittstelle weiter. Nach der Installation melden Sie sich mit Benutzername und Kennwort erstmalig am Harmony-Hub bzw. an der Fernbedienung an und richten diese nach Ihren persönlichen Wünschen ein.

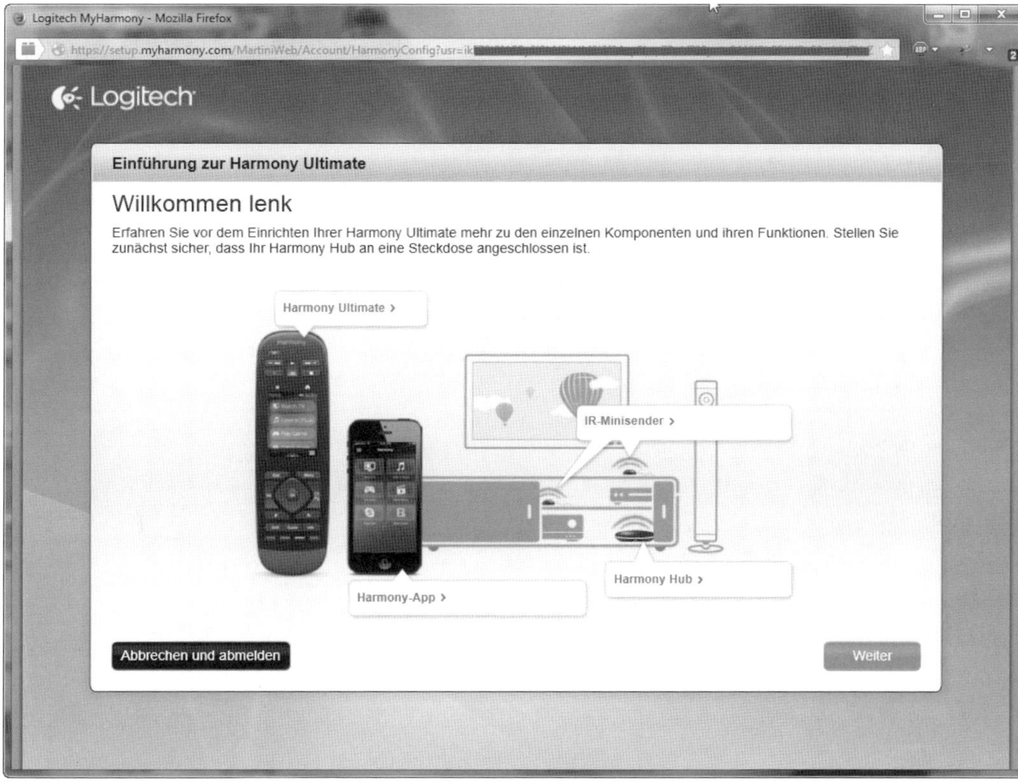

Bild 5.78: Der Start des Einrichtungsassistenten: Zunächst klärt der Assistent darüber auf, wo sich der Hub später mal befinden könnte - bei der Einrichtung sollte er zwingend in der Nähe des Computers sein, um unnötige Laufereien zu vermeiden.

Ist der Harmony-Hub mit der Stromversorgung verbunden, wird er im nächsten Schritt mit dem vorhandenen WLAN-Heimnetz gekoppelt. Das ist für die spätere Kommunikation zwischen Smartphone und Harmony-Hub zwingend notwendig und hat den Vorteil, dass Sie dann beispielsweise das TV-Gerät bedienen können, auch wenn Sie sich nicht direkt in dem Raum befinden, in dem es steht.

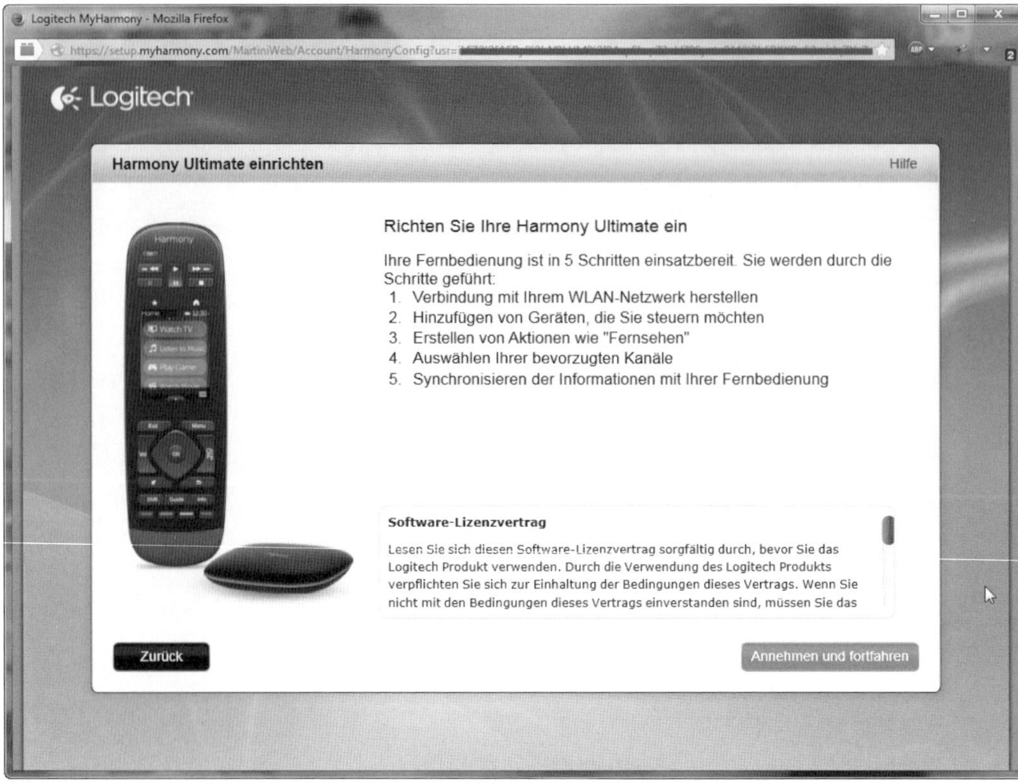

Bild 5.79: Nach dem Einstecken der Stromversorgung benötigt der Harmony-Hub bis zu 30 Sekunden, bis er vollständig betriebsbereit ist. Erst dann wird er von der Einrichtungssoftware erkannt.

Im zweiten Schritt schließen Sie die Fernbedienung über das mitgelieferte USB-Kabel am Computer an und warten darauf, dass sich beide Geräte gegenseitig finden und erkennen. Gerade bei den Infrarotsignalen sind Sie auf eine gute Sichtverbindung angewiesen – zu dicht beieinander sollten beide Geräte auf dem Schreibtisch jedoch auch nicht platziert sein.

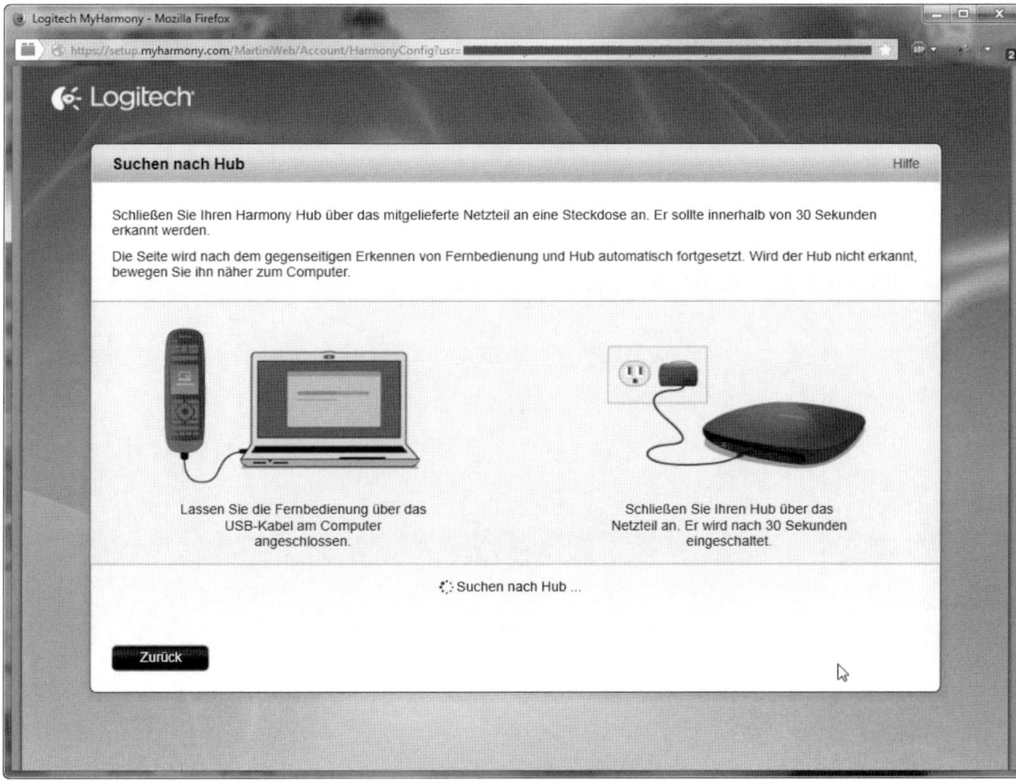

Bild 5.80: Es folgt das Koppeln der Fernbedienung mit dem Harmony-Hub.

Gibt es Verbindungsprobleme und läuft die Installationsroutine in einem sogenannten Timeout, meldet sich der Assistent. Dann trennen Sie am besten die Stromversorgung des Harmony-Hubs und versuchen es erneut, damit die Fernbedienung Kontakt zum Harmony-Hub bekommt.

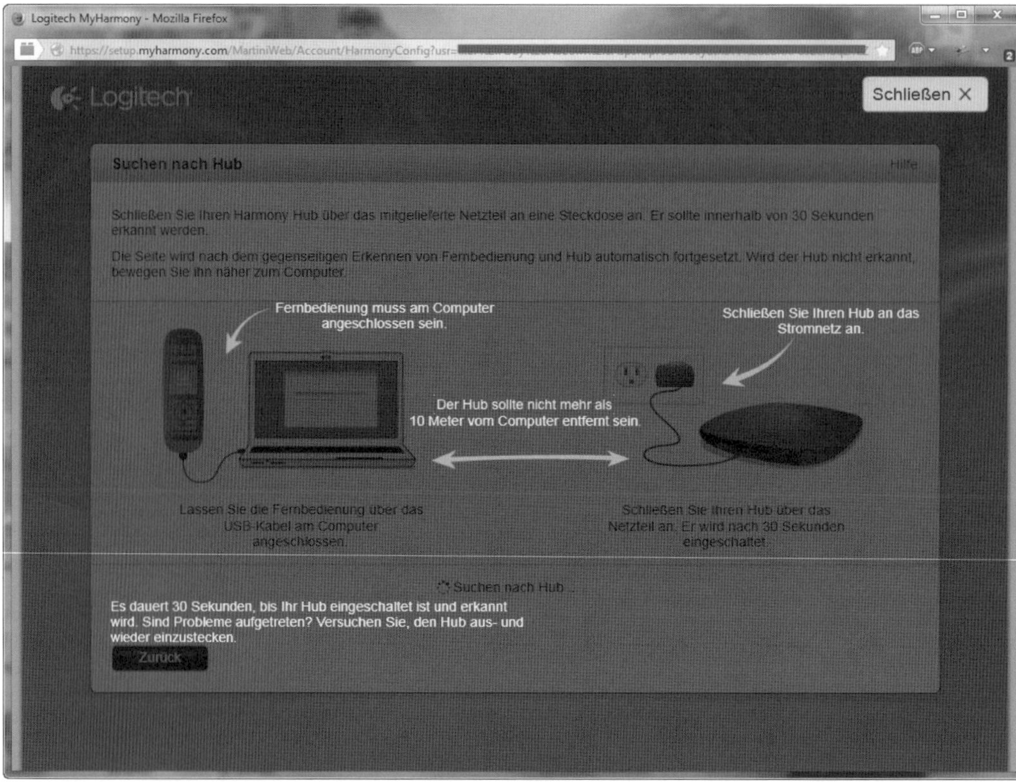

Bild 5.81: Gute gemeinte Ratschläge für die Installation: Ein erneutes Aus- und Einstecken der Stromversorgung hilft bei der Neuinitialisierung der Verbindung von Fernbedienung zum Hub.

Ist die Verbindung aufgebaut, erwartet der Installationsassistent die Eingabe einer aussagekräftigen Bezeichnung für den Harmony-Hub. In diesem Beispiel befindet er sich im Wohnzimmer – um bei mehreren Hubs in unterschiedlichen Räumen die Übersicht zu behalten, wurde hier das Kürzel *wz_* vorangestellt. Anschließend klicken Sie auf die *Weiter*-Schaltfläche.

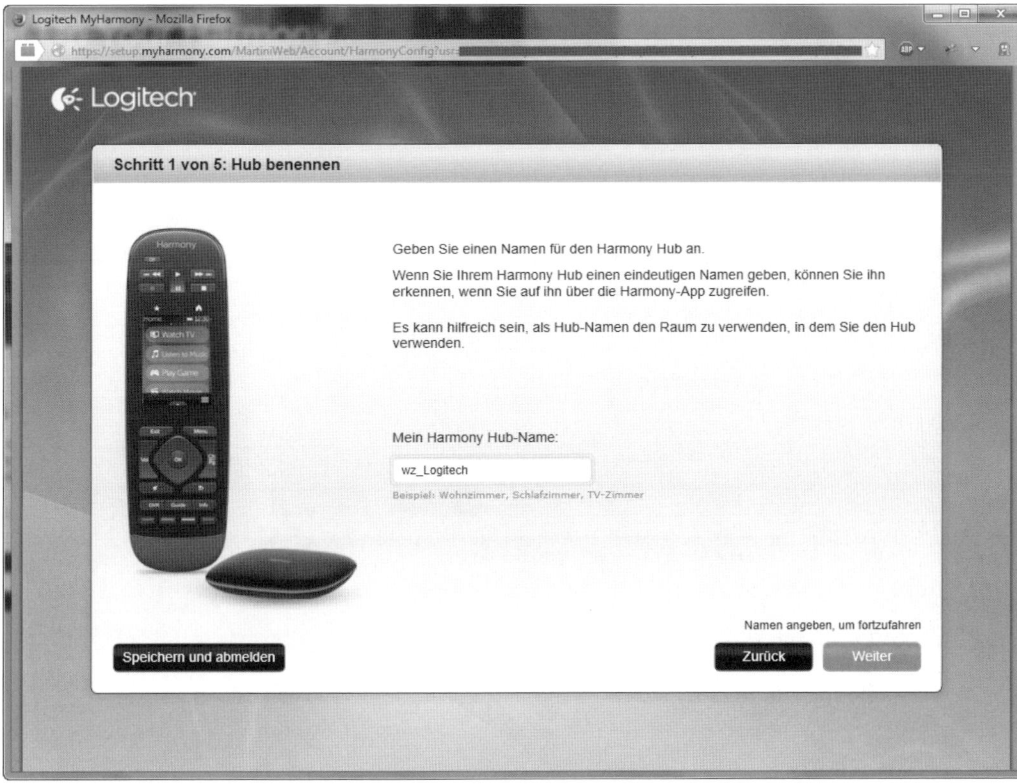

Bild 5.82: Eine aussagekräftige Bezeichnung legen Sie in diesem Konfigurationsschritt für den Logitech-Harmony-Hub fest.

Im nächsten Schritt lassen Sie den Harmony-Hub die nähere Umgebung nach bekannten WLAN-Netzwerken absuchen. Dieser Scanvorgang kann je nach Verbindungsqualität und Standort des WLAN-Routers einige Minuten dauern. Wählen Sie anschließend das gefundene WLAN-Netz aus, markieren Sie es und tragen Sie im darauffolgenden Fenster das Kennwort ein, das für den Verbindungsaufbau notwendig ist.

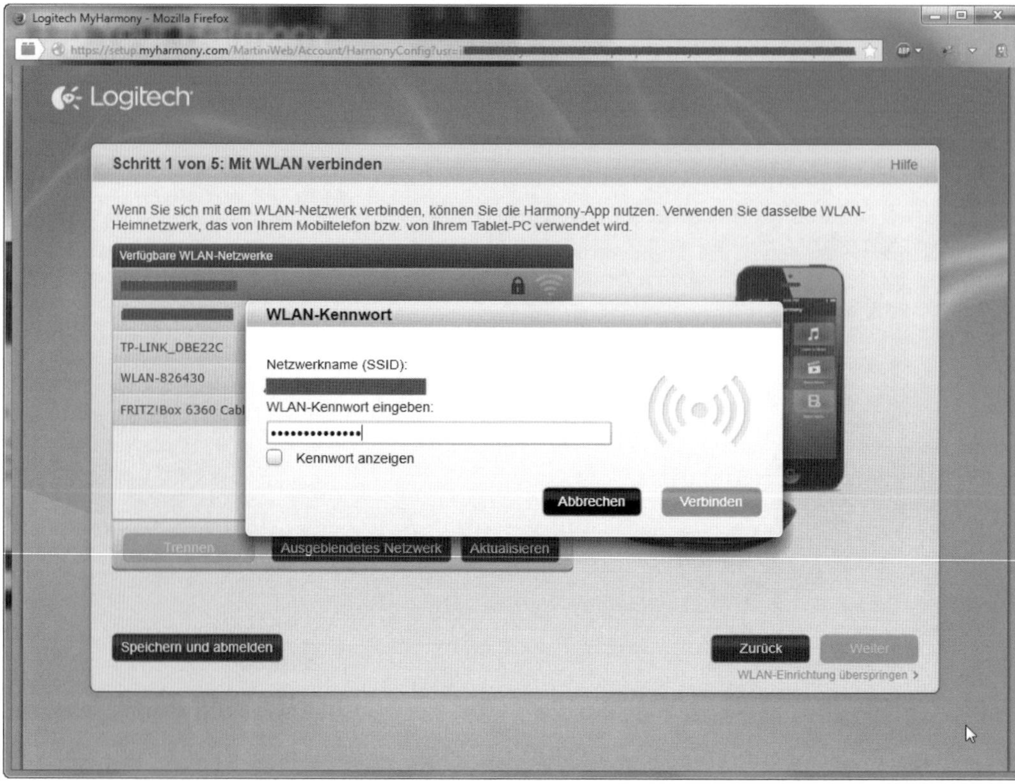

Bild 5.83: Haben Sie das vorhandene WLAN-Netzwerk ausgewählt, benötigen Sie das dazu passende Kennwort, das Sie im Konfigurationsmenü des WLAN-Routers festgelegt haben.

Nach dem erfolgreichen Verbindungsaufbau zum WLAN-Router wird die Verbindung im Konfigurationsmenü mit *Verbindung hergestellt* markiert. Anschließend gelangen Sie mit einem Klick auf die *Weiter*-Schaltfläche zum nächsten Einrichtungsschritt.

Bild 5.84: Erfolgreich hergestellt: Nach der Eingabe des Verbindungsschlüssels baut der Harmony-Hub automatisch die Verbindung zum vorhandenen WLAN-Netzwerk auf.

Im nächsten Schritt richten Sie die vorhandenen Geräte – TV-Bildschirm, IPTV-/Kabel-/SAT-/Antennenreceiver oder Abspielgeräte wie CD-/DVD-Player, Spielkonsolen, Verstärker etc. – ein. Dafür notieren Sie sich am besten bereits im Vorfeld die genauen Hersteller- und Modell- bzw. Typbezeichnungen des Geräts, das später von der Harmony-Fernbedienung bzw. dem Harmony-Hub gesteuert werden soll. Gehen Sie am besten Schritt für Schritt vor und gruppieren Sie schon mal gedanklich die Geräte, die Sie später in Aktionsgruppen gemeinsam bedienen wollen. So kann beispielsweise die Aktion *DVD/Blu-Ray* dafür sorgen, dass mit einem Knopfdruck auf die Fernbedienung das gewünschte Abspielgerät mit den entsprechenden Ausgängen aktiviert wird, der angeschlossene Verstärker die dazugehörigen Eingänge und Ausgänge samt 5.1-Lautsprecher einschaltet und der TV-Flachbildschirm mit dem dazugehörigen Eingang beschaltet wird. Dieses Beispiel zeigt, dass es möglich ist, nahezu alle Aktionen zu kombinieren und sie nach Wunsch zu verknüpfen.

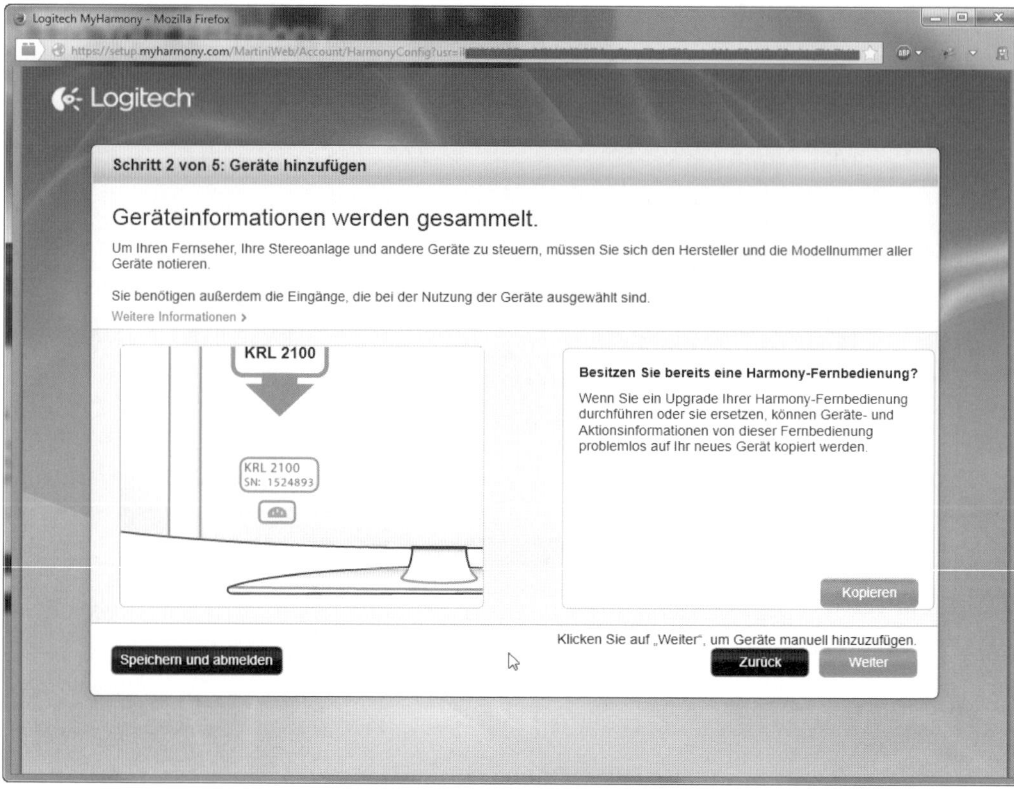

Bild 5.85: Daten sammeln: Bevor Sie fortfahren, sollten Sie sämtliche Geräte samt Hersteller-/Typ-/Modellbezeichnung notieren, damit Sie sich später die Lauferei beim Einrichten bzw. Feintuning ersparen.

Selbstredend sollen nur diejenigen Geräte per Knopfdruck eingeschaltet werden, die auch benötigt werden. Diese werden in sogenannte Aktionen zusammengefasst.

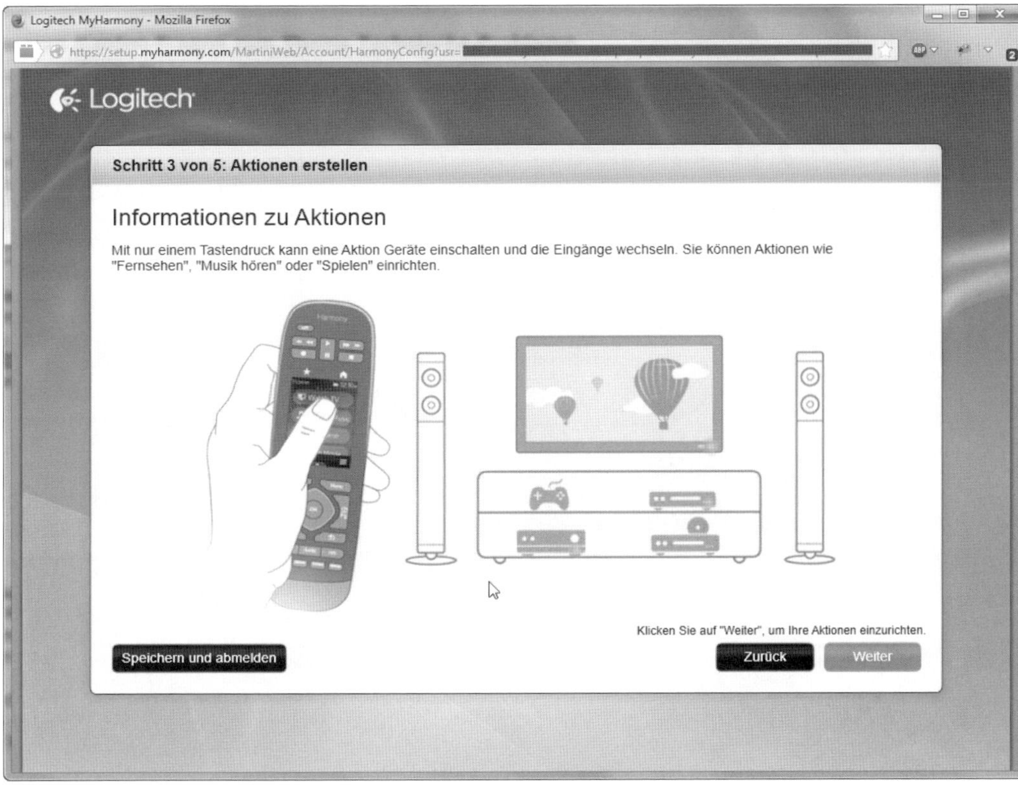

Bild 5.86: Nachdem der Assistent über die Aktionen informiert hat, klicken Sie auf die *Weiter*-Schaltfläche, um die Aktionen endlich auch einzurichten.

In dem nachfolgenden Schritt wählen Sie zunächst das Land aus, geben die Postleitzahl Ihres Wohnorts ein und klicken auf die *Suche*-Schaltfläche, um anschließend den in der Region verfügbaren TV-Anbieter auszuwählen. Je nach Anschlusstechnik, wie Kabel, DVB-T, SAT, IPTV und Ähnliches, ist die Auswahl der TV-Anbieter unterschiedlich – wählen Sie also den zum TV-Receiver passenden Anbieter aus.

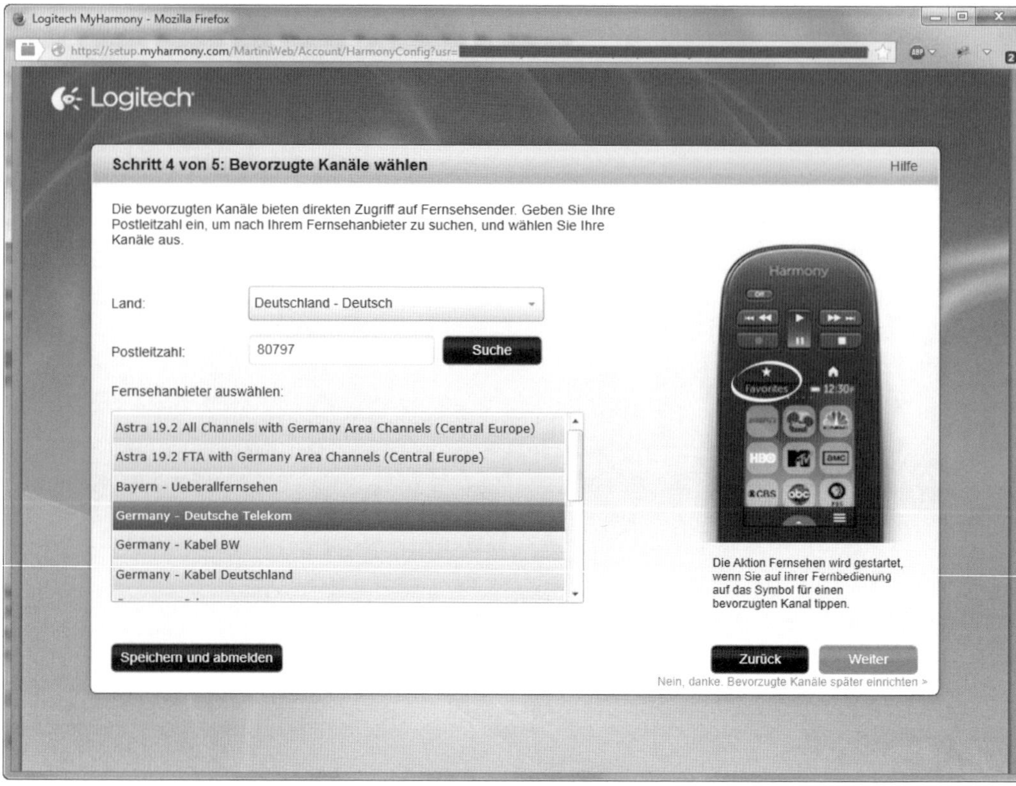

Bild 5.87: Für den entsprechenden Postleitzahlenbereich stehen diverse TV-Kanalanbieter zur Verfügung. Suchen Sie hier den infrage kommenden Anbieter aus, den Sie über den TV-Receiver empfangen und mit der Fernbedienung steuern möchten.

Nach der Auswahl des TV-Kanalanbieters werden zunächst die Kanäle, Bezeichnungen, Frequenzen etc. geladen, und es wird versucht, diese auf den Hub zu übertragen. Gerade bei der Ersteinrichtung kann es vorkommen, dass für die Gerätschaften ein Update in Form einer aktualisierten Firmware zur Verfügung steht. Dieses wird jetzt automatisch geladen und installiert.

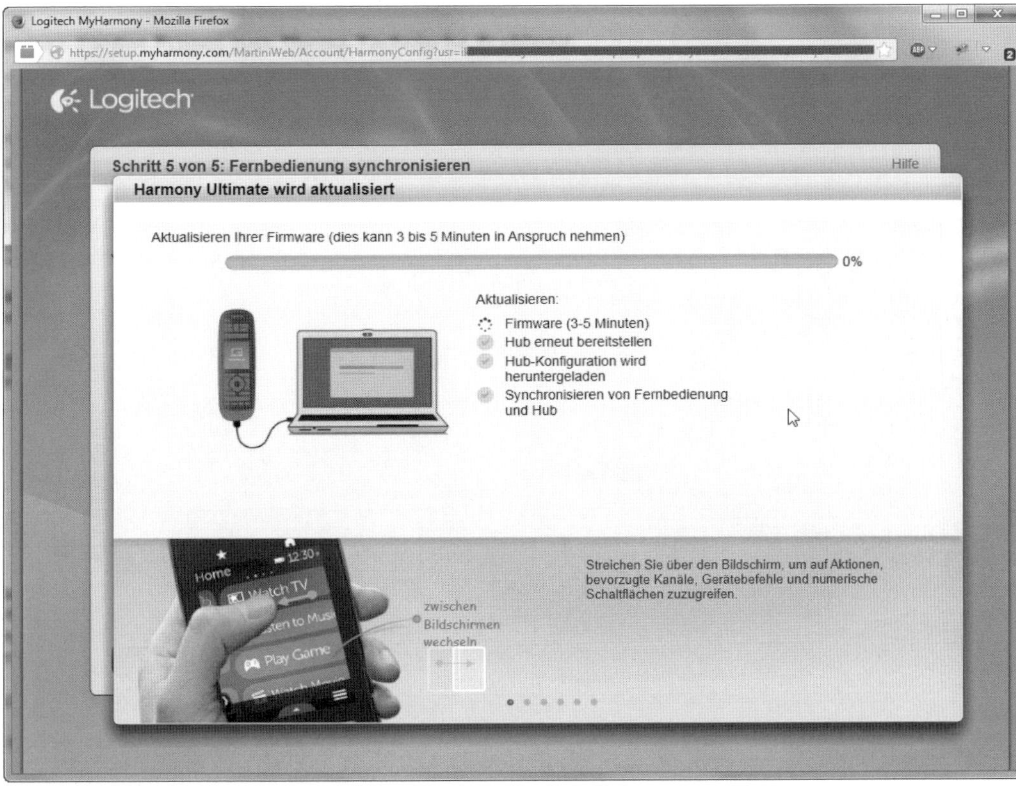

Bild 5.88: Die Installation der neuen Firmware auf dem Harmony-Hub der Logitech-Fernbedienung nimmt selbst nochmals rund zehn Minuten in Anspruch.

Nach der erneuten Aktualisierung des Hubs mit einer aktuelleren Firmware wird dieser wieder mit den Informationen der Fernbedienung bestückt. Beide Geräte werden synchronisiert und können anschließend genutzt werden.

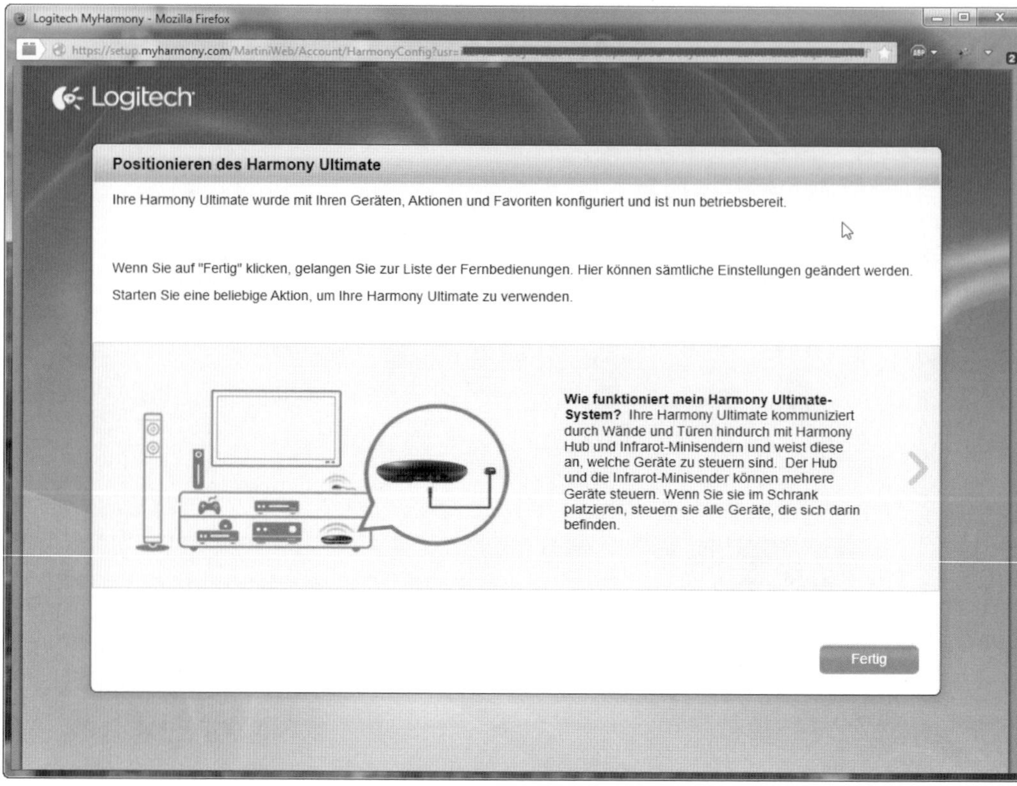

Bild 5.89: Das langwierige Einrichten hat nun endlich ein Ende: Per Klick auf die *Fertig*-Schaltfläche schließen Sie die Konfiguration des Harmony-Hubs/der Fernbedienung ab.

Jetzt ist es Zeit, beide Geräte vom Computer zu trennen, sie am Aufstellungsort zu platzieren und dort anzuschließen. Beachten Sie, dass der Hub so platziert werden muss, dass eine WLAN-Verbindung dorthin gewährleistet ist, aber auch die Unterhaltungselektronik per Infrarotsignal erreicht werden kann. Nach dem Aufstellen nehmen Sie die Fernbedienung in Betrieb und testen Standardfunktionen, wie das Umschalten oder die Lautstärke, um zu prüfen, ob die Steuerungsalternative auch wirklich wunschgemäß funktioniert. In der Praxis wird es bestimmt vorkommen, dass Sie Hub und Fernbedienung zur Feinkonfiguration und/oder Kanalbelegung sowie Sortierreihenfolge nochmals an den Computer anschließen werden. Am Ende des Tages sollten die Arbeiten aber auch abgeschlossen sein, und die neue Fernbedienung sollte wunschgemäß eingesetzt werden können.

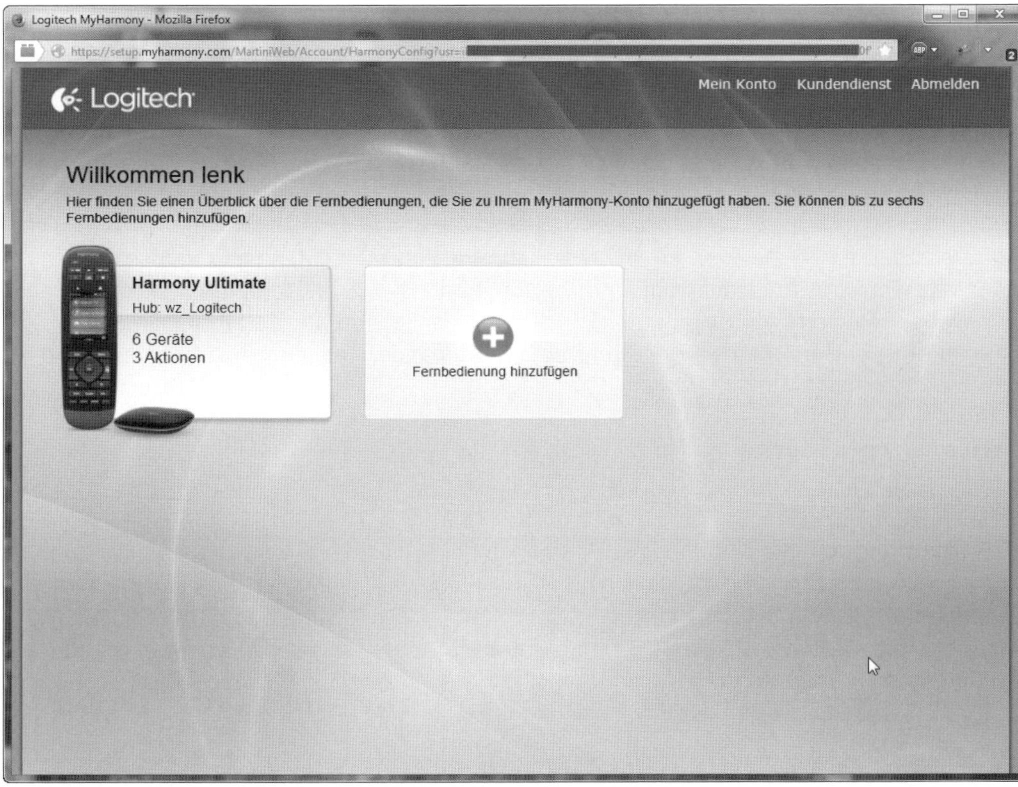

Bild 5.90: Die fertig konfigurierte Fernbedienung samt Hub in der Geräteübersicht im Harmony-Konfigurationsfenster.

Funktioniert die Fernbedienung nach Wunsch mit den gekoppelten Geräten, können Sie im nächsten Schritt das Smartphone mit dem konfigurierten Harmony-Hub verheiraten, um anschließend auch das Smartphone zur Steuerung von TV, DVD & Co. einsetzen zu können.

iOS und Android - Smartphone als Fernbedienung nutzen

Mit dem passenden Smartphone verwandeln Sie das Mobilfunktelefon in Zusammenarbeit mit der Harmony-Smartphone-App in eine leistungsstarke Fernbedienung, die den gleichen Leistungsumfang wie die gewöhnliche Fernbedienung mitbringt. Dafür muss das Smartphone entweder mit iOS aus dem Hause Apple (ab Version 6) oder mit einem Android-Betriebssystem ausgestattet sein. Beide Apps sind in den jeweiligen App-Stores kostenlos verfügbar.

Name	OS	Bezugsquelle
Harmony	Android	*https://play.google.com/store/apps/details?id=com.logitech.harmonyhub*
Harmony Control	iOS Apple	*https://itunes.apple.com/us/app/harmony-control/id626853860*

Bereits bei der Suche bzw. bei der Installation der gewünschten App werden Sie die Menge von unzufriedenen Kundenbewertungen in den App-Stores bemerken. Diese negativen Bewertungen sind zum Teil nachvollziehbar, da die Zusammenarbeit zwischen Fernbedienung, Hub und Smartphone alles andere als einsteigerfreundlich und zuverlässig funktioniert.

Harmony per Touch

Die passende App für die Harmony-Fernbedienung finden Sie über die Eingabe des Suchbegriffs »Harmony« im Suchdialog der App-Stores. Achten Sie auf das Kleingedruckte und den Beschreibungstext, denn nicht jede Logitech-App kann mit jeder Fernbedienung umgehen. Die leichte Verwirrung wird verstärkt, da hier auch die älteren Modelle unter der Harmony-Bezeichnung geführt werden und dafür ebenfalls eine angepasste App existiert. Doch zumindest laufen, abgesehen von den Verbindungskosten, keine weitere Kosten auf, falls Sie doch versehentlich die »falsche« App für die Fernbedienung bzw. den Harmony-Hub laden und installieren.

Nach dem Laden und der Installation setzt die App eine bereits konfigurierte Fernbedienung und einen gekoppelten Hub, der über das heimische WLAN erreichbar ist, voraus. Zwar kann die Grundinstallation auch per Smartphone bzw. Tablet erledigt werden, doch dieser Weg ist alles andere als stabil und zuverlässig, da unregelmäßige Verbindungsabbrüche die Geduld des Anwenders arg strapazieren. Nach dem Start der App wählen Sie die *Fortsetzen*-Schaltfläche aus und warten einige Minuten, bis die gestartete App den eingeschalteten und betriebsbereiten Logitech-Hub im Heimnetz gefunden hat. Selbstverständlich muss sich das Smartphone im selben WLAN-Netz wie der Logitech Hub befinden, damit die Verbindung erfolgreich aufgebaut werden kann. In der Praxis trüben die Verbindungsabbrüche zum eingesetzten WLAN-Router (FRITZ!Box 7490) trotz einer ausgezeichneten WLAN-Verbindungsqualität die Freude am Logitech-Produkt. Zwar funktioniert die App als solche, doch in drei von fünf Fällen wird der notwendige Hub von der App im heimischen WLAN-Netz nicht gefunden.

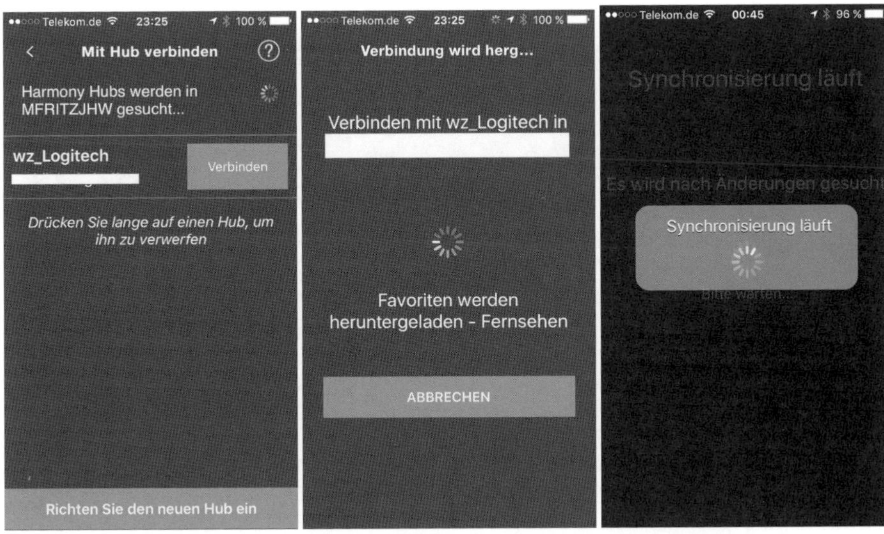

Bild 5.91: Die Harmony App ist kostenlos erhältlich und in wenigen Minuten mit dem im Heimnetz verfügbaren Logitech-Hub gekoppelt, vorausgesetzt, das Smartphone und der Hub sind in einem gemeinsamen WLAN-Netz verbunden.

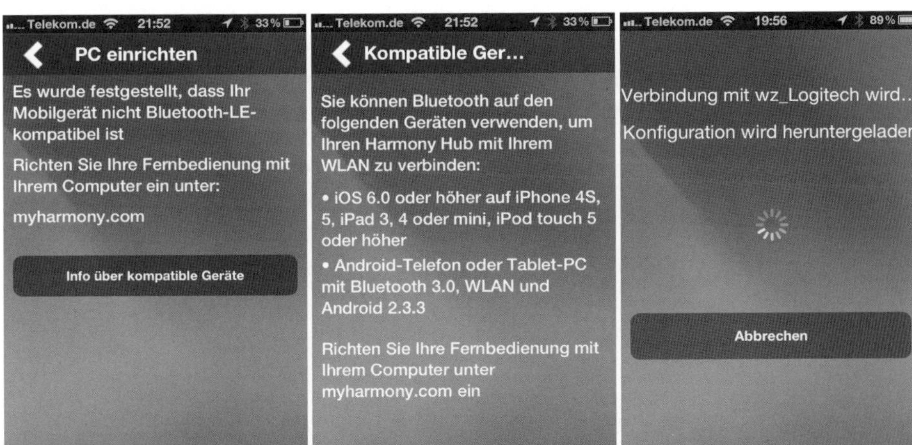

Bild 5.92: Je nachdem, welchen Bluetooth-Standard das Smartphone unterstützt, kann obige Fehlermeldung erscheinen, anschließend wird die Konfiguration des Hubs in die App des Smartphones übertragen.

Wurde der installierte und konfigurierte Harmony-Hub von der Smartphone-App gefunden, erkannt und initialisiert, wird zunächst die Geräte- und Kanalkonfiguration in die App übertragen und auf dem Display dargestellt. Ähnlich wie auf dem Smartdisplay der Logitech-Fernbedienung werden beispielsweise die Kanäle elegant mit ihrem Senderlogo angezeigt, die Geräte lassen sich per Geräteauswahl einzeln auswählen und bedienen.

Bild 5.93: Nach der Übertragung der Informationen werden sämtliche Aktionen und Kanäle eins zu eins auf dem Smartphone dargestellt, wie sie auch auf der »normalen« Logitech-Fernbedienung vorhanden sind.

Hat die Harmony-Smartphone-App die Konfiguration des Hubs geladen, kann diese auch über das Smartphone bearbeitet und gesichert werden. Es ist also Vorsicht geboten, da prinzipiell jedes Familienmitglied mit Zugriff auf das heimische WLAN mithilfe der Harmony-App auch auf die Einstellungen zugreifen kann. Ein passwortgeschützter Zugriff auf die Konfiguration existiert nicht - ist die App einmal eingerichtet, kann das Smartphone als persönliche Universalfernbedienung samt Aktionssteuerung mit allen Vor- und Nachteilen genutzt werden.

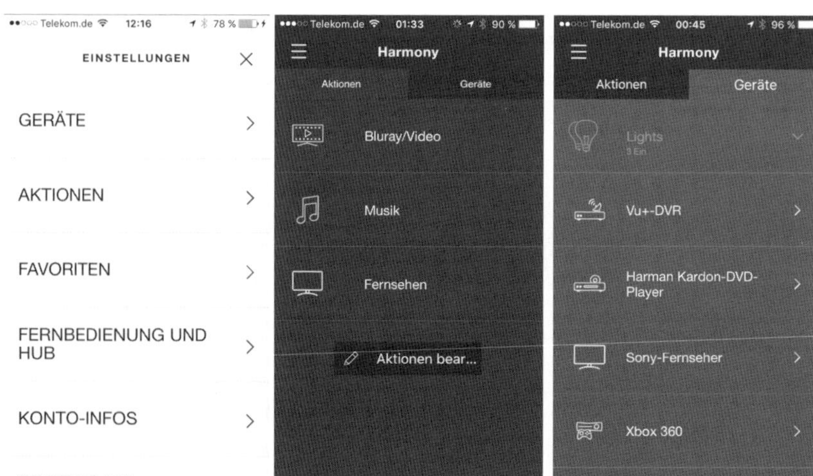

Bild 5.94: Über den *Einstellungen*-Dialog erreichen Sie sämtliche Konfigurationsmöglichkeiten des Logitech-Hubs. Bis zu 15 Geräte lassen sich maximal mit der Fernbedienung in verschiedene Schaltgruppen in Aktionen zusammenfassen und schalten.

Ab Version 3.0 unterstützt die Smartphone-Anwendung auch die Haussteuerung der Hue-Lampen von Philips. Wer also bereits die eine oder andere Hue-Lampe zu Hause im Einsatz hat, kann neben der Philips-App auch die Harmony-App der Fernbedienung für die Lampensteuerung verwenden. Das allein haut einen natürlich nicht vom Hocker, wer jedoch auf Knopfdruck neben den entsprechenden Gerätschaften auch gleich die passende Hintergrundbeleuchtung einschalten möchte, wird mit dieser Kopplung zufrieden sein.

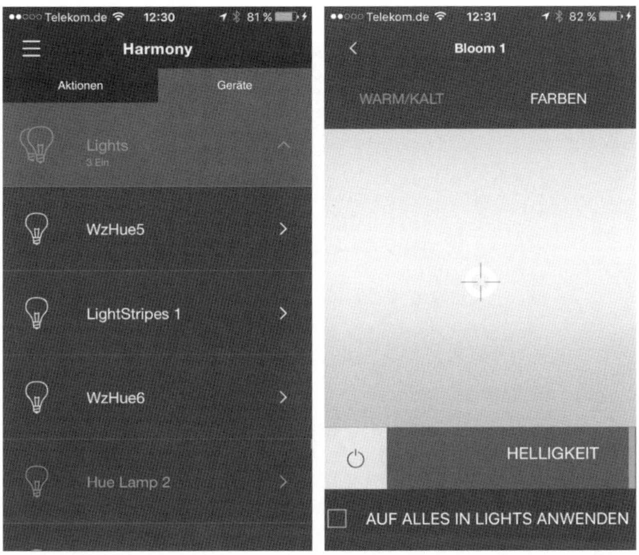

Bild 5.95: Für technikaffine Haushalte ein willkommenes Goodie: Neben der klassischen Unterhaltungs- und TV-Elektronik unterstützt die Logitech Harmony Ultimate auch den Zugriff auf den Philips-Hue-Hub, der sich natürlich ebenfalls im gemeinsamen IP-Kreis des Heimnetzes befinden muss.

Erfolg und Misserfolg bei der Steuerung über die Smartphone-App hängen vor allem davon ab, wie es um die WLAN-Verbindungsqualität von und zum Harmony-Hub bestellt ist. Dank der Vielfalt der Möglichkeiten bei der Konfiguration und im Design lassen sich die Oberfläche sowie die Position der Touch-Buttons der Smartphone-App beliebig festlegen. Abgesehen von der Fernbedienung und der Smartphone-App für iOS und Android sind die Zugriffsmöglichkeiten für eigene Steuerungen jenseits der Hue-Lampen eher limitiert, es sei denn, Sie nutzen eine selbst gebaute Alternative. Dann kommen Sie am schnellsten mit Python ans Ziel.

Stichwortverzeichnis